江苏高校优势学科建设工程资助项目

高贵的单纯

艺术美学古今谈

李超德 著

U0889057

江苏凤凰美术出版社

李超德，1961 年 6 月出生，原苏州大学艺术学院院长、苏州大学研究生院副院长。现任苏州大学二级教授、博士生导师，苏州大学博物馆馆长，一级学科设计学博士点带头人，江苏省教学名师。中国文艺评论家协会理事，中国美术家协会艺委会委员，教育部高校美术类专业指导委员会委员，中国服装设计师协会副主席，苏州市文学艺术家联合会委员，苏州市文艺评论家协会主席。国家社科基金（艺术学）重大招标项目“设计美学研究”首席专家。出版学术专著《设计美学》《服装评论》《设计的文化立场》《体验视觉》《马里兰的夏天》《迁想妙得》。参与大型学术著作《中国衣经》《文明的轮回》编委和撰写工作。先后在《装饰》《美术观察》《美术研究》《艺术百家》等核心期刊以及其它重要学术刊物上发表论文 60 余篇，撰写艺术与设计评论 70 余篇。

序言　艺以载道——写在《高贵的单纯》出版之前

（一）

人类艺术史是世界文明史的一面镜子。因此，原始人的石器在世界各地的博物馆和美术馆里是当作艺术品来陈列的。原始人从打磨石器、狩猎当中体会到了人的本质力量和形式的力量。所以我们讲，艺术的起源和人类的起源是紧密结合在一起的。人类的欲求、思维、情感、想象和其他活动与艺术起源共同成长。

在当下的学术语境中，艺术作为学科门类，它包含了美术、设计、音乐与舞蹈、戏剧与影视和艺术学理论。单从美术和设计的历史溯源看，它们本是同源，都是造物文化的分合离散所致。因此，它们之间存在的亲密关系是不言而喻的，有些人将美术与设计看作是同类也就不足为怪了。但是，美术从技艺中分离出来走上一条独立发展道路以后，美术就成为依附于物质载体的精神文化创造行为，是艺术家个人感情的外化和物态化。工业革命以后，造物文化的词汇中 design 成为一个既是语义丰富的名词，又是包含内容广泛的活动过程的动词。现代设计作为人类运用创意智慧和科学技术的造物活动，从拉斯金和莫里斯的艺术手工艺运动，到 1919 年在德国建立第一所现代设计学校，直至今天信息时代追随后现代人性化设计的一百多年中，设计的最终目的就是不断探索怎样满足最优化的人的需求，强调的是满足他人的需要，突出的是“我们”。

当然，设计活动中充满着艺术的基因。除了形式因素外，设计中的文化指向，即设计师按照人的要求、爱好和趣味设计产品，又与艺术活动和社会生活紧密相连。有品位与艺术才华的设计师所设计的不仅仅是产品，而且是产品与人之间所形成的某种和谐关系、情态和生活状态。因此，设计师直接设计的是产品，间接设计的是人和社会。为他人而设计，为他人的生活方式而设计是设计的物质功能中包含精神因素的真正目的。

艺术进入人的现代生活以后，成为人类精神生活不可或缺的重要方面。艺术作为人类创造性文化活动，它的第一要义是精神性的，它的宗旨是感应、表达、启迪人的心灵。它赋予了人类思维领域的创造性本质。艺术之所以能够引起人们的思想共鸣，引发人们的遐思，就在于艺术家能在作品中展现独特个性，突出的是艺术家思想深处的“我”。

然而，如果“艺术是我”嬗变为“艺术是我们”，这样的艺术就缺乏个性，成为某种工具，很少有真艺术。

“设计是我们”如果混同于“设计是我”，这样的作品必然是没有使用价值的伪设计。

因此，如何回答上述问题，面对艺术创作、设计行为的物化成果和实践形态，需要我们做出理论的总结、归纳与研究。

（二）

艺术升为门类以后，遭遇了艺术学科分类和学术评价的大讨论。传统意义上的“学”，又有新的释义。

传统意义上的艺术学科，学与学科似乎是分离的。所谓“学”是人类思想和知识产生与发展的总结。所谓“学科”，则是对于相关专门知识、技能、技巧的分类归纳。“学”是思想和精神文化领域人类知识财富与智慧的贡献。而“学科”却是学术制度建设层面的归类。

我们通常理解的艺术学是大人文科学的组成部分，是一门研究艺术现象及其规律的科学，艺术流变、艺术理论、艺术批评是它的主要研究内容。当下，由于艺术升为门类，艺术门类下设一级学科相平行，是否有必要再设艺术学理论，门类艺术学之上到底还有没有一般艺术学这个概念，需不需要有一个独立的“艺术学理论”，学术界存在着重大争论。我个人认为，由于学术界各位专家的学术背景不同，研究问题的逻辑起点自然不同，得出的结论也就不同，诸如此类的争论会在相当长的一段时间里一直持续下去。

其实艺术升为门类之后，相关争议很多，但不能因为有争论，研究工作就不展开。以“美术学”为例，它的名词表述颇具中国特色。有专家研究认为，在欧美大学的学科设置中，其实不存在所谓“美术学”相对应的英文词汇，只有“美术史”的概念，美术史研究多为历史与哲学研究所包容。而国内美术史学研究往往从史料和经验出发，以时代背景、作品、作者、风格特征这样的研究程式，用考据的方法去解读美术发展流变。中国的美术史研究从陈师曾、俞建华、黄苗子到王伯敏等都是用此方法来做研究。进入 20 世纪 80 年代以后，许多学者不满足于此。首先，研究现代美术的理论家们试图从弗洛伊德、叔本华、尼采那里寻找到图形背后的思想根基与创作激情。而后，具有黑格尔语言特征的李泽厚的美学著作，用其特有的美学套路俘获了一批青年艺术家、艺术学生的心，并以此解释艺术史和艺术发展流变的现象。大家从一本《美的历程》中，普及了另外一种了解艺术史的常识。“审美积淀论”、青铜器所凸显的“狰狞之美”，深深地烙在了年轻艺术家和史论工作者的心里。然而，“审美积淀论”和所谓“狰狞之美”的论断，也遭遇了后来者的诟病。进入90年代以后，潘诺夫斯基和贡布里希艺术史研究的方法论，被越来越多地介绍进中国。这一学术研究方法论秉承了人文主义的态度，为我们开启了艺术创作和作品参与两种世界心智的大门：即物质的现实世界和自己的感觉世界。尽管，这本质上是从康德那里借来的研究视角与概念，但已经成为潘诺夫斯基强调“作为人文学科的艺术史”理论研究的基础。在贡布里希的眼里，以再现为主的古代绘画与现代视觉艺术如此的不同：“通过电视屏幕和电影，通过邮票和食品包装，现实世界的种种面貌被再现在我们眼前。绘画在学校里教授，也在家里演习，或者作为一种疗法，或者作为一种消遣之计，许多普通的业余爱好者也掌握了一些技法，那些技法会被乔托（Giotto）惊叹为地地道道的魔法。大概连我们在早餐食物盒子上看到的那些粗糙的彩图，也会让乔托那个时代的人目瞪口呆。我不知道是否有人以此得出结论，认为食物盒子比乔托的画更高明。我不是那种人，但是，我认为再现技术的成功和庸俗化向艺术史家和艺术批评家两方面提出了一个问题。”贡布里希力图唤醒人们对以线、形、色呈现的“图画”视觉现实与神秘幻想的惊奇感。既然一件艺术作品属于它自己的感觉世界，艺术史就必须要创作一种先验的范畴，用它来讲述艺术作品。“艺术作品既属于现实的，又属于它自己的感觉世界。”因此，它必然存在着两种对待它们的方式。

在西方的大学里，美术史学研究实际上是借美术的外壳，承载的任务却是社会文化的历史内容与含义。就学科设置而言，它们大多拥有独立的系别，哈佛大学、哥伦比亚大学、剑桥大学等，这些知名大学均有美术史研究的专业，而且各有所长。以我曾进修过的马里兰大学为例，他们的美术与美术史专业是设在人文与艺术学院中的，而且以亚洲艺术史，特别是日本及东亚艺术史研究见长。有的美术理论、美术批评学科，又常设在哲学系美学专业之中。总的来说，国外并不存在一个包括史、论、评含义的美术学概念，似乎也不存在一个学科概念上的美术学。

我们今天重新讨论艺术学与美术学科如何定义，恐怕具有更大的现实性。怎么理解“艺术作品既属于现实的，又属于自己的感觉世界”，对于我们今天重新定义美术学，具有重要意义。因此，美术学作为人文科学研究视野中的概念，“学”

当然包括了人类思想和知识的产生及其发展的总结。美术学，顾名思义，就是人类美术发展流变的思想与智慧的总结与归纳。但是，如果这样认为，学科概念又是狭窄的，这个“学”还应该包括艺术作品的实践创作，因为它也是艺术家通过积极的思维活动，用实践的方式表达自己的感觉世界。新的一级学科——美术学的二级学科如何划分的讨论也说明了这一点。其实“美术学”无法找到对应的英文词汇也不为怪，因为这种划分本身是中国式的。因此，美术学与美术学科在当下的语境中，又有一些含混的意味。“学”应该包括了学术、学问，甚至创作。美术学又包括了学科归类的意思。所以我们现在划定的一级学科美术学，已经不单是美术史学，它必然包括创作理论和创作实践。美术学更不单单是美术理论与博士点建设，它必须要有宽阔的学术视野来认识美术学所承载的研究内容，它既有人文领域思想的总结，又有学科归类管理的任务。这与后面论证美术学科的术学之争有着逻辑关系。以美术举证，说明的是整个艺术门类。

从中可以看出，艺术活动和艺术作品始终伴随着艺术家深沉的学术思考，作品中不可能不透露着艺术家的学术思想，内容和形式是艺术家思想的承载。而关于其学术评价问题则是另外需要讨论的问题。

面对这一系列理论问题，我们需要做一些理性的思考。

（三）

将艺术活动置于学术视野下进行研究，我们不难发现，看似技能化和物质外显的艺术，实际上积淀了很深的文化哲理。俗话说：社会分工我为师者，师者又分为两种，即从道与从器。“形而上者谓之道，形而下者谓之器。”道与器构成了中国哲学的一对基本范畴。从道与从器虽不能说分出什么高下，但从道者即研究道，而道与器又不能分开，道器相辅相成，互为关系。有的地方又将“器”解释为“艺”，器艺不分，或者说器艺有着大致相似的东西，要看处在什么状态下说器或说艺。“道”是无形象的，隐含着规律和准则的意义；“器”是有形象的，明指具体事物或名物制度。道器关系实是抽象道理与具体事物之间的关系问题。

宋代理学大师程颐、朱熹等认为“道”超越于“器”之上。朱熹曾说：“理也者，形而上之道也、生物之本也；气也者，形而下之器也、生物之具也。”(《朱文公文集》卷五《答黄道夫》)“道”与“器”相对，所谓“道器”；“道”亦与“德”相对，所谓“道德”，意指法则。《老子》曰：“有物混成，先天地生……可以为天下母。吾不知其名，字子曰道。”道又成了宇宙万物的本源和本体。道还与一定的人生观、世界观、政治主张和思想体系联系在一起。《论语·公冶长》曰："道不行，乘桴浮于海。"《论语·卫灵公》："道不同，不相为谋。"指的是道义。当然，所谓"道"，还兼有方法、区域、道路、治理、说词等含义。

中国历来重"道"而轻"器"。晚清曾追随过李鸿章的改良主义学者郑观应（1841—1923）在他的《盛世危言·道器篇》中认为，"道"（封建伦理纲常）是中国的好；"器"（西方科学技术）是西洋的好。"道"是本，"器"是末。从中可以看出，西方工业革命的辉煌成果已经将世界彻底改变之时，中国近代有国际眼光的知识分子还如此说，可见中国学术界"厚古薄今"和重道轻器之道有多深。数年前，我在郑州古玩城购得一本由清末柘城知县郭藻（字翰亭）抄录的《老气横秋》，其中数篇文章都是讲西学之辨的，甚至还有要求拿办张之洞等洋务派的奏章。其中"中西格致源流论""电报""中外化学名词异同考""富强当求本源论""应变须才论""论倭事为中国之福"等都是围绕保守与改革而阐发的言论。源于《礼记·大学》的格致说，在晚清这一变革的时代，"格致"又成为时髦的话题。面对列强的侵略，图强图变以及洋务运动产生的影响，知识分子内心在挣扎，他们思考"道"与"器"的问题，对自然科学的认知开始有了新的变化。其中有一篇钟天纬的《西学古今辨》，虽说是抄本，但使我第一次接触晚清知识分子面对西方科学技术的发展，重议"格致"说的言论。这对我以后关于设计艺术的"术"与"学"的认识具有非常大的启发作用。

钟天纬（1840—1900）曾出使德国，对西方科学技术有感性体会，回国后入盛宣怀幕府，又应张之洞之招，任鄂矿务学堂监督，属于洋务派人物。即便有着这样广阔背景的钟天纬，仍然不能回避文化根基的制约。他认为："中国重道而轻艺，故其格致专以义理为重；西国重艺而轻道，故其格致偏于物理为多，此中西之所由分也。"（钟天纬《格致说》，《陈编》卷11，学术11，格致下）所谓"格致"，即"格物、致知"的简称，为穷究事物的原理而获得知识，原出于《礼记·大学》："致知在格物，物格而后知至。"到了清朝末年，"格致"又成了对声、光、电等自然科学部门的统称。在钟天纬的思想里，"格致"的物理与义理已经分开，但钟天纬认为中西"格致"的差异只是侧重点不同，因而声称："苟稍分制艺之精神专究格致，不难更驾西人而上之。"（翰亭抄本《老气横秋·西学古今辨》）虽然钟天纬已经认识到西方对"艺"的青睐和"艺"的重要，但以中国的学术传统和文化视角而言，道和艺（器）仍不是地位完全平等的学问。

1886年上海格致书院季考出了一题，名曰"格致之学中西异同论"，有一位名叫彭瑞熙的学生以名为《中西格致异同辨》一文夺得第一名。他在文章中说："世有求格致者，以道为经，以艺为纬，则中西一贯，亦何异之有哉。"说的是儒家知识分子只要对"艺"多重视一点，中西格致之间的差别就会消失。湖南学者葛道殷（光绪末年在世，字心水，监生）也认为道与艺之间的差别不大："格致之理固无不同，而格致之事各有详略精粗不同。"（葛道殷《中西格致本原论》）西风东渐，尽管有如王国维等一批学者要为中学而"独上高楼，望断天涯路"，但西学的进入使儒家传统文化经典对所谓"格致"的认知框架面临着巨大的挑战。西方学术对格致的解释由于有了应用与现实的优势，儒家的道就显得苍白无力。然而，儒家学术的强大体系仍然操控着人们的思维。李鸿章甚至说："西学格物之说，不背于吾儒。"他的潜台词是，西方科学技术要为人所接受，必须首先融入儒家的思想体系。

儒家学术由于其关注的是社会伦理问题，甚至将其归为实现"诚正、修齐、治平"的治国手段，格致也成了为此服务的附属之技。正如《礼记·大学》所说："古之欲明明德于天下者，先治其国；欲治其国者，先齐其家；欲齐其家者，先修其身；欲修其身者，先正其心；欲正其心者，先诚其意；欲诚其意者，先致其知；致知在格物，物格而后知至，知至而后意诚，意诚而后心正，心正而后身修，身修而后家齐，家齐而后国治，国治而后天下平。"一个轮回，又回到治天下。晚清知识分子关于道器（艺）和格致的讨论反映了面对西学东渐的现实迷途。一方面认识到西方科学技术的重要，另一方面又固守儒家的道。在一种无奈境地中，人们将西方的格致之学纳入儒家的"道器"范畴，并被列为器数之末。究其原因，在现实面前人们注意到了西方技术的应用价值，而对其背后的抽象原理懒得关心。但是科学技术的发展使得19世纪末的儒家学术越来越不能包容发展着的西学格致之术。儒家的格致与道器因为习惯的"厚古薄今"之风而越来越不能包容发展中的社会现实，儒家之道也就成了"玄学"。而西方的格致则有了独立于传统格致架构之外的倾向，学问分科越来越细。

人文与自然科学的历史变迁促进了人的认知变迁。彭瑞熙的"以道为经，以艺为纬"的论述给了我启示。艺术作为门类还可以有细分的学科，自然有其道，也有其艺，道艺交织，互为经纬。其实，有关"道"不能离开"器"而存在的理论早在明清之际就有思想家王船山先生（1619—1692）提出了"无其器则无其道"的命题。王船山认为"尽天地之间，无不是气，即无不是理也"（《读四书大全说》卷十）；"气"是物质实体，而"理"则是客观规律。他批评了程、朱关于"理气"的唯心主义观点。他强调

“天下惟器而已矣”，“无其器则无其道”（《周易外传》卷五）。从“道器”关系建立了他的历史进化论，反对保守退化思想。道器理论不正是对绘画和设计之道的最好解释吗?

由此可见，艺术在形式表象的外显之中，内含的是“道”。理论研究对于艺术实践而言是双面胶，它的重要性不言而喻。艺术之器和艺术之道，相辅相成，互为彼此。

作为一名教师，传道解惑是教师的职责，《高贵的单纯》基本上是我在课堂上的演讲实录，主要依据的是2010年“超星学术网”为我录制的“艺术美学十讲”，由当时的博士研究生王柯根据录像记录整理而成。后又加入了近几年的课程和论坛演讲记录，汇录而成，基本反映了我对于艺术、美学和设计的一些看法。由于是演讲记录，语言有着很深的口语化倾向，这恰好是我更愿意保留的日常学术讨论过程生动和鲜活的本真状态。本人正是基于艺术和美学的上述综合认识，将该演讲录以书稿的方式呈现给大家，以求共同探讨。

2020.5.4 于姑苏城东儒丁堂

目　录

第一讲　艺术学生的学术精神、学术风范与学术训练

王国维
（1877—1927）

每一次研究生课程的第一堂课我都会讲一个类似的话题，当然每次课程的内容不一定完全相同。今天我带了一本小册子，这是我在读大学二年级的时候，花一毛钱从旧书摊上买来的。这本书是王国维（字静安）先生的《人间词话》。这只是一本比巴掌略大一些的小册子，但却让我们百读不厌，这是文艺美学的一本经典之作。

今天的许多学者，动不动就是洋洋几十万言。可是像王国维这么了不起的大学者，就写了这么一本小册子。可能在今天的大学里，这样一本小册子都不能算是学术成果。我们在座各位有很多大学的教师吧？现在的高校连怎么算专著都给你做了规定，还要求书里面60%的内容要在一类核刊上发表，才能称之为专著。可王静安先生这样一本九十来页，由俞平伯作序的小册子，却注定流芳千古。因为我今天要上课，所以昨天晚上将它找出来，又翻翻，又看看，联想到王国维先生是1927年在颐和园的昆明湖投湖自尽的，不觉生出几分悲凉的感觉。

我想讲的第一个话题是：读王国维的《人间词话》所想到的东西。我觉得这对我们每个学艺术的学生而言，将来不管要做学问也好，或是要画画也好，还是作为一个教师也好，都会有启发。

一、由王国维的《人间词话》所想到的

从王国维的身上我们能够学习到很多东西。我上课喜欢带很多本子，大家都觉得很奇怪。其实这些都是我的读书笔记，我在每本本子的封面上都写着“集腋

成裘”四个字，就是积少成多的意思。因为说起读书，我们在座的各位同学基本上都是做大学老师的，有好的记性。没有好的记性也做不好老师，但是一个人的好记性不如烂笔头，你再有好的记性，东西多了也就记不住了。所以，我们就把自己需要的东西摘录下来，在讲课和研究过程中就可以作为你的参考资料。所以我上课一般会带很多本子。当然，这里有一个本子的内容是肯定不能动的，我的大纲全部在这个本子里面，包括我画的图也在里面。言归正传，我们先来说说王国维。

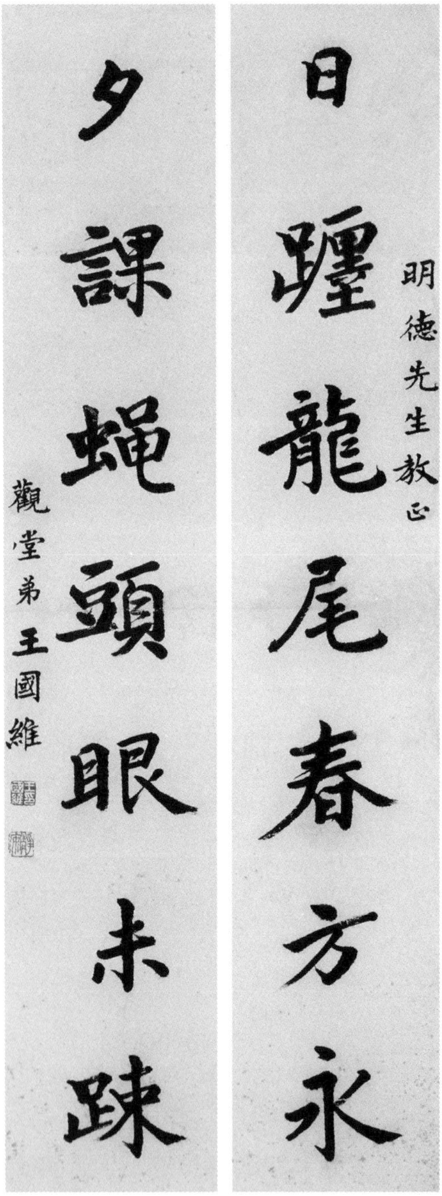

王国维手迹

王国维是晚清大儒，而且是我比较佩服的晚清两大儒之一：一位是沈曾植，一位是王国维。这两位晚清大儒都学问高深，书法极好，都是保皇党，而且还都是浙江海宁人。在座的同学当中可能有一些浙江人，浙江这个地方了不得，王国维如果按照今天的标准，你回过头去看，七八十年前的很多人都能算国学大师的。但是鲁迅出来讲，要论国学大师，王国维是，其他人不是。鲁迅这么讲自有他的道理，王国维的《人间词话》虽然是薄薄的一册，却要让后来的学人“高山仰止”。在王国维身上，体现了一种诗人的灵性、一种哲学家的参悟力，还有美学家的审美判断力，这三者集于他一身。他是既有学养，又有性情，像这样的人是不多见的。

王国维曾经住在罗振玉家里，帮助罗振玉校勘古籍。这个罗振玉大家也都知道，他一般落款都会写“上虞罗氏”。上虞也在浙江，但是他并不是出生在那里，而是出生在江苏的淮阴。但是，他不忘祖籍，所以他的落款都是“上虞罗氏”。罗振玉也是国学大师。王国维曾两度到日本去，在罗振玉的家里帮助校勘古籍。那么关于罗振玉后来为什么宣传比较少了？这个跟他从事的政治活动帮助溥仪复辟有关。罗振玉和郑孝胥一样，郑孝胥学养也很高，他们是前清遗老。

罗振玉
（1866—1940）

王国维所处的时代，大家都知道是“西风东渐”的时代，中国社会处在激烈的变革当中，当然，它的最终结果之一就是清王朝的覆灭。改朝换代对很多人来讲都是痛苦的，王国维也是如此，世事的变幻让他感到无所适从。对旧政权的留恋可能是一方面，可是他更关心的还是他终身为之奋斗的国学。他敏锐地发现中国传统文化正一步步走向衰颓，而在他眼里，当时中国学术界则是麻木和迟钝的，他说这是“一叶知秋”，所以他很痛心，很伤感。一个人不能伤感，伤感就睡不好觉。昨天晚上我把这本小册子找出来，就没睡好觉，一想他 50 岁沉湖，我也 50 岁。

但是，从另一个方面看，王国维又不是一个消沉的人，不是一个故步自封的人，他是很有胸襟的。王国维认为学术不分中西，面对“西学东渐”的提法，他敏锐地指出，那又是一个“中学外渐”的时代。他说“时事在变，意象在变”，他认为那样的时代是学术研究自由的时代，也是最大发现的时代。同时，他还指出，学问不分有用和无用。这种态度就完全不同于我们今天有些人庸俗的实用主义哲学，都是挑挑拣拣的，觉着这个有用，那个没用。

刚才说，王国维在罗振玉家里校勘古籍，以此来补贴家用，看上去这个人应该是一个很学究的人。其实不然，王国维先生的情商和智商都不是一般人所能企及的，他是一个绝顶聪明的人，又是一个大从容、大自在的人。一个人要做到大从容还真的不容易，你想想，他慷慨赴死，却能够很坦然，这不是一种大从容吗？这种人生态度反映在他的学术研究上，那就是挥洒自如。这个不是看一两本书就能够学得来的，那是一种学术和人生的境界。

《人间词话》当中说，“古今之成大事业、大学问者，必经过三种之境界”。那么关于这种“境界”，王国维就在这本书上把它列了出来，他怎么列的呢？他选了三首词，用当中的某一句来表达某一种境界，他认为的人生和学术的第一境界是什么呢？他说是："昨夜西风凋碧树，独上高楼，望尽天涯路。"这首词是谁写的？晏殊，字同叔，北宋临川人（今江西省抚州人），他是小山（晏几道）的父亲，也是范仲淹、欧阳修的老师，北宋时代著名的婉约派词人。他 64 岁去世的时候，宋仁宗亲自给他办丧事，一个皇帝来办丧事是不容易的，因为他学问大，见识过人，而且他在做官的时候也是知人善任，很有政绩。他完整的这首词我给大家读一下："槛菊愁烟兰泣露，罗幕轻寒，燕子双飞去。明月不谙离恨苦，斜光到晓穿朱户。　　昨夜西风凋碧树，独上高楼，望尽天涯路。欲寄彩笺兼尺素，山长水阔知何处。"这是描述一种离别之情，王国维就用这样一句词来表达自己的一种境界、心境。什么心境？"昨夜西风凋碧树"，如此之凄凉，王国维一语双关，西方来的风，"西风东渐"，西风将绿树都吹黄了，而只有我（王国维本人）独上高楼。这个心境有点苍凉，因为那个时代是个中西文化大碰撞、大交流的时代。那么"望断天涯路"，就是望着国学或者中学研究的漫漫长路，王国维表现出一种学术追求道路上的悲壮。读到这里让我们感到很汗颜，因为我们今天做任何事情都比较功利，恨不得毕业了马上就能够发大财、评教授，恨不得能够一步登天，这是所谓第一境界。

关于第二境界，他也是用了一首词，这是柳永的词，"衣带渐宽终不悔，为伊消得人憔悴。"他做国学研究从来不后悔，这里有一种为了追求真理，甘愿牺牲一切的气概。在这里他把学术比作情人，"为伊消得人憔悴"，王国维借用这句话真是绝顶聪明，而且充满意趣，所以我们说他情商很高。当然，你们千万不要想着王国维是风度翩翩，其实他的外表很一般，个子不高，两颗牙还龅出来。不过有智慧的男人不看外表，要看才学。拿破仑个子也不高，却有智慧，法国当代总统萨科齐也不高。所以法国人也开玩笑，说法国历史上的帝王或者首脑有没有成就是跟他的身高相关的。可以说王国维的外表是平凡的，身材不高、貌不惊人，但他内心涌动的情感却是炙热的，他内心的情感很丰富，他的智慧是超群的。他没有那种贵族的气势，身后也没有留下任何财产。他留下的一点儿财产就是藏书，他在遗嘱当中把这些书交给陈寅恪和吴宓两个人来处理。陈寅恪也是清华大学国学院的四大导师之一，有人说吴宓也应该算，应该并称为五大导师，这个是后话。这是第二境界。

第三境界又用了一句词，"众里寻他千百度，蓦然回首，那人却在灯火阑珊处。"它出自辛弃疾的《青玉案·元夕》。辛弃疾是抗金英雄，很有骨气。他的《水龙吟·登建康赏心亭》一词中有"把吴钩看了"，这种气势多大，什么意思啊？他虽有一腔报国的热情，手握弯刀却报国无门，就是这样一种心境。

你把辛弃疾这句和刚才柳永的那句连贯起来看，你就明白王国维的意思了。他好像是在说寻找心爱的“美人”，你看“为伊消得人憔悴”。而到这个时候，他的心境又有变化了，是很悲壮的，叫作“众里寻他千百度，蓦然回首，那人却在灯火阑珊处。”他所要寻找的“美人”是若隐若现、隐隐约约好像在那儿。王国维实际上是说，在学术的海洋中，有种隐约可见的、神秘的东西正是他在不断追求的，他认为成功就在眼前了。王国维为此付出了巨大的努力，可是他的表达却又很委婉、很诗意，这是《人间词话》里面讲的三种境界。

我想，这样三种境界只有大学者才能体会得到，才能够领悟到。它富有意象，富有诗意，这种意象是一种内在的逻辑，这种诗意是一种人生感悟。王国维先生的“境界说”对于我们的启发，应该是毋庸置疑的，它也展现出一个学者应有的心气和抱负。记得张道一先生曾在给我们研究生上课的时候说过，当时台下坐了一批孩子，全是全日制的硕士。他说：“你们是学者！”底下这些小孩子就笑了，啊？我居然是学者？研究生嘛，研究生怎么不是学者？研究生当然是学者。

王国维这个人，在学术和人生中追求的这种境界，值得我们去学习。但是，王国维还有其他一些美德，譬如说这个人从来不不懂装懂，不像我们现在有些学者，懂了一门学问之后，他以为他样样都懂了，那就麻烦了，他就装神弄鬼了，人不可能样样都懂。现在我们招研究生已经招了很多很多，我一直开一个玩笑，我说以前我们这个研究生导师是专科门诊，譬如说这是口腔科，或者那是胸外科。但现在导师变了，什么病都要会看了，因为学生很多啊，他一会儿研究砖雕，一会儿研究什么平面设计，一会儿又研究木刻，好了，他就变成江湖郎中了。其实每个老师也都有他的专长，不可能面面俱到的，那么研究生教育质量的下降也是必然的。王国维从来都不会不懂装懂，有学生问他问题，如果他回答不上来，他会用海宁官话说：“阿拉不晓得！”他说我不知道的，你可以问某某人。我觉得这就是大学问家的品格。

他的人格高尚，让人心灵震撼，这种人格的高尚是一种大师的人格风范，当然，大师的人格风范有具体的表现。他临死前做的几件事情是值得我们玩味的。你们可以设想，一个人将要死去，他会死得如此之镇定、从容，没有这么高的境界是做不到的。他死得镇定，表现在毕业生的聚餐，他很坦然地参加，并没有让人感觉到他行将死亡。临死的隔夜，他照样很从容地接待了他的学生。走了以后，他写好了一封遗书，这封遗书是给他的三子王贞明先生的，这封遗书直到前不久才重见天日。为什么讲重见天日呢？因为这封遗书，他是放在自己的口袋里投湖自尽的。

这封遗书后来到了参加料理后事的他的学生容庚手里，这个人后来是中山大学的教授，古青铜器专家。1983年，容庚教授去世以后，他的家人把一批古物都捐赠给广东省博物馆，后来才发现了这封遗书。这封遗书仅仅是交代了他的书让陈寅恪和吴宓来处理，他也可能想到目前他的孩子衣食无忧："你们"可以暂时住到北京。这些他在遗书里都讲得很淡然。所以，这封遗书，他接待完自己的学生，就放在自己口袋里，他的那种镇定和从容是让一般人无法想象的。去世的前夜，他仍然把学生的作业批改完，而不是说明天就要死了就算了，批改好而且誊录清楚，登上成绩册。第二天，非常坦然地来到清华园，把这份成绩单交掉，交了以后，他跟别人借了五块钱，坐车子去了颐和园，很从容地准备去投湖了。走到半路上，他突然想起一件事情，他给学生谢国桢，后来的历史学家，写了一页扇面，在这个扇面上他将谢国桢称之为"国桢兄"，老师称学生为"国桢兄"，他觉得有点不妥。比如我们两人是平辈人，你尽管比我年轻，在古人那里我就要称你为"兄"，父亲的同事尽管比父亲小，都要称伯父，这是礼数，这是规矩。当时谢国桢是他的学生，他觉得似有不妥，是晚辈，所以他又从半道上回去，在这个扇面上又改为"国桢弟"，其实称谢国桢为弟也已经是很客气了，因为我是老师，称你为弟，那就等于我们是平辈人嘛！一般老师称学生可以"砚弟""学棣"相称。将扇面改好以后，返回再去投湖自尽。所以，他是何等的镇定，视死如归，没有一定的境界是做不到的。

后来人们关于王国维的死因有不同的看法，可以归结为两点。第一，他是为君殉节。这个君是谁？就是清朝皇帝。第二，他是为文化而殉节。从陈寅恪的角度来看（王国维的墓志铭是陈寅恪写的），陈寅恪认为王国维其实是为文化而殉节的，也就是说王国维觉得这个时代不需要他了。

其实王国维也蛮可怜的，清廷垮台后才任职"南书房行走"，一个五品官，我想大概相当于现在的厅级干部，也就是在皇帝身边写写文告，皇帝可能突然想到某一本典籍上写的什么内容，需要人马上去查，给他查清楚了，这是南书房行走的职责。王国维的忠君思想应该说是根深蒂固的，包括像郑孝胥这样的人，在他们身上都有传统文人的忠君思想。但这种"忠君"在时代进步的大势面前，可能就变成了愚忠，当然这是另外一回事。为文化而殉节，显示出他精神的高贵，"心气不可征服"，这是屠格涅夫的话，一个人的心气是不可以征服的。王国维正是这样一种大从容、大自在。某种程度上讲，王国维是以死抗争，这彰显出他精神的高贵，可以讲他是

梁启超　（1873—1929）

赵元任　（1892—1982）

为文化而殉节。

在王国维身上有一种气质，既是传统文人的气质，也是一种诗人的气质、哲学家的气质和美学家的气质。其实讲“气质”是抽象的，我一直认为这种状态是只可意会，不可言传的。气质从某种程度上来讲是一种“场”，有的人往这里一站，他就有一种“场”，王国维有这样的气质。

当然，王国维作为清华国学院的四大导师之一，他的去世是清华国学研究的重大损失。当时清华国学院人才济济，清华国学院的另外三大导师是谁？他们是梁启超、赵元任、陈寅恪。国学院四大导师人人都是声名显赫。

梁启超，我们都比较熟悉，他是近代思想家、文学家、政治家，广东新会人。他发动戊戌变法，追随过康有为。在戊戌变法之前，他与康有为一起联合各个省的举人，发动了“公车上书”。最好玩的是，CCTV 青年歌手大赛里面有个考察歌手文化素养的题目：“什么是公车上书？”那个歌手瞠目结舌，不知道什么是“公车上书”，还以为是公家的车载着书啊。梁启超做的文章大气磅礴，极具煽动性，他的文字创作是对桐城派散文以来文学传统的解放。他的家庭教育是很成功的，几个孩子都成就斐然。他的儿子梁思成形象一般，但是他的智慧和才华过人，是近代建筑大家。梁思成的夫人是林徽因，“民国”时期四大名媛之一，梁思成居然能够把林徽因追到手倒也不容易，林徽因是才女。当然对于判断 20 世纪才女，各人立场不一样，得出的结论也不一样。有人说是丁玲，丁玲当然是才女，她的一部《太阳照在桑干河上》描绘的是一个波澜壮阔的时代。但是林徽因很小资，是建筑理论家、诗人，写过一首小诗《你是人间四月天》。讲到梁思成、林徽因，越讲越远了，我们再回来，再把这艘“船”给摇回来。

赵元任，今天知道他的人少了，因为他 1938 年就去了美国，如果不去美国，我估计也逃脱不了历次政治运动的冲击。他是 1892 年出生，1982 年去世，著名的音乐家、语言学家、哲学家、作曲家。有一首著名的曲子《海韵》，就是赵元任作曲，他被称为“富于创新精神的学术大师”。

陈寅恪，江西义宁（今修水县）人，他留学过日本、游历欧美十余年，也是跟季羡林先生一样，研究梵文，后来归国，应聘清华大学。他是“中体西用”的推广者，也就是把国学的体制推广到西方去。他在中华人民共和国成立前夕南下到了广州，老年也是两眼不辨光明，多半是糖尿病并发症，所以你看陈寅恪的很多照片是戴副墨镜的。但是，他照样给学生上课，滔滔不绝、信手拈来。直到 1969 年去世。

国学大师当中还有一位叫作钱穆，无锡人，他是没有读过大学的国学大师，很厉害的。钱穆的故居在台北双溪东吴大学校园内，现在变为了一个景点。钱穆晚年也是双目失明，他 84 岁的时候开始口述，由他的夫人来记录，直到 92 岁完成了一本书，叫作《晚学盲言》。这本厚厚的巨著，我是经常拿来读的。他学问大，纵横开阖。我们现在这些老师们，要跟王国维、陈寅恪、钱穆这些人比，真是自愧不如。今天中午有个博士毕业的同学来跟我聊天，讲到钱锺书的《管锥编》，讲到我到中国艺术研究院去，要了一份他们开出的书单，其中就要求博士生读钱锺书的《管锥编》。这本书我坦率地讲，凭我们现有的中西学养，很难看懂。我想在中国国内能够读懂它的人也不会超过十个，《管锥编》共四本书，那真是涉猎古今、中西融通，有钱锺书这样大学问的人，现在已经很少。

陈寅恪中山大学故居

钱　穆　（1895—1990）

我们可以想象，清华大学国学院当时这么多的大师云集，这种风范对学生是一种感染。我以前一直跟同学们讲，其实老师在课堂上讲课讲多少东西不重要，重要的是要有某种启发，要的是一种风范的感染。

二、贵族精神与精神的高贵

我觉得，一个人品德、品位高不高，跟人的心气有关，跟人的精神有关。我要讲的就是读书人要有慎独的心气。我们从王国维的身上能够有所感怀，有句话叫作“入乎其内、出乎其外”，既要入乎其内，又要出乎其外，出乎其外才有高致。这里讲的贵族精神，不是讲贵族阶级，著名文艺理论家刘再复先生曾经在凤凰卫视讲贵族精神，对我很有启发，所以他的很多观点我把它拿来。现在讲这个话题，我们从王国维的心气、精神、人格进而延伸到我们所讲的精神的高贵，这是针对当下学术精神的粗陋来论的。在艺术创作和文艺批评领域，语言暴力、视觉暴力，甚至血腥、怪诞的视觉形象比比皆是，在这个时候我们来强调精神的高贵，我觉得有现实意义，当然也是一种美学要求。

（一）贵族精神

关于“什么是贵族精神”，人们有不同的看法，我结合其他学者的观点把它们归纳起来，总结为四点：

1. 自尊的精神

关于自尊的精神，哲学家尼采用了一种极端的表达，他公然宣称要在 19 世纪的最后一天死去。他的《善恶之彼岸》这本书，是对自由意志的充分肯定。当然，尼采的很多观点我们不宣扬，但希特勒是很崇尚他的。尼采提倡唯意志论，他认为不同阶层人的道德准则是不一样的，他把人分成上层、下层，甚至主张向下等人开战，这也不足取。但是尼采所强调的人的尊严，我却觉得是应该肯定的。在西方，你如果是贵族或者绅士，为了捍卫某种价值或者说尊严，必要的时候你会选择决斗。这是一种行为理念，他们认为尊严比生命更重要。如果说两个人都喜欢一个女人，他会说我们不要叫女人表态，我们两个人决斗，同时举枪，哪个中枪倒下，哪个就输了。西方贵族觉得这是一种绝对公平，能代表自尊的精神。

2. 原则的精神

一个人要讲原则，人与人之间也要讲原则。尊重自己，也尊重别人，就必须要讲规则。谁要违背规则，谁就失败了。但是恰恰在现实生活中，有的人就不讲规则，不按规矩出牌。讲原则实际上指公平原则，所谓公平原则就是要实行一种公正。贵族这种心气就在于讲规则，用我们今天的话讲，你如果要钩心斗角，你不要暗着来，要明着来，单挑也行，这是讲规则。因此我们会有很多人认为，西方人很傻。所以贵族精神的对立面是什么？就是流氓精神、地痞精神、无赖精神。那是无法无天，没有原则。

3. 低调的精神

一般来讲贵族有钱和有地位，但光有钱不代表你就是贵族，你还要有教养，要有学养。这是一种有限性，不唱高调。如何看猫有没有力量？会捉老鼠的猫就不叫，这个猫是有力量的，老鼠是没有力量的，因为它总吱吱叫。如何看大象有没有力量？有力量的，它的耳朵总是耷拉着的，它很憨厚；而小白兔的耳朵是竖着的，它没有力量。财大气粗，不是贵族，更谈不上贵族精神，正如现在我们看到某些缺乏教养的暴发户，总是满脸冒油、戴金饰银。财大气不粗，内敛、低调的奢华才是贵族。

4. 淡泊的精神

淡泊精神，我们可以将中国古代的隐士放进去，“大隐隐于市、小隐隐于野”，其实真正“隐”在闹市里的人才是高人。“小隐”是装腔作势，实则有时一时的“隐”是为了将来的“进”。争夺名利历来被士人看作是耻辱，我们推崇的是生活的平淡和滋味，把淡泊看作是一种高尚的人格向往。

讲到这里，我们从刘再复先生勾勒的贵族精神当中已经能够看出，所谓的贵族精神是一种精神高贵的要求，它和贵族阶级没有必然的联系。贵族精神不是针对平民精神的，它针对的是流氓精神和地痞精神。其实“人穷志不短”的也大有人在，我觉得这样的人精神就高贵。所谓贵族精神强调的也就是人格高贵。当然，我们今天要强调精神的高贵有点难度，因为沉静的状态没有了，我们都很浮躁，大家都很忙。一个“忙”字能够推脱掉很多问题：“哎哟，我忙！”其实不用这么忙，但是有的时候做不到，你要想回绝一次“狐朋狗友”的饭局还不太容易。

（二）精神的高贵

在现实社会条件下，你要“放任山水”几乎是不可能了，哪有时间让你闲散、逍遥啊？连我们的饮食都快餐化了。美国来了一个肯德基，带来的是物质的东西，其实它带来的是人们生活方式的一种改变。它对中国餐饮文化的冲击非常大，你们在座各位有孩子的都知道，西方餐饮对于孩子来讲很有吸引力。就像我女儿小时候，她的爷爷奶奶老是看她喝冷水：“哎呀，小姑娘怎么能够喝冷水呀？不能喝冷水的。”

我说你随她去，她从小就喝冷水的，她还喝不惯热水。垃圾食品她也吃了不少，现在孩子都吃膨化垃圾食品，还有什么肯德基、必胜客这一类油炸的食物。

我们的学术也快餐化，最典型的是“百家讲坛”。我首先要肯定“百家讲坛”有它存在的合理性，因为当下缺乏这样的文化载体。我们的精神已经被悬置了，在这个时候出现这样一个载体，我认为是好事。但是，出现这种载体并不代表国学的复兴，“百家讲坛”上讲的内容都不过是“蒙书”教育的层次，你们去看一百多年前的“蒙书”，也就是小学生在一百多年前要学的，如《论语》之类。不必说倒退一百年，即使只倒退五十年，能够把《三国演义》讲得很生动的人也大有人在，其实《三国演义》就是《三国志》《三国演义》以及其他一些笔记、唱本的糅合。我们可以回忆自己的孩童时候，大人给你讲“鲁智深拳打镇关西”，讲了一个晚上，那个拳头还没打下去。但是，“百家讲坛”有它存在的合理性，有积极的意义，因为我们当下某些人的价值观当中缺这些养分。我一直开玩笑，倒退一两百年，一个乡村教师到今天都是书法家，一个秀才到今天一定是国学大师，因为他们饱览四书五经。如果学术被快餐化了，精神被悬置了，我们强调精神的高贵，对艺术从业人员就显得更为重要。

表现在艺术创作上，有这么几个方面值得我们一起去思考：

1. 品格的高洁

屈原身上有典型的贵族精神，他的《橘颂》就反映出这一点；普希金也是典型的贵族，他的《致诗人》强调一种精神的高洁，这是人的内在品性。

2. 精神的雄健

讲到精神的雄健，要讲讲中国历史上的嵇康，鲁迅最崇拜他，这个人的心气也是不可征服。有一次他的朋友劝他出山来当官，要举荐他。为此，嵇康跟他绝交，说你这人怎么搞的？你让我去当官？他把当官看成是很庸俗的事情，不像今天某人当了一个乡长，他的亲戚都“鸡犬升天”。嵇康就对他的朋友讲：“何所闻而来，何所闻所去。”跟他彻底绝交。这种精神的雄健也表现出嵇康自尊的精神，他的行为和他的思想是一致的。他后来上断头台，也是视死如归，临死前的一曲《广陵散》成为绝唱，他死后也就没有人会弹了。在西方，英国大诗人拜伦，投身于希腊民族解放运动，也非常强调精神的雄健。

3. 心气的骄傲

心气的骄傲指人体现出的一种气质、气度和风范。我前面已经说到，屠格涅夫有一句名言叫作“心气不可征服”。举个小事例，苏州有个知名企业家，有一次我们学校组织校庆，他也是董事，我们在苏州人民大会堂吃饭。他跟我搭讪，搭讪过程中，他有一个举动让我颇为不满。他喊他的司机，也不知道是叫阿五还是阿三。“阿五啊，你把我的名片拿来。”名片拿来后，那个阿五没有把名片给他，就直接在桌子上每人发了一张。我连名片拿都没有拿，这种行为一点基本的礼数也没有。你做你的企业家，我做我的大学老师，“心气不可征服”。在社会上会有很多人讲，李超德你是院长，怎么怎么了不起。其实我真的不认为这个位置有多重要，过两天你可以没有它，你还是一个普通的大学老师，要有这样的一种心境。

4. 理想的卓越

当然，这个理想，有人生之理想、有艺术之理想。所谓“理想”，是对未来事物的想象和希望。也可以说是对某个事物最完善的观念境界。在高校从事育人工作和学术研究就是要讲理想，教育就是被理想而支撑着。理想的卓越与否，直接关系到人生的成长和品格的高下。理想就是在精神引领下，对未来社会和自身发展的向往和追求，是人们世界观、人生观和价值观在个人和集体奋斗目标上的集中体现，是对未来不懈追求所形成的学术动力和思想源泉。而理想的卓越，还定格在“卓越”二字上，人不仅要有理想，而且还要卓越，也就是说这个理想是超出于一般的，而且杰出的、出众的理想。

屠格涅夫之墓　（1818—1883）

诗人拜伦　（1788—1824）

5. 道德之完善

讲道德的完善，先秦诸子百家，早就有论述，现代意义上的道德是社会意识形态之一，它是人们共同生活及其行为的准则与规范。通常情况下，道德又是通过全社会和一定的阶级的舆论对社会起到调适和约束作用，而且以善恶评价的方式调整，人与人之间及个人和社会之间关系的行为规范。完善二字更带有伦理学意义，道德的高下，本身是一个完备美好的过程，这是讲的道德的完善，意指使人的道德水准趋于完美的用意。

6. 艺术的精致

这是一种精神气质的表现，法国有三个“主义”：古典主义、浪漫主义、现实主义，优秀的作品必然是几个因素的综合。拿绘画来举例，达维特的《贺拉斯兄弟的宣誓》精神高贵，为了国家，为了集团的利益，为了理想而战。德拉克罗瓦的《自由引导人民》是心气、精神融为一体。

讲到这里，大家一定理解了贵族的精神与精神的高贵，你是不是贵族其实不重要，但精神一定要高贵。这涉及作品的品性、品格和品位。但是我们也要看到，很多作品精神被悬置了，它是空洞的。这和一个人一样，有没有内涵一看就看出来了，单纯漂亮的外衣没有用的，必须要有内涵相依托。有时庸俗化的东西在当下找到了天生合理的解释。经典艺术和平民艺术居然在屏幕上对立起来，而草根艺术胜利了。“二人转”是典型代表，平民艺术、“二人转”本来就有它的应有地位，这没有问题，但要命的是有的“草根”实际上是“伪草根”。如果真是草根艺术也还应该鼓励，我们讲野草之美，这也是一种美。安娜·卡列尼娜的美和村姑的美都是美，但是用一种“伪草根”艺术去替代经典艺术，我觉得这是时代的悲哀。

三、艺术学生的学术素质与学术训练

艺术学院的学生既要倡导“高峡出平湖”的浪漫主义情致，又要培养脚踏实地的现实主义作风。一个艺术学生一定要有情致，没有情致是搞不好艺术的。讲得通俗一点，就是要有“腔调”，没有“腔调”不行的。绘画学生有绘画学生的腔调，设计学生有设计学生的腔调，音乐学生有音乐学生的腔调。其实在我们学院里面，一般老师凭借他们的举止和外表，你就能分辨出一二。绘画的教师基本属于不修边幅的，当然也有像陈逸飞那样非常讲究的人，不是说没有，不能讲绝对；设计教师比较注重细节，包括他们的衣服，里面的色彩关系等，像以我们姜

自信而骄傲的德拉克罗瓦
（1798—1863）

老师为代表的，如果穿了紫罗兰色的衬衫，从里面“兰”到外面，有这样一个系列，一看就是搞设计的；史论教师一般比较低调，因为强调内涵；音乐老师，通常表现欲很强，尤其舞蹈教师往那里一坐，一条腿就支在那边，两只眼睛骨碌碌地转，这是跟她的职业相关的。

但是我一直认为，在我们苏大艺术学院这样的氛围当中，不管老师也好，学生也好，都要有一种大的视野、大的境界。因为老在苏州说秀气，秀气到最后整天看小虫子、小鸟，那是不行的。还是要有大的视野、大的气象，要有大的气魄，落实在专业上就是要有大的视觉，做出大的文章。我一直有这么一种担忧，这个担忧就是人们似乎总把苏州的传统艺术理解为隽永的雨巷、咿咿呀呀的橹声、城头落日、颓圮的篱墙，觉得这就是苏州。这个苏州是余秋雨笔下的“白发苏州”，

（清）徐扬《姑苏繁华图》局部

苏州的枕水人家

苏州也曾经“黑发”过！明清两代，这里是时尚中心，什么好玩的玩意儿、流行的东西都在这里，它曾经高度发达。它的粉墙黛瓦、古色古香的面貌是历史打磨而来的，不是说它天生房子就是歪的。所以对苏州的“时尚”，我们今天有许多人还都不可想象。

我曾经在一次采访当中讲，苏州有创意产业的基础，因为四五百年前，这里就是创意产业的中心。“崇祯帝后皆习苏样”，历代皇帝穿的衣服就是苏州的产品，这里丝绸牙行千百家，机杼之声通宵达旦。丝绸源源不断地往全国各地输送，甚至远涉重洋，有专家研究发现，洛可可艺术就受到中国瓷器和丝绸艺术的影响。虎丘每年都要搞曲会，我一直开玩笑说这个曲会就相当于现在的奥斯卡，是演艺人员大调演。洛杉矶的柯达剧院，每到奥斯卡颁奖的时候，整条街上都很热闹。故宫里各种珍玩、小玩意儿都是苏州人在做，檀香扇啦、牙雕啦。听说法国路易十六是喜欢檀香扇的，他那把檀香扇会不会是在我们苏州做的？可以说，历史上的苏州有文气，但并不小气，也是开放而且多元的。

（一）学术训练

1. 学术思维

学术思维首先就是大胆的质疑精神，每一位大学老师都应该有一种批判精神。每一位学生也都应该有大胆质疑的精神，应该有大胆的创新的思维意识。因为老师不一定讲的都对，老师也不是百科全书。我记得我在大学毕业的时候，一位老师知道我要留校，他说教我一个绝招，我觉得这个绝招蛮管用的。他讲以后你要当老师，可能会遇到各种各样的难题，因为你一个人教几十个学生，这几十个学生流行书刊看了很多，你李超德不一定全部看到。同学经常会提问题，如果提到的问题你不知道，你不要紧张，就告诉他，你这个问题提得很好，这个问题是我下节课所要重点讲的。我觉得这个很有道理，因为一问倒蒙住了怎么办？更何况现在是网络世界，海量信息更是多得不得了。我再给大家谈个体会，我第一次上讲台，备课备得很认真，备了至少有两个多小时的内容，结果上台20分钟全讲完了。紧张、语速又快，讲得满头大汗。但是，慢慢地做老师时间长了，也就应对自如了。我后来发现，有一点很奇怪，你的备课笔记写得越详细，这个课讲得反而越不好，我觉得这是从有法往无法的必由之路。

学术思维就要大胆质疑，不一定老师讲的都对，就像我现在和大家讲的时候一样，你们也可以质疑我。

2. 学术规范

其实我理解的是一种科学的治学态度，艺术家也要有科学的治学态度。如果你进行创作或学术研究，对于在座的学生而言，你们主要从事创作，创作里面也有学术的含量，你的品性的高洁从哪儿来？它是一种思考的凝练，是一种体悟，表现在创作形式上。针对理论研究而言，我们强调的是一种严谨的治学态度。对实践层面而言，是形式和技法的探索。其实画画的人，蛮痛苦的，为什么讲痛苦？当一段时间以内，你在形式上得不到突破的时候，你会很痛苦。有的人画了一辈子也没什么进步，画僵掉了；有的人一直在变，他经历着思考，他有斗争。所以余秋雨就讲过一句话：“艺术的最佳状态是业余的状态。”这是他在一次讲座当中讲的，我很认同。当然这个认同是有语境的，其实当你把它作为一种业余状态的时候，你的心就释然了。就像我画画一样的，我跟人讲我从来都是画着玩玩，专业教书，业余画画，你们不要捧我，因为我是业余画着玩玩的。其实到最后画不在于形式，而在形式之外，作品内涵一定是这样显现的。

3. 学术训练

所谓学术训练，就是要树立一种良好的思辨意识，要有解剖麻雀的精神与方法，以点揭面，这是一种训练。研究生都有课程论文，课程论文是学术训练的一个重要环节，每个学校由于学风不一样，它的要求也不一样。像我们这样的艺术学院强调人文，但是在其他的综合性工科大学当中，对学术的训练强调实证。我在东华大学有兼职，在那里我也教授学生，我觉得我也从东华大学学到了不少东西，因为这是一个工科院校，工科院校的学术训练有工科院校的长处。东华大学有两篇论文让我印象深刻，我甚至把这两篇论文带回来给我的学生看。我对学生讲，你们不要看不起这篇论文，我觉得这篇论文对你们来讲会很有帮助。

这两篇硕士论文，一篇论文是讨论马面裙的，马面裙是什么呢？我们不学服装的不知道，它是清代妇女系在腰间的裙子，前有一块绣花条块状挡着的，就是这样的裙子。有专家说马面裙从晚清到民国，随着时间的推移，它的下摆是由低到高的。这个研究生通过对 170 多条裙子和 300 多张照片的研究基数分析，得出了一个结论：从晚清到民国，马面裙的下摆长度没有变化，仅此而已，这就是他的结论，也就推翻了之前专家的意见。我做答辩主席，答辩结束之后，我跟他导师讲，这篇文章要给我，我认为这篇文章可以评优秀论文。这就是一种实证训练，在做研究前先确认研究基数，所讲的任何东西是通过实证来解决的，不是信口开河。我们许多研究人文的喜欢信口开河，所以我们文科大学到工科院校里面，有我们吸取他们长处的地方，你讲的任何东西都要有出处，你的引证材料在哪里？你为什么得出这个结论？这是一种学术训练。

东华大学还有一篇论文，我觉得也是有启发的，它是研究敦煌的一幅壁画，这个壁画只有五个人。在我们有的研究生心目中，只有五个人的壁画，你让我写一篇硕士论文很难，但是这个学生写了，他考据了这五个人的服饰，最后得出的结论是，三个人服饰有出处，另外两个人不清楚。你们看，做研究只要有一点突破，这就是成果，这就是实证。

4. 学术视野

所谓学术视野，对艺术家来说非常重要。我领会的是，先要眼“高”，不管是绘画，还是设计，眼界首先要高，眼高才会手高。我们经常会听到批判某一个人，说这个人眼高手低。我说这个逻辑是没有问题的，反过来你见过眼低手高的人吗？没有的。首先要眼高，然后才能手高，好东西要多看，尤其对设计专业的学生而言。

我一直开玩笑，连自己都没“设计”好，你怎么去为别人设计呢？一些人口出狂言，说要给别人“设计一种生活方式”。很多服装设计师心气很高，那我就讲得更坦率一点，你都不知道贵夫人是怎么生活的，你给她设计什么晚礼服？难道在连衣裙上加两朵花，那就是晚礼服了？生活的态度、趣味、体验决定了你的眼光是否“高”。

有一次我接受一个采访，采访结束之后，这个记者告诉别人说：“李超德老师居然说‘设计是一门奢侈的艺术’。”对啊，这个我没有说错啊，你想想设计怎么不是奢侈的艺术？每一位设计师对待自己作品的态度都应该是苛刻的，如果说没有这样一种精益求精的奢侈态度，没有一种对细节苛刻的要求，你还做什么设计啊？当然“精致”也不能搞得极端了，一个男人变成女人那就麻烦了，一“精致”搞成女性化了，这种情况在服装设计领域里比较多。跟女孩子讲话当然要轻声细语，当然要柔弱，你不能讲“把衣服脱下来！”这个肯定不行的，你要讲请你怎么怎么样！尤其许多化妆师是女人气的，小兰花指要往你脸上拍，就要轻轻地拍。只有眼高，手才会高。

5. 学术的境界

我在讲王国维的学术境界时已经讲了，总结归纳起来，他有三个境界：“悬思”“苦索”“顿悟”。所以王国维讲，“古今之成大事业、大学问者，必经过三种之境界”。我们总结归纳这么多东西，学术就是要讲学术思维、学术规范、学术训练、学术视野、学术境界。

（二）学术素质

对于艺术工作者而言，我认为还有三个素质要我们去体会：

1. 情感素质

因为任何一个艺术家，不管是激情满怀，还是哀怨，他都必须充满着感情，因为美的东西关乎情感。你的心头要有点“发热”，你才有创作的冲动，当然这个情感素质，除了自身对生活的热爱以外，你还要关注社会，我们不能站在火热的生活边上无动于衷。在生活当中，我们要培养一种生命的感动，这对艺术家来说很重要。现在很多人都在谈论房子，房子越买越大，我对这种行为并不认同。当然，这不是因为我没有别墅，就“酸葡萄”。

我认为房子再大，不一定就是“家”。那么家是什么呢？家可能是妈妈的一手好菜，可能是夕阳斜照下凌乱的书房，可能是春天里阳台上那只懒洋洋的猫。家跟人的生命情感有关联，家是能让你获得感动的地方。当然，这年头一些暴发户式的富人往往没有这种家的概念，因为他的心灵被悬置了，所以他无法获得这种感动和归属。所以我说房子虽然大，但也不见得就是家。而且我认为这种生命的感动，有时可能就来自家中的某一件物品，它能够唤起你对家人、对亲情的一种思念和眷恋。

有一件令我感动的事情。1984 年我去江阴老家，当时我的外祖父已经去世，我就想去看看他的老房子。这幢老房子建于明朝，村上的一位族人领着我过去。老房子门关着，屋顶已经有一处地方坍塌，屋子里面长出了茅草，蜘蛛网悬挂着，环境很凄凉。我想进去看的原因是，也许以后不会再来看了，我就想在这幢房子里面带走一样东西。后来在一个灶头上我找到了一只瓶子。因为所有的那些坛坛罐罐都很脏，只有这只瓶子看上去光亮一些，这是一个青花扁瓶。拿了以后我就在河里洗干净放进了包里。这个瓶子在我手上已经快三十年了，瓶子后面还有一个补丁，我的母亲还清晰地记得这个补丁，抗日战争爆发的那一年，冬天特别冷，瓶子里面放着水，结了冰，就把这个瓶子给崩裂了，所以母亲叫了一个补碗匠把它锔补起来了。后来我给懂古瓷器的人看了，这只青花扁瓶是乾隆时期的，它现在就放在我家的博古架上。

对于一个家来讲，我和外祖父能够对话的东西，就剩下这只青花扁瓶了，外祖父的肉体消亡了，我心中会思念他，但是可见的东西就剩下这样一只瓶子了。那么家对于我来讲，真正重要的是这里有一些和我们的生命、情感相连的物品。这是我要讲的情感素质，对于一个艺术家和设计师来讲，这种素质是非常重要的。

2. 科学素质

对艺术家和设计师而言，科学素质也很重要，尤其对现代人而言，我们离不开科学素质。科学发明不仅改变了科学本身的发展方向，它也改变和扩展了人们的思想领域。现在还会有多少人写书信呢？很少。我以前一个同事收到一封法文的信，他不懂法文，拿来给我夫人翻译，哪知道这是一封法文的情书，他把他们的秘密都贡献出来了。现在还有多少人写情书呢？科技的发展改变了人们的交流方式，情书已经被网络邮件和手机短信所取代，鸿雁传书已经成为美好的回忆。

启蒙思想运动是近代化的开始，对人的生活方式的改变是巨大的，这里我想推荐大家看一本书，《科学之书——影响人类历史的二百五十个科学大发现》，这本书是山东画报出版社出版的，它不仅描述了具体的科学发现，还指出了科学发现所依据的思想，指出了个人品质与科学发现之间的关系。这本书很厚，里面还指出了植物的性别，你看看蛮有趣的，植物是有性别的。其实我们也知道植物有性别，有的桃树只开花不结果，石榴花也是，它也是有公母之分的。再譬如讲广义相对论、狭义相对论等，这些东西都会对你产生影响。对于做设计的人来说，科学素质是不可或缺的。

我一直认为设计不仅仅是装饰，我们要培养的设计师应该是知识结构全面而系统的人才，所以我特别反对中学里开设特色班。它的代价是牺牲了一个少年应该获得的完整的高中教育，使他的知识结构存在欠缺。比如说，作为一个环境艺术设计师，你考虑的将不仅仅是装饰，你还要考虑如果今天有 70 个人，他们将会吸进多少氧气，呼出多少二氧化碳，空气在什么样的时间内才能流通，如何对人的身体有益。但是我们的设计教育中不重视科学性，就像我们现在一进到一些商场就头昏，为什么呢？缺氧！商场是封闭的，到处都是镜子，照得你头昏，眼睛都看花了。我尤其不喜欢到绕城高速公路、互通立交桥，那里的灯光搞得你眼睛都看不见，很容易让车子撞到路边。在当今时代，一定要强调科学素质，因为它关系到人与自然的和谐。这就涉及当今设计学的两大前沿性问题，一个是生态设计，一个是设计伦理，这两个问题是有关联的，我在以后的讲课当中会深入地探讨这个问题。

这里我想推荐两本书，一本叫《自然与人文》，这本书的主编是苏州大学文学院的鲁枢元教授，他是研究生态文学批评的，很有名气。他在这本书中梳理了中西方自古至今对自然与人文的论述，这种工作不容易做的，我觉得可以看一看。还有一本诞生于 20 世纪 60 年代的著作，叫《寂静的春天》，作者是蕾切尔·卡逊。这本书描写了一个春天的小镇，神秘的疾病突然袭击了这里的生灵，鸟儿不再唱歌，一切归于沉静，这是很可怕的。这本书出版以后，对美国政府影响很大，引发了美国以至于全世界对环境保护事业的关注，联邦政府开始禁止在美国本土使用杀虫剂。美国前副总统艾伯特·戈尔，在他还是学生的时候，他的母亲就推荐他看了这本书。后来他做了政府官员，当他重读这本书，感觉到很惭愧，觉得自己有责任做点什么。

愈演愈烈的地球污染

所以他拍了一部片子，叫做《难以忽视的真相》，这部片子不是聋人所闻，我们的地球是那么的脆弱。这种对于生命的责任感，对于外部世界的了解应该是所有人都需要具备的素质。而一个艺术家的精神世界，更是离不开对人文的关怀，需要培养自己的科学认知素质。尤其是在当下，人与自然的和谐、自我身心的和谐、对于他人的关注，以及人与自然的共生，这都是艺术家所要关注的。

3. 个性素质

所谓个性素质就是指培养艺术家独特的个性，艺术只有唯一性，真正的艺术不可以集体创作。因为每个人看到的世界是不一样的，也许我看到的世界很灿烂，有些人看到的就很丑恶，这反映出每个人独特的个性和经历。学习艺术和设计的人，心胸要开阔、要从容、要淡定，不要急吼吼的。我有时看到有些学生总是急吼吼的，做什么事情恨不得老师今天就必须答应。

挥洒自如，宠辱不惊，是我们向往的一种境界。除此之外，一个人做人还要诚实，诚实是艺术家应有的素养，人不能总是被谎言、虚浮包围。我举个例子，现在有些人是只为参加沙龙而生活，当然懒散也是一种生活方式。我认识这么一个所谓时尚中人，有人采访他，问他来参加这个沙龙目的是什么？他说我不为什么，我只为来跟人打个招呼。你们说这个人怎么这么无聊。

总结起来看，现代社会对一个人素质的要求是全面的，你有再大的学问，但你很邋遢，不顾别人的感受，总归不入流。置身于公众秩序当中，要懂得礼数，做人做事要矜持，行为举止和感情的表达都要适度，不大悲大喜，不喜形于色。这一讲我围绕着学术精神、学术风范和学术训练，为“艺术美学”这门课做了个开场白，有一点我想强调：心气不可征服！心灵干净了，视觉就干净了！心灵丰富了，艺术也就精彩纷呈！

蕾切尔·卡逊 （1907—1964）

艾伯特·戈尔 （1948— ）

第二讲　何为艺术与艺术之死亡

这个题目听起来比较刺耳，当然我们也可以这样说：何为艺术与艺术之终结，这样讲可能要平和一些。我讲这门课无意要构建《艺术美学》的缜密的学术框架，我的课程每一讲都是一次讲座是要从某一个节点上来探讨一些问题，这是带有研究性质的。我并不强求每位同学都能接受我的观点，我只是提出一些问题来启发大家去思考。

一、艺术的定义

（一）艺术的词源与词义的演变

一个词汇在历史的发展进程中会逐渐改变它原来的含义，这很正常。今天关于“艺术”一词的理解，实际上是近代以来的事情。“艺术”这个词当下的含义和它在两千多年前的含义之间存有鲜明的差别，有趣的是当时的西方和中国，“艺术”的含义都更加接近于“技艺”“技巧”，而没有我们今天所赋予它的美学意味。

我们首先从“艺术”这个词的词义来追溯，这个词的英文是“art”。英国有一位美学家，叫做罗宾·乔治·科林伍德，他也是哲学家、历史学家和考古学家。根据科林伍德的考证，“art”这个词来源于中古拉丁语“ars”，这在古希腊文化当中有表达“技艺”的意思。而且他所探讨的“art”似乎和我们今天所指的艺术无关。当时的艺术通常指的是木工、铁工、外科手术等，专指技艺类的或者专门技能的工种。这个词在古希腊人和古罗马人那里，没有我们今天所赋予它的那些美学含义，这些美学含义的诞生是很晚的事情。

其实，美学是一门既古老又年轻的学问。说它古老，是因为我们可以在两千多年前哲学家的典籍当中找到关于美的论述；说它年轻，因为这是18世纪西方美学运动之后的事情，当德国哲学家鲍姆嘉通以“审美学”命名一本书的时候，美学才真正诞生。所以在中世纪以前艺术指木工等技艺，和我们今天所说的艺术似乎无关。我们可以来回顾一下，在西方的教育当中，被称之为“七艺”的是哪些？它们是文法、修辞、辩证法、算术、几何学、天文学、音乐，这就是古希腊时期的“七艺”。在春秋战国时代的中国，我们的教育当中也有被称之为“六艺”的技能，它们是礼、乐、射、御、书、数。其实“六艺”和“七艺”，有很多方面是相通的。

由此可见，同样在人类社会的两千多年前，一个在西方，一个在中国，对于技术和艺术，他们的认识基本上是一致的。它其实是指某种技艺的东西，甚至到了文艺复兴时代，它的词义依然如此。譬如说莎士比亚的剧作《暴风雨》中有个人物，叫做普洛斯彼罗，他脱下自己的法衣的时候，说了这样一句话：“Laytheir my art.”在中古英语里面，它的意思是：“躺在这里吧，我的法术。”他把“art”看作是法术。我们从词义、古代希腊、古代的中国春秋战国时期来追溯所谓的艺术，它是和技艺联系在一起的。“六艺”也好，“七艺”也罢，它是和技艺、手艺紧密结合在一起的。一直要到文艺复兴，艺术这个词的意义，才产生了一些变化。但是，即使是文艺复兴时期，和古代希腊时期相比，词义的变化也不是太大，因为文艺复兴时期艺术家还把自己称作工匠。米开朗琪罗、达·芬奇都把自己当作工匠。尤其是米开朗琪罗，有着健硕的身材，一生未婚，长期为梅迪奇家族卖命。甚至有的书上描写，他像一个石匠一样地生活着、工作着，他的身上散发出一股酸臭的味道。所以今天我们认为文艺复兴三杰之一的米开朗琪罗，在当时是被当成工匠的。达·芬奇是全才，他不但是个画家，还是个工程师，而且还是城市的设计者，佛罗伦萨的下水道都是他设计的，他还设计了许多机械装置。这些艺术家在当时往往被看成是工匠。

直至到了17、18世纪，美学的概念才从技巧和技艺的概念当中分离出来。这里值得一提的是鲍姆嘉通，他在1758年以“审美学”命名了自己的一本著作，是他推动了美学从哲学当中分离出来。18世纪后期，这种分离越来越明显，它开始成为一门独立的学科，并由此确立了优美的艺术和实用的艺术之间的区分。所谓“优美的艺术”不再是指精细的或者高度技能化的艺术，而是指我们今天所说的美术。正如科林伍德所说，一直到了18世纪，美学问题和美学概念才从关于技艺的哲学当中分离出来。从强调“术”到强调“艺”，人类走过了一个漫长的过程，这个漫长的过程也是人类心智积淀的过程。从技艺到艺术，再到赋予艺术以美学的含义，时间的跨度非常之大。可以肯定的是，今天我们所认识的“艺术”，它是西方18世纪美学运动的结果。但是，艺术在中国的发展似乎又有既相似又不同的轨迹，我们可以在以后的课程中加以讨论。

（二）艺术的定义

所谓“艺术”，从狭义上讲，它可能是某一个作品、某一种技艺。比如音乐的演奏（如钢琴、小提琴等），它既可以指某一种技艺，也可以指某一个作品。如果从广义角度来定义，“艺术”就是指通过塑造形象，具体地反映社会生活，表现作者思想感情的一种社会意识形态。

艺术是一种社会意识形态，当我们肯定这一点以后，进一步要明确的是，艺术是以一种什么方式来呈现的？因为艺术必须运用一定的物质文化载体来宣扬，比如材料、工具、书籍等，而一定的物质文化载体又必须赋予其以特定的文化指令，这个时候艺术才能呈现。例如同样是一只碗，赋予它的文化指令不一样，它所承载的内容也就不一样。乞丐的碗，在“文明人”看来，它的内外在属性都有了变化，它可能含有细菌，和卑微联系在了一起。但是，如果这是一只皇帝的洗脚盆，它的性质又改变了，因为皇帝用过两年，它就变成了文物，是高贵的象征。这就说明，每一件物品都是被赋予了文化指令和符号意义的。画家也差不多，所谓“地方名头”与“全国名头”也是一种指令，苏州的画家就是指苏州的地方画家。所以有人讲要想出名就要到北京，在北京出了名，那你就是全国出名。这些名头所显示的文化属性与象征意义当然是不一样的。社会意识形态是需要物质文化载体来承担的，艺术作品不是悬置的，不是空洞的，它需要一定的物质载体来呈现。油画需要用油画框、布、油画颜料，表现的题材是需要糅合在这样一个指令当中的。

艺术的定义还可以从多方面来进行论述，比如造型的、视觉的，因为造型、视觉和艺术有着密切的关系，当然，音乐和旋律有着密切的关系。关于艺术美学，在座的都是学造型艺术和设计艺术的，我侧重讲的是造型艺术，艺术往往被界定为一种意在创造出具有愉悦性形式的东西，艺术要给我们带来愉悦，即便是悲剧，事实上也是一种精神性的陶冶，它可以从更深层次启发和感染人们的灵魂，因而它也是具有所谓愉悦性的。

二、艺术的起源

艺术的起源和人类的起源密切相关，没有人类就没有艺术。我在讲《设计美学》的时候一直跟同学说：“当原始人拿起一块石头砸向另外一块石头的时候，设计就萌芽了。”

人类的美术史，实际上也是人类文明史的一个侧面。不管是人类学博物馆，还是美术馆，都会收藏、陈列古代的器物，譬如说原始人制作的石器。原始人从打磨石器的过程当中体会到了体积、形式的力量，所以艺术的起源和人类的起源

旧石器时代的石质工具

王朝闻　（1909—2004）

是紧密结合在一块的，也可以说艺术是人类社会特有的现象。有人说动物也存在美感，中央电视台播放的《动物世界》，充满许多拟人化的描述，这误导了我们。其实王朝闻在 1984 年出版的《美学》一书中已经驳斥了这一点，他认为动物存在的不是美感，是基于声、光、色的动物的性感。我看到王朝闻这本书的时候，不禁会心一笑。他有这样一句话：娇凤鸟长得比麻雀漂亮，麻雀不会因为娇凤鸟长得比麻雀漂亮而拜倒在娇凤鸟的石榴裙下；癞蛤蟆也不会因为青蛙的漂亮而去追求青蛙，这是物种的特性所决定的。这个意思就是讲动物是不存在美感的，美感离开了人，就无所谓美与不美，所以审美和艺术创作活动是人类世界特有的现象，只有人类才有真正反映自身情感的艺术。

从猿到人的进化，人类的诞生，为艺术的发生提供了基本的条件，人类的整个机体和器官也是在这个过程中得到进化的。眼睛本来是有功利性的，借用一句哲学性的语言："功利性的消失，非功利性的呈现。"意思是说，人的眼睛最初是很功利的，这个功利是什么？原始人为了捕捉猎物，他需要一双慧眼，他的眼睛显然是非常功利的。而随着人类社会的演变、进化，这种功利开始慢慢消失，而使得他的眼睛逐渐变成能够欣赏形式美的眼睛。原始人投掷石块的手臂，它有力量，也有功利，这是为了能拿起弓箭、拿起石头来狩猎。但是，现代人的手臂，能够拉小提琴，能够从事绘画创作，从一种纯功利性到非功利性的呈现，它成为能够创造形式、创造美的手。耳朵也一样，传说中有"顺风耳"，耳朵也是很功利的，眼观六路、耳听八方，耳朵能够听得很远。但是耳朵不纯粹体现这种功利，现在还能聆听音乐，音乐是心灵的一剂良药。汽车里有汽车里听的音乐，半夜有

沉醉在作品中的斯特拉文斯基
（美籍俄国作曲家 1882—1971）

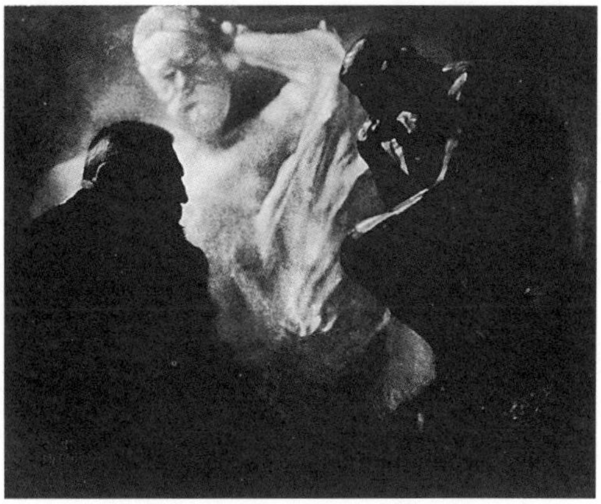

罗丹和雕塑（斯泰肯　摄影）
（法国雕塑家 1840—1917）

半夜听的音乐，每个人的生活阅历不一样，审美趣味不一样，他会选择不同的音乐，有人喜欢古典，有人喜欢蓝调。年轻一点儿的人听的可能更加时髦一些，小女孩听“东方神起”，之前我从报纸上看到“东方神起”演唱组要解散了，也挺可惜的，那几个像瓷娃娃一样的男孩也不在一起了，“天下无不散之筵席”。

欲求、思维、情感、想象和其他人类内心活动，它们与艺术的起源都有很大的关系。当然，与艺术起源相关的观点很多，比方说“理念说”——柏拉图、黑格尔是它的倡导者和引领者；“言志说”——艺术是为了抒发自己的一种志向，尤其是写诗歌。再比方说“模仿”“潜意识”，艺术反映某种潜意识，具有移情一说。又比方说艺术起源的“游戏说”“巫术说”等等，艺术的起源有多种多样的说法，我选择其中四种最有代表性的，也是跟我们观点最接近的理论来做阐述。

（一）艺术起源于劳动

这种观点的代表人物是俄国的普列汉诺夫，他认为劳动先于游戏，劳动自然也在艺术之前，先有劳动后有艺术，人类社会最初的艺术是从劳动当中得来的。因此，劳动不但创造了人，也创造了人类的艺术，譬如原始社会中的节奏来自原始人的劳动。在工地上，尤其是一些使用重体力劳动的工地，而不是现代机械化施工的工地，工地上有人打夯，打夯的节奏是跟劳动的节奏相配合的，如“嗨哟、嗨哟”之声，音乐其实就来自于这种劳动的号子，它会减轻人的疲劳感。划船的动作也是有节奏的，它也是按照一定的节奏来协调的。再如赛龙舟，一定是船头一个人打着拍子来划龙舟的，他要用节奏来协调大家的划桨行动，提高划船动作的效率，实际上这样一种劳动的节奏就是艺术的雏形。

“艺术起源于劳动”反映出普列汉诺夫的历史唯物主义观点，具有历史的进步性和一定的科学性。因为只有劳动才能创造人，而只有人类的诞生，才会有艺术的诞生。艺术和劳动是密切联系在一起的，劳动锻炼了人的大脑，促进了五官感觉的形成。“劳动说”的核心价值观是可取的，但是“劳动说”在一定程度上忽视了人的心理活动。因为艺术还是一种情感活动，人类心智的成熟和情感的完善，对于艺术的产生也具有无可替代的重要意义。所以“劳动说”也是有缺陷的。

（二）模仿说

“模仿说”也是一种关于艺术起源的学说，它认为艺术来源于对外在世界的模仿，它将人类的模仿行为看作是艺术创作的一种基本方式。这种学说具有朴素的唯物史观，它反映了艺术起源的一个侧面，它的代表人物是古希腊的亚里士多德。

其实模仿也是人的天性，艺术起源于人的这种天性。画家用造型语言来模仿自然；歌唱家用声音来模仿自然；舞蹈家用姿态来模仿自然；诗人用语言来模仿自然；剧作家用行为来模仿自然……他们的创作意识和原始素材都是来源于外部世界的，原生态的歌唱有许多就是模仿山里的鸟鸣的。当然，现在那种“伪原生态”的演唱和舞蹈就另当别论了。这种艺术形式上的模仿，它们之间存有三点差别：即所用的媒介不同，所启用的对象不同，所采用的方式不同。

这一学说历史悠久、影响深远，在传承中有发展。从古代希腊到 19 世纪，都有代表人物。古希腊时期有亚里士多德，文艺复兴时期有莎士比亚、塞万提斯，启蒙运动时期有狄德罗、莱辛和歌德，19 世纪有别林斯基、车尔尼雪夫斯基。他们创造并发展了“模仿说”。别林斯基在《论文学》中就讲过：“艺术是现实的复制的任务，不是修改、不是美化生活，而是显示生活实际存在的科学。”①这本书还是我二十四五年前读过，所以我把它摘录了下来。车尔尼雪夫斯基也说：“艺术的第一目的是再现现实。”②“模仿说”最终走向了自然主义，也可以说是走向了现实主义。模仿说和艺术是社会生活反映的说法，存在着某种相通之处。我们以前在学习艺术理论的时候，经常听到的一句话是艺术是社会生活的反映，现在讲艺术的定义的时候，也提到了这句话。它是通过形象来具体地反映社会生活，表现作者思想感情的一种社会意识形态，艺术所要反映的是社会生活，这就是模仿说的含义。

---

①别林斯基，《论文学》，新文艺出版社，1958

②车尔尼雪夫斯基，《生活与美学》，人民出版社，1957

（三）游戏说

这一学说的代表人物是席勒，他是 18 世纪德国启蒙文学代表人物、文艺评论家。席勒认为模仿固然重要，但模仿并不是艺术产生的根本原因，他认为人类从事艺术创作真正的动机是为了游戏。很多从事艺术创作的人其实都有一种游戏的心态，他觉得好玩就画着玩玩。所以余秋雨认为，艺术的最佳状态是业余的状态，他觉得业余状态下的人身心比较放松，事实也确实如此。进行绘画实践的人都知道，只有在这种放松的状态下，才能做好艺术。这么看来，“游戏说”还是比较有说服力的。

学者们还认为，游戏实际上是人类审美观念的一种表现，而审美观念的产生是人类从根本上脱离动物的标志之一，动物没有审美观念，而人却有。当然，在《动物世界》节目中，赵忠祥的解说往往把动物行为拟人化了，但要注意，其实动物是没有美感的。

席勒认为：“游戏是创造力的自由变现。”游戏的本身就是目的，它和物质需要没有太大的关系。人除了劳动之外，他还有余力，因此他用这个余力去从事艺术创造活动。当他投入到这么一种游戏当中，艺术就产生了。席勒的这个理论有合理的一面，为什么呢？因为游戏强调的是人的游戏冲动，是人的过剩精力的发泄，从这个角度来理解艺术还是有他的道理的。因为一个人如果连生存状态都没有办法满足的时候，他是没有余力来从事艺术活动的。就像一个人非常饥饿，面对一桌丰盛的晚餐，他不可能以一种静观的状态来欣赏这桌子菜的色、香、味。他得要有余力，要有这么一种过剩的精力发泄的地方，艺术就成了这个替代物。“游戏说”还是比较符合考古发现所印证的原始社会艺术活动的某些实际情况的。“游戏说”强调了审美观念的产生是人脱离动物的标志之一，但是“游戏说”侧重于从生物学和生理学的角度看待游戏的冲动和艺术的发生，从而否定了原始社会当中游戏的实用价值。所谓的“游戏”对于原始部落而言，并不仅仅是一种消遣和愉悦，它还有实用价值。但是“游戏说”在一定程度上，又把艺术同社会实践隔离了开来，从而忽视了艺术的社会意义。

事实上，在原始社会的初期，人类艺术的审美功能和实用功能往往是合二为一的。并非所有的游戏都完全摆脱了功利，艺术也不可能完全脱离具体的社会内容，“艺术起源于游戏”这一学说也是有缺憾的。

是游戏，还是艺术？

游戏是人类的天性
（杜瓦诺 摄影）

约翰·克里斯托弗·弗里德里希·冯·席勒（1759—1805）

（四）巫术

“艺术起源于巫术”，在西方的艺术文论中，是流传最广的观点之一。因为每个民族几乎都经历过巫术图腾崇拜这样一个时期，这一学说的代表人物是英国著名人类学家爱德华·泰勒。在原始人的观念当中，人与自然存在着一种神秘而又灵性的联系，通过这种联系，人可以为自然所感应，自然现象有它的神秘性，使双方可以发生一些不可名状的变化，因此我们的祖先都经历过图腾崇拜和巫术信仰这样一个时期。譬如原始人用赭石来增强自身的力量，他们还用红砂石来涂抹死者，希望死者能够复活，因为新生的婴儿周身就是红彤彤的一片。有的人要保存自己的头发，以免敌人得到它之后加害自己，他认为头发中存在着某种灵性和神秘性。于是，原始人为了让自己和自然的神秘灵性之间产生某种感应，就要借助于一种媒介，这种媒介可以是绘画的方式，也可以是雕刻的方式，于是艺术就这样产生了。

其实，在历史发展演变的过程中，巫术中的一部分已经变成了科学，一部分变成了民俗，一部分变成了宗教，还有一部分变成了迷信。现在年轻人结婚，尽管要举行西洋的婚礼，但是还少不了老年人在闺女陪嫁的床铺里放上红鸡蛋，这就是从巫术演变成的民俗。再比如说，新人要吃莲子汤，这是为了“多子”。还有一些巫术活动发展到今天成了迷信，有些地方的一些神汉，到你家里来捉鬼，拿着火钳点了一把火，在你堂屋里面跳来跳去，嘴里面还哼唱着，其实这是一种诱导人的活动。巫术活动从某种意义上讲有类似艺术活动的诱因，从而影响人的情感。

应该说，“艺术起源于巫术”是一种很有影响的论调，因为原始人确实存在着巫术图腾崇拜的行为。为了部落的繁衍，他们会在特定的时间里开始装饰图腾，然后会围绕着部落图腾舞蹈、歌唱，展开一系列的活动。这一过程显然具有强烈的艺术的诱因，因为它能煽动人们的感情，它和人类在绘画、舞蹈、歌唱等活动中所表现出的兴奋、快乐和冲动简直如出一辙。巫术究其本质而言体现了原始人的心理活动，从这个意义上看，巫术的发展推动了原始人的心理活动的发展，所以图腾活动是具有社会意识的活动。

中国人有很多的图腾，龙啊、凤啊，还有其他的。1984 年我去苗寨采风，在那里生活过一段时间，这个寨子民风古朴，风景也很优美。传说苗人的图腾是“盘瓠”。据说“盘瓠”是一条狗，苗人就崇拜“盘瓠”。还有少数民族崇拜山洞，为什么呢？其实当一个偶然性的事件发生以后，人们会觉得山洞是他们生命延续的地方。一个女人有可能跟她的男朋友在这里交合，她不知道男女结合以后会怀孕，

是巫术，还是民俗，其实难辨

澳洲原住民

所以她认为是进了这个山洞才怀了孕，有了孩子，她就对这个山洞进行崇拜。

而崇拜凤的部落，据说是因为天上一只鸟蛋掉下来被她吃了，她怀了孕，所以她就崇拜凤。今天凤凰被我们看作是女人的象征，其实在远古时不是，它代表一个部落的信仰，是龙部落打败了凤部落，凤部落成为龙部落的附属。诸葛铠老师是研究图案的，他讲这个讲得最透彻。人们围绕着图腾载歌载舞、顶礼膜拜，实际上已经把巫术和艺术融为一体了。巫术活动中充满着艺术活动的诱因，这种艺术的诱因发展到今天，在宗教活动和迷信活动当中都能够看出来。因为巫术活动就是要影响人的情绪，其实很大程度上是一种心理活动。当你走过坟墓，你就会毛骨悚然，这是一个心理活动。

关于艺术的起源，我们已经讲了很多，主要的观点有这么四个方面：劳动、模仿、游戏、巫术。当然，在弗洛伊德的理论出现后，还有一种说法，那就是"潜意识说"，他认为艺术起源于人的潜意识，这个话题我会在后面当代艺术部分说到。艺术是一种移情，因为人的潜意识当中有一种性的冲动，一般情况下它是被抑制的，它就需要借用某种媒介来发泄。

二、艺术的本质和艺术的分类

（一）艺术的本质

艺术的本质是什么？“艺术是物态化的审美创造。”我们至少可以从三个方面加以认识。

1. 艺术是人类创造的

具有创造能力是人与动物的重要区别。马克思曾经讲过，人与动物的区别在哪里呢？它在于人类自由自觉的活动。因为人的心智成长，和动物有着根本的区别，它在于人的本质力量的对象化，或者说是人的本质力量的感性显现。通过改造自然，人类把自己的一种本质力量显现出来，而动物的所有活动则是遵循着动物的本能活动在进行的。老鼠要打洞，小鸟上树做巢，这是它的动物本能决定的。人却不一样，人在漫长的演变过程当中，之所以能从猿进化成人，就在于他不仅仅能够打洞，而且能够上树，甚至今天人还能建隧道、乘宇宙飞船到月球上去，这就是人的创造力，是人改造自然的能力，这是人跟动物的本质区别。所以艺术只有人类才能创造出来，因为人具有非凡的创造能力，这是人与动物的根本区别。

2. 物质创造是人类最基本的活动

为了满足人的生存，人就不断地改造自然，不断地创造产品，物质创造是人类的基本活动。同时艺术在人的创造活动当中，也占有重要的地位，因为人不仅仅要满足自己的温饱，还要陶冶自己的性情，所以艺术就有了它应有的地位。

艺术是物态化的审美创造，这里有两个层次：首先，艺术是人类的创造；第二，艺术是人类的审美创造，因为没有人，就无所谓美与不美。我们面对质疑要反问：离开了人，美的标准又是什么呢？达尔文曾经认为动物也是有美感的，王朝闻先

毕加索作品《公牛》

古代虎形饰物

生在他的书籍中驳斥了达尔文的这种观点。达尔文有种族歧视的心态，他把动物和几内亚的黑人类比，而这是他作为西方殖民者的立场所决定的。其实动物的那些具有美感意味的活动，只不过是它的本能活动。孔雀开屏并不是像我们想象的那样罗曼蒂克，而是为了向配偶展示它漂亮的羽毛，相反它是基于一种性力量的展示。孔雀开屏是美的，但还有一些动物的活动又是不美的，至少在人类看来是不美的。比如春天到了，猫要叫春，尤其像这样的校园里面，半夜到处是猫叫春的声音，猫叫春的声音就不美，所以说一些看上去很美的活动其实是动物本能的活动。一条狗，在十里之外就知道哪个村庄上有一条母狗，这是基于它生物的本能。

人的情感却很丰富，人对自然界，人对其他的生物，以及在人与人之间，都有情感的交流。当然，这种情感时常处在变化之中，它很复杂。由于性情、时间、地点变了，一个人对同样的东西产生的感觉就不一样了。比如大海，如果我们站在悬崖边上，置身于安全状态的时候，我们会赞美大海的雄壮，赞美它的惊涛拍岸，认为它表现出了一种气魄和力量。但是如果今天将你往太平洋里一扔，大海跟你的对象性关系就产生了变化，就很可怕，大海就成了魔鬼。一只老虎，放在笼子里面，你会站在它的旁边罗曼蒂克地欣赏，你看它的肌理多么多么美好、它的体格多么雄壮。但是，如果把老虎放出来，放在“景阳冈”，那么这只老虎和你的对象性关系就变了，人的心情就会变得很复杂。当我们置身于山川之中，如果你此时的心情是愉悦的，你看着山川也就觉得愉悦。如果你的心情是抑郁的，那么

林怀民作品

同样的山川，你看着就像是“泰山压顶”“山雨欲来风满楼”，这说明人的情感是复杂的，而美感是人类独有的情感体验。艺术是人类的审美创造，离开了人无所谓美与不美，标准也没有。

3. 艺术是物态化的审美创造

人需要一种载体来呼应心灵和思想，艺术就是这种载体。音乐靠旋律，文学靠语言，绘画靠材料，一定都是要通过一种物化的东西来承担。艺术的本质是物态化的审美创造，它离不开人，离不开人的审美创造。

（二）艺术的分类

艺术分类的方法不同，可以分为表演艺术、造型艺术、语言艺术、综合艺术。

1. 表演艺术

表演艺术至少包括音乐、舞蹈、戏剧这样一些门类，苏州大学艺术学院虽然很小，但是也有音乐和舞蹈。教美术、设计的老师尽管都是研究艺术的，但和研究表演的老师相比还是有个性的差异。音乐系的老师，特别是从事歌唱表演的音乐老师，就像一只漂亮的鸟，一站下来就开始梳理自己的羽毛，比较注重自己的形象。音乐是在时间当中进行的，它的媒介是声音，它的特点是动态的过程。在这个动态的过程当中，重要的是节奏和旋律，从而来表达一种情感活动，它是最能够打动人心的艺术形式之一。舞蹈则是通过人体动作，再辅助以人的表情，来创造艺术形象。绝不是对通常人类行为的再现和模拟，而是对人物内心和生活的一种表现，舞蹈是高度提炼和程式化的语言。《红色娘子军》中的“常青指路”，他把脚踮起来，一只手往前面一指，这就是一个高度程式化的动作。

2. 造型艺术

造型艺术通常就是我们所说的美术，绘画、雕塑都囊括在其中。造型艺术的语言是非常丰富的，它融合了色彩、线条、体积、肌理等多个方面的内容。再现生活和自然是造型艺术的一个重要职能。在照相机没有发明前，绘画所承担的任务是非常重要的，它能记录重大历史事件，把一刹那的事情变成永恒。

音乐是表现性和表情化的，而美术则是善于刻画人物内心的情感与表现艺术家个性的。罗中立有一幅画叫做《父亲》，这幅画最开始的时候题目不叫《父亲》，而叫《我的父亲》。他表现的是大巴山区的一个朴实农民，罗中立运用现实主义的表现手法描绘了这个农民。后来评审的时候，有的专家提出来，认为叫《我的父亲》太狭隘。靳尚谊先生建议把“我的”二字拿掉，就叫《父亲》，他是中华民族的父亲，坚毅、任劳任怨，这就显示出一种更为丰富的内涵和宽大的胸怀。

罗中立作品《父亲》

今天的罗中立依然在画农民，只是大异其趣。

它所表现的人物性格不再是一个个体的某个人的父亲，而是一个属于全民族的“父亲”。当时又有专家提出，这幅画没有突出它的时代性，只是画了一位很质朴的老农。所以后来罗中立在这个老农的耳朵后面又“插”了一支圆珠笔。这幅画对人物形象、性格与气质的刻画非常成功，它成为那个时代油画创作的典范。

俄罗斯19世纪批判现实主义绘画的代表流派是“巡回画派”，它记录了那个时代俄罗斯的苦难，到现在我们很多画家都有俄罗斯情结。《美术》杂志曾经有一年连发了多篇褒扬俄罗斯巡回画派的文章，这和当时的主编王仲先生有很大关系，因为在他的身上有着强烈的俄罗斯情结。我们这两代人身上也有这种情结，我们从小学学画的时候，能看到的东西，包括我们老师的作品，就是俄罗斯绘画的“二传手”。我的老师是丁兆成教授，他是60年代初南京师范大学毕业的，退休前他是南京艺术学院教务处副处长，他带我去徐明华教授家里去看素描，都是灰色小块面。大概前年我还碰到徐明华教授的女儿，我就跟她讲，我到过你家看过你父亲的画，你父亲那时候的画全都放在“床肚”里面。她问是哪一年，我说是1978年。

苏联时期的绘画也取得了很大成就，应该说俄罗斯19世纪批判现实主义和巡回画派的作品，已经为苏联时期绘画奠定了很坚实的基础。19世纪俄国现实主

苏里科夫作品《近卫军临刑的早晨》

义绘画的代表人物包括克拉姆斯柯依、列宾、苏里科夫，后者的《近卫军临刑的早晨》，让人一看到就会产生激情。其实人的感情除了一种性情和情感的陶冶之外，某种程度上讲跟他对文化的崇敬和敬仰也有关。我在台湾地区看到过当地一位著名雕塑家的遗作展，他善于用不锈钢表现，雕塑这种艺术形式，在他那里真可以称得上是一种凝固的音乐。

3. 语言艺术

说到语言艺术，我们可以谈谈小说，在国内它一度曾是很大众化的艺术欣赏活动。现在读小说的时代似乎已经过去了，但在我上大学的时候，是很流行读小说的。

大学时代很流行读苏州作家陆文夫先生的《美食家》，这里塑造了一个典型的苏州寄生阶层人士的形象，名叫朱自冶。他每天一早起来要吃头汤面，要去泡澡堂。在那个物质相对比较贫乏的年代，他自己还出去找乐子，找吃的。所以，不管陆文夫自己能不能烧一手好菜，但是在《美食家》里面，他所描写的这个主人公绝对堪称烹饪大师，这就是语言的艺术。陆文夫在 20 世纪 50 年代还曾经写过一篇叫做《小巷深处》的小说，也是写的苏州，写的是一个妓女的改造，怎么样使这个妓女在新社会将封闭的心灵打开，写得也非常生动。还有一位作家，叫做汪曾祺，就是京剧《沙家浜》的编剧。“四人帮”倒了之后，他还受到点牵连。这个人其实是一位非常了不起的文学家，他的文字特别有意思，可以说是很有诗意的。我曾读过他在“民国”时期写的一篇中篇小说，描写的是在一个颓败的园子里面，两个表兄妹的畸形之恋，语言艺术运用得炉火纯青。

关于语言文学艺术，现当代有几位是值得一提的：茅盾、巴金、鲁迅、徐志摩、戴望舒，他们都堪称语言艺术的大师。戴望舒有一首《雨巷》，刊印在大学语文课本里：“我撑着油纸伞，独自彷徨在悠长、悠长又寂寥的雨巷，我希望逢着一个丁香一样的结着愁怨的姑娘。她是有丁香一样的颜色、丁香一样的芬芳……”大家想想，倒退个七八十年，在这样的环境中写出这样的诗，让我们今天仍然对他怀着一种崇敬，这就是语言的艺术。

陆文夫　（1928—2005）

汪曾祺　（1920—1997）

戴望舒　（1905—1950）

中国古代留下了许多语言艺术的精华，唐诗、宋词自然不用多说。唐宋是中国古典诗词创作的高峰期，距离今天已经很远了，对它们的研究和传播就成了当代文化学者们的使命。在中国研究唐诗的高级学者中，我个人认为莫砺锋算一个，这位是南京大学教授。如果要谈研究宋词的专家，我首先会想到的是叶嘉莹，她是南开大学教授。她讲的宋词真的很有味道。我以往老是认为，宋词应该由南方人来讲，而且还要带一点吴语方言，在吟诵的时候会有一种韵味。但是，叶先生是一口“京片子”，她讲的宋词同样动人，这同样是语言的艺术。

中国古代有许多散文，一本《古文观止》写得都十分精彩，我最喜欢的一篇是欧阳修的《醉翁亭记》。文章开篇是这样写的："环滁皆山也。其西南诸峰，林壑尤美。望之蔚然而深秀者，琅琊也。山行六七里，渐闻水声潺潺而泻出于两峰之间者，酿泉也。峰回路转，有亭翼然临于泉上者，醉翁亭也。作亭者谁？山之僧智仙也。名之者谁？太守自谓也。太守与客来饮于此，饮少辄醉，而年又最高，故自号曰醉翁也。醉翁之意不在酒，在乎山水之间也。山水之乐，得之心而寓之酒也……"

叶嘉莹

这种语言写景非常棒，环环相扣，在座的都是研究生，其实读研最后要比拼的是综合素质。有一次研究生面试，有一位学生进来了，他三十多岁，是乡村教师，安徽滁州人。进来之后就自我介绍说，我来自滁州，我的故乡有琅玡山和醉翁亭，

滁州　醉翁亭

我从小热爱美术。他原本以为我会问他美术专业上的问题，结果我问他："《醉翁亭记》里面有一句'作亭者谁？山之僧智仙也。名之者谁？太守自谓也'，请问，这个太守是谁？"好像脑筋急转弯一样，他抓耳挠腮答不上来。我说这个《醉翁亭记》是谁写的，他说欧阳修啊，我说欧阳修在滁州做什么官？他说在滁州做太守啊。我说："对啊，这个太守不就是欧阳修吗？"

4. 综合艺术

电影、戏剧、电视都属于综合艺术。电影靠什么？靠蒙太奇镜头的剪接。它跟戏剧不一样，戏剧是靠现场一种情感的渲染，能够把人带入到这个情境当中，观众跟演员之间是要发生联系的，情感的交流是一气呵成的，戏剧没有办法像电影一样做剪接。而电影不同，譬如刺杀林肯总统的电影，一边是林肯总统很坦然、很从容地要出场了，一边是刺客马上要到，蒙太奇的镜头在不断地替换，而且还放着音乐，气氛烘托得很紧张。电影要通过技术的支撑来实现。现在电影技术的发展就更厉害了，再加上演员的表演更精湛，它是一门综合的艺术。

舞台艺术也是一样，比方说戏剧，我上大学时演过话剧。现在的话剧演员，我发现他们的功力不如过去的演员，老演员的嗓音条件都非常好，话剧的舞台上不用麦克风，话就能够传到很远，老演员的综合素养都比较高。当然，戏剧比较程式化，它主要是通过肢体的语言和口头的语言来表达。而电影演员细微的表情，只有通过电影镜头才能捕捉到，但戏剧演员不行，所以戏剧演员挥手也要大幅度的。我毕业之前演过一个话剧，叫做《到祖国最需要的地方去》，我在这个里面演的不是英雄人物，演的是一个思想落后的上海人，女朋友来看他，拖他后腿，这是综合的艺术。

5. 设计艺术

我们可以把设计艺术从艺术的一般分类中单列出来，其实它和造型艺术有关，它是造型艺术的一个方面。设计艺术在现代的条件下，显得比较特殊，它需要有技术的支撑、工艺的依托。它既要有视觉的张力，还要满足功能的要求，在这一点上它跟纯艺术又不一样。

三、艺术的价值

（一）审美价值

艺术作品的主要功能在于它的精神性，要让人获得身心愉悦，在精神上获得提升。审美欣赏是一种关照，是一种共鸣。人有好恶，人的审美也有好恶，有人喜欢大众艺术、有人喜欢经典艺术，当然，大众艺术和经典艺术也不矛盾，像钱锺书这样的人也看武侠小说，他很喜欢金庸的武侠小说，这是不矛盾的。但是通俗艺术就是通俗艺术，它不是经典艺术，将它倒置起来，我觉得没有必要。大众的审美需求是分层次的，艺术的价值首先在于它的审美价值。高尔基说："艺术的本质是赞成和反对的斗争。"赞成或反对，都是一种共鸣、一种关照。高尔基又说："漠不关心的艺术是没有的，而且也是不可能有的。"也就是说，在审美活动中，在这个关照中，始终贯穿着人的情感，人的情感起着一种主导的作用，或赞成，或反对。艺术家的个人情感通过他的作品得到社会承认，这就转化为一种社会的情感，具有时代性的标志。像这样的文艺作品也很多，比如说《四世同堂》，表现了一个时代的变革。现在有一部电视剧叫《蜗居》，里面有个宋思明，尽管表现的是一个腐败分子，但它实际上揭示了社会的某一种现象。我认为这部电视剧还是不错的，尽管这部电视剧我没有看完，但看到最后心里面对宋思明还是给予某种同情的。我倒觉得这个人很"男人"，考虑问题也考虑得比较周全，对他人有交代。所以说好的艺术作品既是艺术家自我情感的表现，又融入了社会的情感。

审美活动离不开情感，"景无情不发，情无景不深"，"登山则情满于山，观海则情溢于海"，这里面都充满着一种感情。罗丹讲："感情影响了我的眼睛，就是用感情的沉浸去观察对象。"所以我说："艺术是我"，为什么这样说？因为艺术是通过艺术家——"我"的眼睛去观察这个世界的，你把它表现出来以后得到人们的共鸣。艺术是强调个性的，它跟科学不一样，科学是强调"我们"，集体的力量，如果科学强调"我"，那这个科学一定是伪科学。有一个阶段，校园里很流行气功，

《蜗居》中的宋思明

罗　丹　（1840—1917）

罗丹速写作品《暹罗舞者》

而且很多知识分子相信。我们曾经接待过一个“大师”，长得瘦瘦的，两眼冒光，说起话来海阔天空、飞沙走石。他说自己的手掌心有道光，他问：“你们看见了没有？看见了没有？”有人居然说看到了，也有人照直说没看到，没有看到的就是你心还不诚。他还说他能改变导弹的轨道，你说荒谬不荒谬。

科学如果强调“我”，那么一定是伪科学；但是艺术却要强调“我”，因为不强调“我”，艺术就没有个性。艺术不主张集体创作，一旦集体创作，一般没有好作品。我小时候喜欢听广播剧，以前没有电视，我们家好像是 1978 年才买了一个木头壳子的电视，以前都是听广播剧。我印象很深的一个广播剧，描写了一个技术革新能手，如何如何地对技术进行钻研。剧中播到那天他要结婚了，新房都布置好了，大家都开始准备闹新房了，这个新郎官却不见了，然后大家就找啊找，最后播到他工厂的车间里面还亮着一盏灯，大家说找到了，他居然还在那里做技术革新。当时我就觉得不可能，现在想想就是反面教材。像这样的文艺作品，只能是为了“高、大、全”而图式化，不令人信服的。

以前还有一部京剧《龙江颂》，里面有个主角叫江水英，她有一个典型的造型，就是拿着一把铲子，摆出一个丁字步。我小时候就问过我妈："这个江水英怎么没有家呢？"在整个剧目当中，不知道她有没有丈夫、有没有孩子，她就是天天想着要给对面那个山上的村里送水，发扬共产主义风格。那么，像这样的艺术，就没有生命力，它所渲染的这么一种看似伟大的情感，却是一种虚情、伪情。

《龙江颂》剧照

当然，在艺术的审美当中，特殊的人物也是有的。在革命战争题材影片中经常能看到，一个战士在冲锋的时候中了弹，"啪！"倒下了，他又起来，撑住这个红旗。直到他的指导员到了他面前，战士掏出了他的入党申请书，最后还有党费，然后才牺牲了。就个体而言，可能有这样的人，但是后来它成为一种程式，所有的战士都是打不死的，都是要掏出党费才死的，那这就变成了虚情。艺术作品的感染力，就打上了问号。所以艺术要强调个人真实情感的表现，你在观察社会的时候是否是诚实的，是否是独特的，这很重要。因此，艺术的审美价值在于艺术家感情的独特性，在于它是否能为观众所接受。进而才能影响人、感染人，引发出人们情感上的共鸣，产生美感和愉悦。这就是艺术的审美价值，它要打动人。

艺术家的内心要有点发"热"，他们的情感往往比较丰富，因为在艺术作品中他要注入感情。艺术家有时候神神道道的，这可以理解。情感是能赋予艺术形象以生命的，使它能够丰满起来。所以我们在强调艺术价值的时候，它的审美价值是第一

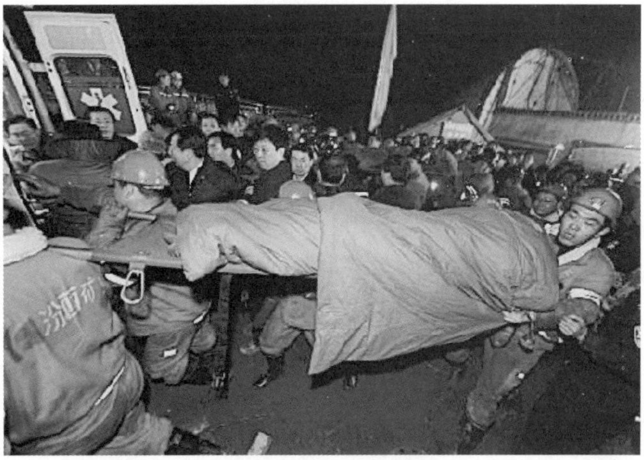

王家岭矿难救援现场

位的。今天的人尤其要培养对情感和生命的一种感动，就在于生活当中点点滴滴的积累。王家岭煤矿矿难中被援救出来一个矿工，我看见现场一个记者抓拍了另外一个记者的特写：就在那一刹那，记者的眼泪下来了，这是一种生命的感动，一种情感的自然流露。如果你是一个有心人，是一个电影导演，或是一个纪实文学作家，那么它就有可能成为你创作的素材。我相信王家岭矿难以后一定会被拍成电视剧或者电影，我相信这里面有很多故事，可能现在被掩盖了，以后会慢慢地发掘出来。

（二）社会的价值

社会的价值又包括认识的价值和教育的价值。

通过艺术作品可以认识事物，理解事物，尤其是在照相机发明以前，绘画其实是发挥了巨大的认识作用的。譬如讲历史风俗画，它们就记录了过往的时代，它能帮助你较为直观地认识那个时代，这不是文字所能替代的。再比方说《清明上河图》，就能帮助大家了解北宋汴梁城的市井生活，它生动真实地反映出那种繁华热闹的场面和那种熙熙攘攘的情态，这就是认识价值。

说到教育价值，那就更宽泛了，一部好的艺术作品可以激励你、鼓舞你、鞭策你，这都是教育价值。至于它的创作手法，有时可能是直白地揭示，有时可能就是象征，有时可能又是隐喻。油画《占领总统府》，这是陈逸飞跟魏景山合作的，那就是直白地描绘：中国人民解放军占领了南京总统府，它起到一种教育、

（宋）张择端《清明上河图》局部

陈逸飞作品《占领总统府》

宣传的作用。说到象征的作用，我们可以看德拉克罗瓦的《自由女神引导人民》，画家用一个青春健美的少女形象来代表法兰西不屈的精神，她带领着广大的民众奋勇前进，这是非常具有感染力和说服力的。还有一种隐喻的作用，你去看达·芬奇的《蒙娜丽莎》。画面本身并没有告诉你什么，但是画里面隐含着一种人文主义的价值观和理想，包含着一种对人的尊重，对理想的尊重。当然，有的专家认为这个微笑很神秘，认为里面包含的内容很广泛。其实研究蒙娜丽莎的人很多，靠研究这幅画生活的人也很多，一会儿研究说她眼睛有毛病，一会儿研究她是少妇怀春的微笑。

四、艺术之死亡

这句话不是我说的，我带来一本 1999 年出版的小书，这是我去香港理工大学做交流时在书店里面买来的，当时看了这个名字我就吓了一跳。《艺术死亡》，梁光耀著，香港人文哲学会出版。它是从黑格尔讲艺术之死亡切入的，又对美国学者丹托的“艺术之死亡”进行分析，讲到现代艺术的死亡。当然他也说，艺术之死亡听起来好像不怎么好听，他说也可以用艺术之终结这样一句话来替代它。

丹　托　（1924— 2013）

（一）艺术之死亡

我们来说说艺术之死亡。古典艺术的发展经历了从古代希腊罗马到文艺复兴，再到法国的“三个主义”。但到了19世纪的时候，古典艺术碰到了挑战。这个挑战来自1839年照相机的发明，它是一个分水岭，原本绘画所承担的再现功能正在被照相机所取代，为什么这么说呢？如果比画得“像”，照相机比画家“画”得更像。当然西方的写实油画也成就斐然，到西方博物馆转一圈会让你叹为观止。以前我没有看到过一些原作，我总认为一些原作很大，其实有些很小，有的只有20cm×20cm那么大。从头发到眼睛、到鼻孔，甚至到某一个手势，都画得非常之精到。还有一些绘制在怀表里面的情人的画像，也都画得非常精美，那是要用狼毫笔细细地、慢慢地画出来的，功夫到家了吧？当然，我们今天也不承认照相机能够完全取代绘画，但是当时的西方画坛在面对摄影术时的确搞蒙了，许多画家和艺术评论家都感到焦虑和困惑，这迫使他们开始重新思考绘画的本质和未来的走向。人们看待艺术的方式也自然有了新的变化。在某种程度上讲，古典的架上绘画正在失去它原有的光环，因此有人就开始说艺术死亡了，而且是黑格尔说的。这是一百多年前的事情了，当时大众的审美意识、审美习惯、审美经验，都经历了一场嬗变。当然，黑格尔所讲的“艺术之死亡”，它实际上是指在哲学上做形而上的思考，还不是现实意义上讲艺术的“死亡”。

约翰·斯麦特《袖珍自画像》
1797年作品

当然，艺术所满足的是人类永恒的精神和情感诉求，从这个意义上看，艺术是不会“死亡”的。所谓的“艺术之死亡”，不过是指某种艺术形式阶段性的终结，是新形式替代旧形式的发展过程，如此而已。在艺术发展过程当中，科学技术起到了推波助澜的作用。19世纪的技术发展带来的新鲜玩意儿不光是相机，到1877年留声机又诞生了，这就改变了人们欣赏音乐的方式。以前音乐欣赏都要把小乐队请进来，或者要到音乐厅里去。有了留声机以后，你可以坐在家里面欣赏音乐，当然，这个留声机跟今天的高保真音响是没法比的，高保真音响的音色、音质已经到了一种极致，你听听那100多万的顶级音响，一根针掉在地上的声音都可以听到。章子怡演的《十面埋伏》，如果用高保真音响去听，她长袖拂到鼓面上那种摩擦的声响，跟你在一般的影院、用一般的音响听到的感觉是绝对不一样的。还有一个值得关注的，就是19世纪末，电影技术也发展成熟了。它很快成为市民生活的一部分，给人类的艺术审美带来了更加宽阔的视野。据说卢米埃尔兄弟拍摄了第一部电影，叫做《火车进站》，当时在底下看的人都吓得逃出去了，他们以为是真的。

《十面埋伏》剧照

卢米埃尔作品《火车进站》剧照

再回到绘画方面，19世纪不光是摄影，当时光学的研究也推动了艺术家的创作。光学的发展让人们更加敏感于跳动的光线和变幻的色彩，印象派、后印象派等流派的诞生和光学有很大关系。当然，我认为印象派虽然重视外光，但它仍然是连接古典绘画和现代绘画的中间环节，在一定程度上它还承担着古典艺术的使命。

值得一提的是，这些印象派画家在题材方面有很大的开拓，他们中的一些人甚至敢于对抗社会舆论。像印象派前期的大画家马奈，他画的《草地上的午餐》就引起了轩然大波。绅士和裸女坐在草地上共进午餐，这被认为是大逆不道，拿破仑三世拒绝去看这个展览，皇后看到这个作品扭头便走，觉得害羞，其实所谓害羞也是虚伪的，法国宫廷的糜烂不言而喻。

莫奈的代表作品《日出·印象》表现出一种光感之下的朦胧之美，我在美国大都会博物馆看到了一房间的莫奈的作品，还有雷诺尔的《家》，以及西斯莱的风景画，我很喜欢西斯莱的风景画。从前期印象派的画家到新印象派的画家，到西涅克的点彩、修拉的“点彩”都带有理性的意味。国内有个阶段刻意地模仿这种风格，我们在学校里画水粉，都模仿过这种点彩派的画法。到了后期印象派，注重强烈色彩的对比，例如把一块墨绿色和一块橘红色放在一起，代表画家是高更，他向往一种原始的、东方式的自我表现，他甚至到塔西提岛上去生活，还娶了一个当地的女人。

莫奈作品　《日出·印象》

莫奈作品 《草垛》

但是，印象派、后印象派还是从古典主义那里而来，还承担着古典主义绘画的一些价值和理想。但是当杜尚把一个小便池搬进展览馆的时候，就彻底颠覆了人们审美的传统模式。达达主义艺术家和杜尚身上有着相似的东西，狂放不羁、天马行空，完全无视传统。达达艺术本来是诞生在文学界的，“一战”的时候，有一些欧洲的文学青年流落到了苏黎世，大家为了抒发自己的一种思乡情怀，就在酒馆里面放荡不羁地吟怪诗、作怪画，甚至抛洒粪便，表现出对传统的极端不满。很多人都荒唐过，但是他们中的有些人开始回归。年纪大了就不能再荒唐了，再荒唐就麻烦了，什么样的年龄该说什么样的话，你还是要有分寸的，要不然你就变成老不正经了。

马奈作品《草地上的午餐》

高更作品《玛利亚》

（二）为什么艺术面临死亡

讲到这儿，要来说一说为什么艺术到了现当代面临着死亡。从杜尚开始，他的艺术行为向传统的经典艺术提出了挑战，已经不满足于用传统的视角、两维的平面来展示一个新的时代，传统的画面形式也好，人物的性格刻画也好，都已经不是艺术所要承载的内容了，这个时候现代主义就诞生了。

现代主义的诞生有它历史的渊源，从古典的架上绘画到印象主义，到杜尚的小便池到波普艺术，再到今天的行为艺术，它逐渐从架上绘画发展到观念艺术，经历了一个思想和形式的裂变。杜尚的小便池是对经典艺术的嘲弄，波普艺术从商业性的活动当中得到了启发，它是对传统的背离。而观念艺术已经不局限于艺术家个人的表现，上升为一种哲学的沉思，黑格尔所说的艺术之死亡，恰好是这样的沉思。尤其到今天，艺术已经不仅仅是依赖于旋律、色彩、纸张这些介质了，它已经成为一种综合的媒体艺术。比如影像艺术，有一次我去看上海的一个双年展，里面有一个影像作品，叫做《从群众中来，到群众中去》。画面中投放了两个投影，一个是在做早操，一个是人流川流不息，所以叫“从群众中来，到群众中去”。你们看这就是当代艺术，它把观念性提到了我们面前，这个跟我们欣赏古典艺术差别极大。现在艺术市场上最热门的是现当代的艺术作品，古典作品反而很难卖到好价钱，除非是名家。

艺术发展到今天正在经历着一种审美的嬗变，“艺术的死亡”又是指传统艺术发展到我们这个年代，它能表现的可能性基本已经穷尽，它的发展已趋于停滞，而观念艺术的特点又凸显出来，你的写实艺术能比照相机表现得更贴切吗？因为它已经被穷尽。前面我们提到，艺术死亡的断言来自黑格尔，当然这个死亡也是

达达成员 1921 年的合影

杜 尚 （1887—1968）

一种隐喻。因为黑格尔认为，艺术的教化功能已经完成了，要让位给宗教和哲学。在这个意义上，黑格尔认为艺术已经死亡了，现当代艺术走上舞台的时候，它以观念艺术的形式出现，以观念的方式启发我们的思维。

20 世纪 90 年代初，徐冰有一件艺术作品叫做《文化动物》，大概在 1994 年的时候，我从香港杂志上复印下来的，我一直保留着，这是一件行为艺术作品。徐冰原来学版画，后来做装置和观念艺术，这件作品是他的代表作品之一。他的成名作是《天书》，是在长达数千米的纸上写了很多看似汉字，而实际上不是汉字的符号，就吊在展厅的天花板上。这件作品后来收藏在大都会博物馆。《文化动物》乍一看就是公猪骑在母猪身上正在做爱，这件作品怎么完成的呢？他把两头猪分别豢养，等到它们快要发情的时候，把它们全身的毛都剃光，然后在母猪的身上借用中国传统文字写下许多符号，是以老宋体的形式写的。公猪也全都把毛剃光，在上面写上西文的符号字母，但是拼不出单词。有一天他对外宣布要发布作品了，找了北京郊区的一个废弃的车间，在这个车间里用栅栏围成一圈相当于“猪圈”，地上铺了很多的书，然后就把有了“文身”的猪往中间一放。这两头猪正处于发情期，它们在众目睽睽之下，马上要做它最喜欢做的事情。这件“作品”令当时围观的人目瞪口呆，照相和摄录完成后，作品就宣布完成了，取名为《文化动物》。很多人写评论，其中在香港杂志上发表的《行为艺术是行为？还是艺术？》，讲得很透彻，当然是把它否定了。

有人说徐冰发表的作品惊世骇俗，让人们看到猪就想到了人，而且还是踩着一大堆的书在做爱。我对这个作品经过长时间思考，我还写过一篇文章。当我 2009 年和徐冰老师碰上的时候，我专门和他探讨这件作品，我说你的那件作品我

徐冰作品《文化动物》

徐冰作品《天书》

想了几年，我觉得你这件作品是对中国传统文化的一个反思，艺术作品始终是走在前面的，评论是滞后的，因为我觉得母猪代表的是一种本土文化，那个公猪代表着强势的外来文化。外来文化是强势地进入，反映了中国传统文化和外来文化的一种碰撞，是对传统的一种反思。他说：李老师，我表现的不是这么一个意思，我就表现一个文身的概念。我觉得艺术家很坦率，有的人会觉得你既然把我挖掘得这么深，我就讲是传统文化的思考。他居然讲我就是一个文身的标记，社会都有标记。我当时就没有话可讲，本来以为还可以探讨下去，这已经不是传统艺术的碰撞能够承担的，它上升为一种哲学的思考。

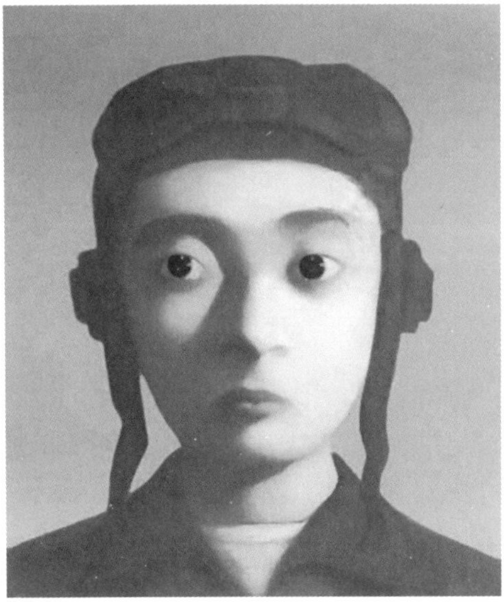

张晓刚作品

当代艺术现在正如火如荼，实际上正经历着一种审美观念的嬗变，但是我们处在一种矛盾当中，这种矛盾让我们很纠结。2001年的时候，我曾经在《美术观察》杂志上发表过一篇名为《有害的艺术与美学的困惑》的文章，我当时非常困惑，因为我看到一种现象：一方面，尽管传统经典艺术已有终结的趋势，但我们对它仍然抱有崇尚；而另一方面，当代艺术又发展到这样一个高度，已经成为不可阻挡的洪流。然而现实的情况却是当代艺术家们的作品往往不被理解，甚至被斥为“垃圾”。那我就要问这样一个问题了：同样是球，你用评判足球的标准去评判橄榄球，你说这个能公平吗？而足球呢，只可以用脚带球走，手是不能碰球的。但是橄榄球是可以抱起来满场跑的。观念艺术是哲学的反思，你不可能用一种传统的经典理论对它进行评判。如果硬要这样，就会南辕北辙，你说你的，我说我的，说不到一块去。因此朱青生在《美术》杂志上发表了一篇文章，干脆说需要我给你们上一堂“什么是现代艺术”的课，你们才有资格来谈现代艺术。

（三）当代艺术之关注

我们反过来说，现当代艺术它在关注什么呢？反思什么呢？现当代艺术所关注的无外乎这样几个方面。

第一，都市人文的关怀。现当代艺术热衷于展示这个方面，诗人的消失、闲情雅致的消失，使得现代的都市人更加注重人文关怀，这是一种美艳与温情，一种古典情怀的滋养。收藏为什么这么热？为满足一种古典的情怀，当我们强调人文情感的时候，那就是没有人文的时候，这时就会有一种伪人文出现。

第二，是乡土艺术的终结。因为现在社会在都市化，城市都市化、乡村城市化，现在很少能够找到真正的乡土艺术。这里的剪纸、那里的剪纸它还具有乡土气吗？有一个同学写了硕士论文，关于山东的剪纸和乡土文化，我一看就说剪纸都现代了，哪有乡土啊？乡土文化已经终结了。好多地方的农民画都是农民在文化馆里培训过的，这还乡土吗？这个乡土是“伪乡土”。

第三，对两性的困惑。这也是现代艺术所关心的内容，我们的道德和伦理底线似乎要瓦解。还有人类命运的思考，战争、暴力、恐怖、枪杀、绿色环保、资源浪费，地球还能承载什么？现当代艺术思考这些问题，很多行为艺术家在做这样的事情，一会儿把山体给它包起来，一会儿在雪地里裸体，一会儿让铁丝绞着自己在798工厂里面乱窜，这里当然有“作秀”，也会有“垃圾”，但又不完全是，当代艺术有时是在以一种极端的方式表达对人类命运的反思。

前不久我写了一篇约稿，本来约我写的是低碳设计，现在大家都在谈低碳、绿色环保设计，我跟大家唱的却是“反调”，大大调侃了一番。我认为现在讲低碳很虚伪，这种虚伪是办公室里小白领空想出来的，哥本哈根气候会议更加虚伪。北欧皮草风靡天下，优雅的时尚背后是对小动物的杀戮，你们看那些贵妇人脖子上围的皮草多漂亮，那是对小动物的杀戮，哥本哈根居然变成了环保的代名词，不虚伪吗？就像西方人一边吃着带血的牛排，一边说“你们东方人吃狗肉”是野蛮的。狗当然是人类的朋友，那么牛就不是人类的朋友了吗？牛天天在那里劳作，你还把它杀了，它还哭呢。

此外哲学家式的参悟与冥想，这也是现当代艺术要关注的，是一种宗教上的迷狂，在这个意义上说，传统艺术的手段已经穷尽了，它需要一种哲学家的反思。

这里有几本书我要介绍给大家，我觉得对大家可能会有所启发。

第一本《艺术死亡》，梁光耀著，香港人文哲学出版社。这本书主要强调的是现代艺术的发展是否已经进入了死胡同，尝试通过艺术的定义和评价问题的讨论，剖析艺术死亡的问题，尽管很薄，也没有滔滔几十万言，但我觉得还是值得一读。

还有一本《艺术必须死亡》，作者王南溟，上海书画出版社2006年出版。在这本书中，他讲了现代水墨的问题，新文人画语境的问题，它能给我们一些启发，换一种角度去看待当代艺术中的某些问题，你们也可以看一看。

张洹作品《给无名山增高一米》

扑杀海豹的加拿大人

穿着皮草的欧洲妇人

第三本书叫做《另类方法、另类现代》，作者是高名潞。他是旅美理论家，现在四川美院兼职。在这本书中，他讨论了现代艺术与中国当代艺术方法论。他认为中国当代水墨的危机是缺失方法论，因为现代新文人画实质上是伪绅士趣味，他还分析了现代物质的乌托邦在当代中国建构方法论当中的意义。

第四本书《西方现代艺术批评》是法国人写的，叫做让·吕克·夏吕姆，文化艺术出版社出版。他对西方现代艺术家的思考方式、批评方式作了阐述。在这本书中，他讨论了近代艺术的结束，现代艺术的开始。他提到近代艺术最后的三位大师，他们是波洛克、马蒂斯和毕加索，这三位大师走了近代艺术就结束了，观念艺术和行为艺术登上舞台了，技术性的艺术和艺术的未来：综合的东西、装饰的东西、影像的东西开始出现了。

第五本书，《新艺术的震撼》，美国人罗伯特·休斯，上海人民美术出版社1989年出版。

第六本书是康定斯基的《论艺术的精神》，在这个里面他谈到了形式、抽象绘画、点线面。康定斯基出身于富有家庭，他的祖父曾经被沙皇封过爵位，他的祖母是蒙古的一位公主，他的母亲是波罗的海国家的人，所以在康定斯基身上，是一种多种文化的组合。

第七本书，《理解大众文化》，美国人约翰·费斯克，中央编译出版社2001年出版。在这本书中，他谈到了商品与文化，谈到了大众，谈到了牛仔，谈到了政治，谈到了民粹主义，谈到了摇滚乐，理解大众文化。

最后再推荐一本书，《艺术之阴谋》，作者是浙江大学的黄河清教授。这本书你看了以后可以谈谈体会，我曾经直言不讳跟给他说你的观念太绝对，为什么说太绝对？他把现当代艺术的发生、发展都归结于中央情报局的暗中资助，这本书里面有三篇文章连续在《美术》杂志上转载过。黄河清这个人也是一个很绝对的人，他在巴黎第一大学一待十年。尽管他和我是朋友，但我不能同意他的许多观点。

何为艺术，何为“艺术之死亡”，没有定论。我仅仅把观点呈现给大家，因为现代社会是人人是艺术家，人人也不是艺术家的社会。

第三讲　美学是什么及美学与艺术的关系

讲关于美学和哲学的东西是很难的，要讲得既通俗又易懂就难上加难。

一、美学是什么

1. 美学不是通用的门票

我们常说“学以致用”，但美学的学习不会让你“立竿见影”，所以大家不要指望听完这一堂课就知道什么是美了。不仅我没有这个本事，就是朱光潜先生、宗白华先生还活着，也没有这本事。但是，我们还是要探讨这个问题，从根本上把握这个问题。

美学究竟是什么呢？有专家说它研究的是“问题的问题”“标准的标准”，也就是说它研究的是艺术和审美活动中那些带有根本性和普遍性的问题。当然也有人不认同这种观点，比方说自由主义哲学家约翰·杜卡斯。我觉得可以用这么个比方，美学好比是城市规划，它管的是这个城市有多少人口，需要有多大规模，哪里修路，哪里盖房子，美学像城市规划一样，只提供宏观的战略框架。至于框架确立之后，各个街区的房子具体盖成什么样，涂什么颜色，那美学是不管的。

当然了，这只是个比方，城市规则毕竟不同于美学研究。前者一旦成为法规，它就成为一种硬性的框架，那是要“管事”的。而美学却什么事都管不了，它是“形而上”，它只能是指导或者启发创作实践，而无法直接去干预实践。我这是借用易中天在演讲时作的比喻，对与不对，大家参考着听。

大家要注意的是，这里所说的美学不是通用的“门票”，美学研究和艺术创作实际上是两拨人的工作。一般来说，我们做设计、搞绘画的人往往更关注鲜活而具体的事物，更习惯于从感性的角度去思考、辨别，多半不会有人照着本美学教材去做设计，搞创作。一般来说，美学理论是建立在实践创作基础之上的，这里既是先后顺序的问题，也涉及个别和一般的问题，绘画、设计、音乐、戏剧无不是如此。

你去看绘画史，看艺术流变史，始终是先有实践、流派，然后才有理论、批判。

设计也是如此，先有潮流，然后理论家才给予总结。当然，我这么说也不是绝对的。当年“包豪斯”一开始就有一份宣言，把他们的宗旨和目的讲得清清楚楚。《共产党宣言》，也是先有纲领，再有共产主义运动。但是实际无论是“包豪斯”，还是共产主义运动，它们都先有了现实的土壤，事后高度的形而上的理论总结却是理想家的功劳。

我是既做设计也画画的，凭自己的实践经验，我画画是不会先想好理论再下笔的，要干什么就干什么，在实践中探索一种最佳的形式表达语言，而且是变化着的。所以，那些看不起理论的实践家就会说，美学只能是纸上说说，墙上挂挂。因此，美学研究不提供直接通往艺术殿堂和设计创造的门票，而给予大家的是一种启发，是提升智慧。所以，这又契合了我一贯讲的，培养设计师的智力因素固然重要，更重要的是非智力因素的培养。我在为博士生开设《设计理论前沿》这门课时会重点讲这一问题。知识关乎事物，智慧关乎人生；知识属于社会，智慧高于个人；知识可以传授，智慧却不能转让；当然，智慧可以启迪。

当下，中国学术界发生了一件重要的事情，那就是艺术学已经从文学体系中分离出来，成为独立的学科门类。专家们在讨论一级学科的划分时，针对“艺术理论”是否有条件作为一级学科独立存在，产生了重大的分歧。分歧的焦点在于，是否有一个超脱于一般艺术门类的“最高级别”的研究艺术——一般原理的艺术学理论的存在。作为一名兼顾创作实践与理论研究的学者，我比较倾向于张道一先生对“艺术学理论”学科的理论定性。

如果要形象地看待这个“艺术学”，它就像是一个金字塔，可以被分成三个部分，从下往上依次是基座、中段、塔尖。那么它的基座代表什么呢？代表“门类艺术学”，也就是各种艺术实践，比如音乐、美术、设计、戏剧、舞蹈。它的重点是对技能、技巧的训练及一般专门史论，它主要解决的是“形而下”的问题。金字塔的中段是艺术学理论，它解决的是艺术创作中的一般规律、一般理论性的问题。这里已经有了一种对话交流的可能，美术家和音乐家有时也能互相启发。而它的塔尖则是美学理论，宏观整体地研究各门类艺术共同规律，具有统领性的意义，也是我们将重点讨论的内容。基座、中段、塔尖这三大部分相互支撑，又互为关联，各有分工。关于这一问题的争论还将长期存在，但是作为一门学科理论的建构，“术”与“学”历来存在互不相让的争议。

也有专家认为，关于研究艺术的学问可以这样来做表述：

1. 门类艺术学，它主要研究门类艺术规律、艺术史、艺术技能和技巧。

2. 一般艺术学，把各门类艺术统起来研究它的起源、本质、创作方法、创作规律等，已经有些抽象。

3. 美学，是一种抽象的理论，它以艺术作主要研究对象，研究艺术审美的根本问题，是艺术中的哲学问题，或者哲学中的艺术问题。一般艺术学只是把各门类艺术总结归纳起来研究，美学却是研究它们的总特征和总规律的总根源。

美学当然还有研究“美”的问题，这涉及伦理和社会层面，进而上升为美的东西。要不然高尔基也不会说，美学将成为未来的伦理学。易中天说，美学好比艺术公司的董事长，只抓原则问题，不管具体问题，也就是不管“执行”。执行问题是由总经理来完成的，也就是“一般艺术学”来完成的，而门类艺术学的职能则更为具体，它相当于部门经理。可以说美学虽然什么都不管，但又什么都管。在某种意义上说美学又是最通用的。

一个智慧的民族，总要追问世界的本源和人的本源是什么？美是什么？美学又是什么？两千多年来，哲人和智者总这样不断地追问，以至于有人不耐烦了，说这不是扯淡吗？我们必须承认，关于当下的美学研究，一方面是写的文章和书籍越来越让人看不懂，而另一方面美学的研究又滑向了庸俗化的危险。所以有人对美学家不屑一顾。我们可以取消美学，但取消不了人们追求美的热望。美随时代而前行，美在不同的时代被赋予了不同的美的意义。人的生活中和思辨意识深处充满对美的追问，但“美”是什么，又说不清道不明。

2. 美和美学是什么？

美学研究之所以能够成为哲学界的哥德巴赫猜想，我想就在于它引发了人们不断探索美的愿望和动力，它满足了人类的一种好奇心，一种对已知世界和未来世界探索的愿望。那么有人就会问了，美还需要探索吗？美不就是一种感觉吗？我喜欢的就是美的，我不喜欢的就不美，不就这么简单吗？其实还真不简单，我们理解“美”和我们感知“美”不是一回事。我们需要追向“美”到底是什么？这可不是无聊的事情，它关系到我们对于人类自身存在的认知和把握。中国有个成语叫“杞人忧天”，本意是讽刺那些迂腐之人。但是你反过来想想，这个人老是担心天会不会塌下来，我们又凭什么就肯定天不会塌下来呢？他就不断追问这个天到底是什么东西。这种看似“愚顽”的劲头其实很了不得，在那些大科学家、大哲学家身上都有这种追问不休的精神，这样逻辑的思维方法也就建立起来了，自然科学和人文科学也就得到了推动和发展。

我经常讲做艺术创作和美学研究都是要有条件的，什么条件呢？它们都要有

滇人扣饰

林怀民作品《水月》

支撑创作和研究的物质基础，一个人首先得吃饱穿暖了，一个饥饿的人只求“果腹”，他不会在意餐饮的色、香、味。同样艺术之于一个贫困的人而言，也只是一种谋生的手段，他的创作只是为了糊口，而不可能有更多的思想和情感注入。这是在说审美和创作的必要前提。

我们再来谈谈艺术创作和美学研究的价值，说到底这些都是属于人类精神层面的内容。你说画一艘航空母舰就把敌人给吓跑了，这个不可能。艺术和美学没有那么大的能耐。艺术和审美活动在很大程度上，依靠的是虚构、移情和想象。金庸笔下的人物几乎各个武艺高强，能够百步穿杨、飞沙走石，可是金庸自己显然不是什么武林高手，他只是个创作者。所以我们说，“批判的武器不能代替武器的批判”“物质的东西只能用物质来摧毁”。

但是，审美创作和美学研究并不是空泛的，也从来不是可有可无的，对于这类活动绝不能用“有用”和“无用”来作评价。它们的价值体现在其他层面：思想和精神可以鼓舞士气，可以提升民众的爱国热情，可以陶冶民众的情操。哪一个国家和民族没有自己的艺术和精神世界？艺术之于一个民族、一个国家而言，就是灵魂，就是原动力。它的产生和发展伴随着人类文明史的进程，甚至早于科学和哲学的诞生，这一点我们在前面已经提到过。

从惊涛拍岸、苍松云海的自然造化之美，到人间的服饰起居、仪态风姿之美，再到建筑、绘画、音乐、舞蹈的形式与韵律之美，美的现象纷繁复杂、不胜枚举。面对如此复杂和奇妙的世界，我们能否对它们进行归纳和总结呢？我们能否从中提炼出具有概括性的普遍问题呢？我们甚至可以进一步追问，它的规范或者问题真的存在吗？这是我们在美学研究当中必然碰到的疑惑。很早就有一种意见认为，并不存在什么美学，美或审美不可能也不应该成为科学。因为美感是个人的、感性的、不可捉摸的，它因时、因地、因人而异。他们认为，并不存在某种绝对客观的、标准化的答案，因为在这个领域，没有认识真理之类的知识问题或者科学问题，也不可能有普遍必然的有效法则或客观规律。所以，古人很早就意识到了这一点，庄子早在两千多年前就说过“各美其美”，可见他也认为美是主观的、相对的。

然而，我们又认为，审美活动和审美经验是可以探讨的，美又是客观存在的，是因人而异的，是可以加以探讨和把握的。因为审美活动和审美经验是人群当中普遍存在的客观现实，是具有共鸣效应的，这一点显然毋庸置疑。当然这里面也有许多争议，有思维的碰撞。特别是在进入 20 世纪以后，伴随着艺术的发展，西方哲学家们关于美学的争议变得更加激烈。所以我们在此来学习和研究美学，就显得非常有意义了。

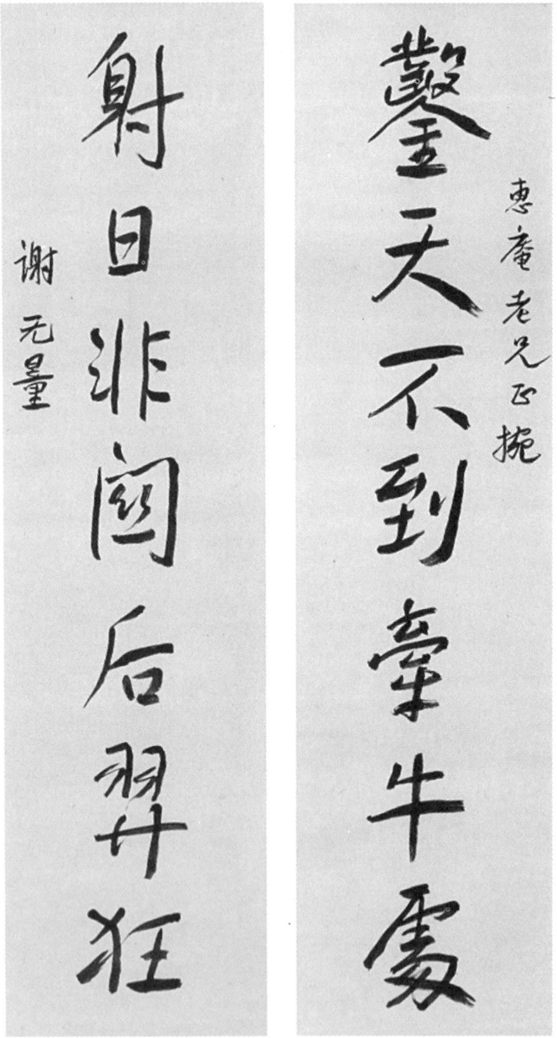

谢无量书法

追问“美学”，首先要搞清楚“美学”一词的由来。中文“美学”一词来自日本人中江肇民的翻译，他是译自西文“Aesthetice”一词。1750 年德国哲学家鲍姆嘉通第一次用“Aesthetice”命名自己所写的一本著作，这就宣告了美学作为一门独立的学科诞生了。如果更准确一点，“美学”一词本应翻译为“审美学”，它与感性的东西紧密联系在一起。

关于“美学”的定义，一般情况下有三种解释：

（1）美学是研究美的学科。

（2）美学是艺术一般原理的艺术哲学。

（3）美学是研究审美关系的科学。

上述三种解释，我认为都有不确切和不完善的地方。(1)和(3)是同义反复，而(2)当中的提法“艺术一般原理的艺术哲学”又显得过于狭隘。譬如，现实生活中的各种事物和自然界的美等许多审美现象并不属于艺术，但仍然是美学研究的范围。而(3)当中的“审美关系”又是一个极为模糊的概念。可见三种说法和三个定义都有不确切的地方。

与其苦思冥想出一个美学意义，倒不如让我们分析一下美学研究的历史和现状。有专家认为，近代美学是由德国的哲学、美国的心理学和法国的文艺批评三者所融合而构成的。也有人认为，美学可分为形而上的定义美、审美心理学、社会学这三种研究模式。而我认为在一般情况下，所谓的美学基本上是美的哲学、审美心理学和艺术社会学三者某种形式的结合，当然它们的结合会有侧重点的不同。例如有的会向哲学靠近一些，有的会向艺术理论靠拢一点，有的则阐述审美心理学的内容多一些。这样一来，也就形成了美学研究当中各式各样的流派和现象。我一直认为真理是一个多向度的整体，因而可以从不同的角度、不同的途径、不同的问题、不同的要求去接近它。同时，我们也应该看到，这些形形色色的流派和学说，彼此之间又是相互补充、相互完善的，因而对这一领域的研究呈现出一种多元化的态势。

我曾经参考过其他学者的论述，画出过一张图表，以此说明美学研究所包容的内容。

美学研究的金字塔结构：

哲学

美学

理论美学

(包括科学美学)

由此可见，所谓“美学”已经很难用一个统一的或单一的概念来加以限定，美学已经成为一个开放式的体系，是各类学说、观点相互的渗透和整合。同时，那个原本建立在哲学意义上的美学体系，正遭遇现代科学技术的大挑战，你要想给它一个稳固、永恒的定义恐怕也是徒劳无益的。我始终认为，哲学尽管是形而上的，是思辨的、逻辑的、高端的，但哲学同时又是属于大众的，是带着实践气息的。可以去探索人生的真理，领会生活的诗意，体悟冥思的隽永。当然，我认为李泽厚先生为美学所下的定义在一定时期仍有适用性，他说：“美学是以美感经验为中心，研究美和艺术的学科。”

黄山松云

石涛作品《黄山图》

美是什么？“美学”有了这样一个定义，那么关于“美”的定义又是什么呢？美的概念其实也很模糊。有人把它和感官愉快联系起来，比如品尝美味佳肴；有人把它与道德判断结合起来，评价一个人的高尚行为，也可以说它是美的；还有一些人经常把美看成是审美对象，比如一处风景、一件彩陶、一块宝石。那么美到底是什么？我想我们倒不急于要给“美”寻找一个定义。我认为，构成美的必要因素其实有最基本两点，即人的主观态度和客观存在。

椅子不被人坐，就不成其为椅子；再好看的画没人欣赏，也不成其为艺术；再美的风景名胜，如果你对它无动于衷，那也不过就是一堆山石罢了。由此可见，人的主观态度起着决定作用，没有人的主观态度，光有物体的客观性质，美就无从谈起。但从另一方面看，如果光有主观态度，而没有恰当的客观存在，美也无处可寻。为什么人要坐在椅子上，而不坐在一堆泥土上呢？因为泥土不具备椅子的可坐性。所以归结起来，我们探讨美，一定要结合主观和客观两个方面，同时

张大千作品《黄山云海》

还要考虑它的社会属性。

刚才我们还提到，审美感受和审美对象是两码事。要探寻美的本质，我们首先要把“美”和“美的东西”区分开来。

第一，任何美的东西都是具有独立性和排他性的，这种东西的“美”一定区别于另一种东西的“美”。例如，一位年轻姑娘的“美”就不同于一匹漂亮的母马的“美”，而这匹漂亮的母马的“美”又不能混同于一只漂亮的汤罐的“美”，所以我们会说，“美”不能是一个笼统的“标签”。

第二，任何事物的“美”与“不美”都是相对的，是随着人与现实关系的变化而变化的。一个人的美丑观念和审美感受往往是随时间、地点、心情的变化而变化。人们哪怕是面对同一对象也可以产生完全不同的感受。例如当你心情好时，眼前的一切可以赏心悦目，而当你心情烦恼时，则会变得月惨日愁。

第三，美的东西不仅是相对的，而且有时还是自相矛盾的。从自然到社会，从物质到精神，从生活到艺术，无处不有美的东西存在。大海与小溪，红颜与白发，朝霞与夕阳，你要把美当作是某一个类型的东西，那当然是不正确的。而且，同样的事物既可以是美的，也可以是丑的。

第四，美不是指事物的某一种物质属性，当然美又必须具备一定的物质条件，物质条件是产生美的基础。例如，美必须同味、色、香、声发生联系，但美又不在味、色、香、声其本身，而在于味外之味、色外之色和声外之声。例如诱人的香味，能够引起人们的食欲，想到一桌色彩斑斓的盛宴。一片墨色，不是墨色本身有多美，而是它同庄重、肃穆联系起来了。木管悦耳的音色，容易使人联想起英国乡村的田野风光，从而产生美的意境。

第五，在现实生活中，人们有时会将美的东西和能够唤起感官欲望的东西混淆在一起，但实际上它们是不一样的。例如达·芬奇的名画《蒙娜丽莎》，这类艺术形象的美就不是一种色情的可欲。如果它们因为情欲而可欲才成为美，那么除罗丹这样的艺术狂人感到维纳斯的肉体的温暖，而不停抚摸拥抱外，谁愿娶维纳斯为妻呢？当然，美可能与欲望有某种潜意识中的联系，但美之所以能够成为美，却必须是超脱于欲望。因此，我们可以认识到，审美感受、审美对象和美的东西之间显然不是一回事。

柏拉图《大希庇阿斯篇》中的主人公希庇阿斯，就把美看成是美的东西，如一位漂亮的小姐，一匹漂亮的母马，一只漂亮的汤罐等。柏拉图坚决反对这一认知方法，他最早提出要严格区别美和美的东西。他通过苏格拉底之口，说他所要探讨的不是“什么东西是美的”，而是“什么是美？”他所追问的是美本身，这美本身，加到任何一件事物上面，就使那件事物成为美，不管它是一块石头、一块木头、一个人、一个神、一个动作，还是一门学问。也就是说，美不是指具体的某一件东西，而是使所有美的东西之所以成为美的原因。当然，柏拉图并没有找到什么是美的最后答案，不得不借苏格拉底之口说：“美是难的。”但是，柏拉图在美学史上却做了一件大好事，他要我们透过美的现象去探讨美的本质。从千千万万美的东西中，去寻找美之所以为美的根本性质和普遍规律。

3. 美的本质问题的探讨

探讨美的本质问题，必然会涉及人的本质和生活本质问题的探讨。马克思在《1844 年经济学哲学手稿》中写道：“自由自觉的活动恰恰是人类的特性。”他又说：“人的本质……是一切社会关系的总和。”这两段话是从不同的角度说明人的本质特征。前一段话是就人和自然的关系来谈，认为人与动物的本质区别在于人是自由创造的主体。动物只能适应自然，人不仅能适应自然，还能积极主动地改造自然。而改造自然是一种有目的、有意识的活动。“实际上，每个人都是处在一定社会关系中，从属于一定社会形式的。”这两段话的内容须作统一的理解。“因为人类有意识、有目的的活动，从一开始就是社会的实践，是在一定社会关系下进行的。离开了人的社会关系去谈人的‘自由创造’，便会陷于抽象的研究。”

二、美的本质问题的初步探讨

俄国思想家车尔尼雪夫斯基提出了“生活是美”这样一个基本原则，这是对美学发展的一大贡献。车氏的观点不但与轻视现实的唯心主义美学相对立，而且也与偏重客观事物的自然形式的一般旧唯物主义美学不同，他开始从客观的人类社会生活来追究美的根源。

车尔尼雪夫斯基
（1828—1889）

但是，车尔尼雪夫斯基对生活的理解又是笼统的，他还不理解社会实践是人类生活的基本内容和实质。车氏仅仅从人本主义的角度来理解人的生活，把生活的内容看成是人的本能的要求，也就是仅仅将生活的本质等同于生老病死。

马克思揭示了“社会生活在本质上是实践的”这一真理，他认为人不仅要认识世界，还要积极地改造世界，而社会实践就是人类改造世界的过程。社会实践是人类有意识、有目的的生产活动，是主观见诸客观的实际行动，是改造世界的能动的斗争过程。我们认为，应该遵循这一基本观点，从社会实践对客观世界的能动改造中，来探究美的本质。要洞察美的本质，就必须从客观实际出发，紧密联系人类丰富的审美实践活动。

所以，美是人的本质力量的感性显现。关于美学和谈美的文章和书籍已经太多了，然而令人遗憾的是，很少有人对“美”这个词的日常使用情况，以及它的本质含义进行调查、分析和说明。事实上，中国古代学者对“美”这一汉字的意义已经做出解释，如汉代学者许慎著有《说文解字》一书，该书的宗旨是“说其文，解其字也”，也就是通过研究汉字的结构，追溯其造字根源及其含义。当然，德国哲学家如海德格尔（Mortin Heidegger）、伽达默尔（H.G.Gadamer）等人也极讲

马克思和恩格斯的雕像 （马克思 1818—1883，恩格斯 1820—1895）

究词的来源问题。关于“美”这个字，如果从字源学上看显然和“羊”有关。《说文解字》对此加以解读，认为是“羊大则美”，意思是羊长得很肥大就“美”，这说明“美”与人类的感性经验有关，人们将享受美食同“美”联系起来。当然也有学者（如李泽厚）认为这个字的本意应该是“羊人为美”，这也是有根据的，根据什么呢？我们从原始艺术、绘画、雕塑、象形文字等中发现，先民们可能有戴着羊头跳舞的原始习俗，“羊”和“人”的形象就这样重叠在了一起，解释“美”字的产生。这说明，“美”的产生可能与原始巫术礼仪活动有关，因此具有某种社会含义。

以上两种看法如果统一起来，即把“羊大则美”和“羊人为美”统一起来，我们就可以看出：一方面“美”是物质的感性存在，与人的感性需要、感官享受直接相关。而另一方面“美”又有社会的意义和内容，与人的群体生活相关联。而这两种对“美”字来源的解释都有共同的趋向，都说明美的存在离不开人的存在。

当然有的学者却认为美的存在与人类没有联系，认为美是客观的，是不以人的主观意志为转移的。那么面对这种分歧，我们要问，审美活动究竟是一种自然现象，还是一种社会现象？这是美学研究中碰到的一个相当复杂的问题。有人认为，灿烂的阳光、皎洁的月色、婉转的鸟语、馥郁的花香，以至于巍峨的泰山、奇绝的黄山、奔腾不息的黄河、一泻千里的长江……不都是先于人类而存在的吗？怎么能说是一种社会现象呢？

生物学家达尔文在《人类的由来及性选择》一书中，不仅认为美是可以先于人类社会而存在的，而且还论证了美感也非人类所独有。他说：“如果我们看到一只雄鸟在雌鸟之前尽心竭力地炫耀它的漂亮羽衣或华丽的色彩，同时没有这种装饰的其他鸟类却不进行这种炫耀，那就不可能怀疑雌鸟对其雄性配偶的美是赞赏的。因为此处的妇女都用鸟类的羽毛来打扮自己，所以这等饰品的美是毋庸置疑的。……如果雌鸟不能够欣赏其雄性配偶的美丽颜色、装饰品和鸣声，那么雄鸟在雌鸟面前为了炫耀它

达尔文　（1809—1882）

们的美所做出的努力和所表示的热望，就白白浪费掉了；这一点是不可能不予以承认的。”达尔文的叙述乍一看似乎很有道理，然而我们仔细推敲一下，就会发现这种表述并不那么准确、科学。假如离开人类社会，自然界也存在着美的话，那么人们就会进一步地追问：在自然界的事物中，究竟哪些是美的哪些是丑的？区分美与丑的根据又是什么？可以想象，离开了人类及社会生活，要我们用科学的界定方法来评判美丑是根本办不到的。

其实，达尔文所说的鸟兽鱼虫的所谓“审美感觉”，不过是基于声感、光感等的生理性感受，而绝非什么美感。动物不仅感受不到人的美，也感受不到自然界其他事物的美，既不会欣赏风景，也不会欣赏对人来说比它更美的别的动物。一只雄的癞蛤蟆，不会因为雌的青蛙比雌的癞蛤蟆“漂亮”而去“追求”它。一只雄性麻雀自然也不会倾倒在娇凤鸟的“石榴裙”下。18世纪法国启蒙运动的创始人伏尔泰说：“如果你问一个雄癞蛤蟆：美是什么？它会回答说，美就是它的雌癞蛤蟆，两只大圆眼睛从小脑袋里凸出来，颈项宽大而平滑，黄肚皮，褐色脊背。如果你问一位几内亚的黑人，他就认为美是皮肤漆黑发油光，两眼很深凹，鼻子短而宽。如果你问魔鬼，他会告诉你美就是头顶两角，四只蹄爪，连一个尾巴。”

伏尔泰的这段话把黑人同癞蛤蟆、魔鬼混同一起，反映出他的阶级偏见和时代局限，但不可否认，他的论述从一个角度说明了动物是不具备审美能力的。事实上，处于交尾期的动物常常借助各种方式吸引异性，在这时其种属特征往往能够得到鲜明的体现。这些特征是动物本能的反应，然而我们却无法就此推断，动物是具有审美能力的。当然这些特征对于人类来说，既可能显得美，也可能显得丑，例如猫叫春的声音对人而言就很不入耳。

美不在于物的自然属性，而在于它的自然属性同人及社会生活的关系，适应人类社会生活需要的程度与性质，美必须依赖于人类社会而存在。在人类出现以前，世间是不存在所谓美丑、真假与善恶之分的。尽管那个时候，日月星辰、山水花鸟早已存在，并按照自身的规律发展着、变化着，但那不过是一些纯粹的自然的存在物而已，还未取得美所必须具备的社会属性。相对于个人的意识来说，事物的美同真、善一样，都是客观的。然而，真、善、美都是相对于人类而言的一种社会价值，它们离不开人，离不开人类社会，否则它们就会失去自己赖以存在的社会依据。所以我们说美又是客观的，是社会的，美必须以事物的自然属性作为物质基础。但美之所以为美，关键还在于这些自然属性同人类社会生活的联系。因此我们说，美是一种社会现象，是社会历史发展的产物，它必然受到人类社会的制约。只有随着社会历史的不断发展，美也才能不断丰富和发展起来。

我们肯定美是一种社会现象，只不过阐明了美的隶属范围，但还没有揭示出美的本质。社会现象是一个宽泛的概念，美是社会现象，丑是社会现象，善、恶也都是社会现象。因此要研究美的本质，就要把握其矛盾的特殊性，确定它与其他社会现象所不同的特定内涵，就要进一步考察美同社会人生的特殊联系。

那么美的本质与社会人生究竟有着怎样的联系呢？首先让我们来探讨一下人的本质，只有弄清人的本质的含义，我们才可能以此出发去探讨美的本质。关于人的本质，实际上就是人区别于动物的根本性质，我们可以从以下几个方面来探讨这个问题。

首先，从人与动物的本质区别看，这种区别我们还是要强调马克思所指出的"人类的特性恰恰就是自由的自觉的活动""人的本质……是一切社会关系的总和"。这两句话从不同角度说明人的本质特征，指出人与动物的本质区别在于人是自由创造的主体。后一句话从人的本身进行分析，指出人不是"单个人所具有的抽象物"，不是生物学上的人，而是"一切社会关系的总和"。我们知道，动物的活动是消极的、被动的，它们只能盲目地适应自然。而人不仅能适应自然，而且能通过实践活动，逐渐掌握客观世界的必然规律，从而有效地支配和改造自然。例如，他们能够将天然的玉石加工制作成为精美的石器，显然这是一种自由的、具有创造性的活动，这是人区别于动物的重要特征之一。

另外，动物的活动是在本能支配下进行的，在行动之前，它们一般不可能有既定的目的和计划。然而人类的活动则是自觉的，是按照一定的目的，有计划地进行的。人通过实践逐渐摆脱蒙昧、野蛮的状态，慢慢地熟悉和掌握客观世界的必然性，从而获得支配自然的自由。飞蛾扑向灯火，巨鲸跃上海滩，它们根本意识不到自己行为的严重后果。牛会犁田，马会驾车，这都需要人的驾驭，离开了人，它们将无所适从。因而我们说，只有人的活动是自觉的。

马克思说："最蹩脚的建筑师一开始就比最灵巧的蜜蜂高明的地方，是他在用蜂蜡建筑蜂房前，已经在自己的头脑中把它建成了。劳动过程结束时得到的结果，在这个过程开始时就已经在劳动者的表象中存在着，即已经观念地存在着。"所以人区别于动物的另一个性质是一种有目的、有意识的自觉活动。概括起来说，人与动物的活动的本质区别，就在于人会进行生产劳动，具有这种自由自觉创造的能力。所谓"自由自觉"的活动，即人类的生产劳动，是富有创造性的，人正是通过这种活动，不断地使"自在之物"转化为"为我之物"。人与动物的本质区别，从物种关系上来说，就在于人会劳动，具有这种自由创造的能力。

梅姆林《女士肖像》

“马踏飞燕”铜像

其次，从社会关系来看，马克思指出：“人的本质并不是单个人所固有的抽象物。在其现实性上，它是一切社会关系的综合。”我们应该看到，人的生产劳动是一种社会性的活动，只有在一定的人与人之间的关系，亦即社会关系的制约下，它才能有效地进行。“一个小男孩把石头抛在河水里，以惊奇的神色去看水中所现的圆圈，觉得这是一件作品，在这件作品中他看出他自己活动的结果。”

再例如：原始狩猎部族常常以野兽的皮、爪、角、牙齿等来装饰自己，这些简单粗糙的实物何以会具有审美价值呢？俄国文艺批评家普列汉诺夫认为，并非“单单是因为这些东西所特有的色彩和线条的组合”，而且“由于它们是勇敢、灵巧和有力的标记”。也就是说，作为装饰品的野兽的皮、爪、角、牙齿等，已经不再是纯粹的自然物了，因为它们是原始人运用心智和气力，从猎获的动物身上得来的。因此，这些本来属于自然物的客观对象上面，已经打上了人类创造性实践的印记，显示出人的勇敢、机智和才能。用哲学上的术语来说，显示了原始人的本质力量。

人的本质不仅要以生产劳动为基础，而且还要通过各种社会关系显示出来。综合上面的分析，我们可以下这样的结论：所谓人的本质，就是在一定的社会关系中所进行的自由、自觉的生产劳动。而人类的本质又具体表现为人类的自由创造能力、智慧、才能、思想、品格、感情等本质力量。应该明确的是，人类本质力量的形成和发展，是在长期的历史积淀过程中，经过以生产劳动为基础的各种社会实践而逐步实现的。因此，生产劳动具有以下两个方面的特性：

从作为具体的客观自然看，自然已经不是开天辟地以来就已存在的那个原始的自然，而成为已经被人改造过的，符合人类生存发展需要的自然，成为打上人类印记的自然，或者说是人化了的自然。我们现在所面对的“现实的自然界”，

印第安人的裘皮装束

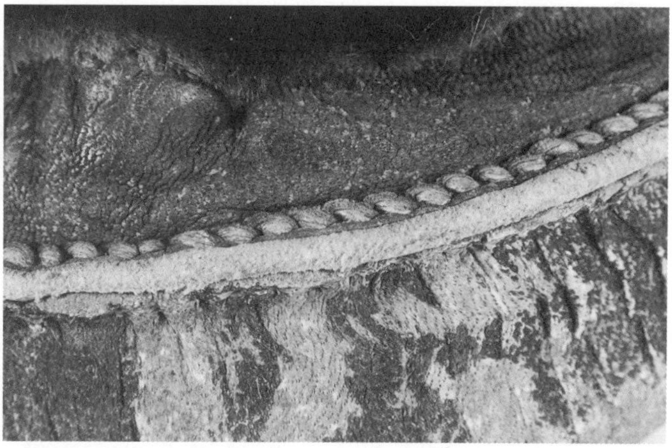

从功能走向形式：印第安人的皮革服饰

虎齿手链

据说佩戴猛兽的利齿可以辟邪

是人类历史当中不断“生成着的自然界”，是人的“创造物”，是人的本质力量的对象化，又如水利、植树。这种人的本质力量的对象化，或者说是自然的人化，包含着美学上所讲的审美对象（审美客体）的产生和形成，我们可以用下列公式加以说明：

原始的自然（客体）→人化的自然（审美对象）

‖

人的本质力量的对象化

……转化为声、色等物质形式（物化）

从主体的角度来看，人之所以成其为人，劳动无疑起到了极其关键的作用。也正是因为劳动，最终人类超越了动物。用马克思的话来说，“正是通过对对象世界的改造，人才实际上确认自己是类的存在物”。人在改造自然时，也同时改造了他自身的自然，人的本质力量也日益发展和丰富起来。例如人们有了能够聆听音乐的耳朵，有了自由灵巧的双手，有了能够感受形式美的眼睛，这些都是在长期的生产实践过程中形成的，所以马克思又说："五官感觉的形成是以往全部世界史的产物。"而在这一过程中，我们在美学上所说的审美主体、审美意识也逐步形成和发展起来。

总之，在生产实践中，人类一方面把原始的自然改造成人化的自然，把人与自然的疏远关系改造成为对象性关系（其中包括审美关系）。而另一方面，又把自身的自然改造成具有知、意、情的丰富人性。由此看来，人与自然审美关系的形成，不是出自人的本能和冲动，也不是基于物与心的关系，而是有赖于人的实践行为。只有在生产劳动的实践中，人类给自然界打上了自己的印记，使人的本质力量在实践过程及其成果中显现出来，又为人类在他所创造的世界中审视自身提供了可能。

进而我们认为，只有当人类的本质力量在实践过程及其产品中感性地显现出来，并得到人们的关照，引发人们感情上的愉悦，人与客观对象之间的审美关系才能形成，不管是一只普通的汤罐，还是包豪斯学派所倡导的建筑样式，它们都是人类社会发展的必然结果，都是人们为适应大的环境而创造出来的产物，它们都引发出人们的关照，进而生发出感情上的一种愉悦。因此，美不是虚无渺茫的，也不是神秘的理念的感性显现，而是在人类的物质实践活动中逐渐形成的，美是人的本质力量的感性显现。

关于自然的人和社会的人这两者的关系，我们可以用以下两个公式来加以概括:

自然的人（主体）→具有知、意、情的社会的人（审美主体）

↓

发展了人的本质力量

↓

具有创造和欣赏美的本质力量

主体与客体通过生产劳动形成了对象性关系

人—自然

↘ ↙

对象性关系

↓

审美关系

总结起来就是一句话：人的本质力量的形成与发展，人与自然审美关系的形成与发展，有赖于以生产劳动为基础的各种社会实践，使其具有了双重性。从上面的论述中我们还应该看到，由于人类的实践活动是一种创造性活动，这就使人类的实践活动及其成果具有了双重性质。一方面，为了满足人类物质生活的需要，实践活动是必要的前提和基础。另一方面，作为显现人的本质力量的创造性活动，实践活动又超出了对物质需求的满足，它还使人类产生出精神层面的愉快，使人类意识到自己与现实关系的自由与和谐，这种愉快也就是我们常说的“美感”。例如，建筑是人们居住的空间，它们需要满足人们这种功利的要求，而优秀的建筑作品同时也是造型艺术，它们能成为供人们欣赏的艺术品，使人们产生愉悦，获得美感的体验。

关于人的本质力量，我们由此还可以明确以下几点：

（A）人的本质力量是在认识世界、改造世界的社会实践活动中形成和发展起来的，是在人类根据自身目的进行自由创造的活动中表现出来的。当然这是以尊重客观规律为前提的，如果违背客观规律就无法开展创造性的活动，也就无法产生愉悦和美感。人类就会被无情的历史和自然抛弃。因此，人的本质力量是人类社会生活中的能动因素，是促进人类进步、推动历史前进的积极力量。凡是人们创造性活动中显现出来的聪明、智慧、才能，以及在追求新生活中所显示出来的理想、情感、愿望，都是人类本质力量的具体表现。应该强调，并非任何个人的任何属性或行为，都可以被纳入人的本质力量的范畴。此外，在对象世界中，只有那些借助于具体的感性形式，显示了人的本质力量的事物和现象，才是美的。

（B）人的本质力量的形成和发展，是以一定的社会关系中所进行的生产劳动和整个社会实践为基础的。我们在探索人的本质的特征时，既要看到人与动物在物种关系上的区别（人的共性），又要看到人与人之间由于阶级、民族、时代等社会关系方面的原因所造成的差异（人的个性）。我们既不能忽略社会关系的变革对人性的制约，又不能用社会关系等同阶级关系，甚至用阶级关系来囊括人的一切基本属性。因此，作为通过感性形式显示人的本质力量的美，在存在阶级的社会里，尽管会不可避免地带有阶级的、民族的特点，但仍然可以有某些普遍的共同性，这就是指形式美的那些共同法则（如平衡、对称、和谐等），以及绘画中的色彩、线条，音乐中的旋律等。

由于人的本质力量是在一定社会关系中表现出来的自由创造能力，所以它不能脱离历史、时代、社会关系，它是不断发展、变化的。而美也是一种社会历史现象，它随着人的创造力的不断迸发，也随之产生变化。在这一过程中，美呈现出由粗到精、由少到多、由单一到多元的发展趋势。这在20世纪的艺术发展史中表现得更加突出，我们可以看到：艺术观念不断分化，多元流派竞相产生，如达达、光效应、迷幻艺术、行动艺术等，它们的观念往往十分前卫、大胆，具有鲜明的反叛性。野兽派的画家们就公然表示，他们想朝人类丢下“一颗炸弹”。公允地来看，尽管他们的理论不完备，且有失偏颇，但我们只要从历史唯物主义和辩证唯物主义的立场出发，我们就会从中发现许多可以借鉴的东西。

2. 美的根源在社会实践

首先，人类通过社会实践，在对客观世界的改造中，形象地显示出人的本质力量，从而产生了美。那么人的本质力量究竟是通过怎样的途径，在对象中显示出来的呢？有的哲学家承认美不能脱离人类生活，甚至承认美不能离开人的本质力量，他们认识到“美是对象化了的人的本质”。可是他们却又把人的本质力量和人的观念混为一谈，把对象化理解为人的主观感受的外射。同时他们认为，美感与人的一般感觉不同，“在一般的感觉之中，特别是生理感觉之中，客体先于主体而存在；而在美感中，则是主体先于客体”。这实际上否定了美的根源在人类的社会实践，而认为在人的主观感受，但这实际上违背了唯物主义的基本原理。美感同快感、实用感相比，确实有很大的特殊性（这个问题以后要探讨）。然而不论美感怎样特殊，它的来源仍然在于客观世界。因为客观世界中存在着的美的事物，正是它们引起了欣赏者的美感，而不是欣赏者的美感导致了美的产生。

如前所述，美固然不能离开人及其生活。但是它一经产生，就成为一种客体现实，我们绝不能因为自己没有感受到它，就否认它的存在。马克思曾经说过：“对于没有音乐感的耳朵说来，最美的音乐也毫无意义。”对这句话，我们不能片面理解，似乎是主观（美感）决定客观（美）。音乐感的耳朵从哪里来？是从劳动当中来的，是被训练出来的，它是来源于客观世界的。同时这里还要有先决条件，首先得有美的音乐存在，人们才能获得到美妙的乐感。

所以我们认为，美的根源深深地蕴藏在人类的社会实践中。如果我们要探究美的规律，把握美的本质，我们不能到物的自然属性中去寻找，也不能到人的主观意识中去寻找。而应该关注人的整个社会实践，要从人的劳动实践中去寻找。以茶壶为例，如果你仅仅盯着它的原料（瓷土）去看，你是无法体会它的美感的。一把茶壶之所以具有美感，是因为人们将自己的主观意识付诸创作茶壶的实践当中，当然这是以以往实践中积累的经验为基础的，如果没有这一过程，就不会产

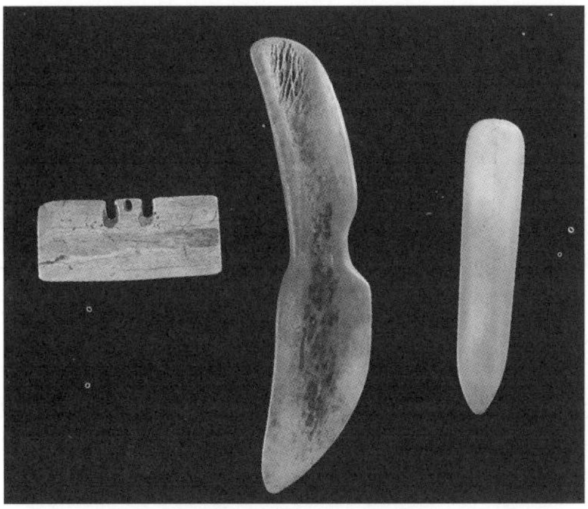

爱斯基摩人的工具

原始人的石质工具

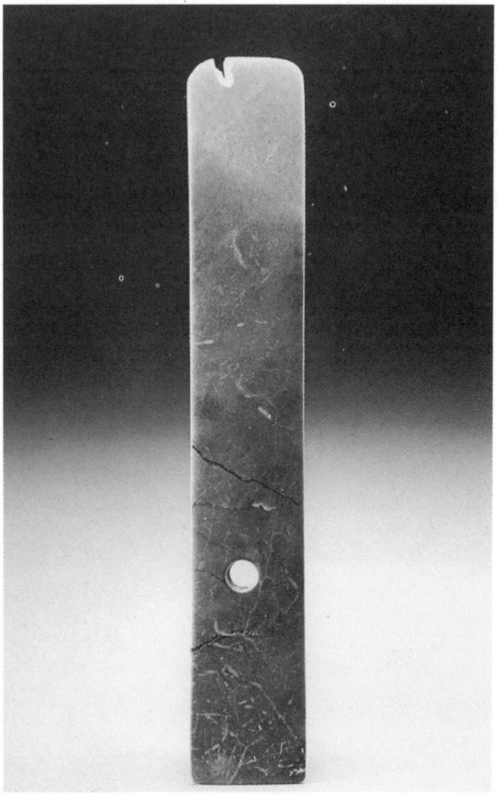

修长而精美的石圭

生茶壶的美。

应该明确的是，实践是指人类有目的的活动，它是主体凭借物质手段改造客观对象的过程。人是有意识的存在物，因而主观性是主体（人类）的重要特征。但如果因此就把主体等同于意识、情绪等主观心理活动，这就会导致一个问题：即我们会将人的本质力量的对象化混同于对客观对象的主观化，或者说是把自然的人化当作了自然的意识，这显然是错误的。

对象化不是人的主观感受的外射，而是社会实践的过程，但不排除实践活动的主观因素。而实践则是一个客观物质过程，不是一种纯粹的主体的意识活动（主体不等于主观），对象化并不等于客观事物的意识化、心灵化，对象化应该是“物化”，就是人这个主体的客体化。

当然，在批评那种把主体等同于主观的错误时，如果根本否认实践活动中的主观因素，完全排斥实践活动中的主体的自觉的能动性，片面地理解所谓实践的客观物质性，这样就必然会根本否认实践是人的有目的的活动，等于将人的活动等同于动物的活动。如果从这种观点出发必然会得出一种机械唯物主义的结论，那就是美是可以离开人类社会而独立存在的，这显然是荒谬的。

其二，美的根源在人类的社会实践当中，并且首先是在劳动实践之中。由于劳动本身就是人类的一种对象性活动，因此劳动也就成为人的审美对象。如前所述，人的生产劳动是一种不受肉体需要直接支配的，有意识、有目的的自觉活动。因此人的活动本身就成为他的意志和意识的对象，成为一种对象性活动。正是因为劳动，才使得人类从自然界分离出来，人类摆脱了与自然的原始同一，并意识到自然界是自身活动的客体，并与之建立起对象性的关系，使自然界在人的面前是一个“对象世界”。

不仅如此，人类劳动的整个过程，包括动作、技能等一系列因素，也都成为一种对象性的活动，从而使劳动活动由功利向审美方面演化成为可能。例如原始的音乐和舞蹈，就是对劳动节奏、动作的模仿性再现。它们所表现出来的美，涌动着生命的活力，正如马克思所指出的：当人在生产中物化了他的个性和他的个性特点，并在从事劳动活动中享受到个人的生命表现时，就会感到一种个人的乐趣。

随着人类历史的不断发展，劳动工具也经历着演化，从它最初单纯的使用价值中，又衍生出了审美价值。人类最初的工具如打制的石器，完全是为了获取生活资料，这是一种完全实用、功利的目的。这就意味着，工具本身也开始成为人的审美对象，当然这中间需要由某种观念作为中介。原始人逐渐认识到，工具不仅在效能方面是有用的，而且工具的本身也蕴含着独特的美感。例如，形式的对称、比例的均衡、材质的平滑等，这些都引发出人类心灵的喜悦和满足，这使他们意识到自身的创造力、智慧和力量。由此人类开始关注形式的美，对工具制造进行新的思考，从此既实用又美观的工具在人类历史上出现了。同时由于审美价值的凸显，一些工具的实用价值逐渐弱化，从而成为特殊手工艺品，例如大汶口出土的玉斧。

关于究竟是功利在先，还是审美在先，学术界为此一直争论不休。尽管前面我们已经用马克思主义的美学对这个问题作了一些阐述，但在这里，我想还有必要谈谈德国艺术学家格罗赛的观点，以便于大家更好地理解这个问题。格罗赛在《艺术起源》一书的第五章“人体装饰”中，举了这样一个事例：达尔文将一段红布送给一名斐济的土人，令人惊讶的是，土人不是把它当作衣着，而是和他的同伴将布段撕成了细条缠绕在冻僵的肢体上面当作装饰品。这是一个耐人寻味的现象，它似乎不仅发生在斐济的土人中间，在其他地区也有类似的发现。据此达尔文认为，落后民族对于饰物，似乎比对于衣着更加重视。他说：“他们情愿裸体，却渴望美观。”因此他得出结论，装饰之于人类而言，并非像19世纪功利主义者所理解的那样，实用在前，而审美在后。

其三，人类劳动产品由注重实用性向注重审美性演化，逐步成为人类的审美对象。当人类在劳动产品的实用形式中看到了自己的自由创造，从而把体现这种创造和智慧的形式看作是美的形式，并加以珍爱和欣赏时，他们也就开始了对劳动产品的自觉的美化，即在实用的基础上进行自觉的审美创造，以求得在对象世界中“复现自己”和“直观自身”。所谓“复现自己”和“直观自身”，其中也包括了人类创造美和欣赏美的全过程。

恩格斯说过：“人们首先必须吃、喝、住、穿，然后才能从事政治、科学、艺术、宗教等等。”吃、喝、住、穿是满足人类生存需要的基本活动，是支撑整个社会的基础，人类的其他活动都是在这个基础上派生出来的，审美活动也是如此。马克思在《1844年经济学哲学手稿》中曾经说过这样一段至理名言：“动物只是按照它所属的那个种的尺度和需要来建造，而人却懂得按照任何一个种的尺度来进行生产，并且懂得怎样处处都把内在的尺度运用到对象上去。因此，人也按照美的规律来建造。”也就是说，小鸟会做巢，可它绝不可能打地洞，而人却可以根据自身的意图设计任何他想建造的东西。这段话是我们前面引用过的一句话“人类的特性恰恰就是自由的、自觉的活动”的进一步发挥，它不仅从根本上指出了人类的生产劳动的本质特征，指出了生产劳动是美的根源，同时它也告诉我们美的规律是存在的，当然它也只能存在于人类社会实践之中。

其四，要想理解生产劳动与美的创造之间的关系，首先就要弄清“美的规律”是指什么。具体地说，也就是要弄清两个“尺度”，即前面刚刚提到的在《1844年经济学哲学手稿》中的那句话的具体含义。马克思所说的第一个“尺度”，即“任何一个种的尺度”，是泛指客观事物本身所具有的规律性。动物的“生产”是一种直接满足肉体生存的本能活动，只能按它种族的唯一“尺度”来“生产”，譬如老鼠打洞。但人却能够认识任何物种的客观规律，并按照这些客观规律去生产。人的生产活动具有这样一种合规律性的、自由的特点，所以他们能够对自然界进行“再生产”，譬如我国的“南水北调”工程。

而马克思所说的第二个“尺度”即“内在尺度”，就是指人自身所要求的尺度。人自身所要求的尺度，从创造物的内容要罗列与其相应的结构样式，更要符合人的目的需要。当然人的目的和需要是被人的本质和规律决定的，而人的本质是“一切社会关系的总和”，因而人的目的和需要也不是主观、随意的，而是受到整个社会的目的和需要的支配，要有利于社会的进步与发展。因而人自身所要求的“尺度”也就具有社会普遍性和客观性。有了人自身的“内在的尺度”，人在生产劳动中才可能如马克思所言：“通过他所做出的改变来使自然界为自己的目的服务，来支配自然界。”因而，人在生产实践中必须具有的自身所要求的尺度，正体现了合目的的性质。

总之，马克思用“任何一个种的尺度”和“内在的尺度”这样的术语，准确地概括了在人类的生产劳动过程中所必然包含的内容。它们反映在这样两个方面：一方面，人类要认识与遵循客观规律，这是合规律性，也就是真。另一方面，又要把握与实现人的需要，以符合社会的目的，也就是善。这种通过生产劳动，达到真与善的统一，达到合规律性与合目的性的统一，就是“按照美的规律来建造”的最基本的内容。

其五，“美的规律的实质”又是什么呢？或许可以这样来回答，它是自然的客观规律与人的自由创造才能在实践中的统一。如果人们在生产实践中能创造出一定的感性形式，进而将物种的尺度，即客观必然规律，纳入人所固有的内在尺度，即社会的目的和需要的轨道，并将客观对象的原有形态能动地改造为新的感性形式。那么，这种客观规律就是服从于社会目的的，此时这种使物种尺度统一于内在尺度的新的感性形式也就产生了，也就是说美诞生了。正是美的诞生，使得人的自由得以实现。同时这一新的感性形式也显示了人们在实践过程中所体现的本质力量，显示出人类自由创造的能力，因而具有一定的审美价值。

为便于大家理解，我们可以进一步作这样的概括：

从马克思关于美的规律的论断中，我们不仅可以了解美同人类社会实践的密切联系，还可以领悟到美与真、善的辩证关系。那么，真、善、美作为人类不懈追求的重要价值，其本质是什么？这三者相互间的关系又是怎样的？要回答这些问题，就需要把它们放在人类的社会实践过程中，才有可能得到科学的解释。

“真”，指的是各个物种自身具备的客观规律性。人要“按照美的规律来建造”，其前提和基础，就是要认识和把握这一规律，使自己的实践活动同客观世界的必然性相吻合。列宁曾说：“外部世界、自然界的规律，机械规律和化学规律的区分（这是非常重要的），乃是人的有目的的活动的基础。”他又说：“人在自己的实践活动中面向着客观世界，依赖于它，以它来规定自己的活动。”一般说来，凡是美的东西，首先都是真的，是蕴含客观规律性的。以战争为例，尽管这一事件本身血腥残酷，并无美感可言，然而以战争为主题的艺术创作却有可能是美的。例如，当一件艺术作品成功地表现出为了反抗暴政，人们英勇顽强地与之斗争时，它就是壮美的，因为它表现出了人性的高贵和真实。

“善”，就是人类在实践活动中所追求的有用或有益于人类的功利价值。列宁说过：“世界不会满足人，人决心以自己的行动来改造世界”，因此列宁对善的“实质”作了这样的概括：“‘善’是对外部现实性的要求，这就是说，‘善’被理解为人的实践要求（1）和外部现实性（2），如，原始人制造石斧，就必须对石头进行加工，克服了石头对人的反抗，在石头上实现自己的意志的要求，成为合目的性，有益于人类的创造物。这类创造物，由于以感性的形象体现了人的意志和才能，它也就具有不可否认的美的价值。”因此善是美的灵魂，所以美与善的关系更为直接。

再来谈谈“美”，一方面美不能离开真与善，不能违背真与善。另一方面，美又有自身特有的质的规定性，我们不能简单地把美同真、善等同起来。真、善、美与丑的关系，概括起来，其一，正如毛泽东所说：“真的、善的、美的东西总是同假的、恶的、丑的东西相比较而存在，相斗争而发展。”其二，美丑可以转化的。17世纪，委拉斯贵兹《教皇英诺森十世像》，描绘了教皇的虚伪、阴险、丑，通过艺术形象揭露他的真，就变美了。

这一讲比较冗长，现在我们来回顾一下历史上对美学和美的本质问题的相关讨论，以便于大家立体地了解美的问题的由来和争论。概括了解一下美学史上对美的本质的几种主要看法，理解其实质。

最后概括一下，也是布置给大家的思考题：如何从社会实践的观点出发来理解美的本质？A.什么是人的本质？B.为什么美的根源在社会实践？人的本质力量的形成与发展，人与自然的审美关系的形成与发展，均有赖于社会实践。美的规律存在与人类的社会实践中。C.真、善、美的辩证关系。

二、历史上美学是什么与美的本质的相关讨论

要探讨什么是美，这个话题真的很难。因为从古至今，从不同的角度，都有史论家、哲学家就这个问题发表过不同的看法。我们又该怎么思考这个问题呢？

我想这个就好比谈恋爱，有的人喜欢慢慢地“热”，有的人却喜欢直奔主题，那我们就直奔主题。我想既然来探讨美学与艺术的关系，我们就应该首先追问：历史上的先哲对美是什么，美学是什么，美的本质又是什么是怎样认识的？很多人都看过《百家讲坛》，对讲“三国”的易中天教授应该不陌生。其实易中天在

厦门大学是教美学的。我在很多年前，读过他一本谈美学的书籍，这本书是他对教学过程中遇到的一些问题的总结，这本书很口语化。我觉得书中有几句话很有意思，他说："我喜欢直奔主题，学究式的书呆子现在不时兴了，就像一夜情我们直奔主题，但是学术不是一夜情，它是谈婚论嫁。既然是谈婚论嫁，就需要把对方的家底搞清楚，有句话叫做'男怕选错行、女怕嫁错郎'，学术可以谈恋爱，但不能嫁错郎。"所以我觉得这话就很吸引人，因为美学是什么？这是一个有点学究味的哲学命题，它甚至有点枯燥，所以需要我们耐心地加以梳理。

美学是什么？我们需要做一些铺陈，我觉得作为一门学问而言，美学是既古老又年轻的。说它古老，是因为早在原始社会，人类的造物活动当中就有美学的影子。原始人在制造工具的过程当中，逐渐认识了形式，体会到了形式的力量，从而产生了愉悦感。关于美是什么？古代希腊、罗马的学者们就对它进行了不同程度、不同侧重的研究，对于这些历史上所形成的观点，我将它们总结、归纳为以下六个方面的主要观点。

（一）古典主义

古典主义认为美在于物体的形式。比如，物体的平衡、对称、变化、和谐、比例这样的规律性的东西，寓变化于统一、寓杂多于统一等。

在公元6世纪，毕达哥拉斯学派就强调美在于变化中的统一、美在于比例、美是和谐与比例、美是杂多与统一。到后来亚里士多德认为美就在于体积大小的秩序。到了古罗马时代，西塞罗认为："物体各部分的一种妥当的安排，配合到一种悦目的颜色上去"，就叫做"美"。而到了18世纪，英国画家霍加兹在他的《美的分析》一书当中指出，最美的线形是"蜿蜒型的曲线"，因为它最符合寓变化于整齐的原则。霍加兹还认为，美在于物体的形式。与他同一时代的英国经验美学家博克又认为，美的主要特征在于"细小"和"柔弱"，这些观点都是从物体的形式来着眼的。在启蒙运动时期，德国的温克尔曼同样也认为：美是由曲线形成的。温克尔曼不仅是哲学家，还是历史学家、考古学家，他对古希腊哲学精神有独到的阐述，在我们看来，他的著作直到今天还是那么感人。他对希腊精神有这么一种评价："高贵的单纯"和"静穆的伟大"。启蒙运动时期德国还有一位大哲学家康德，康德对于美的论述也很有特色，他认为美只在形式，而不涉及内容。

那么，关于美学上的形式主义，我们可以从古代的相关论著当中找到源头。在古希腊时代，它主要表现为一种朴素的唯物主义观点，那时人们对于美的认识和理解，主要是以自身的感官经验为基础的，因此往往带有一种不假思索的直接。这类观点大都认为，美在于造型和形式当中。

以形式为出发点的美学始终备受关注，直到 20 世纪，仍有大家从形式的立场出发，对之做出研究，代表人物是直觉心理学家鲁道夫·阿恩海姆。他认为美在直觉，这个东西之所以美，是因为看上去其形式是美的，但是他没有去挖掘它的内容，为什么会美。古典主义所讲的美在物体的形式的观点源于希腊，并得到了长远的发展。在西方，这是一个比较有生命力的观点，一方面得益于希腊的传统和习惯思维，因为希腊文化统治了欧洲两千多年，西方人谈到希腊就有一种回归故国家园之感，就像我们谈孔子和老庄一样。文艺复兴，它复兴什么？它就是复兴古代希腊文化。在法国的三个“主义”当中，古典主义也是要从罗马的精神当中得到鼓舞和启发，因此古代希腊、罗马在西方人的心目当中是崇高的。而且就美的事物而言，美本身就有形式的因素，希腊的这种传统和习惯绵延两千多年。

米开朗琪罗的作品中充满着曲线的韵律

另外，西方长期处在一种形而上的桎梏之中，西方人是比较热衷于逻辑和概念的，热衷于讨论形而上的东西，形而上的概念、范畴、逻辑等，令西方的哲学家乐此不疲。但它的辩证思想，却发展得比较缓慢。美学是一门既古老而又新颖的学问，从古典主义的角度来讨论美是美在物体的形式。

（二）新柏拉图主义

新柏拉图主义，顾名思义，是和柏拉图有联系的。那么柏拉图认为美是什么呢？他说：“美即完善。”如果说前面古典主义讲美在物体的形式，它还是从形式入手，到了新柏拉图主义的时候，对美的探讨，涉及内容了。但是，从总体来看，它还是从形式着手的，它的创立者就是新柏拉图学派。新柏拉图学派认为一件事物如果符合它那类事物所特有的形体结构，或模样完整无缺，那就算达到它的内在目的了，就叫做完善，也就叫做美。所以新柏拉图主义认为美即是完善，而那类事物的原型目的只是上帝早就创造好的，所以美即完善的哲学基础是“有神论”。

新柏拉图主义认为，美的形象虽然是感性的，但它还是以理性作为基础的。美的事物应该要符合它的本质所规定的内在内容。从这个意义上看，新柏拉图主义对美的探讨比起前面单纯的古典主义，似乎又前进了一步。它已经不只是从形式主义的角度去探讨美（形而上地探讨美），它还认为美是包含着内容的。

而且，新柏拉图主义还认为，美应当表现为内外品质的呼应，只有这样才能引起人的感应，才能产生美；美不但要有形式，还要有内容，只有形式和内容的融合，才能引起人的感应，它才会产生美。当然在这个问题上，新柏拉图主义又有先验论的成分和神秘的倾向。

（三）经验论——美感就是愉快

“美感即是快感”“美即是愉快”，这些就是经验论的观点，它是从情感入手来探讨美的。换句话说，经验主义认为美的东西一定能够使人产生情感。

这样一来，人们对美的研究重点就发生了转移：从对形式的分析转移到了对审美活动背后的生理学和心理学的分析，英国的经验主义者就是这一研究方法的重要践行者。他们把美的本质视作科学考察的对象，认为在审美对象和审美主体之间会产生一种感应，即审美对象总是能够使人产生愉悦。因此，经验主义者就针对这种愉悦的生理、心理特点和引起这种愉悦的客体特点、审美属性，系统地进行了阐述。

经验主义美学的代表人物是英国的休谟，他认为美不是事物本身的属性，它只存在于观赏者的心里，每个人的心里就有一种不同的美。美在心里，这个倒是跟我们中国人的说法有点相像，我们说“情人眼里出西施”，意思是说美在人们的心里，每个人都有自己独特的审美判断。休谟提出“美是愉快的命题”，美就

毕达哥拉斯（公元前 580—公元前 500）

柏拉图（公元前 427—公元前 347）

休谟（1711—1776）

是审美快感本身，快感与痛感不仅是美与丑的必然的随从，而且也是美与丑的真正本质。

另一位经验主义美学家博克认为，“我所谓美是指物体中能引起爱或类似爱的情欲的某一性质。”但是博克又指出，他对于美的爱和对于异性的爱是不一样的，对异性的爱是一种希望占有的欲念；而对美的爱却是纯粹的爱，它并不基于欲念，只是在关照任何一个事物时，心理所感觉到的那种喜悦。

如果我们说休谟是强调愉快，强调“美在心理”，这多少含有唯心主义的成分的话，那么在博克那里，他却是强调唯物的。这很有趣，尽管两位学者都在强调审美主体，都强调对欣赏者的生理和心理进行分析。然而一个是唯心的，另一个却是唯物的，而且博克强调美是“爱”，他说这个美和情欲的美不一样，但不认为美是客观事物的属性，那么他所找到的美的客观属性又是什么呢？像“小”“娇柔”“柔滑”“娇弱”这样一些性质，他认为这些就能代表美。

（四）德国的古典美学

从某种意义上看，德国的古典美学是对古希腊美学的继承，但是还不太一样。德国古典主义强调美在于“理性内容”和“感性形式”的结合，最先提出这个观点的，是德国古典美学的集大成者康德，他总结了经验主义和理性主义美学的相关理论成果，抛弃了“美即完善”“美即快感”等学说。到了黑格尔那里，他又提出了“美是理念的感性显现”的观点，他把“理念”看作是艺术的内容，把“感性显现”看成艺术的形式。他认为美是感性与理性、内容与形式的统一，他强调人的主观能动性和创造活动与美的深刻联系。但是，黑格尔也有他的局限，他从抽象的观念出发，把美看作为一种绝对的精神，认为美的本质就是理念，这种认识应

康　德（1724—1804）

黑格尔（1770—1831）

该讲也是错误的。但他对美的本质的解说又是具有辩证思想的，所以黑格尔有关美的学说，相对于前人来讲是一个进步，它对我们继续发掘和探索美的各种因素，具有积极的指导意义。

（五）俄国的现实主义

这一美学流派认为"美是生活"，代表人物是俄国的车尔尼雪夫斯基和别林斯基。车尔尼雪夫斯基论证了艺术的真实性、倾向性和审美性之间的关系，深刻地阐述了艺术必须从生活出发的现实主义美学原则。而别林斯基则认为艺术是提炼、概括了的生活，它是高于现实生活的。

同时，别林斯基还认为，艺术中的自然完全有别于现实的自然，甚至是高于现实中的自然。他以诗歌为例，认为在诗歌中所描写的生活要比现实的生活更加富于魅力，也更加真实。而车尔尼雪夫斯基的理解却恰恰相反，他认为艺术美是低于现实美的，他的美学观流于自然主义。他也举了例子，他说，譬如我们画苹果，这个画出来的苹果是低于那个可吃的真实的苹果的，他认为现实的苹果要高于艺术的苹果。尽管车尔尼雪夫斯基和别林斯基的观点有所差异，但他们都强调美是来源于现实生活的，这样一种观念倾向使得美学研究的思路更加开阔，它推动人们去思考这样一个问题：艺术的真实性、倾向性和人的审美性之间具有怎样的关系？可以说，这是俄国的现实主义对美学研究的一大贡献。

（六）叔本华和弗洛伊德的观点

对于这两位哲学家大家也不会陌生，因为他们对于现当代艺术的影响是非常深远的。

我们先来谈谈叔本华，这是德国的大哲学家。叔本华认为美是"意志的暂时的歇息"，他认为我们每个人都是利己者，我们充满着无止境的欲望，因此我们

叔本华（1788—1860）

弗洛伊德（1856—1939）

的人生就成为永恒的追求之旅。当然人生的欲望永远也得不到满足，意志是无法满足的冲动，所以人生必然充满着痛苦。那么怎么才能脱离这个困境呢？我们中国人常常讲“知足常乐”，而叔本华的观点跟我们这个观点有相近之处，也有很大的不同。叔本华认为，一个人要想从痛苦当中解脱出来，唯有两条途径：第一个是彻底解脱，这指的是通过“实体上的否定自我”。那么何谓“实体上的否定自我”呢？我们可以把它理解为宗教式的涅槃，是一种“置之死地而后生”，或者说是一种绝对的忘我，是一种对生活意志、生命源泉的绝对的否定，说到底就是走向自我的否定、走向消亡。第二条途径就是暂时的解脱。也就是通过精神上的否定自我，比如哲学的沉思，道德上的同情，尤其是艺术上的审美静观来排遣烦恼、解脱痛苦。叔本华认为借助这些手段，能够使主体完全消除物我之间的差别，从而暂时摆脱因为欲望和意志无法满足所带来的痛苦，也就是要达到意志的否定，这个否定不是指实体的消亡，而是指精神的休息。比如说，借助于艺术活动，我们可以达到一种审美的静观，从而使人的意志得到暂时的休息。

事实上为了解脱痛苦，艺术的确是一个比较好的途径，通过欣赏或者从事某一类艺术活动，使自己紧绷的神经得到放松和缓解，这是一件好事。相对于第一种途径，第二条途径的艺术活动的审美静观，应该说是解脱人生痛苦的最佳途径了。

关于弗洛伊德，我们也是非常熟悉的，这是20世纪德国首屈一指的病理学家、生理学家和精神分析学家。他有一本名著叫做《梦的解析》，曾对现代艺术产生了重要影响。弗洛伊德认为美这个概念其实是根植于人类性的冲动，美是潜意识的本能和性的欲望的表现能力。

弗洛伊德认为人类有两种重要的心理动机：第一种是自我意识，就是人们在觉醒状态下的心理意识；第二种是性的欲望，一般表现为人们在睡眠状态下的潜意识。人的意识活动又有三种类型：意识、浅意识和潜意识，这个潜意识指的是一种潜藏在人类记忆中的某种东西。其实自我意识和性的欲望总是交织在一起的，它们在矛盾冲突中又相互作用。一方面，人的自我意识总是在抑制性的冲动和性的欲望。那么我们又要问了，在这个自我意识的背后又是什么东西在起作用呢？这个东西就是道德。另一方面，性的欲望又在潜意识中暗中支配你的行为。当然在现实生活中，所有健康的人都会用自我意识去抑制本能的冲动，这个不难理解。一个社会需要一种道德人伦的规范，如果没有这种规范，没有对人类行为的必要制约，人和动物就没有差别了。

弗洛伊德认为，存在于潜意识中的性冲动是人类行为的基本动机，也是个人摆脱命运、推动社会发展的永恒的力量。当然这里所说的“永恒的力量”，主要还是表现为人类的繁衍生息，这就解释了人类为什么要有性、要有婚姻。从根本上讲就是因为这样一种动力。当然我们也可以反过来阐述、分析，比如讲老姑娘为什么很郁闷？少妇为什么有一种莫名的烦恼？更年期为什么怪诞？在弗洛伊德看来，都是性的本能没有得到满足，在抑制中产生的一个结果。

有一年流行色协会推荐的一位设计师发布了一种颜色，叫做寡妇黑，在北京发布会的台上，这位设计师讲到寡妇黑，旁边就有人问我什么叫寡妇黑，我给她分析，凭我的理解，这个“黑”当中带一点点“紫”，为什么呢？因为你想啊，寡妇心情很抑郁，所以就用黑色来代表。如果是个年轻寡妇，她对生命还有渴望，那么这种颜色里面还应该微微泛着一点红光，如果抑郁是蓝颜色的话，泛一点红光，那么就变成紫色了，所以寡妇黑基本上就是黑里面偏一点点紫。后来又发布了当年流行土耳其的狂风浪迪，这个形容很抽象，不好理解，这是种什么颜色？我给她分析这种颜色基本上是墨绿里面偏一点点土黄，为什么会是这样一种颜色？因为土耳其是伊斯兰国家，以绿色、墨绿为主，狂风浪迪有一点希望的意味，所以颜色中泛一点黄色或土黄。当然我这个解释是不权威的，但人是有这种潜意识的。

弗洛伊德认为审美欣赏和艺术创作的基础是人类对本能欲望的发泄，世界上约束的东西很多，所以我们要“移情”，这时艺术就是最好的载体。如果你

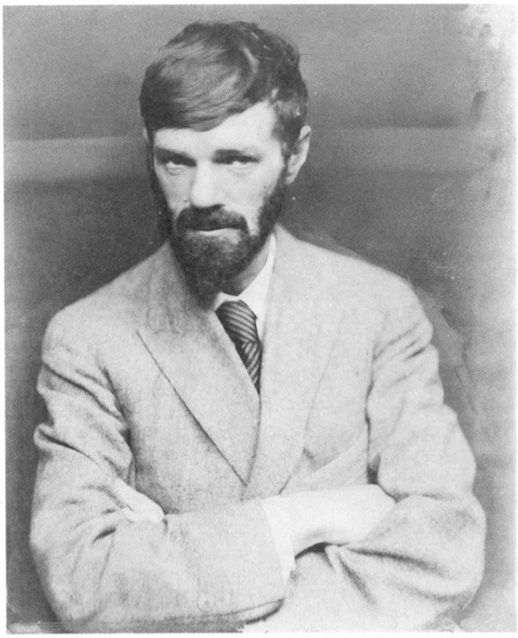

劳伦斯　（1885—1930）

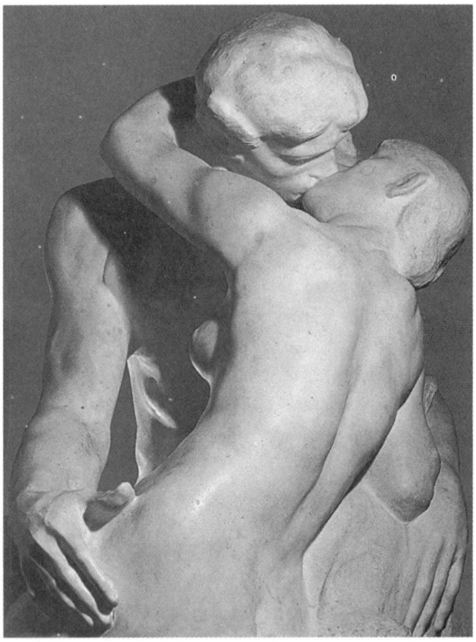

罗丹作品《吻》

看某一本小说，小说家描绘方面细致入微，刻画得很露骨。我一般认为这位小说家本人有缺憾，特别是文章后面要写上此处省去三百五十字的。有一位先锋小说家写了一本书，有老师推荐给我，不瞒你讲，当时我看这本书的时候40岁，看得我心惊肉跳，现代社会哪有这样的人啊？后来我看完以后，我又品出来，写书的这个人未必是这样生活的，这只是一种臆想，讲得再确切一点，这个基本就是潜意识。同样有文学名著，也是写性爱，人家不是这样写的。比方说《查泰莱夫人的情人》也是写情欲，劳伦斯用优美的文字把感情烘托得细腻动人，所以弗洛伊德把文艺归结为研究和表现情欲的潜意识的工具。

弗洛伊德主要对人的梦进行了解析，通过对梦的解析来分析人，这个梦有时也挺可怕的，不由自主。前两天我做了个梦，在梦里还说了一句话。我太太早晨起来跟我讲，你昨天晚上说梦话了，而且说得很清楚。我问我说什么话了？她说你讲终于解脱了，再也不用演戏了。这句话是我的真心话，因为放寒假了，这两天就很放松，就睡得很好。每个人都有喜怒哀乐，都会面对各种各样的人，如果你是一位普通老师，就可以直白地表露出来，即使我不同意你的观点。但如果你是一位领导，有时不仅不能直说，还要心平气和听完别人的牢骚。我在梦里说的话是我潜意识中想表达的，我觉得这句话是我的真话。梦是表达某种潜意识的，本能的性的要求和社会文明的冲突得不到满足，弗洛伊德就认为要用艺术来寻求释放。人的行为动机从人的性欲这点来考虑，他提出两种类型，一种是子恋母的性变态，另一种是女恋父的性变态。在《哈姆雷特》的有关戏剧当中，这个问题体现得非常充分，古希腊俄狄浦斯王就是子恋母，他把父亲杀掉，是子对母的永恒之爱和对父亲的憎恨，所以儿子一般跟妈妈比较好。现代艺术在弗洛伊德和叔本华那里，找到了它的理论基础，现当代艺术表现的东西，比如性欲的变态，侵略、破坏的本能就成了基本主题，它们在弗洛伊德的理论当中找到了托词，成为超现实主义、行为艺术、观念主义、抽象主义的理论基础，使得弗洛伊德被他们尊称为现代艺术理论之父。

刚才已经回顾了西方美学发展的历程，对西方从古至今有代表性的美学思想进行了梳理，从不同的侧面探讨了“美是什么”的问题，我觉得可以把这些形形色色的美学理论归纳为三个方面：

第一，从精神世界出发，代表人物是柏拉图、休谟、弗洛伊德等；第二，从客观世界出发，代表人物是亚里士多德、狄德罗等；第三，从人类社会生活来探讨，代表人物是俄国美学家别林斯基、车尔尼雪夫斯基。千百年来，这些美学观念彼此之间既有融合与同化，又有对立和冲突，这种冲突有时是非常激烈的。当然，新的美学观念仍在源源不断地产生，直到今天都没有一个统一的、终结性的说法，这或许就是美学发展的常态，它永远是一个见仁见智的问题。

尽管流派纷呈、历史漫长，可以上溯到古代希腊罗马，但是，西方美学作为一个独立学科的产生却是近代以来的事，1750 年就是一个重要的标志。正是在这一年，德国哲学家鲍姆嘉通出版了一本专著名为《美学》，这才使美学获得了真正独立的地位。这是第一次有学者使用“美学”这个词（英文当中是“Aesthetics”），由此也掀起了一场美学运动，宣示了美学作为一门独立的学科的产生，鲍姆嘉通可谓功不可没，是他把美学从哲学体系中分离出来，因此我们说美学是一门既古老又年轻的学问。

（七）中国的美学争论

20 世纪 50 年代，国内有场关于美学的大讨论，实际上也客观反映了各种美学流派和美学观点，关于“美是什么”有四个方面的争论：

1. 美是主观的

所谓“美是主观的”，就是指美不在于物，而在于心。以这个茶杯为例，在我们看来它之所以美，显然是由这个茶杯本身所决定的，这取决于它的造型、比例、材质、釉色等，而不是因为别的原因。但是在主观唯心主义者那里，就颠倒了过来。他们认为这个茶杯之所以美，是因为美在我的心里，而不是因为茶杯本身，换句话说，这个茶杯之所以美，是因为我觉得它美。持类似美学观点的代表人物是吕莹和高尔泰。

2. 美是客观的

所谓“美是客观的”，就是认为美不在心而在物。茶杯之所以美，并不是因为我觉得它美，而是因为这个茶杯具有美的特质。黄山之所以美，是因为黄山本身的山川就是美的。这个观点就认为美在于客观对象本身，这一观点的代表人物是蔡仪。

显然这两派的观点都存在着缺憾，因为它们并不能客观、全面、整体地解释“美是什么”。如果你说美是主观的，只要我认为它美它就美了，这也符合了我们所说的“情人眼里出西施”，但是它至少要拥有美的性质，主观和客观截然地隔离开来探讨美，就存在着重大的缺憾。

3. 认为美是主客观的统一

这一类观点认为美在于心与物的统一，持这类观点的代表人物又是谁呢？是著名美学家朱光潜。朱先生是北大教授，已经去世多年。早年他曾留学法国，他在北大校园里面走过，有学生回忆：他穿着一身洗得发白的卡其布的中山装，拎着一个人造革的旧包，你根本看不出他是一位著名的美学泰斗。据说他家里没什么藏书，他每天早上去图书馆，他认为图书馆是他的书房。从这点上我们得到启发，其实每个人都应该合理地利用图书馆，个人的藏书再丰富，也不可能达到图书馆的馆藏量。当然，如果你是藏书家就另当别论，有的藏书家只藏不看，就又另当别论。

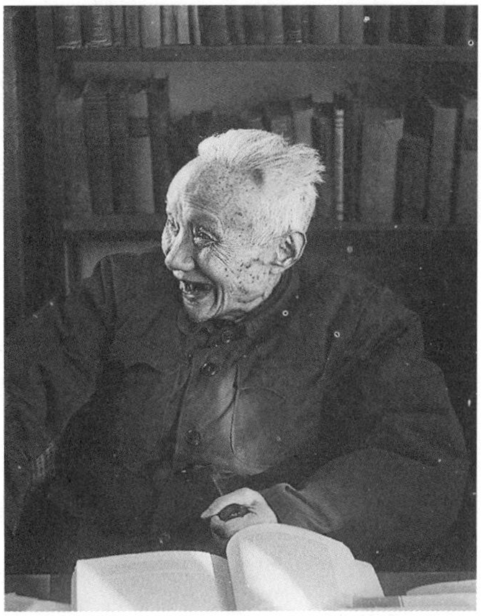
朱光潜

4. 认为美学是客观性与社会性的统一

持这个观点的是著名美学家李泽厚先生，他曾著有《美的历程》一书。回想起我们上大学的时候，这本书几乎人手一册，可以说是风靡一时。现在有一些人在批判这本书，我看大可不必。因为任何一个科学研究，特别是社会科学的研究成果，都不可避免地有它的时代局限性。

对于李泽厚先生我还是非常推崇的，他刚入大学的时候不是学哲学的，好像是学物理学的，但他后来转了专业，一个物理系的学生要转到哲学系是很难的。换专业，这里既有自身兴趣的因素，可能又有外在环境的促动，所以原因是很复杂的。其实不少杰出的人物在年轻时都有类似的经历，像鲁迅、钱伟长都是如此，钱伟长后来成为工程学家，但他刚进清华的时候数学是0分，可见这个人有多么聪明。李泽厚认为，美是客观性与社会性的统一，美在物的社会属性当中，美是经过人的创造实践得出的。

李泽厚

譬如讲，高山作为一个自然体，本无所谓美与不美。但是我们说它美，是因为它的自然属性，高山具有险峻的气势，人们就会赋予它一种人格化的特质，人们会去赞美它。例如，“高山仰止，景行行止”。同样，当人们面对波澜壮阔的大海，也会去歌颂它的雄浑气势，这也是人从大海的自然属性中联想产生的。

当然，即使是同一个对象，一旦你和它的关系发生了变化，它给予你的感受就会随之改变。譬如讲在风和日丽的时候，当我们坐在海边，我们自然会欣赏大海的雄壮辽阔、惊涛拍岸。但是反过来，假如把你往太平洋里面一扔，这一下大海和你的对象性关系产生变化了，你还赞美大海吗？你要高呼救命了。我前面说过，老虎被关在笼子里的时候，你可以放心大胆地欣赏它的雄壮。可老虎要是放出来，放到景阳冈，武松就不得不打死它。所以说，人和客观对象的关系是在不断变化的，而你对它的感受也会随之产生变化。

我需要再次重复前面说过的相关问题，关于“美学是什么”还可以进一步地追问，美学的研究实际上包括了三个层面的内容：第一是美的哲学，第二是审美的心理学，第三是艺术社会学。具体来看这三个概念——所谓美的哲学，就是从哲学层面对美做本质的探讨；所谓审美心理学，则是以艺术为对象，做心理学的考察；而所谓的艺术社会学，则是就艺术史和艺术概论做研究。

有人认为美学，特别是近代美学，其实是由德国的哲学、英国的心理学和法国的文艺批评三者构成的。据此有人就认为，可以把美学分为这么三块：即形而上的美学，这个是为了定义美；给美下概念的是审美心理的美学，这个是在研究美感，也就是要追问：为什么这个东西是美的？我们为什么觉得它美？以及社会学的美学，这个就涉及艺术流变史、艺术概论等相关理论。我们的确可以把美学看作是以上三块的结合。

当然在针对具体对象进行探讨时，我们的美学理论还是会有不同的侧重。也正因为如此，所以又引发出那么多的美学纷争，诞生了那么多的美学流派。它们不仅相互补充，相互批判，也因此而得到不断地进化和完善。所以我认为美学是一个既整体又多元的现象，这是我对美学的基本看法。

三、美的欣赏与判断

关于美的欣赏与判断，我们要把美学研究和艺术创作结合起来谈，这里会涉及一些文艺理论问题。艺术创作的主要目的之一就是审美，当然在相当长一段时间里，艺术创作也要服务于宗教和意识形态的宣传，因此对于美学而言，它的主要研究对象就是艺术。

那么美感是什么？我认为它是对美的欣赏和判断的产物，是通过个体的直接感受和情感反应来实现的。当然在审美的活动当中，它不可避免地会带有个人的爱好和主观的倾向。

比如说我们看《红楼梦》，这本书放在我们小的时候是肯定看不进去的，要让你看看《三国演义》和《水浒》可能还行，要看懂这本书需要一定的年龄和阅历。随着你逐渐成长，随着你工作和学术研究的需要，你可能会去看。我当时看《红楼梦》的出发点，是为了研究书里所描绘的服饰，我强迫自己看了两遍，把《红楼梦》里面描写人物服装的段落全部摘录出来。包括像丫鬟的肚兜、宝二爷的蓑衣和木屐，北静王的头冠、老祖宗送给宝二爷的雀金裘，都给它摘录出来了。凭我个人的感觉，这些片段当中最精彩的是王熙凤的服装：王熙凤刚一出场的时候，对她的服饰，包括面料的描写简直是细致入微。

由于主观倾向和个人趣味的差异，人们对《红楼梦》这部小说的感受和判断也是大相径庭。鲁迅先生曾经说过："经学家看到了淫，才子看见了缠绵，革命家看见了排满，流言家看见了宫闱秘事。"

"经学家看到了淫"，什么意思呢？在《红楼梦》里面，叔嫂偷情、公媳扒灰，这样的故事都有，所以经学家看到了淫。"才子看见了缠绵"，因为一个宝二爷身边有这么多女人，其实宝二爷当时年纪很小，林黛玉刚入贾府的时候才十来岁，我也不知道他们怎么早恋的。那种卿卿我我，那种情思来往，一会儿焚焚稿，一会儿葬葬花，哭哭啼啼的，反正要是我选择女朋友一定不选择林黛玉。王熙凤也不行，太凶。还是薛宝钗吧！所以说是才子看见了缠绵。"革命家看见了排满"，怎么讲看到了排满？曹雪芹很高明，他模糊了时代背景，有些官职清朝是没有的，他把这个时代给模糊了。书里的服饰实际上是民间汉人的服饰，很多称谓在当时是没有的，革命家就感觉曹雪芹是故意的，这里面充满着一种反清复明的一种隐喻。"流言家看见了宫闱秘事"，流言家是一天到晚打听小道消息的，看来小道消息不是现在有，是以前就有。

胡　适

俞平伯

蒋　勋

讲到这儿我就再发挥一下，美食家看到了红楼菜、服饰家看见了服饰、中医看见了医方。苏州居然就有菜馆专门开发出所谓的“红楼菜”，也不知道这个“红楼菜”正宗不正宗；“服饰家看见了服饰”，我本人就在《红楼梦》里面梳理过一遍，甚至我都去考证过。比方说《红楼梦》里面说老太太送给宝二爷一件“雀金裘”，就是把这个鸟雀的羽毛用金丝织起来，书里在讲这件雀金裘的时候，说是俄罗斯来的孔雀，俄罗斯怎么会产孔雀呢？那里那么冷！这个考据就难了，估计曹雪芹也不清楚俄罗斯在哪里。“中医看见了医方”，这个我是有根据的。大概十几年前，我在新华书店还真看到了一本《红楼梦医案研究》。研究者发现，在这部小说当中真的记录了很多医方。他们就把这所有的医方都摘抄了出来，还做了研究，所有这些医方主要治两类病，一个是风寒，感冒、咳嗽这类常见病；第二个就是妇科病，因为《红楼梦》里面几乎全是女人。你可以想象，《红楼梦》的读者由于主观倾向不一样，所以他们得出的结论也不一样。

其实《红楼梦》里面的语言也很有意思的，四十二回里面，薛宝钗对大观园发表过一番议论，她说“男人识字、女人针线，杂书大人背着小人看、小人又背着大人看”，这几句话点破了这个大家族的虚伪。因为在中国古代社会，男人读书，天经地义，为了要做官。女人要读了书，就坏了性情，所以女人只能做针线。大人可以看黄色书的，就是大人背着小孩来看这些杂书，小孩又背着大人看，小孩一看大人看，他就背着大人看，生怕被大人看见。大人看见后，你这个小赤佬啊，你怎么看这种黄书啊？

中明到晚明，市民经济高度发展，这个年代和欧洲文艺复兴遥相呼应。在以苏州为中心的江南地区，滋养着一种人文主义的文化，一些言情小说在市面上流通，也流行《春宫画》之类，仇英就画过春宫画，陈列在日本的博物馆里。但是也非常奇怪，前两年我在一份报纸上看到一则新闻，新闻说专家们在昆明召开了一次明史研讨会，研讨会的最新研究成果说中明到晚明是中国性解放的时期。那是胡扯，其实专家早有定论，中明到晚明的社会风气，礼崩乐坏，滋长着一种享乐主义。中明到晚明拥有一种很柔软的很人性的社会风气。

古时候苏州的酒肆、妓院在阊门一带。一方面是机梭之声通宵达旦，一方面是酒肆里面划拳声通宵达旦。女人不识字，怕读了书，移了性情，所以女人“无才便是德”，女人只能“三从四德”。“三从”是指什么？“未嫁从父、既嫁从夫、夫死从子”。古代中国也曾残忍而黑暗，在清代江南一带仍然还有“典妻”制度，“典妻”制度，就是家里穷，把自己老婆典给别人，到人家去养了两个孩子，再把她赎回来。老婆是丈夫的私有财产，他过不下去居然就把女人典出去了。

我们一直认为西方历史很血腥。古罗马的后期，生产凋零、皇帝独裁，经常有宫廷政变。其实中国也曾经很血腥，唐太宗不是靠玄武门兵变，把亲兄弟给杀掉才上台的吗？魏晋南北朝的时候，连年战争，当时的军队甚至把俘虏杀掉，腌制起来当军粮。还有朱棣用活人来祭奠驸马爷等等。

我们在看这些小说或者历史文献的时候，由于各人的出发点不一样，所得出的结论自然也就不一样。面对一部《红楼梦》，我们可以从美的欣赏角度来看，由于主观的条件和倾向不一样，我们在欣赏这部作品的时候得出的结论也就不一样。关于美的欣赏与判断，我觉得有以下几点需要我们共同去认识。

（一）美的欣赏条件与审美对象相适应的感觉

所谓的“与审美对象相适应的感觉”，是说审美活动都需要有一个前提和基础——审美对象。这个对象既可以是自然景观，也可以是艺术作品，乃至于是别的东西。如果说这个对象还没有被人欣赏，那么它只具有潜在的价值，而不能成为真正意义上的审美对象。美的体验是一定要通过审美活动的主体——“人”来完成的，只有当一个人调动起自身的主观能动性之后，他才有可能欣赏、体会到美。人们凭借着生活的经验，发挥自由的联想，并在脑海中为形象做出补充，以达到和谐而统一的效果，从而获得美的体验和情感的愉悦。这意味着一种“再创造”，应该说美的欣赏是主体（人）与客体（审美对象）共同作用的结果。

就主客观的条件而言，我们做审美欣赏的时候，首先要有精神上的感觉。如果肚子很饿，就无暇坐下来对一桌酒席作一个风花雪月式的评判，而是把肚子先给填饱了再说，等一会儿再来慢慢评。一个饥饿的人无法去品鉴陆文夫先生在《美食家》当中所讲的千分之几的味道。陆文夫在《美食家》当中写炒青菜，很有讲究，这不是放味精的问题，而是在快起锅的时候放一点点糖，说这一点点糖放下去，要放到恰到好处就很鲜，让人能品出千分之几的味道。想拥有这种感觉，首先精神上要放松，其次要有温饱，温饱之余你才可能去进行艺术的欣赏。今天娱乐业又发达起来，为什么？因为大家都满足温饱了。

当然一个人要想体验、欣赏到美，他还要有健全的感官作为保证，这是审美活动所必需的媒介。它不仅仅是指你的视觉（欣赏形式之美），还包括你的听觉、触觉、味觉等，我们一般将这些感觉笼统称作“统觉”。

不妨设想一下，假如没有统觉，你怎么能欣赏到艺术中的美呢？譬如唐诗，“……嘈嘈切切错杂弹，大珠小珠落玉盘。间关莺语花底滑，幽咽泉流冰下难。

傅抱石作品《平沙落雁》局部

古　琴

冰泉冷涩弦凝绝，凝绝不通声渐歇。别有幽愁暗恨生，此时无声胜有声……”（白居易《琵琶行》）。像这样的诗句，如果你没有一种统觉的概念，就没有办法欣赏。陈逸飞有一幅画叫《浔阳遗韵》，我们在欣赏这幅绘画的时候，你也能体会到一种音乐之美，这需要的也是统觉。再比如古琴曲《平沙落雁》，当你在听这首曲子的时候，琴弦拨动，表现的是大雁在沙滩上发出的哀鸣声起起伏伏，只有在忘我的状态当中，你才可能体会到。所以我们要有与审美相适应的感觉，而这种感觉从精神上讲要有一种境界，要有健全的审美的感觉——一种统觉。

（二）必要的修养

1. 不断学习

艺无止境，艺术家一生当中要不断学习，学习的途径是多样的，可以是读书、远游、交友，以此来达到一种境界，一种修养，这种境界和修养包含着一个人的知识储备、文化教养和艺术素养。中国古代有一句话叫做“曲高和寡”，又叫做“知音者寡”，这是说一个人要想找到真正的知音，找到和自己志趣相投的那个人是很不容易的。正因为如此，俞伯牙和钟子期的故事才流传千古。伯牙的琴弦为什么会断呢？因为他遇到知音了。素养、情志和意趣，它们反过来也会塑造一个人的品性和人格。

当然在不同的时代，人们对于艺术素养也有着不同的理解。对于今天艺术专业的大学生来说，我们要尽量避免“画地为牢”，而应该尽可能全面地了解各种艺术的常识和基本技巧。我们欣赏古典音乐，至少要了解交响乐一般有几个乐章，小提琴曲的华彩乐章是怎么回事，电影的蒙太奇又是什么。关于油画，我们要了解它的色彩、笔触。关于中国画，我们要懂得欣赏它的笔墨意趣，尝试理解它的文化精神。中国画的笔墨我认为不好懂，它既是物质的，又是精神的。它既是技法的，又是精神的。“笔”和“墨”这两种物质的东西，最终会上升为一种精神——绘画的精神，中国画的内涵是比较深奥的。

2. 教育熏陶

对文化传统及形式美的敏感，欣赏习惯的认识与把握，这也是一种审美的修养。梅兰竹菊的寓意，西方人就很难把它跟人的品性联系起来，他会单纯地认为这是植物。再比如讲生活的体验与认识等等必要的审美欣赏条件积累。

3. 审美心境

心境是一种状态。我以前常讲，一个人（特别是一个男人）要学会从容，不要遇到一点儿事情，马上就喊就叫。女孩子也要注意这个问题，不要一惊一乍的。

不断地学习并接受正确的引导，人们就有可能领悟到艺术的真谛（阿图·鲁宾斯坦在指导他的学生）

有些电影不只是娱乐，它能加深你对生命的理解。
（李安作品《少年派的奇幻漂流》）

我认为心境需要历练，心境能反映出我们的一种情态。审美活动、艺术创作又是和心境相对应的，一个艺术家的心头当然要有点“发热”，但又不能光是躁动和激情。审美也需要一种静观，也需要一份从容。

4. 审美态度

实际上讲得大一点是立场观点，中一点是价值观，小一点是趣味。什么样的人就会喜欢什么样的东西，这是肯定的。这里我们要讲的，其实是有关美的欣赏与判断。

艺术并不只是在创造美，当我们在欣赏优秀的艺术作品时，往往还能从中体会更多、更深刻的东西。导演费穆曾拍摄过一部优秀的影片《小城之春》，费穆是苏州吴江人，20 世纪 50 年代就去世了。这部电影近来又被田壮壮翻拍过，我也看了，我认为这个版本跟费穆版的《小城之春》还不好比，主要还是感觉不对，因为那个年代的东西被翻拍以后就变成现代人的解释了。

费穆版的《小城之春》，用我们今天的话来讲叫做小成本制作。影片讲述了这样一个故事：抗战胜利后，丈夫（戴礼言）、妻子（周玉纹）、妹妹（戴秀）一家，生活在江南小城中破败的旧宅，过着平淡无味的生活。礼言患有痨病，终

费 穆 （1906—1951）

费穆版的《小城之春》剧照

日郁郁寡欢，而玉纹依然年轻貌美，他们相敬如宾，却毫无激情可言。玉纹似乎要被这样的生活窒息了，她向往一种新的生活。就在此时，丈夫的同学、风华正茂的医生章志忱的到来，给这个家庭带来了一股新鲜的空气。玉纹和志忱原本就是一对恋人，却因为当初母亲的阻挠而嫁给礼言，他们彼此仍旧思念着对方。于是，故事冲突和矛盾就这样一步步激化出来，礼言的自杀未遂迫使当初的恋人回到现实中来。影片的结尾是这样一个充满象征意味的画面，在小城颓败的城墙上，戴礼言一家目送章志忱离去，一切又回到了从前。这部清新隽永的影片就讲述了这样一个深刻的故事，在当时它被认为是一部进步电影。

还有一部电影也是我比较喜欢的，叫《汉米尔顿夫人》。这部影片讲述了纳尔逊勋爵的爱情故事，他是一位英勇抗击拿破仑大军和西班牙海军的英国海军将领。作为英雄，纳尔逊充满魅力，而他的夫人却是个高傲矜持的乡村贵族，冷若冰霜。你可以想象，他们之间几乎没有什么共同语言。

因为一个偶然的机会，纳尔逊邂逅了英国驻那不勒斯大使的夫人汉密尔顿夫人。这位夫人的美丽、聪颖，很快点燃了纳尔逊心中的激情，而纳尔逊的英雄气质也深深吸引着汉密尔顿夫人。两人彼此惺惺相惜，相互之间充满理解和信任，不久便坠入爱河。在那个特殊的时代背景之下，他们的友谊和爱情超越了一般的意义，和国家、民族的命运联系在了一起。然而悲剧在于，两人的爱情却为英国政坛和舆论所不容，纳尔逊最终也战死沙场。

观看这部影片，还让我们体会到纳尔逊作为英雄的孤独。只有当战争来临的时候，国家才会想起他。而当战争结束时，他又会变得很落寞，国难思良将，其

纳尔逊 （1758—1805）

盛宣怀 （1844—1916）

实在什么时候都是一样的。美国的巴顿将军也是如此，他是在“二战”期间盟军方面的主要将领，战争结束后，他也落寞了。

扮演纳尔逊的是英国著名演员劳伦斯·奥利弗，他还主演过《呼啸山庄》，这部也是经典大片。《呼啸山庄》被翻拍过不知道多少次，戏剧性的冲突非常强烈。少爷是一个酒鬼，马夫反而是中国皇帝的一个私生女和印度皇帝生的。这里有个阶级身份的转换，这是一个道理，不可能永远复原。晚清时上海有一个大官商（或者可以叫官僚买办），名叫盛宣怀。他出身于常州望族盛家。俗语说“富不过三代”，从盛家发迹开始算起，盛宣怀已经是这个家族的第四代。盛宣怀在官场和商界的地位都很高，他是红顶商人，慈禧太后允许他在紫禁城走马，这个待遇很高。但是盛宣怀一死，这个家族就垮了。苏州的留园就曾是盛家的花园，盛宣怀的儿子盛老四，20 世纪 50 年代就死在留园的传达室。状元的孙子穷困潦倒的也不在少数。

人世间的兴衰沉浮常常令人感怀，种种思绪常常也伴随着你对艺术作品的欣赏，它们和你的审美态度、审美观点融合在了一起。

（三）美的形态类型

我们可以从哲学上对美的形态做一个分类，大致可以分为这样三种：社会美、自然美、艺术美。

1. 社会美

首先要弄清楚社会美的三重含义。第一，社会美是由两个部分构成的，即社会生活中物质产品的美和物质产品的生产者，这个生产者就是人类的技艺。我们以茶杯为例，这个茶杯的社会美就是由茶杯本身的美和工匠的精湛技艺构成的。第二，社会美是在社会实践当中通过劳动创造出来的美。第三，社会实践成果，即劳动成果的美，它是第一性的美，是一种现实美。

我现在讲的是艺术美学，其实这和我要讲的另一门课《设计美学》也有关联，因为它们都在关注社会。当然我们对设计美的体会，更倾向于对社会美的体会，因为我们从一个社会的物质产品当中体会到了时代和技术的进步。比如讲磁悬浮列车，它流线型的车身就反映出这个时代技术上的巨大进步。

德国设计师诺伊麦斯特为磁悬浮列车的设计做出过很大贡献，这个人毕业于著名的乌尔姆高等造型学院。20 世纪德国有两所设计学院对世界设计教育产生过重大影响：一个是包豪斯，另一个是乌尔姆高等造型学院。这两所学校培养出了一大批杰出的设计师，诺伊麦斯特在乌尔姆受到过良好的专业教育，同时他又受到过东方文化（尤其是日本文化）的熏染。他设计过法兰克福的航空港，一个概念性的设计，还有拉斯维加斯的城市公共交通设施。对后者我是体验过的，它是一个智能型的设计，比如从这个酒店到那个酒店之间有轨道交通，你一上去它就开动了。此外，罗伊麦斯特还设计过大量的手术器械，手术器械上包含的技术因素是非常重要的。

所以设计美体现的主要是一种社会美，当然它也包含有艺术美的因素，这个我们不能否认。社会美又与"善"联系在一起，社会美就意味着设计作品要合乎人类的目的性，要服务于人类。

磁悬浮列车

磁悬浮列车的内部空间

2. 自然美

自然美也就是自然事物所体现出来的美，自然这个美包含两个方面，一个是经过人改造加工过的自然，另一个是纯自然的美。实际上在远古时代，人类对自然的认识是无所谓美与不美的。但随着人类社会实践的不断深入，实践活动的功利性比重会有所降低，而非功利性的倾向则会逐渐凸显出来，于是人与自然之间就形成了一种对应的关系，人与自然的关系就发生了转变。

如果说社会美是偏重于内容，是以追求“善”为目的的话，自然美就更加注重于形式，也就是令人赏心悦目的形式之美。当然自然美也有多样性，即使是面对着同一个景观，由于人们的心情的改变，他所体会到的美感也是不一样的。

3. 艺术美

艺术美是美的集中体现，它是艺术的生命和价值之所在，艺术美有这样几个特征：第一，艺术美是个性化和概括化的高度统一的形象。第二，塑造的形象不仅仅是具体的可感的，而且是创造者的主观情感的体现。艺术美是诉诸人的感觉、感情、知觉和想象力的。因此艺术美对于生命的意义，正是我们美学所要重点研究的。

当然在前面提到的社会美里面，也包含着人的品性的问题，我们以前宣传的“五讲、四美、三热爱”，就是从伦理道德的范畴来谈的。要不然高尔基也不会讲美学是未来的伦理学，一个人要至善至美，心灵要纯净，他把美学上升到伦理学的高度。但是我们今天研究的美，主要指的是艺术美，艺术是美的集中体现，美就是艺术的生命。

四、美学和艺术的关系

（一）美学研究的对象

美学所研究的对象是十分广泛的，比如讲自然现象、各种造物的产品、人类精神生活的现象、古代文艺作品和器物，这些都是美学研究的对象，但是较之于这些漫无边际的复杂现象，美学研究最典型的对象还是艺术本身，所以不管是自然现象、人类自然生活、精神现象等等，最终主要研究对象是艺术。

美学研究的根本问题是什么？是人对现实的审美关系。在这样一个关系当中，包括了两个最根本的领域，即美和美感。所谓的美，就是客体，就是指美的内容、美的形式、美的形态、美的范畴。而美感是从主体（也就是人）的角度出发，探讨美感的本质、美感的产生这样一些问题。

一般认为美感产生于愉快。原始人在制造和使用石器的过程中，产生了一种形式的力量，它不仅满足了实用的功能，而且令人产生了愉快，这就是美感产生的心理要素。而随着历史的发展，艺术创作逐渐成为人与现实这种审美互动关系的最佳载体。因为我们在欣赏艺术作品的过程中，自然地融合了美与美感两个方面，所以美学研究的对象主要是艺术。当然关于人的品性和自然现象，不能说它们就不是美学研究的对象，但至少不是这里要谈论的主要对象。

（二）为什么说艺术是美学的主要研究对象?

1. 艺术表现美

从经典美学家的理论来看，艺术的功能主要是表现美。当然有时艺术当中的所谓“丑”也是美，“美”跟“丑”是可以转换的。比如讲雕塑家罗丹的作品《老娼妇》，你觉得它美吗？如果单从形象的角度看，她是丑的。干瘪的乳房、佝偻着的背，但是它揭示了人生的本质和这个老娼妓的真实生活，那么这种“丑”就具有了一种感人的力量，从而上升成为艺术的美。

再比如说我画唐代的女子，一般画得很肥硕，喜欢带有一点诙谐的味道。如果用现在的眼光来看，你会觉得赵国的细腰女子拥有一种“骨感”的漂亮。而唐代女子那么胖，她美吗？她带来的是一种诙谐的美。

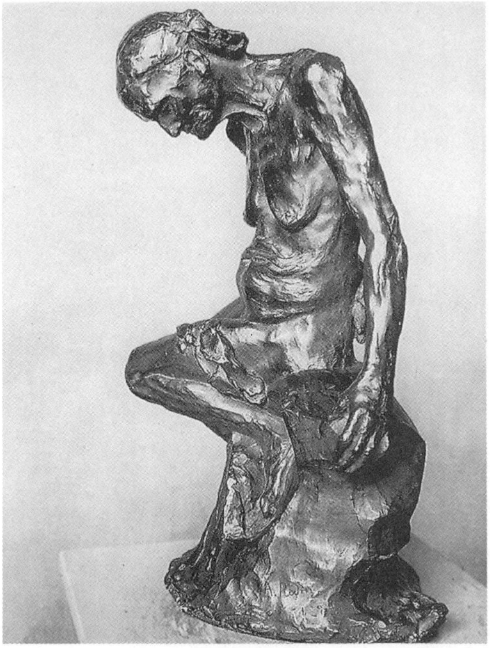

罗丹作品《老娼妇》

唐三彩女俑

男人也好，女人也好，面对美的事物，总有不同的判断。20世纪80年代，我被邀请到南京石化公司去讲美学，我以为那是什么培训项目，因为那个时候全国有股“美学热”。我去一看吓了一跳，台下都是四五十岁的女人，她们都以为我是来讲如何化妆的。而我讲形而上的美学，这怎么讲？我干脆临时换题目谈中年妇女的形象设计，我把台下这些四十多岁的妇女都鼓励了一番，她们听了很高兴。我说哀怨有哀怨之美，活泼有活泼之美，瓜子脸有瓜子脸的美，圆嘟嘟的脸有圆嘟嘟脸的美，当我讲到圆嘟嘟的脸时，她们全笑了。

你们可以去观察一下，一位企业的女经理的形象对她的事业的影响是非常大的。并不是说她是个美人就一定成功，但如果这个人只是作小鸟依人状，那她在公司里面做中层主管，往往是没有权威感的，这就是我们的一种视觉判断：一看她娇弱得很，就拿捏不住她说话算不算数，有没有可信度。当然她也有优势，她的优势是什么？因为她老要作小鸟依人状，所以经常会博得别人的同情。有些人一看这个小女子很柔弱，就会生出一种保护欲，这样她又可能会来个温柔一刀。这个经理如果是个胖姑娘，或许她不一定不美，但她很开朗，她可能还会经常调侃自己。她在待人接物方面，可能就更和谐更亲切，人们对她往往更有信任度，因为她敦厚！这是一种母性的象征。

美与不美总是有正反两个方面的，美与丑的问题是辩证的。我们欣赏艺术，主要因为艺术表现美，宣扬美，然而美与丑又是可以转换的，并不是一个绝对的概念。

2. 艺术是现实的浓缩

艺术能够把现实当中分散的、相对的美，加以集中、凝缩。所以研究鲁迅作品的人都认为，祥林嫂是千万个祥林嫂的缩影，可能现实当中祥林嫂的丈夫并没有去世，只是她的儿子去世了，但是把另外一个祥林嫂和她结合到一块，这个祥林嫂就变成了那个时代的典型。阿Q、闰土也是一样，鲁迅先生回到家乡，看到闰土时的那种心境，我们很多人都会有的。你跟你的幼时玩伴三十年没有见过面，突然你又见到他，这个差异性是很大的，艺术家就善于采集现实生活当中这种片段性的场景，然后把它们集中、凝聚起来，成为永恒的瞬间。艺术的手段是多元的，可以是视觉符号，可以是文字，也可以是旋律。

3. 艺术是现实的物化

艺术能够把现实当中转瞬即逝的现象加以物化。比如说人民解放军打下了南京城，并攻占了总统府，陈逸飞就把这个转瞬即逝的历史事件加以凝固，使它成为一个永恒的具有美感的形象，这就是对于现实的物化。

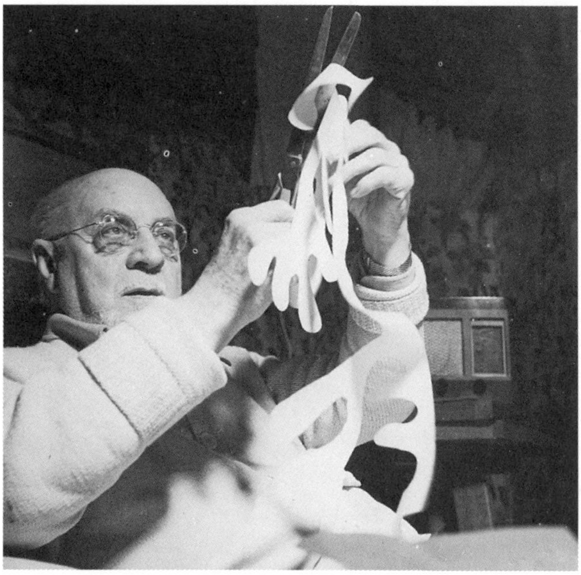

剪纸成为马蒂斯晚年创作的重心

马蒂斯作品《蓝色的女人体》

总的来说，美学是对文学艺术的哲学性的概括，美学能够指出美的规律，能够探寻美的根源，因而它对艺术创作能起到指导作用，具有方法论的意义。反过来我们也常常以艺术为主要对象，来研究和探讨美学。我们时常通过艺术来研究人与现实的关系，因为在艺术作品当中，人与现实的审美关系体现得最为充分，并思考由此所产生的人类意识，所以美学也是一门具有人文色彩的科学。

显然，我们的艺术教育需要美学的参与，因为一个真正的艺术家，不仅仅需要灵巧的双手（技术），还需要一个善于思考的大脑，需要培养审美的意识和能力。

所以我们的学生需要去看“好”东西，需要培养一种品位，收获一种意趣，以启迪一种思考。如果我们的教学仅仅是在训练手，那么你只能是个简单的工匠。“功夫在画外”，画到最后，画的就是意趣，而在这里美学是要发挥作用的。

4. 艺术是审美关系的集中体现

为什么说艺术是人对现实审美关系的集中体现呢？

（1）艺术是对现实当中的美提炼与概括的表现形式

因为艺术对现实生活当中的美进行了提炼和概括，并且赋予了它优美而完整的形式。油画、国画专业的学习一般都有这么一个传统，就是要经常到社会生活当中去搜集素材，去“采风”。比如说你要画一幅关于陕北的革命题材，那你一定要到陕北去，画画那些人的形象。把南方人、北方人，还有西北人的形象放到一起，他们的差别是很大的。总的来说，江南人长得灵秀，西北人长得雄浑。而且一般南方人的嘴唇比较薄，皮肤比较细腻。西北人长得就要粗犷一些，因为大西北天天风吹日晒的。各地人的特点不一样，画家就要去搜集素材，并且在搜集素材的基础上，去提炼概括，再赋予它优美而完整的形式。这样一来，画家所创造出的形象会更加鲜活，会比生活当中的一般素材更加强烈感人，因为这些素材更具集中性和典型性。罗中立早年创作的《父亲》就是一件具有典型意义的作品。

（2）艺术是理想化的现实美

艺术美比现实生活的美更具有超越性，也可以说是更加理想化。因为艺术美是被艺术家透视、熔铸了的理想。艺术家在创作过程当中，常常是充满激情的，他甚至会达到某种癫狂的状态。作为一个学生，不管你是学设计的，还是学美术的，都应该有一种癫狂的状态，或者说是一种能够“沉浸”到艺术中的状态。没有这种“沉浸”的状态，你怎么能够画好画、做好设计呢？

当然，也有一种人是抱着玩玩的心态，就是“玩票”，这也就罢了，他们来读书就是为了好名声。然而“票友”终归是“票友”，如果你想成为一个出色的美术家或者设计师，没有一种“沉浸”的状态是不行的。

作为艺术家，还要有一点灵性，灵性是什么呢？就是你在拿捏艺术感觉的时候，要有一点“虚空”，要有几分松动和轻快。

（3）艺术美具有普遍性

艺术美比现实生活当中的美更带有普遍性。对生活当中美的体验是属于个人的，是转瞬即逝的，是无法复制的。而艺术能够把生活当中的美凝固在作品中，让更多的人永久地欣赏。

好比说今天大街上走过一个美人，人们都回头看一看，但这个形象转瞬即逝。如果我把这个美人“街拍”下来，“挂”在网上，那大伙就都看到了。现在有“街拍”，时尚女子走过的时候，就有人在拍。所以你们穿衣服处处要注意，穿得好点就被拍下来了。有的“街拍照”表情也很丰富，现在国内的年轻人还真的挺会打扮，你将他们跟东京、首尔街头的小孩比一比，也没什么两样。

讲个笑话给大家听听。我是前年去的东京，街上有一大帮年轻人围着抢购。我也瞎起哄，挤进去一看，原来是在卖一位歌星的碟片，你买了这个碟片以后，就可以去抽他签名的照片，结果我这个“半老头”也去买了，花了 20 美金。出来以后要去抽签，我也想给我女儿抽一个签名照，一摸，空门。据说是两个人就能摸到一个，最后就我是空门，我想再花 20 美金也不值得，干脆算了。但是当时那些小女生都在疯狂地尖叫，你如果用相机或者 DV 给它拍下来，也会很有意思。我们今天的生活因为有了照相机而增添了许多色彩，照相机也是艺术创作的一种工具，相机能把美的瞬间凝固下来，我觉得也蛮好的。

艺术美能够揭示当下时代生活的力量和意义，因为个别当中是包含着一般的。我去过东京 109 大楼，我们原先也不知道那里卖什么。去了以后就发现，原来里面全是卖小女生的东西的，那些小丫头都是十八九岁，样子也挺好玩的，走路摇啊摇的，穿个小短裙，腿都露得很高，这都是生活的美。

她们带着一种青涩而又懵懂的表情，然后从你眼前一晃而过。如果这个时候你能利用一种手段，记录下这群少女此刻的生活，哪怕只是一个片段，那它也可能成为艺术，甚至会具有一种永恒和普遍的意义。怎么来理解这句话呢？就是说，这些女生作为个体，可以说是千差万别的。而从整体上看，她们既体现出了这个时代的特点，也表现出了年轻人的共性，她们时尚、聪明、机灵，可能还有一点懒，但是她们很有爱心。从她们身上，我们体会到了这个时代特有的魅力和她的青春气息，这就是从一个横断面展开的普遍意义。

（4）艺术美具有永久性

艺术美不仅比生活美更具有普遍意义，而且具有永恒的意义。一件真正伟大的艺术作品，它的生命力总是非常旺盛的，所以马克思说，希腊神话和《史诗》，直到现在还给我们以享受，它们拥有我们不可企及的、永久的、不朽的魅力。而别林斯基也说“任何真实的诗歌都是现实理想的印证”，艺术得到了一种永恒。

英姿勃发的秦代将士

蔡元培 （1868—1940）

所以，艺术是人类对现实生活经验的集中体现，艺术和美学就是这样一个密不可分的关系。

中国自古以来就是热爱美，并能够创造美的国度。近代以来由于国力的衰落，中国开始变得落后、迷信，以致失去了自信和力量，所以蔡元培先生期望用美育（美术的教育）来唤醒民众的心智。蔡先生有一句名言，他说“要把中国人变迷信之心为爱美之心”，这反映出他的教育理想。提出这句口号虽然已经过去八十多年，但是直到今天它仍然具有现实意义。

在今天的高校，用我的话来讲，应该倡导一种“都市的人文情怀”。我认为，这种都市的人文情怀是浪漫色彩与理想情怀的学校风格，只有通过这种方式，艺术的审美、艺术的活动才具有更加广阔的天地。

第四讲　高贵的单纯与静穆的伟大
——古希腊罗马奠定的西方美学精神

西方的写实精神是在古希腊罗马时代奠定的，延续到现在已经有两千多年了。古代希腊的美学思想是西方古典审美精神的开始，并深刻影响其流变，它构建起以西方哲学为基础的美学理论体系。前两天报纸上的一条消息，引出了一桩往事。中华人民共和国在二十世纪五十年代曾系统地接受了苏联美术教育的体系，当时的一位苏联油画家马克西莫夫，曾作为援华的专家，在中央美术学院创办了一个油画讲习班。他把俄罗斯的绘画和教学体系系统地引入了中国，许多当代非常著名的油画家都曾在这个班上学习、进修。然而后来随着中苏两国政府的交恶，这个班也寿终正寝了，马克西莫夫回到了苏联。

而马克西莫夫培训出来的这批油画家，后来都是国内声名显赫的人物。在改革开放以后，中国画家们开始把目光投向西方，走出国门，通过学习和交流，他们认为，英、法、德、意的油画比起苏联的现实主义油画要强得多了，因此趋之若鹜。人们似乎忘记了自己的老师，而此时的马克西莫夫则籍籍无名、穷困潦倒。即便国内一些人去了俄罗斯，也无意去寻觅、探问这位昔日的老师。

马克西莫夫　（1913—1993）

最近有一位中国艺术家，叫蔡国强，2008 年奥运会开幕式的设计有他的重要参与，他的那些草图甚至都拍卖了。他是搞现代艺术的，但是他却到俄罗斯找回了与中国当代油画密切相关的马克西莫夫的 260 多幅油画和相关的资料。他还专程去凭吊了马克西莫夫的墓地，甚至出资帮助修墓。我为此有点感怀，尽管同西欧古典绘画的光辉难以媲美，存在着这样或那样的不足，但是苏联的绘画和美术教育体制却对当代中国影响极大，在中华人民共和国的美术教育史上，马克西莫夫的贡献是不可抹杀的，我们还是要尊重历史，所以我觉得蔡国强这个人了不起。

过两天苏州大学艺术学院要办五十周年院庆，我始终有一种使命感，以后有没有人记住这个学院是来自于苏州丝绸工学院我不管，但是在我的任上，五十年我们应该有记忆。所以，我们要出一本纪念册，把苏州丝绸工学院的历史用这种方式永远留存下来。五月十七号是庆典，你们都在学校，到时间可能会来很多校友。

这就是“饮水思源”，讲到这里，我们要切入本讲的话题，欧洲的绘画、欧洲的审美理想、美学思想、欧洲的写实艺术之路，它们的源流在哪里？这就是我们本讲要探讨的主题，“高贵的单纯与静穆的伟大——古代希腊罗马奠定的西方美学精神”。

一、希腊美学精神的源流

（一）希腊的地理位置

1. 克里特岛文明

古代希腊并不仅仅限于欧洲巴尔干半岛南端这一部分，它的面积其实要大得多，是“以希腊半岛为中心，包括爱琴海诸岛、小亚细亚西部沿海、爱奥尼亚群岛以及意大利南部和西西里岛的殖民地”[1]。古代希腊横跨欧亚两大陆。

克里特岛航拍图

①凌继尧，《西方美学史》，北京大学出版社，2004

克罗索斯王宫遗存

克罗索斯王宫壁画

从历史文化地理环境来分析，这个地方多山，有许多的花岗岩，这也为他们的建筑和雕塑艺术创作提供了物质材料基础。此外，古希腊诸城邦拥有天然的良港，气候也比较温和。你们去看希腊，海是蓝的，天是蓝的，因此人们也喜爱户外活动。

考古挖掘表明，希腊土地上最早存在的文明，是公元前 3000 年到公元前 1200 年的克里特文明。尽管还保有原始图腾崇拜的痕迹，但克利特文明还是开创了古希腊灿烂文明的雏形。在那里已经发现了几个结构复杂的宫殿，比如克罗索斯王宫，这个王宫也就是希腊神话当中著名的米洛斯迷宫的原型，宫殿里绘制了栩栩如生的壁画，出土了精美的陶器和瓶绘，还有各式各样的工艺品。

2. 迈锡尼文明

公元前 2000 年前后，一支印欧语系的人群从欧洲大陆南下进入伯罗奔尼撒地区，并在公元前 1500 年前后占领了克里特岛，随后建立了迈锡尼王朝，迈锡尼文明也由此诞生。这一文明的社会生活紧紧围绕着王权展开，对外热衷于武力征服，或者说是有组织的海上侵略活动。一般说来，迈锡尼文明的艺术成就不及克里特文明，但它还是以其雄浑庄严的建筑与工艺，给后人留下了深刻印象，其中值得一提的首推狮子门和黄金面罩，它们在西方建筑史和美术史上占有独特地位。

这是我们讲的第二个时期的文明。

3. 黑暗时期

公元前 1125 年，来自北方的多立斯人攻占了迈锡尼王朝的中心地区，这直接导致了迈锡尼文明的毁灭。在此之后的三百年当中，无论是建筑还是工艺品，都再也没有产生能够与之前相媲美的作品。以陶器为例，迈锡尼文明中那些绘制

黄金面罩

狮子门

迈锡尼陶瓶

有精美图案的彩陶再也不见踪影，人们仅仅用几何图形去装饰器物；而与此同时，线型文字几乎绝迹，这一切似乎是文明的倒退，以至于西方美术史家将其称为古代希腊的“黑暗时期”，但事实上并非一切都是如此黯淡，在文学方面，这一时期有着令人瞩目的成就，先后诞生了两部伟大的史诗：即传为荷马所作的《伊利亚特》和《奥德赛》，因此后人又将这一时期称之为“荷马时代”。

（二）古代希腊神话体系是影响希腊文化艺术的重要因素

前面我们就古代希腊的文化历史做了简要的回顾。之前我看到一篇报道，题为“西方神话片——中国观众看了就晕”。为什么呢？因为西方神话体系比较复杂，以至于我们的观众往往搞不清故事的来龙去脉，所以只能看看它的特效、特技。这个报道就以《指环王》为例，说影片让人看得云里雾里。

《指环王》人物谱系

《指环王》海报

希腊的神话体系也是这样，弄清希腊的神话体系是了解及学习现代西方艺术及艺术史必须要做的事情。尽管我们还没有办法弄清楚古代希腊审美意识产生的各个环节和过程，但是有一点是非常清楚的，那就是由《荷马史诗》以及稍后出现的赫西俄德无疑是影响西方文化艺术发展的重要因素。实际上，早在希腊时期，希腊神话是由荷马和赫西俄德系统化的，比如把各个神的位置都排好，诸神之间是如何进行管理的，并在他那里确立了奥林匹斯教的基本精神结构，这两个人起了重要作用。

荷马大约生活在公元前的 9 世纪到前 8 世纪，他是一位盲人歌手，或者说是一位行吟诗人。他生于小亚细亚，相传著名史诗《伊利亚特》和《奥德赛》是由他创作的。关于荷马是不是确有其人，他的生存年代、出生地点以及两部史诗的形成西方都有争议，这些也就成为后来所谓的“荷马问题”。

赫西俄德是公元前 8 世纪古希腊的著名诗人，大概略晚于荷马，他的代表作是长诗《农作与日子》。他在诗中着力谴责贵族的骄横，歌颂农业劳动，介绍了

荷　马（约公元前9世纪—公元前8世纪）

奥德修斯和塞壬

不少农业常识，另外他还创作了长诗《神谱》，叙述的是希腊许多神的世系和斗争。

《荷马史诗》不是一般意义上的文学作品，它所渗透的美学精神可以说是极其久远的，因为它创造了奥林匹斯诸神的等级制度。然而关于人和神的关系，荷马并没有将神置于一个至高无上的、与人相对抗的地位，相反这个神是具有人情味的，连同他们所拥有的威力。于是荷马笔下的诸神与其说是被崇拜的偶像，倒不如说就是古希腊人艺术想象的产物。《荷马史诗》表达了希腊人对自然和人生的复杂情感，这里既有旷达和豪放，又有淳朴与天真。当然在《荷马史诗》当中，当人们面对死亡和无可逃避的命运时，他们也流露出了一种真实、朴素的情绪，他们会发出悲天悯人的感叹。

另外，从美学史的角度来看，《荷马史诗》当中对技艺，也就是后来我们所说的艺术，以及诗歌起源的认识，也非常值得我们重视。这有可能是古希腊人对艺术和审美的最早记载，所以我们在讲希腊美学精神源流的时候，把荷马要提高到这样一个高度。

荷马认为，艺术是神灵赋予人们的技艺。关于这一点，我们可以在他的长诗《奥德赛》中找到根据，诗中描述了俄底修斯在阿基诺的宫殿中的所见所闻，他在那里看到了精巧而奢华的黄金大门、门柱和美丽的花园，他不禁惊叹道：“它们都是赫菲斯特的巧艺所做，是雅典娜赐给他们超人的智慧和手艺。”在这个当中透露出了一种美学观念，即古希腊人会认为世间精美的艺术是由神来创造的，人的技艺是由神灵所赐，这可以被看作是古希腊人对于艺术起源所做的最早的解释。

此外，荷马还强调了诗歌的起源对于人类审美的作用，这与我们先秦儒家所强调的诗歌的意义是不谋而合的。此外，他在《奥德赛》当中还进一步就诗歌的作用、诗歌的起源作了分析，他认为诗歌既能使人心情愉快，又能使英雄们的英灵永垂不朽。可以说，荷马的种种观念对于后世影响深远。尽管他的作品今天读来有些晦涩，但是很显然，阅读它们能够帮助我们体会到古希腊先民们的精神，古代希腊精神的源泉就在荷马史诗当中流淌。

奥林匹斯教在公元前 7 世纪是希腊本土最为流行的宗教，虽然当时希腊实行的是寡头政治，但是它又具有民主的倾向，希腊诸城邦要求公众积极参与政治活动，不断扩大公民自由。在这样一种社会政治形势下，古希腊的文化生活形态逐渐发生变化：一方面它高扬人性，鞭笞神权的神秘意识；另一方面，诗歌又表现出诗人的勇敢和机智，诗歌以及诗人的地位在社会当中显得越来越重要。在当时，人们崇拜的是神话传说中的酒神狄奥尼索斯，他是容易冲动的欢乐之神，女人们为他如痴如狂，把与酒神的灵交视作极乐的狂喜。巴洛克雕塑大师贝尼尼创作过一件作品，表现了圣女和神在灵交。最后一个方面，它又是将崇拜者从狂醉当中解脱出来的解放者。到了公元前 6 世纪，希腊人经过斗争，终将酒神祭祀作为城邦的重大节日确定下来。对于酒神的崇拜，直接影响了希腊的悲剧和喜剧的诞生，同时也影响了希腊人的美学气质，这种气质我们今天可以从西方人的性格当中找出来。由此可见，古希腊审美意识的形成经历了一个从图腾崇拜到神话传说，再到酒神崇拜、日神崇拜这样一个过程。

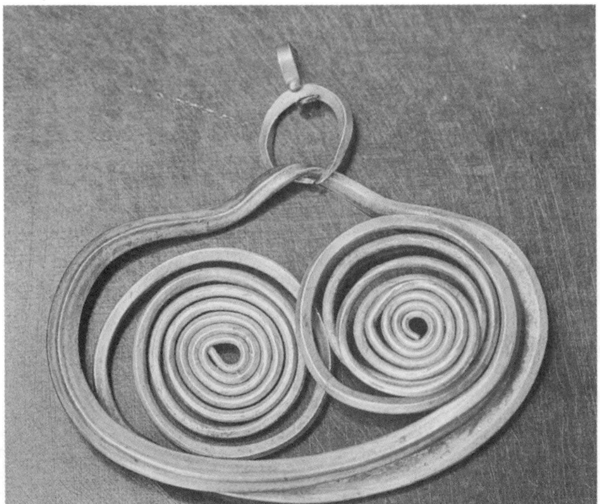

古希腊黄金首饰之一

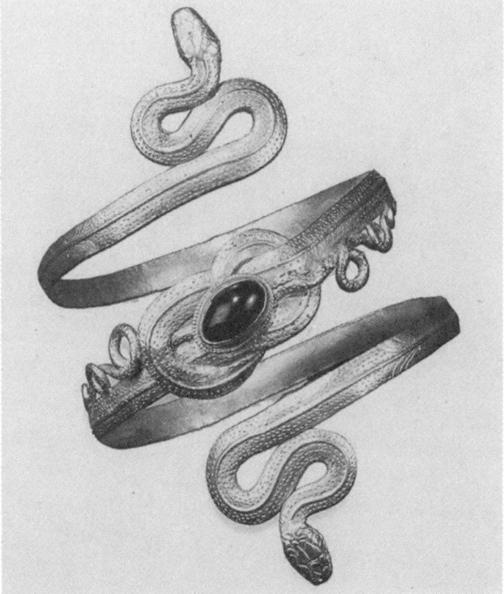

古希腊黄金首饰之二

我们可以这样认为，古代希腊神话体系是影响希腊化艺术的重要因素。从荷马到赫西俄德，从荷马史诗当中对艺术和诗歌起源的阐述，到确立奥林匹斯教、崇拜酒神狄奥尼索斯，到确立希腊人的悲剧与喜剧的气质，从这样一条线索来追溯，我们能够梳理出古希腊美学精神的基本源流。

对古代希腊美学精神的形成，我们还可以从以下几个方面来加以理解：

第一，关于克里特、迈锡尼时期，陶器上的纹饰，写实的动植物图案和抽象的几何图形无疑带有远古时代图腾崇拜的痕迹，它的审美意识与巫术观念联系在一起，它还没有完全取得独立的意义，这个时期就是我们讲的公元前 3000 年到公元前 1100 年之间。

第二，荷马时代。随着迈锡尼实力的衰弱，以及多立斯势力的扩充，希腊文明进入了一个新时期。爱琴文明当中的神秘因素被削弱，代之而起的是具有鲜明个性的英雄和人格化的神，这就是荷马时代，无论是造型艺术还是诗歌的创作当中，都表现出了严谨、朴素的审美原则。

第三，古风时代。这大约是公元前 800 年到公元前 600 年，希腊人的审美意识又一次发生了变化，造型艺术进入了所谓的古风时期。酒神崇拜这一信仰为古希腊的悲剧和喜剧奠定了雏形，而抒情诗的繁荣则反映了人们的个性和激情，已经成为艺术表现的主题。在古风时期，以追求智慧为目的的哲学的出现，为人们从理论上反思和总结审美文化现象提供了契机，由此希腊美学进入了理论化的时期，这个时期诞生了许多伟大的思想家，这是我们要说的希腊美学精神的源流。

陶瓶上的酒神

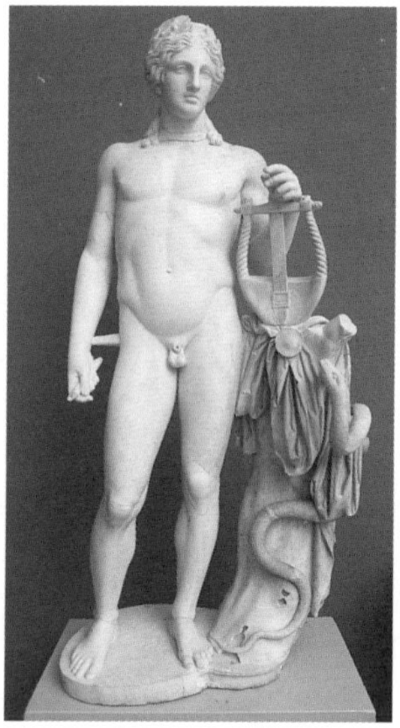
日　神

二、古希腊的文化精神与美学分期

（一）城邦社会对古希腊文化史有着决定意义

1. 民主化和公开化

城邦社会使古希腊人的社会生活和政治生活呈现出新的形态，民主化和公开化的城邦政治确立了人与人之间的平等关系，当然我们指的这个“人与人”是指自由人，使得原来掌握在少数人手里的王权政治仕途化，以前必须由国王决定的重大事宜，在城邦社会被提交到公民大会，由公民通过论辩和投票来决定。如果西方民主政治要追溯源流，要追溯到古希腊。这一时期的民主化和公开化的城邦政治确立了自由人之间的平等关系。从这点上来讲，城邦社会对希腊文化的发展有着决定意义，古希腊造型艺术所透露的美学精神，直接源自古希腊城邦的文化精神。

2. 随着政治热情的提高，知识、价值观和思想技巧成为公共文化的组成部分

因为知识不是一个人独有的，如果说在城邦社会以前知识可以通过秘传的话，现在它是可以公开地传授，这就形成了古希腊人固有的精神特质。有学者把古希腊人的这种精神特质做了一个梳理，说古希腊人爱美但不流于奢侈，古希腊人爱智但不倒向软弱。一个有智慧的人往往是谦和的，彬彬有礼的。有人认为有智慧的人是软弱的，这是一种浅陋的理解，古希腊人务实而不流于庸俗，追求财富但不会不择手段。

在古代希腊的艺术家看来，现实社会已能够满足他们内在精神的要求，所以他们无须在神的画像上面发挥想象力。使之成为一个超凡脱俗的东西，他们也不想对健康优美的人体做任何改变，所以尊重人体的真实的比例。艺术家认为人体

古希腊戏剧面具

位于西西里的古希腊剧场

是最美的，是能够自成体系的美。希腊人的这些观念和思想奠定了西方写实主义的基础。所以希腊艺术无论是诗歌、抒情诗、悲剧、神庙建筑、雕塑还是绘画，它们从题材、结构到形式都给人一种朴实、简洁、明确的感觉，在希腊人那里我们很少能够找到诸如像象征主义或神秘主义的东西。

希腊人对自然和健康饱满的人体充满敬畏、赞美之情，就连他们为神庙创作的神像，也都充满人性的光辉，这种“世俗化”的倾向对后世影响深远。比如说，在文艺复兴巨匠拉斐尔的笔下，圣母马利亚就不是高高在上的神，而更像是一位娴静动人的村姑，一个活生生的人，也就说拉斐尔把神人情化了，这是从希腊人继承来的智慧。

同样在希腊的神庙建筑中也反映出这种智慧，那是在精神与灵性启迪下的纯理智的完美体现。那些建筑的简洁、朴实和明确，是其他地方的宗教建筑所无法比拟的。雅典卫城的主要建筑就是三个工程，一个是雅典至比利尤斯海口的长城，第二是雅典区域的住宅，第三是雅典卫城的建筑，其中的重点是雅典卫城。雅典卫城由四个建筑组成，它们分别是门厅、门厅东边胜利女神的尼克小庙、伊列虚太邑神庙、巴特农神庙。

巴特农神庙

希腊圣火传递仪式

雅典卫城

作为古希腊建筑的杰出代表，巴特农神庙体现了当时雅典的雄厚国力，在这座建筑的立面和内部都有大量精美绝伦的雕刻。可喜的是，在经历了两千多年的风雨沧桑之后，这座伟大的建筑仍然屹立在那里。但它毕竟遭受了岁月的侵蚀和人为的破坏，那些美丽的雕刻作品有些遗失，有些则被偷运到了境外，如今陈列在包括大英博物馆和卢浮宫这样的国家博物馆中。

以巴特农神庙为代表的建筑和雕刻艺术，正是古希腊人民智慧和力量的集中体现，它们集中反映了古代希腊的人文理想，是艺术与人性相结合的结晶。它们在宁静当中透露着潇洒，在坦诚当中彰显着自信，这就是古希腊的神庙建筑。

（二）何为希腊精神？

对于古希腊人特有的文化观念，后人将它命名为希腊精神，我们究竟该如何来概括这种希腊精神呢？自文艺复兴以来西方一直在探讨这个问题，意大利哲学家维柯曾说过："希腊人的智慧是一种诗性的智慧。"

维柯曾著有《君士坦丁法学》和《新科学》，后者被认为是西方近代历史哲学的奠基之作，它同时也被称作"18世纪西方人文科学的百科全书"。维柯的弟子克罗齐还称这本书为"美学科学的开山之作"，所以认为维柯的《新科学》就是美学。在维柯眼中，希腊文化的特征和希腊的精神又是什么呢？他认为这是一种"诗性的光辉"。

第二位是温克尔曼，他也是18世纪著名的思想家，是德国启蒙运动时期卓越的艺术理论家，他的代表著作是《论古代艺术》。在他看来，古希腊精神就是"高贵的单纯""静穆的伟大"。

温克尔曼
（1717—1768）

近代以来的许多西方思想家，也都在继续思考这个问题，其中值得一提的还有德国的席勒，他是18世纪到19世纪初德国古典美学家，席勒说："把想象的青春和理性的成年结合在一个完美的人性里。"[①]而德国古典主义哲学的集大成者——黑格尔，则把希腊精神誉为"西方人的精神家园"。所以在西方学术界有句俗语叫"言必称希腊"。

①席勒，冯至等，《审美教育书简》，上海人民出版社，2003

尼　采
（1844—1900）

而到了19世纪，德国的著名哲学家尼采则把希腊精神称作是“酒神精神和日神精神的交相辉映”。按尼采的说法，日神精神和酒神精神作为古希腊精神的深层结构与动力，它们不仅造就了不朽的古希腊文明和后来的希伯来文明，同时也为西方文明的承袭与发展奠定了本源性的基础，这使得后来的西方人一讲希腊，就有一种回归“故国家园”的感觉。

所谓的日神就是阿波罗，他是一位男神，是古代希腊神话中最重要的神祇之一。他代表着光明与理智，秩序与公正，是道德和法律的赋予者，此外他还是文艺之神、医药之神、正义之神。尼采认为希腊人之所以需要日神，是为了美化人生，是为了赋予人性以神性的光辉和美丽的梦境，以抵抗现世的无常性和人世的悲剧性，从而克服个人的苦恼，并用美来战胜生命当中固有的痛苦。尼采的全部思想是从希腊的两个艺术神日神和酒神引申而来的。除此之外，尼采认为日神还象征了更深的、形而上的冲动，就是对宇宙、对自然、对人生的终结秩序的思考，以及终极价值的追问，因而日神是代表着希腊文化当中纯理智的、理性的东西，它也渗透到了文化的各个领域。

日神精神象征着秩序、正义、节制和自持，是一种哲学的沉思，是对世界本源性的探寻和对宇宙最后秩序、命运的思考和把握。因此我们可以认为，正是日神精神推动了古希腊人积极探索科学——科学是对功利的永恒超越，它注重的是逻辑的严密，偏爱纯知识。在古代希腊，已经诞生了很多伟大的科学家；那么在艺术作品当中，又是如何体现出日神精神的呢？我认为，这主要体现在形式的对称、和谐和比例方面。

关于希腊精神是什么，尼采是这样表述的，他说：这是“酒神精神和日神精神的交相辉映”。但光靠日神精神还不行，还要有平衡和制约它的东西——这就是古希腊人所倡导的另外一种精神，即酒神精神。这是与日神精神相对应的一种综合的力量，希腊文化并不排除欲望和意志、激情和狂欢等构成人类经验的非理性因素。酒神又是谁？酒神是狄奥尼索斯，而他又是丰收之神、生殖之神、再生之神、死亡之神。尼采说：“希腊人对酒神精神的崇拜本质上是根植于他们对原始生命的最深沉的冲动的体验。”这个深沉的冲动的体验是什么？是生命！最能体现酒神的是毁灭和再生，以及由毁灭和再生之力产生的悲剧和音乐。

由此可见，在希腊的文化当中，日神精神和酒神精神是两种对立但不绝对排斥的精神。日神构成了希腊精神的主体精神，酒神起着一个辅助的作用，所以尼采会说它们交相辉映，这是一种平衡。构成希腊美学基本框架的和谐说、模仿说、灵感说、进化说这样一些观点，都与日神与酒神相关联，它们相互融合，相互激发，给古希腊文明注入了活力。

讲到尼采，我们可以做些进一步的追溯。希特勒很崇拜尼采，我们对尼采有批判，因为他主张的是唯意志论。尼采把日神和酒神比喻为“梦境”和“醉境”，认为这是两种完全不同的状态。梦境就是要忘却人世间的苦难，它与醉境融为一体，使得理智顿时缺席，产生坚不可摧的力量，并且充满着欢乐。醉境，我们都有喝醉酒的时候，男人喝醉酒的时候豪言壮语，女人喝醉酒了要么一声不吭，要么疯疯癫癫，所以女孩子不要喝醉酒，男孩子喝醉酒还可以有夸耀，女孩子喝醉酒了麻烦很大。这种醉境是一种自我主体的消失，喝完酒了就不是你自己了，尼采作为德国的唯心主义哲学家、唯意志论者，他认为人生的目的在于发挥全力，扩张自我，所以他鼓吹所谓的“超人哲学”。

我在读大学的时候读尼采的书，当时我们的领导找我谈话，那个时候萨特的存在主义、尼采、叔本华等都是学生当中非常流行的。这位领导水平当然还是比较高的，现在已经去世了，他先读完尼采，再来跟你辩论。我当时还辩不过他，为什么呢？知识不积累到一定程度，你是无法驾驭辩论的。就像我第一次上讲台讲课，事先准备了两个小时的讲稿，结果 20 分钟就讲完了。因为着急啊，说起话来连珠炮似的。其实只要你思考得充分，一般情况下讲课只需要有个提纲就好了，相反写得太多、太详细，反倒会受到拘束，效果反而不好，你不能举一反三，反而会被这个讲稿所左右，我不喜欢用 PPT 的原因也是这个。我每次的讲课稿都是一页正稿，一页附稿，每一次上课前我都会有调整，这样人就自由一些。

尼采认为超人是历史的创造者，他认为超人有权奴役群众，而普通人只不过是实现超人意志的工具。他反对民主、社会主义、妇女解放，他公开歌颂战争，所以我们认为尼采的哲学有很反动的一面。他主张艺术是权力意志的表现，而艺术家就是扩张自我、表现自我的人。因此当代艺术又在尼采那里找到了哲学基础和思想基础，很多当代艺术都极端地扩展自我。

战争狂人也会在尼采哲学里面找到理论依据，所以希特勒会推崇尼采，当然最终他也自取灭亡。希特勒也会画画，国家领导人一会画画就危险了。要么就是很极度狂妄，像希特勒；要么就是像宋徽宗、南唐李煜一样非常软弱，一天到晚“春

创作中的波洛克

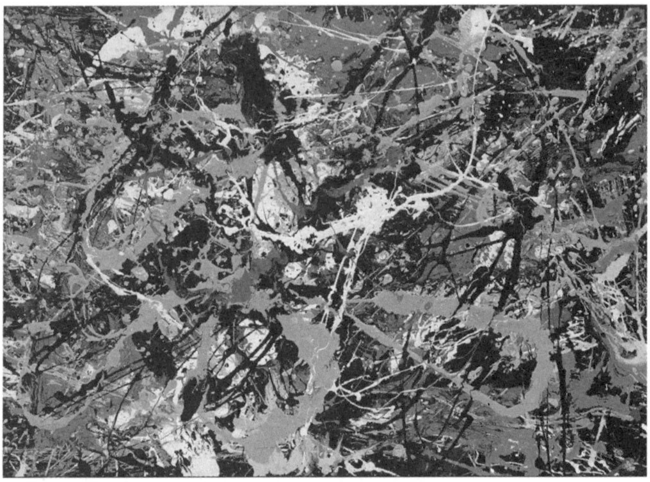

波洛克作品局部

花秋月”，在那里哼哼唱唱，这还怎么治理国家？现代艺术从尼采那里找到了精神支柱，这就是尼采所说的日神精神和酒神精神。

何为希腊精神已经非常清楚，我们既可以引用温克尔曼的话，“高贵的单纯、静穆的伟大”；也可以引用尼采的话，“日神精神和酒神精神的交相呼应”，这些都是对古希腊精神的精彩论述和高度概括。

古希腊精神一直承袭了两千多年。在西方世界，只要一谈到希腊，你就会有回归故国家园的感觉，这是一个精神的家园。这就好比法国人对法兰西文化的崇尚，在他们眼里，法语是世上最美的语言。很多法国人明明会说英语，但就是不说，甚至希拉克总统禁止在议会讲英语。很多法国人谈到美国的艺术都不屑一顾，他们认为那是暴发户的艺术，当然法国人也有要命的事，他们吃顿饭没三四个小时是吃不完的，餐饮有很多的程序：餐前酒、佐餐酒、餐后酒等，我觉得有一点奇怪的是，法国人的餐后酒反而是烈酒，据说是为了助消化。

（三）希腊美学的分期

希腊美学的时间跨度实际上就是从毕达哥拉斯到亚里士多德。

古希腊美学从无到有，逐渐生成体系，这一进程跨越了数百年。我们一般把毕达哥拉斯和亚里士多德看作是这一漫长时段的两个标志性人物。它大致包含这么几个时期，即萌芽期、过渡期、体系化时期和停滞期。

1. 萌芽期

公元前 6 世纪到前 5 世纪的中叶，在古代希腊，以追求智慧为目的的哲学出现了，古希腊美学开始进入理论化的时代，这是萌芽期。这个时期的美学依附于哲学，它属于自然哲学的范畴，美学问题只是其中的偶然事件。

这一时期的代表人物是毕达哥拉斯和德谟克利特，这个时期美学研究主要关注“和谐”，尤其是关注数的“和谐”与“对立”。这个时候他们也提出了模仿理论，但是这个和谐主要是在宇宙学和哲学基础上提出来的，只是毕达哥拉斯学派把它运用到了美学当中。

毕达哥拉斯本人既是数学家，又是一个宗教领袖，他出生于大约公元前580年到公元前500年之间，他认为数是一切事物的本质，他提出了有关和谐的理论，认为数的比例关系存在于一切领域，而且他建立了以道德和宗教为特征的学派。毕达哥拉斯讲究苦行，讲究精神的高尚，那时的人们认为，一个人精神的高尚要和苦行联系在一起，这种境界在我们今天的物质社会很难做到，他深刻地影响着从柏拉图到尼采等很多后世的哲学家。

德谟克利特生活在公元前460年到公元前370年，他认为一切物体都是由无限小的原子组成的。德谟克利特被后世的哲学家认为是真正的美学家，他写过《论节奏与和谐》《论诗》《论诗的美》《论荷马》等著作。这些书虽然大多已经散佚，但他的一些思想经由他人的转录，还是得以流传。比如说，德谟克利特认为，“除非还有智慧，身体美就仅是动物的美”，他的意思是说，一个人一定要有智慧，如果没有智慧就是动物的美了。他还提出，“装饰简朴也是一种美”，“巨大的乐趣来自观照美的作品”，这是美学史上第一次把美、观照、乐趣联系在一起。

苏格拉底 （公元前469—公元前399）

亚里士多德 （公元前384—公元前322）

2. 过渡期

从公元前 5 世纪中叶到公元前 5 世纪末，在这 50 年的时间里，具有代表性的美学流派是智者派美学和苏格拉底美学。他们把关注的焦点从自然转向了人，从探讨自然和宇宙的和谐转到了探讨美、美感和艺术创造。尽管在这个时期并没有产生系统的理论，却是为下一个时期的理论发展做了准备。苏格拉底为后来的柏拉图美学和亚里士多德美学奠定了两个基本原则，即知识学的原则和道德学的原则。

苏格拉底是一个永远被道德和政治问题困扰的人，历史上对这个人的描绘很有意思，他一天到晚问别人一些哲学问题。他的形象也是不修边幅，经常赤着脚，很有礼貌地问别人问题，比如讲什么是真理啊，什么是美啊，这些都是抽象的、形而上的问题，最后以至于这些公民都觉得他烦死了，大家投票说把他处死吧。最后判决下来，赐给苏格拉底一杯毒酒。但是苏格拉底面对死亡非常坦然，智者和伟人往往都是这样。法国古典主义绘画大师达维特还创作了一幅绘画，叫做《苏格拉底之死》。

尽管苏格拉底是个哲学家，一天到晚在问问题，但是他只说不写，作个不恰当的比喻，这跟我们禅宗的慧能法师差不多。实际上我们对苏格拉底言论的考辨，是要从柏拉图的论著当中去寻找的。因为柏拉图是他的学生，记录了他不少的言论。

3. 体系化时期

在公元前 4 世纪的古代希腊，虽然政治上的黄金期已经过去，但这一时期的哲学却有重大发展，其代表人物是柏拉图和亚里士多德。他们各自建立了两种不同的、十分完整的美学理论体系，这为后来西方美学的发展提供了两种不同的思维方法。

柏拉图生活在公元前 427 年到公元前 347 年间，他的“理念说”的本质就在于要求人成为“理性的人”。他强调不能只喜欢美本身，还要理解、领会美本身，那么在他看来，理念和理性就是用来“飞翔的羽翼”，他认为美本身就是美的理念。对于西方美学史上这样一位大人物，我们用任何归纳性的语言来介绍都是苍白的，也可能是歪曲的，他创立了美的哲学的最初体系。

需要强调的是，柏拉图所讲的美，不但包括物理对象，也包括心理对象和视觉对象，美不仅包括对于视觉、听觉产生快感的事物，而且包括激起快乐和愉悦的一切事物。因此柏拉图进一步认为，美的理念和好的概念没什么区别，而关于人类最高的价值，在柏拉图看来，就是真善美的“三位一体”，所以我们说柏拉图是真善美“三位一体”学说的创立者。

亚里士多德则是创立诗学体系的第一人。他承担了对前苏格拉底学派、苏格拉底以及柏拉图等人学说的整理工作，经由他的努力，这些学说最终得以系统化。亚里士多德汲取了前人的经验与智慧，并提出了自己的观点，他的思想被认为是代表了古希腊哲学思想的巅峰，在后来的西方历史上长期占据着“法典地位”。

有人说他的思想来源于柏拉图，但他应该没有盲目地接受柏拉图的观点，他不断地尝试着摆脱柏拉图的影响。而且亚里士多德喜欢下定义，比如讲关于美的形式，他就作了这样的定义：“比例和秩序是美不可或缺的方面。”显然他的这种理解，与早期的毕达哥拉斯的思想具有某种相似性。他认为人的视觉与听觉感受是相通的，和谐的比例关系能够使事物显得更美。要有比例，要有尺度，其实不光是西方在讨论比例，中国的画论里面也在讨论，“丈山尺树，寸马分人”，这也是在说比例关系。

此外，亚里士多德还从“模仿说”的角度来解释艺术，这也是亚里士多德《诗学》的基本内容，事实上，“模仿说”在有关艺术起源的多种理论当中，它的生命力也是最长久的。

4. 停滞期

古希腊美学发展的历史也经历了它的“停滞期”，这个时期大约从公元前的3世纪开始，一直持续到公元前1世纪，这段时期的美学又被称作是希腊化时期的美学。在有关书籍当中写道：“希腊化精神的内在活力随着异族的入侵，已经消失殆尽。”

当然在我看来，造型艺术在这个时候却达到了一个高峰，这一时期的公共建筑比较发达，肖像雕塑的制作水平很高（一种来自东方的影响也汇入其中），其实具有唯美主义风格的雕像杰作都产生在这个时期。

三、造型艺术希腊化思潮的形成与写实精神

关于希腊化思潮与写实主义精神的奠定，我认为可以分为五个时期来加以阐述。

（一）太古时期（公元前3000年到公元前1200年）

太古时期也被称为爱琴文化期，实际上也就是克里特和迈锡尼文化时期，这一时期的审美意识仍然带有原始崇拜和巫术信仰的痕迹，还没有取得完全独立的地位。

（二）荷马时期（公元前 1100 年到公元前 800 年）

伴随着对早期奴隶制的破坏和多里安人的入侵，那些在太古时期（也就是指克里特和迈锡尼文明时期）积累的文明成果遭到了破坏，所以有些西方艺术史家也把这一时期称为“黑暗的时期”。

几何风格的陶瓶成为这个时期造型艺术的重要代表。你们去伦敦大英博物馆和美国大都会博物馆看看，那里陈列着很多这一时期的精美陶瓶。在荷马时期，太古时期造型艺术中的富丽和神秘因素被削弱，取而代之的是更为朴素、严谨的审美趣味，以及具有鲜明个性的英雄主义和人格化的东西。

（三）古风时期（公元前 800 年到公元前 600 年）

这个时期的古希腊城邦国家不但确立了奴隶制的生产关系，同时也完成了在地中海及黑海地区的殖民。在文化方面，这一时期则是古希腊造型艺术风格的重要的形成时期，其成就集中体现在瓶画、建筑和雕刻方面。当我们对古风时期的艺术做进一步分析、研究时又会发现，它们还受到了古代埃及艺术的影响，这在雕刻艺术方面表现得尤为明显。例如，当时的许多雕像都注重刻画人物的正面形象，强调形式的对称，人物表情显得有些呆板，那些人物的衣褶都得到了颇有韵律感的塑造。

古风时期的阿波罗

（四）古典时期

古典时期又可以分为古典前期和古典后期，这个时期古希腊人的自由意识和理性精神得到高扬，古希腊哲学在这段时间达到了顶峰，许多集大成的哲学家都产生于这个时代。另外，这也是古希腊造型艺术最为成熟、辉煌的时期，文化精神在其中得到了鲜明的体现，这又为后来欧洲的文化艺术确立了品格和典范，例如，后来文艺复兴时期要复兴的也就是这一时期的艺术。

米隆作品《掷铁饼者》

这个时期的建筑、雕刻作品体现了典型的希

腊精神，比如讲巴特农神庙，它的建筑师是易克泰纳斯和卡力克拉特斯，这座神庙集中体现了古希腊人的技艺、精神和智慧。

另外雕刻在这个时代也有许多伟大的作品，最杰出的雕塑家是米隆和菲迪亚斯，据说他们都是阿吉利达斯的学生，米隆生于公元前 492 年，他的代表作是《掷铁饼者》和《雅典娜与马尔斯亚》。这些原作都已不存在了，现在的《掷铁饼者》有三个大理石摹品，其中以罗马的舍洛蒂宫的藏品为最佳，许多院校都将《掷铁饼者》翻制成石膏像供学生写生。

菲迪亚斯比米隆稍微晚一点，巴特农神庙里面的很多雕像（包括青铜像、大理石像和黄金雕像）据说都是他的作品。可见他对这些材料运用得都非常自如。比如讲，由他制作的一尊雅典娜处女像，其胎骨为木质，外部覆有象牙细工，眼睛则镶嵌着宝石。1880 年的时候，在雅典发现了一尊 1.5 米高的仿品，这尊仿品现存于雅典的博物馆，它完美地体现出雅典娜女神的庄严、崇高、伟大和纯洁，到今天都让人为之震撼。

在巴特农神庙的东山墙上原先还有一组群雕，现存于大英博物馆，名为《命运三女神》，据说这也是由菲迪亚斯主持设计的作品，也有说是由他的学生具体完成的。这件作品高度写实，表现了相互倚坐的三位女神。尽管她们的头部和臂部已失，但从整体上看，仍旧保存着动人的神韵，反映出运动的连续性和高度的统一性。作品对于人物的衣着和仪态有着精湛的表现：三女神身着质地轻薄的长袍，衣褶纤细而又繁复，那饱满而丰腴的躯体，似乎孕育着无限生机和活力，能令观众止步屏息，这件作品将神灵的尊贵和人文主义的情怀完美地糅合在了一起。

《命运三女神》

（五）希腊化时期

希腊化时期也被称为唯美主义的时期，这一时期在哲学上并没有什么大的建树，但在造型艺术领域却诞生了许多十分精美的作品。代表作品是米洛岛的《维纳斯》（现藏于卢浮宫），也有翻译成迈罗岛，它是希腊化时期最典型的象征，反映出爱和美的高度统一。

这尊雕像于1820年在米洛岛被发掘出来，她的安详、自信和柔媚令观者动容，据说当罗丹目睹这件作品时，他激动得全身颤抖，他说仿佛体会到了维纳斯体内的血液在流动。这种感受来自作品中高度凝练的写实主义手法，这反映出古希腊人观察的细致和表达的深入。

米洛岛的《维纳斯》

当然，古希腊人也并不只是一味追求写实，他们还懂得运用抽象和概括的语言。我们可以以《痛苦的尼俄柏》这件作品为例。这件雕塑作品表现了一位失去子女的痛苦母亲，作者并未刻意塑造这位母亲脸上痛苦的表情，或许在古希腊的雕塑家看来，过分真实的表情刻画实在是谈不上美的，也是不真实的。作者将重点放在了她的躯干上，那弯曲的背部如同一把弓，传递出一种痛苦的精神结构。显然在这尊雕像中含有一种世俗的气味，表现出了人对命运的反抗精神。

而《萨摩德拉克的胜利女神像》也不能不提，它诞生于公元前190年左右，1863年被法国领事发现，并偷运回法国，目前也藏于法国。这尊雕像表现出了一种自由而奔放的精神气质，女神身着薄衣，双翼舒展，似乎正要迎风起舞，她肉体的曲线之美被表现得淋漓尽致。

这一时期还有一尊著名的雕像《拉奥孔》，表现了一个发生在特洛伊战争期间的故事：拉奥孔是特洛伊城的老祭司，当他识破希腊人的诡计之后，遭到海神波赛冬的嫉恨与惩罚。雕

《萨摩德拉克的胜利女神像》

《拉奥孔》

塑表现的正是他和二子被巨蟒缠绕，作垂死挣扎的一刻，三人痛苦而绝望的神情震撼人心，古希腊人的悲剧精神在此得到了高度集中的体现。从形式的角度看，这尊雕像既充满运动的张力，又不乏一种稳定感，悲壮的氛围在金字塔式的构图中得到了鲜明的体现。这件雕像是 15 世纪在罗马的一个葡萄园中被发现的，当米开朗琪罗看到这件雕像时，他不由得感叹艺术之不可思议，一件雕像居然能够表现出充满戏剧化的连续性情节。

由此可以看出从古典时期到希腊化时期的这一历史进程中，古希腊的美学气质已经凸显出来，它的写实精神既反映出哲学的沉思，又是对人性解放的呼唤。

四、罗马崇高美学精神的体现

几经战乱，古罗马人终于登上历史的舞台。这是一个生性好斗的民族，他们崇拜英雄，强调纪律、责任，把对国家的奉献看作是自己的荣誉；他们敬神，但不惧怕神；他们崇尚实用主义，很少像古代希腊人那样热衷于辩论和抽象思维，他们更关注事件实际的效果。

在文化、艺术方面，古罗马人借鉴并拓展了由古希腊人开创的艺术语言。以公共建筑为例——这或许是最能体现古罗马人艺术成就的领域，他们有效地利用古希腊的建筑语言，兴建神庙和各类公共建筑，成功地开创了属于自己的建筑风格和建筑体系。古罗马建筑最终成为西方古典建筑的两大典范之一，和古希腊建筑并驾齐驱。它们代表了两种完全独立却又紧密联系的文化类型，体现出各自鲜明的文化精神。

罗马帝国存在了四百多年，直到公元 395 年，它才分裂为东罗马和西罗马。关于东罗马大家都知道，也就是后来的拜占庭帝国，它定都于君士坦丁堡。在东罗马的疆域内，有古代希腊文化的故地，因此它积累了相当多的古代典籍，保留了古希腊的语言和文化传统。直到 15 世纪，随着奥斯曼土耳其的入侵，这种文化的延续性才被迫中断。而西罗马帝国实际上在公元 476 年就已灭亡，在西罗马帝国境内，人们是讲拉丁语的。曾经的文明被毁灭了，沦为颓丧之地。

我们从艺术上做一个归纳：以建筑为例，古希腊公共建筑遗留的类型相对来讲比较单一，主要是神庙和剧场，但是罗马建筑就不一样了，古罗马建筑遗存的类型就要丰富得多，它既有宗教建筑、公共设施、城市广场，甚至有公路、高架输水的水渠、浴场、桥梁；也有娱乐性的建筑，比如剧场、角斗场，古罗马的角斗是非常血腥的，奴隶要和狮子、老虎角斗。可见古罗马的贵族是多么的血腥和残暴，他们看着奴隶和老虎搏斗的时候居然能够微笑，而且贵妇人、小姐们还为此鼓掌。当然，古罗马还有纪念性的建筑，比如凯旋门、记功柱，建造它们的目的是颂扬罗马帝国的赫赫战功。另外古罗马的建筑还包括宫殿、别墅和陵墓。

古罗马不仅有单体的建筑保存至今，而且我们今天甚至还能够看到它的城市面貌。其中最有名的要数庞贝城，这座古城就好比一个活化石，维苏威火山爆发之后把它淹没了。我从 1978 年开始就订阅美国的《国家地理》杂志，记得在 80 年代初的时候，有大量图片报道了庞贝古城的发掘，从中我们能看到很多富丽的壁画和精美的首饰。

万神庙的穹顶

卡拉卡拉浴场遗存

大斗兽场

从庞贝远眺维苏威山

从建筑功能的角度看，古希腊公共建筑大都是围绕着宗教目的而展开的。以著名的巴特农神庙为例，这座建筑从内到外，从宏大的结构到装饰的细节，统统都是服务于宗教活动的。这是建筑师、雕刻家和无数的匠人们紧密配合的结果，他们将全部的热情和智慧倾注进来，把巴特农神庙打造成了精美的造型艺术作品，具有强烈而深沉的感染力；而罗马建筑的实际功能则更偏向于表达世俗的权威，它们以宏大和壮阔来象征权力与荣耀，当然这里也有一些为了满足实际生活需要而建的公共建筑，比如说公共浴场。

在建筑材料方面，古希腊人多运用石料和木料，技术相对简单；而罗马人则广泛使用天然混凝土，并因此促成了拱券门技术的发展。

在内部空间的处理手法上，古希腊建筑的内部大都是封闭的，相对来说缺乏变化，流动感也少。而古罗马建筑则规模宏大，往往都是大尺度、大体积、大跨度。

在建筑风格上，古希腊建筑往往比较简洁、单纯，更加符合人的尺度感，表现出理性、节制、和谐的魅力；相对而言，古罗马建筑就显得比较威严、壮丽、豪华、粗犷，它容易引发人们的崇高感。这当然和建筑的象征性有关，因为古罗马人崇尚权力、崇拜英雄。

古罗马人在美学理论方面没有什么独创性，但是规范艺术创作的著作却有好几部，代表作是贺拉斯的《诗学》、维特鲁威的《建筑十书》和朗吉努斯的《论崇高》等。

总体来看，在建筑方面，古罗马建筑的最高成就不是神殿，而是公共建筑，比如浴场、凯旋门、纪念柱和剧院，这些建筑类型开创了新的空间形式。

再来看看古罗马人的雕塑艺术，他们继承了古希腊写实主义的风格，但是有自身的独创性，这个独创性就是强调了人物的个性。我们可以说，古希腊的雕塑中有着某种程式化的因素，但古罗马的雕像更加注重对人物性格与内心世界的刻

庞贝遗存

炭化的庞贝面包

庞贝壁画

画，代表作品包括《奥古斯都像》和《卡拉卡拉像》，后者目空一切、飞扬跋扈的形象，令人过目不忘。

两千多年前的绘画能够流传到现在是很难的，但是在庞贝古城中，我们就能看到古代罗马的壁画，也有人认为这是古希腊绘画风格的延续，从中我们能够看到一种热爱自然、充满幻想的风格。其中一些壁画绘制在举行秘密宗教仪式的地方，画面中往往有一些晦涩、情爱的内容，这也反映出古罗马人精神世界的一个侧面。

古罗马人崇尚武力，他们对于帝王和英雄充满敬仰，这就构成了古罗马美学精神的一个重要方面，即崇高感，这在他们的建筑、雕塑当中都得到了体现，他们的凯旋门和纪念柱就是最好的例子。

古代希腊、罗马文化是西方人的精神家园，创立了西方文化艺术的第一个高峰，尽管后来有了一千年的停滞和黑暗，但文艺复兴再一次点燃了西方人希望的明灯，而之后的启蒙思想运动，又使得近代欧洲走在了世界主流文化的前列，直到今天仍然是欧美国家占据着世界主流文化的舞台。当然我们也看到了中国正在崛起，但这个崛起还需要时间。昨天看到一个报道，说世界银行的第三大股东已

君士坦丁凯旋门

经变成中国，我们在经济领域的话语权会越来越多，但是文化的惯性是很强的，要再把它扭转过来还要一个过程。中国人了解西方的程度比西方人了解我们的程度要深，我们到欧洲去、美国去，我们了解他们比他们了解我们要多得多。

第五讲　从纵情享乐到禁欲

——中世纪神性美学思想在美术作品中的体现

在我读大学的时候，当时陈亦勤老师讲授的“西方美术史”基本上是回避中世纪这个阶段的。这其实和一种偏见有关。文艺复兴时期的很多学者就认为，中世纪在经济方面是封闭的，在思想、文化和艺术方面则是倒退的，所以我们历来对它不够重视，这种影响持续至今。到目前为止，能够恰如其分地阐述中世纪美学的著作也不算多。

但通过以往的思考和阅读，我发现，持续了将近一千年的中世纪，并非我们想象的那么黯淡、苍白。我始终坚信，中世纪所取得的成就是辉煌的，而且是多方面的，只是由于历史的原因，以往我们对它的重视程度显得不够。

耶路撒冷

林堡三兄弟制作的手抄本《最美时祷书》之“六月”，作于1400年

由于这段历史脉络繁多，信息庞杂，加上这一时期的美学思想和当时的文化、宗教有着紧密联系，所以这一讲有些内容会显得比较晦涩，讲授起来会有一些难度。尽管如此，我还是想和大家一起来分享我的一些体会，我想可以分成这样三个部分：

一、基督教的诞生与基督教文化

（一）何谓“中世纪”？

所谓中世纪，大百科全书上讲：公元 476 年到公元 1453 年，此期间是欧洲特别是西欧历史上的一个“黑暗”时代，从公元 476 年西罗马帝国的灭亡开始，在世界范围内，封建制度占统治地位的这样一个时期，一直到文艺复兴，欧洲的学术界把它称之为“中世纪”。“中世纪”这个词，实际上是 15 世纪时由意大利的人文主义学者提出来的，是他们将过去的 1000 年称之为中世纪，在这么长的时间里，欧洲大陆并没有形成一个集中的、强有力的政权（就像之前的罗马帝国那样），权力是分散的，政局是混乱的，这就导致了频繁的战争，造成了科技活动和生产活动能力的低下，当时的经济是一种自给自足的、封闭的自然经济。比如讲，一个修道院的周围一般都会有一片土地，僧侣们就这样劳作。而当时的人民也处在宗教神权的统治下，过着毫无希望的痛苦生活，所以中世纪往往被欧洲人称为一个“黑暗的”时期。当然根据后来许多学者的研究，他们认为这一结论也不尽然，这些学者特别注重从思想史、哲学、神学、美学的角度去研究，因此这就创造出了一个新的研究和思考中世纪的框架。这也是我后面要讲的内容。

（二）基督的诞生

基督教是西方主流的宗教，但是它的诞生却是在中东地区的巴勒斯坦。有趣的是，世界三大宗教伊斯兰教、基督教、佛教都是起源于东方，它们影响着全世界文化的发展脉络。

说起基督教，我们就要谈谈耶稣基督。基督的诞生讲起来是有故事的，据说在犹太国伯利恒城的一个马厩里面，圣处女马利亚生了一个孩子，这个孩子就是后来的基督耶稣。马利亚是受圣灵感孕，而她的未婚夫是一个木匠。基督耶稣 30

中世纪的劳动场面

中世纪的教会是知识生产的场所

岁时才开始传教，都是在贫苦的劳动大众（如工匠、渔夫等）当中传教。在基督诞生的时候，犹太国已经沦为了罗马帝国的一个省份，当时的罗马帝国处在奥古斯都大帝的全盛时期，但是民族和阶级矛盾非常尖锐。其实外来统治者想彻底征服一个民族是非常难的，即使抗战时期的中国多么羸弱，日本人占领中国那么多年，中国人也仍是不屈服的。实际上罗马帝国也无法征服犹太这个民族。在耶稣开始传道的时候，就称自己是上帝之子，他鼓动民众起来反抗罗马帝国的暴政，因此他遭到逮捕，并被当时的罗马总督彼拉多判处死刑，钉死在十字架上。

耶稣在民众当中有很高的威望，尽管罗马总督把他钉死在了十字架上，但是人们始终无法忘怀这位伟大的领袖。对于当时巴勒斯坦的犹太人来讲，他们的生活因为有了耶稣而重获希望，耶稣的理想仍然感召着无数的犹太人，所以也就有了耶稣复活和他继续拯救世人的神话。

耶稣提出了所谓的“金律”，他说过，“你想人怎么待你，你也要怎么待人”“富人要进天堂比骆驼穿过针孔还要困难”等，这些主张很容易受到贫苦人民的共鸣。就像今天的戏剧小品，里面会将一些很痛快的话通过台词表达出来，这些话讲出了草根民众内心的话，所以老百姓听了觉得很过瘾，就会追捧它，这是一样的道理。耶稣所描绘的“天国的幸福”虽然是渺茫的，但却会给那些走投无路的人以心灵的慰藉和希望。你今天吃了苦，但将来到了天国你会得到幸福；你今天在人世给予别人以慈爱，你将来到了天国会有幸福。对于贫苦人来讲，这就容易接受。

罗马帝国到了后期，生产凋零，军队控制了当时的政权，某个皇帝临终的时候甚至这样说：“让军队发财吧！其他都不要管！”你可以想象，一个国家一旦让军队掌握政权，一定是横征暴敛。根据史书的记载，在 53 年的时间里，罗马帝国竟然换了 30 位皇帝，其中大部分都死于宫廷政变，后来有许多电影、戏剧都是描绘那个时期的历史。有人说西方的历史是血腥的历史，那么是不是中国的历史就文明呢？也未必。李世民那样的一代明君，照样要靠“玄武门之变”杀亲兄弟登上大位。

由于罗马帝国的政局极不稳定，因此广大民众生活的痛苦是可想而知，甚至连中上阶层的人士都深感不安。正是在这样的情况下，基督教势力迅速膨胀，这使帝国统治者感到惶恐，于是他们不择手段地镇压、打击基督教势力。例如在公元 64 年，尼禄皇帝就把罗马城的大火归罪于基督徒，为此大肆抓捕基督徒。但是，基督教拥有深厚的群众基础，它是“野火烧不尽”，依然迅速得到传播。

罗马皇帝奥勒留励精图治，却回天乏术

君士坦丁大帝

到了公元 4 世纪，在君士坦丁大帝执政期间，基督教已成“燎原之势”，似乎是没有办法再扑灭了，甚至在帝国的军队当中，很多下层军官也都早已接受基督教信仰，他们大都出身贫苦。于是皇帝不得不顺应时势，在公元 313 年，罗马帝国西部皇帝君士坦丁和战败的东部皇帝李锡尼在米兰达成协议，结束对基督教的迫害，联名发表“宽容赦令”，即《米兰赦令》颁布了。这就等于是宣布了基督教的合法地位，不久更是将它定为国教，基督教从此从地下走到了地上。自诞生以来的三百多年里，基督教的传播始终走在一条崎岖不平的道路上，最终它赢得了胜利，这也不负耶稣基督当年的一片虔诚心。

这位君士坦丁大帝值得一提，他是一位颇有作为的皇帝，在帝国大衰落时期他还力图振作。为了有效地控制东方和西方的疆域，他把首都迁到了希腊的东方旧城拜占庭，并把它改名为“君士坦丁堡”，也就是今天土耳其的伊斯坦布尔。

（三）基督教文化

基督教作为一种主流意识形态，进入了欧洲人的生活，到现在已经过去将近 1800 年。经过这么久的传播和发展，基督教形成了一种文化现象。

关于基督教文化，有学者对它做了一些归纳。他们认为，基督教文化是信仰基督教为主的人群长期形成的一种文化，这种文化又构成了基督教文明的主体。而后者对于西方国家的政治、经济、制度、生活、文化等方方面面都产生了重大的影响。由于近两百年来工业化的大力推动，西方国家逐渐占据了世界主流文化的前沿，当然这个主流文化也是以基督教文化为基础的。

有学者认为基督教文化属于扩张型的文化，因为它强调冒险、强调精神世界要服从上帝；当然在另一方面，基督教文化也强调要关注弱者，以近代中国为例，基督教的传播往往是和医院、育婴堂这类机构联系在一块的。

基督教文化强调对人的重视和对人性的关注，强调夫妻要在上帝面前结合。所谓夫妻要在上帝面前结合，这是一个隐喻，也就是说一个人要信守诺言。我们都去参加过一些朋友的婚礼，在教堂这样一个环境里，由牧师来主持仪式，他会询问夫妻双方：你愿意娶（嫁）对方吗？还要读一段《圣经》，实际上这就是一个人对自己、对伴侣的一种誓约，是要求他信守自己的诺言，因为所有人都是主的儿女，这就是基督教文化很有意思的地方。

基督教在成为国教之后，它的势力变得越来越大，到了中世纪，教会甚至主宰了西方人整个的生活。关于中世纪，它是介于两大文化繁荣期（即古希腊罗马和文艺复兴）的中间，前面也已经提到，这是人类文明一个相对沉寂，甚至是倒退的时期。

在这一时期，欧洲经济衰败，一些地区的经济活动甚至到了物物交换的水平；更加糟糕的是，病态的禁欲主义和对现世生活的蔑视扼杀了人们正常的人生观，人类的理智活动受到了教廷的压抑，人民坠入了愚昧和迷信的深渊；而在知识生产方面，这一时期也被认为是乏善可陈。一些西方史学家认为，在“教父时代”和“经院时代”的五六个世纪当中，基本上没有什么像样的创造。在我读大学的时候，《西方美术史》的课程总共有 160 个学时，当时给我们上这门课的老师叫陈亦勤。她就说中世纪是一个黑暗的时期，然后就一笔带过了，一步跨到文艺复兴。因为她是从苏联回来的，所以就特别喜欢俄罗斯的巡回画派，喜欢讲苏联的诗人（例如马雅可夫斯基），她在课堂上还要朗诵高尔基的《海燕》，她是一位有着非常朴素的社会理想的老师。

当然也有文化史著作认为，中世纪并不像人们想象的那样黑暗，因为除了封闭和生产凋零以外，哲学、神学的发展还是推动了文化的发展。英国有一个著名的历史学家，叫沃尔夫，他在《欧洲的觉醒》一书中对中世纪有这样的描绘：中世纪曾经有过几次文艺复兴，吹响了后面文艺复兴的号角。第一次文艺复兴被称为加洛林复兴，它的推动者是查理曼大帝和阿尔克温主教，强调文稿的复制、平凡的学术讨论、图书馆的作用，学校在这个时候开始崛起；从无知的深渊中挽救了欧洲文化，出现了像爱留根纳这样的哲学家。第二次发生在公元 10 世纪，历史上称为鄂图文艺复兴，代表人物是热尔贝主教，在保留了查理曼的学术基础上，引进了东方世界的科学和思想方法；第三次又称 12 世纪文艺复兴，以阿培拉德为代表，欧洲出现了一个标志着理智进步和高度繁荣与自由的伟大文化。

可以说文艺复兴尽管诞生于 15 世纪以后，但是早在 13 世纪，近代欧洲的一些特征就已经悄然展露。反过来说，中世纪的 900 年也不是一成不变的，它也是有着内部的文化发展的需求，也在不断地推进。

关于基督教文化，我们是从大的方面来指明它的文化类型。我们要看到在中世纪的近一千年中，尽管有黑暗和阴霾，但是也有自我觉醒的曙光。

二、宗教精神与美学的变异

（一）宗教精神与美学变异

从内涵上看，哲学和神学本来属于两个范畴，但在中世纪它们连在了一起。在相当一部分历史学者看来，这一时期的哲学成为神学的附庸和奴仆，哲学在为神学涂脂抹粉，呐喊助威。哲学的首要任务就变成了“解释”神学，而神学也以哲学的面貌登上了舞台，所以说中世纪的哲学与神学合为一体，

但也有些学者认为，尽管中世纪哲学在一定程度上丧失了自身的独立性，但还是取得了一定的成果。关于中世纪的哲学，我们一般把它们分作两个不同的时期：

电影中的奥古斯丁

奢华精美的中世纪图书

前期的成果是教父哲学，反映在美学上，就是神学的美学；而后期的成果则是经院哲学，它在美学上，就成为经院美学。

可以说与古代哲学相比，中世纪的西方哲学具有鲜明的二元对立特征，这种对立体现在很多方面，比如说天国与尘世的对立；灵魂与肉体的对立；教皇与君主的对立；僧侣与世俗人的对立等。那么在这些范畴当中，天国与尘世的对立是最根本的对立。关于这个问题，奥古斯丁在《上帝之城》一书中做了详尽的阐述，他指出，所谓的“上帝之城”，就是天国；而“世俗之城”，就是尘世。

中世纪的思想家们明确地把天国和尘世、精神和物质、高级的完善与低级的不完善区别开来，所以耶稣告诉我们：“我的这个国不属于这个世界，不要爱世俗之尘及尘世上的一切事物。”如若有人爱尘世，对上帝的爱就不在他心中了，因为一切肉体之欲、耳目之欲，以及生活当中所有足以夸耀的东西，都不属于上帝，而只属于尘世。强调要爱上帝之尘，不要爱世俗之尘，因为世俗之尘当中有很多的物欲横流，你爱了它，上帝就不属于你了，对上帝的爱就不在你心中了。我有一个同学信奉天主教教义，她已经游说我了，给我寄来很多的书，她跟我说：“你很辛苦，我觉得你很可怜，你应该皈依上帝……”等等，我想信教的人可能会这么想，但每个人看待世界有不同的方式。

按照奥古斯丁在《上帝之城》一书中的说法，上帝之城是人类精神生活的群体，世俗之城只是物质生活的群体，在这样两个世界当中，只有上帝是完全的、绝对的、实在的，而物质、感性都只是虚幻的影子。

奥古斯丁认为物质是邪恶的诱惑，因此一个人越是充满感性，越是注重物质享受，他所面对的世界也就越不真实。所以奥古斯丁奉劝我们要去爱上帝之城，而不要去爱世俗之城。他鼓动民众放弃世俗的、物欲的自爱，回归于精神自爱，这就是当时的哲学和神学，从而把可感的、与生命快乐相关的美和艺术都看成是罪恶的。因此在许多艺术史家看来，审美活动和艺术到了中世纪就面临了厄运。

比如说，维纳斯是古希腊神话中美的象征，代表着古典审美的理想。可是到了中世纪，她却成为异教徒的偶像，在人们的眼里，她既是迷人的，又是罪孽的。在中世纪的一个故事当中，有一个骑士面对着维纳斯讲出了这样的话：“啊！维纳斯，我美丽的新妇！你是一个妖妇！”因为他认为这种美貌是妖孽的东西，这就是极端的宗教意识，它把物质和精神隔离开，倡导一种绝对的天国、绝对的上帝之城、绝对的精神世界，追求一种精神的极致。对基督教来讲，美是上帝的属性，上帝的存在就是美，其他的美都不存在。中世纪美学家认为美与美的艺术并没有什么关系，他们把美抽象地看作是各种因素令人满意的一种组合关系，这些因素可以是精神的或者物质的、道德的或者肉体的、人文的或者自然的，而其中最高的层次就是上帝之美，他们认为正是上帝创造了所有物质的美。

在漫长的中世纪，令人产生愉悦和快感的艺术作品毫无立锥之地，以世俗欢乐为题材的艺术往往遭到贬斥，艺术家更是没有地位。不要讲那个时候，即便现在倒推一百年，艺术家的地位也不是太高，“三教九流”嘛，艺术家被归入“九流”当中的“末流”；到了我这一代人，如果要想专门学习艺术，长辈还不一定愿意。比如我小时候想学画画，父亲倒是支持画着玩玩的，但后来我到了 16 岁时，想以这个为职业，我父亲是反对的，很多年长的知识分子都有这种观念。基督教对感性美和艺术的敌视，使得艺术在中世纪的声誉不佳。

再讲一个关于观念的例子。我的祖母在 20 世纪 20 年代末 30 年代初，曾经造访过上海美专和国立杭州美术院，这在她一生当中都留下了深刻的印象。那是因为她看到了美专在画裸体，到老了她都说：“那些女的不要脸皮的。”她觉得这是一个很奇怪的事情，根本不能让人接受。后来我上大学的时候，我们开始画裸体，学校里面有一些多事的人，就劝那些模特：“好好的姑娘，怎么就去给人家画裸体呢？”就把她们忽悠走了，所以我们当时找个模特很难。没有办法，不能在近范围内找，就到西安去找。西安美院当时在长安县（今西安市长宁区），旁边有个村子，这个村子到现在都有许多人以做模特为职业，全国各地到处跑。

前两天常州的莫小新教授来拜访我，他就是脱光了自己的衣服画画的那个，他跟我讲，其实他是在以一种很严肃的态度对待人体创作，我听了他讲的许多观点也还是蛮有道理的，并不像外面传说的那样。莫小新老师把自己将要出版的书和作品集都打上了“内部交流不外传”的字样，他都是画自己的裸体，很健硕的身体。

上海美专校长刘海粟

上海美专旧址

美专师生和裸体模特的合影

他在课堂上说：“你们既然不好意思，我先脱掉。”实际上他也是在以一种很严肃的态度来对待人体，他在探索某一种人体文化，当然在我们世俗的环境当中，这种做法并不一定被人接受，你说我们男女同学都在，我当老师的先把自己脱了？你只是让人家脱，干吗你自己不脱呢？我在迈阿密看到专门有一个“天体海滩”，平心而论，穿衣服不穿衣服其实就是一个环境，在那海滩上是你穿衣服的不好意思，因为其他人都不穿衣服，只有你一人穿衣服，我就只能快步走过了。

再回到刚才的话题，在早期的基督教绘画，包括一些地窟绘画艺术中，我们还时常能够看到一种对大自然（如鸟类和植物的形象）的描绘。但进入中世纪之后，由于教会敌视感性美和艺术，这就使得绘画和雕塑遭到贬抑。直到中世纪的晚期，这种状况才有所改观，人们开始重新认识到艺术的意义，于是美和神性的东西再次结合起来。

（二）宗教精神与美学变异的来源

在宗教精神与美学变异当中，所有的哲学、神学和美学来源于什么呢？它的理论来源又是什么呢？分析下来来源主要有两个：一个是《圣经》，从《圣经》里面挖掘了很多东西，《圣经》是世界上印发量最大的出版物；第二是来自于古典哲学，从毕达哥拉斯、柏拉图到普洛丁，还有那些先验论美学，在中世纪的宗教精神与美学变异主要是这两种。

而具体体现则是在这样三个方面：一个是教父美学，第二个是奥古斯丁美学（代表著作是《上帝之城》），第三个是经院美学。

1. 教父美学

中世纪有几位教父哲学家影响比较深远，他们是克莱门特、阿奎那修斯和大巴兹尔，他们的著作中都渗透着强烈的古希腊精神（他们都以拉丁文来著书立说）。

其中，克莱门特认为“肉体美”和“鲜花美”是有害的；阿奎那修斯认为自然的美是上帝造就的；而大巴兹尔则认为，美既然是上帝创世的目的，当然也就是世界的特性。他认为上帝就是艺术家，整个世界都是上帝的艺术作品，宇宙就是为了被人关照而存在的。

按照大巴兹尔的观点，当我们漫游世界，领略风景，就如同在参观上帝的工作间，所有的这一切都是上帝的杰作：山川、河流、建筑物，古希腊人是用模仿自然来解释艺术，但是教父们则是用艺术来解释自然，这是我们讲的教父美学。

克莱门特

阿奎那修斯

2. 奥古斯丁美学

奥古斯丁是西方教父思想的集大成者，他的著作也是神学的百科全书。他认为上帝是美的本源，世界是美的，而世界又是上帝的创造物，所以奥古斯丁把美的根源归于上帝。

但是他在物质美之外又发现了一个属于精神美的世界，他认为美是有神性的，高于物质美的东西是精神美，他把精神美就看作是上帝。奥古斯丁早年实际上也沉湎于欢场欲海，到了晚年的时候忏悔，从纵欲一下子到了禁欲。从狄奥尼修斯的“审美神学”，到“偶像崇拜之争”，再到奥古斯丁的“上帝是美的本原”，教父美学所论述的理论还有很多，鉴于篇幅不再赘述。

2. 经院美学

（1）经院哲学

经院美学是依附于经院哲学的，而经院哲学既是哲学，又是神学，它是以经院作为生存环境的。关于经院哲学，有两个教父值得一提，一个叫波那文都，一个叫托马斯。波那文都认为艺术作品是发自艺术家的内心，在艺术家实现并赋予形式之前，艺术就已经作为观念而存在了，艺术不是对外部世界的再现，而是对艺术家心目当中非物质的、内在的观念的再现。艺术作品的价值存在于它与艺术家的观念的相识性当中，而不是存在于外在现实的相似性当中。波那文都的话是什么意思呢？就是艺术家的内心是作为观念早就存在的，甚至是在艺术家赋予艺术作品以形式之前，这个观念就已经存在了。

经院哲学思想的另一个重要代表就是托马斯主义，实际上也就是以托马斯·阿奎那思想为主体的一个思潮。托马斯认为，只有完善的、神圣的美才是真正的美。他认为一切美都是基于比例和明晰，而且他认为美和善是不能够分割的。

当然宗教精神与美学的变异，还体现在中世纪哲学、神学和美学的一体性当中，这使得人们能够达到了一种审美的极致。这个审美的极致，实际上是把哲学宣扬为一种神秘主义的东西，把天上与人间、精神和物质等对立的概念都当成了一个整体。

这些学说掺杂了神秘的体验，体现出宿命的人生态度，试图用神秘主义的方式来解决现实的问题。其实，当生产力水平低下的时候往往就会这样。如果一个人了解一些自然常识，对生老病死都有理性的认识，那么他看待这些问题的时候就比较坦然；而如果他没有这些知识，他就会觉得一切好像都是命中注定。

当时的神学家还用一种隐修的方式来获得一种极致的神秘境界，也就是通过自我封闭，来肯定和开拓人生。往往这种隐修又和禁欲结合起来，男女欢爱之情当然是不可以的；有的人甚至采用一种苦行僧的方法，例如把自己放逐到沙漠当中，通过每日祈祷来获得灵魂的升华。这是审美极致里面的神秘主义，在中世纪，它产生了一种变异。

（2）灵修文学

中世纪诞生的灵修文学，也反映出一种美学的变异。那么灵修文学是什么呢？它们是记载圣人和修道士修行生活经历以及进行宗教劝谕的文学作品。

创作这类作品的目的是以道德劝谕来规范人类行为，引导人生走向正途。为了实现这种在精神层面的超越，为了使信众全身心地浸入宗教的热情当中，灵修文学往往具有浓郁的神秘主义色彩，当然也不乏颂歌般的热情。

（3）意志的自由

神秘主义和灵修文学，归根结底体现的都是一种精神和意志的自由，也就是在不违背基督教义的前提下，追求心灵升华的喜悦；但它又不是浪漫主义的，而是以基督教信仰为前提。某种程度上讲，它有超验论和经验主义的成分，希望达到一种意志的自由，进而达到审美的极致。

撇开中世纪宗教精神的晦涩、神秘不谈，在某种意义上，它也折射出了人类精神世界的深邃和高贵，它的感召力无疑也是巨大的，甚至是能够跨越时空的。直到近现代，一些艺术家还梦想着回归中世纪的生活情态和精神境界。

三、中世纪的美术精神

在西方美学史家看来，中世纪美学主要有这样三种风格，即拜占庭风格、罗马风格和哥特风格，实际上它们也都体现在当时的美术作品中。

（一）拜占庭风格

公元 330 年，君士坦丁大帝迁都拜占庭以后，在拜占庭产生了一种异样的独具风格的基督教美术。

拜占庭艺术的最高成就主要体现在建筑方面，当时的建筑主要是以古罗马的巴西利卡式建筑为基础，同时又融入了东方建筑艺术的风格。由于拜占庭是在希腊的废墟上建立起来的，因而它同古希腊罗马的传统及东方艺术有着广泛而深远的联系，进而形成了独特的风貌。而教堂又是拜占庭建筑中最具代表性的成果，基督教在当时已经获得合法地位，在组织和形式方面占据优势，这些建筑大都有一个穹隆顶。当然这个穹隆顶的处理和古罗马时期建筑的穹隆顶不太一样，古代的穹隆顶是由墙壁来支撑的，而拜占庭的穹隆顶则是由独立的支柱来支撑的，于是这一组一组的穹隆顶贯通起来，形成了广阔的空间。

圣索菲亚大教堂

大教堂的内部空间

巨大的穹顶

马赛克镶嵌画《查士丁尼大帝及其随从》

查士丁尼大帝

西奥多拉皇后

拜占庭艺术受到了古埃及和古希腊艺术的影响，但当基督教占据主导地位时，它的艺术还是不可避免地被教义化了，形成了世俗艺术和教权、皇权相结合的风格，这是一个含混的东西，具有非常大的包容性。同时它也拓展了绘画的空间。所以明年的冬天，艺术学院准备组织我们的老师去土耳其、埃及，或者是尼泊尔、印度这样的线路去感受一下。

拜占庭尽管受到基督教的影响，但是它的雕像也好，壁画也好，又有人情味的东西，能够反映出人性的光彩。从形式上看，拜占庭艺术形成了这样一些独特的风格。比如说，在拜占庭建筑的内部装饰里，都有用细碎的彩色大理石、珐琅、琉璃制成的镶嵌画，这些作品充分展现出线条和色彩交相辉映的形式美。这种艺术风格的影响十分广泛，东到波斯、印度、阿拉伯，北到俄罗斯，俄罗斯的艺术明显具有拜占庭艺术的这种影响，西到意大利、法兰西。就整个中世纪的艺术史来看，拜占庭艺术成就巨大。

这里需要具体说一说几件有代表性的建筑作品，比如说查士丁尼时代的拉文纳的圣伊琳娜教堂、圣维塔利教堂，君士坦丁堡的圣索菲亚教堂，这些教堂都具有特色鲜明的镶嵌画，成为拜占庭艺术的主要风格特征。

以圣维塔利教堂为例，这是在公元526年到547年，查士丁尼大帝为了纪念光复拉文纳而建的。这是一座八角平面的集中式建筑，中间的穹隆由八个大墩所支撑，支持拱券的柱子上面有彩色的浮雕和华丽的装饰，而且它的柱头是重叠的复斗式，浮雕也非常精美。在这个教堂当中，有两幅壁画非常重要，一幅是查士丁尼大帝及其侍从们，这是一幅镶嵌画，表现的是查士丁尼大帝手捧着向教堂献金的宝盒，他的旁边有拉文纳主教以及官员、侍从，前后重叠有12个人。为什么要用12个人呢？查士丁尼大帝自誉为上帝之子，自比为耶稣，壁画里面12个人相当于12个门徒；另外一张壁画争议比较大，就是西奥多拉皇后及其侍从们，同样是手捧宝盒，两侧为侍从。

英国哲学家罗素就曾经在《西方哲学史》一书中挖苦地说："皇帝和皇后两人侍奉上帝时都很虔诚，不过皇后却是皇帝从马戏团当中选来的一个水性杨花的女子。"这也就说明，西奥多拉皇后是马戏团的戏子，当时戏子和妓女的地位差不多。这里皇后的身世让我们产生了兴趣，可是我们看不到所谓的"风流"，有人认为它所表现的这个人物，尽管有风情的一面，但这件作品多少还是受到了宗教教义和宫廷趣味的影响，也有拜占庭艺术程式化的一面。比如画中的人物形象动态不大，却静中寓动，趣味是平稳庄重的；画中人物的头、手表现得比较细小。此外，精美的镶嵌工艺使得这件作品显得辉煌而威严，令亲眼看到它的人们叹为观止。

下面我们来谈一谈拜占庭宗教建筑的空间处理，在圣维塔利教堂、圣索菲亚教堂当中，都有多个穹隆顶，空间是巨大的。为什么会有这么大的空间？答案是为了迎合大都市的发展，因为会有许多人要到这个教堂来，那么大都市的情调也自然就在拜占庭艺术当中体现出来。因为经济发展了，都市发展了，人的意识和行为自然也就具有近代自由意识的特征。

圣索菲亚教堂内部空间宏大，风格奢华，能够容纳数量庞大的人群在这里举行活动。它实际上是查士丁尼大帝时代城市化的纪念碑。在历史上，教堂建筑始终是西方城市的中心，建造大教堂，也就是为一座城市建造纪念碑。圣索菲亚教堂那巨大的穹隆顶有一股摄人心魄的张力，它彰显出统治者的信心和意志。

（二）罗马风格

罗马风格（又可称作罗曼风格），它主要形成于公元 11—12 世纪，也就是在加洛林文艺复兴时期。这种建筑形式从古罗马建筑传统当中发展而来，带有古罗马风格的遗韵。当时的建造者甚至将古罗马建筑的遗构拆除下来，移作己用。

罗马风格的建筑一般墙体比较厚，柱子短而粗，有厚重感。而且窗子很小，这不同于后来的哥特式建筑，明亮的窗户对于后者非常重要，它有助于营造神秘、深邃的气氛。因而，罗马式风格显得坚定、朴实、厚重而安静，此外它的内部装饰也以镶嵌画为主。

这一时期建筑的代表首推比萨大教堂和比萨斜塔，这座主教堂的平面是拉丁的十字形，室内用红色和白色的大理石相间砌成，明快、华丽。而比萨斜塔共有8层，高 55 米。

比萨大教堂和斜塔

比萨斜塔

（三）哥特风格

哥特式风格是 12 世纪首先在法国产生的，这一时期市政化城市发展的倾向十分明显，更多地体现了市民的意志和利益，建筑风格也就因此发生了改变，教堂建筑依然是市民生活最为重要的组成部分之一。

这些哥特大教堂将理性主义和自由想象完美地结合，兼具功能性和抒情意味，它们大都崇高宏伟、结构复杂，具有形式的美感。而在教堂空间的内部，巨柱林立，光线朦胧，高大狭长的花窗在光的映射下色彩绚丽，这种奇妙而神秘的视觉效果，很容易令人体会到上帝的存在。我们在教堂里往往都能体验到神圣的感觉，特别是当管风琴弹奏起来，伴着赞美诗的吟唱，你的心灵会得到一种升华，“万古磐石为我开，容我藏身在主怀”，是教堂使得你的心灵与上帝产生了奇妙的呼应。

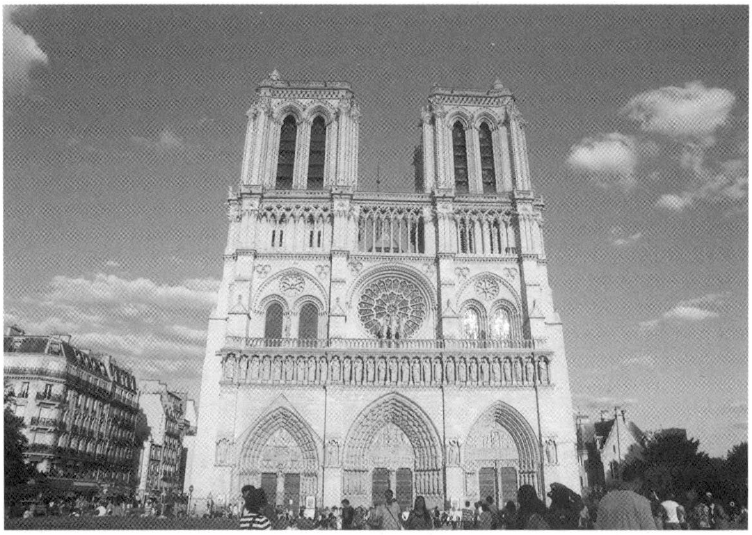

巴黎圣母院

夏特尔教堂

现在国内信奉基督的人比较多，在苏州的独墅湖边有一个新的教堂，据说是为了跟重元寺隔得远一点。本来园区想把宗教场所全都集中到阳澄湖边，把伊斯兰教、佛教、喇嘛教、基督教都搞到一块，寺庙不同意，说要离远一点，后来佛教寺庙就放到阳澄湖边去了。重元寺那个地方还不错，我们总想在那搞一些画室之类的，里面可以喝喝茶、画画画的那种，重元寺也要跟苏州大学合作。

话再说回来，哥特式建筑风格和罗马式建筑风格是有一定关联的，当然前者的独特性又是如此显著。哥特式建筑从外观上看，有这样一些符号，比如说，塔尖、扶壁、巨大的窗户。此外，它的内部几乎没有墙壁，往往是巨柱林立，空间深远通透，营造出一种崇高而光明的氛围，这似乎使人产生了一种要腾空而起，飞升天国的宗教体验。

哥特式建筑著名的遗迹现存不下两百余处，在它的发源地法国，最著名的作品当推巴黎圣母院和夏特尔教堂；在德国则有科隆大教堂；在意大利有米兰大教堂。后者据说是欧洲中世纪最大的教堂，可以容纳 4 万余人。当初为了建造这些教堂，人们不惜代价，用了数十年甚至是数百年的时间，你们可以想象它们精美的程度。以彩绘玻璃为例，这是哥特式建筑当中一种非常重要的装饰手段，也是体现中世纪美术精神的一个重要方面。

最后总结一下哥特式风格，它有这样三个主要特征：第一，哥特式大教堂的出现是市政化倾向的一个结果，因为城镇的规模在不断扩大，人口大量积聚；第二，在哥特式的建筑当中，体现出了宗教的理性主义与自由想象的结合；第三，就建筑本身而言，它又是科学技术与个人体验相互结合的产物，所以它显得那么的灵动，显得那么的抒情。某种意义上说，哥特式风格已经是文艺复兴的前奏。

从纵情享乐到禁欲，中世纪走过了漫长的近一千年。西方史家以往对中世纪的论述，大都带着不屑和诅咒，有的学者干脆把它称为“一口干枯了的老井”，有人对它憎恨，有人想把它遗忘。这种顽固而僵化的批判式思维，也在很大程度上影响了人们对于中世纪美学的深入思考和判断，许多人认为，美学理论在中世纪的发展基本上也是停滞的。

同时，人们对于美学概念的理解其实也有误区，这种误区主要表现在两个方面：

误区之一在于，美学一开始是以“感性学”来命名的，所以会有“审美感性”一说。直到 1750 年，德国哲学家鲍姆嘉通正式以美学来命名这门学问，这也被认为是古希腊感性学在学术上的一种确认。他认为美学是与一个人的感性联系在一起的，对世俗的和感性的事物抱排斥态度的基督教形态和文化也就被当成与美学相敌对和排斥的东西，因为基督教排斥感性的东西，美学是以感性形式来命名的，

夏特尔教堂“玫瑰花窗”

夏特尔教堂玫瑰花窗局部

所以它被排斥掉了，这是误解之一。

误解之二是在于，美学是用现代对艺术形态的理解和欣赏标准来看待中世纪的艺术活动的，由于这个误解使缺乏现代艺术形态的中世纪变为艺术的贫乏期了。实质上中世纪的美学对超出一般哲学之外的理性思维与精神自由的追求更加具有美学性质，是一种精神自由的追求。前面已经跟大家分析过，基督教思想本身的某种理论美学，又恰恰为今天美学的深入展开提供了一种突破性的启示，美学在中世纪是被扭曲和隐藏的神学思想当中某种理性的光辉。

中国学者孙津，蓬头垢面，长着一脸的胡子，他写过一本书《基督教与美学》，这是国内研究基督教方面少有的几本好书之一。西方中世纪的美学也被称为“显学”，却很少有人去碰。这本《基督教与美学》，以人的“自由实现”为主导话题，思考人的安身立命和行为旨归，较为深入地解答了作为中世纪的人，他自身存在的性质，是自由形态的、完美形态的理论美学。如果我们前面所说到的古希腊罗马是对自然至真的追问的话，那么中世纪的神学就是对人的起源、本质、归宿的追问。这个追问就是人从哪里来、到哪里去这部天书的主题。

中世纪理论美学的钥匙就是从这安身立命的主题当中发掘整理出来的，在中世纪，人所安身立命的本体、保证和伦理慰藉就是上帝的创造。在人与神、灵魂与肉体绝对的对立当中，蕴含着一种深刻的悖论：至善至美的上帝创造出来的却是一个罪孽深重的世界和苦难的人类！

第六讲　神性的隐退与人文主义的高扬
——文艺复兴时期造型艺术的美学思想

由于文化背景、历史发展的情况不一样，在西风东渐之前中国人和西方人的审美是有很大差异的，各自都具有明显的独立性，也有不可被替代的价值。前面我们说过中国传统的美学思想，讲到了中国传统美学当中的儒、道、禅。关于西方的美学思想，我们也可以看到，从古代希腊罗马到文艺复兴，再到近现代，它也形成了一个独特的发展脉络。

东西方人的审美观念的确是不太一样的，这表现在很多方面。比如说中国人对于月亮一般抱有好感，会赋予月亮以美好的寓意，例如在中秋月圆时，一家人要团圆，要去赏月。而“花前月下”则是情人爱侣彼此表达爱慕之意时的最佳“场景”。

但是在西方人眼里，他们对于月亮的情感和理解可能就和我们大不一样。例如美国有一部电影叫《蒂凡尼的早餐》，讲述了一个农家女孩钓金龟婿寻找意中人的故事。这个女孩的扮演者是奥黛丽·赫本，她来自中部乡村，出身贫寒，为了改变自己的命运，她来到城里，每天早上在一家卖钻石的商店门前流连，这是一个关于伤感、沮丧的故事，当然这个梦想最终是“竹篮打水一场空”。片中有一首曲子《月亮河》（《Moon River》）就带着这样一种基调。而对于很多没有看过这部片子的中国人来说，《月亮河》这首曲子往往被误以为是一种带有浪漫爱情的和美好憧憬的歌曲。这个例子从一个侧面，反映出东西方两大文明在审美

月亮在中国人的眼中具有永恒的魅力

在西方，月圆之夜似乎带来恐慌

《蒂凡尼的早餐》剧中的赫本

体验方面的巨大差异。

从美学的理论体系来看，我们的研究思路和方式是承袭了西方的逻辑和方法来研究美学和解读美学，而中国人传统文化里面对什么是美的，为什么是美的，理解却不太一样。

再比如说江苏有一位国画家，以画金鱼、翎毛、花卉见长，20世纪80年代他去美国访问，做了一个展览，有的美国人就在一些画上贴了标签，这就代表他要买这张画。这位画家一时兴起，现场即兴表演，他甚至采用了“指墨”的技巧，就是用手指蘸上墨和颜料去创作，画面效果非常传神，还有落款（“指墨”画都是用小指来题款的）。哪知道这个即兴的画完成以后，就有一些美国人从画上把那个标签给拿了下来。

这件事情是80年代在江苏的报纸上报道过的，意思就是说中西方对艺术的评价、审美的标准是不一样的，为什么呢？因为中国人画画是讲表现性的，画面可以大量“留白”，同时在创作过程保留着许多的偶然性和即兴性，而且对于中国画创作来说，笔墨既是物质的、技巧的，同时还是精神的、心灵的，绘画是很深奥的。中国画的底线是笔墨，这就是技巧的，但是在理解、欣赏中国画的时候，又从笔墨上升为一种精神。这位画家所做的“指画”，用了半小时就画完了，可能这在西方人眼里，就觉得不值。

另外可能还有一个原因，那就是中国绘画历来讲究传统，因此在题材的选择和技术的运用方面，都有一定的套路，也就是程式化。这位国画家画的和展出的那些画是何等的相似，而西方人则认为艺术是不可重复的。我们在座的都知道，中国画是有模式的，它不仅是重复，中国画还会要求你“师古”。石头的皴法都是统一的，有套路的，什么泥点皴、折带皴、斧劈皴等。《芥子园画传》里面还要教你树干是怎么画的，竹子怎么画的，传统中国画在西方人看来，可能都有点大同小异，他们觉得许多作品就像是“一个人画的”，这就是东西方审美的差异。

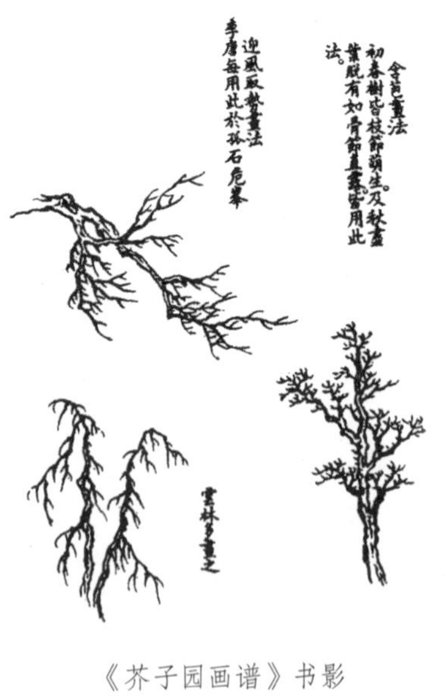

《芥子园画谱》书影

我不是在贬低中国画，我本人也画中国画，但是我觉得中国画在创新方面的确做得不够。你想想看，一个画家，从年轻到年老就画那么

笔墨和心灵的融合：白石老人特写

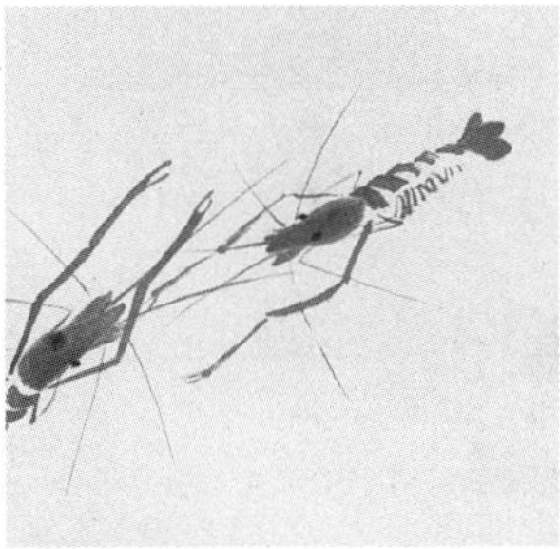
齐白石作品局部（58 岁时的创作）

齐白石作品局部（95 岁时的创作）

几样东西（比如竹子、鱼）。虽然我们都觉得齐白石的作品好，但是你看，他中年的虾和晚年的虾，除了所谓笔墨上的差异以外，整体风格上的变化并不大。所以我想我们需要进一步反思艺术的创造性本质，就中国绘画和西方绘画而言，就传统的架上绘画和观念绘画而言，这个问题一直是困扰我们的，后面我会谈谈有关这方面的看法。

文艺复兴是西方文化艺术史上的第二个高峰，第一个高峰大家都知道的，那就是古希腊罗马。上一讲我们又说了中世纪美学，有关这个时期美学的正反双方的意见，我们也都做了阐述，现在我们要来谈谈文艺复兴时期的美学思想。

一、文艺复兴是近现代艺术的起点

文艺复兴是一场伟大的思想文化运动，它标志着欧洲由封建社会向资本主义社会的过渡和转型，标志着欧洲近代化的开始，由此欧洲在政治、经济、文化、思想等诸多方面都产生了巨大变化。那么我们来探讨文艺复兴的美学思想，首先就要了解它的社会背景。

（一）文艺复兴的背景

1. 社会背景

像文艺复兴这样意义重大的思想文化运动，它的诞生是要有一定的社会经济条件作为基础的。14 世纪的意大利有许多的城市共和国，资本主义生产关系的萌芽就是在这些地方诞生的。以佛罗伦萨为例，这是最具代表性的手工业城市之一，它不仅拥有发达的毛纺织业和呢绒加工业，还有运转良好的金融体系。它们相互联动，共同促进了资本主义生产关系的确立，文艺复兴就是在这样的一个经济基础上产生并发展壮大起来。

那么，在有了先进的生产关系之后，这些资本家和工厂主们获益甚丰。经济基础决定上层建筑，他们不仅因此积聚了大量财富，而且逐渐把持地方政权，最终他们成为这些城市共和国的主人。在获得经济与政治地位的同时，他们还积极引领社会生活的发展。他们拿出相当多的财富，用以赞助文化艺术活动。凭借这些，他们不仅从中获得了巨大的声望，并且享受着奢华的物质与精神生活，这里包括一种对于视觉成果的享受。

与此同时，这些举措也发挥了积极的社会效应：一种更加自由、宽松的文化氛围得以形成，整个欧洲的社会面貌和文化趣味也因此而改变。

2. 思想基础

在这样的时代背景下，一部分世俗知识分子和市民阶级登上历史舞台，并成为文艺复兴运动的中坚力量。他们对于新文化有强烈要求，主张扬弃中世纪的宗教文化，这为文艺复兴运动奠定了思想基础。

在许多西方学者的眼中，文艺复兴之前的历史可以分为三个阶段：第一是古代希腊、罗马，即所谓的古典时期，这也是公认的欧洲哲学与艺术发展的黄金期；第二个时期是中世纪，即所谓的愚昧、迷信的黑暗时期；第三个时期是自我意识觉醒的时期，这也被后人看作是欧洲文明近代化的起点。

3. 文化传统

文艺复兴是不是平白而来的呢？不是，它是有文化传统的，这个传统就是指古代希腊罗马的文化，文艺复兴要“复兴”的就是古代希腊罗马的文化。通过对古代希腊罗马文化的发掘、整理，文艺复兴运动被注入了巨大的活力，这满足了资产阶级和新兴市民阶层的需求。

梅迪奇家族权势的象征里卡尔第宫

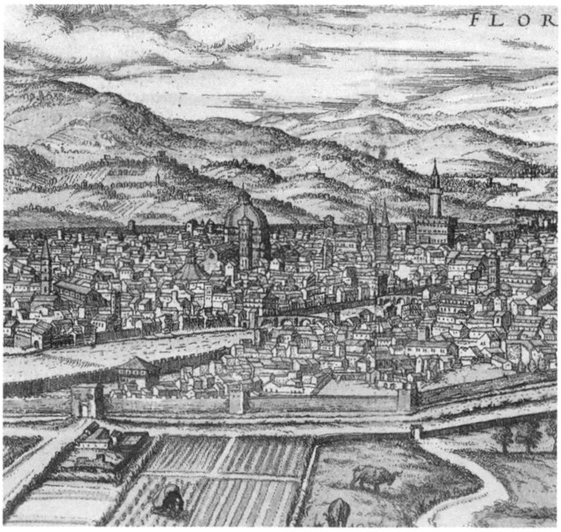

中世纪的佛罗伦萨城

今日的佛罗伦萨

而谈到文化传统，意大利又有着得天独厚的优势，因为这里有着古代罗马文化的丰厚遗产，这些都成为新文化的宝藏和养料。所以文艺复兴不仅有社会背景、思想基础，还有它的文化和历史基础。

（二）什么是文艺复兴？

1. 文艺复兴

文艺复兴运动可以说是西方近代文明的起点，其历史意义之重大不言自明，而关于它的性质，至今仍然众说纷纭。一部分西方史学家认为，文艺复兴在哲学思想方面所获得的成果乏善可陈，其重要性不足以同古代希腊罗马相媲美。但是，文艺复兴给欧洲文化所带来的巨大变化却是具有震撼性的，而且是有目共睹的。

瓦萨里　（1511—1574）

最先使用“文艺复兴”这个词的人是谁？我查询了有关资料，发现是一个叫做瓦萨里的人，在他的《优秀建筑家、画家、雕刻家传》这本书中，他认为当时意大利艺术的特点是古代希腊、罗马艺术的再生，因此他以“复兴”一词来命名这个时代。这本书还有一个名字叫做《艺苑名人传》。瓦萨里和米开朗琪罗是朋友。

其实,"复兴"的本意是指古典学术的一种再生,也就是指古典的、前基督教的、异教的古代文化的再生。当时人们之所以倡导恢复古典主义的人文思想，其目的就是把 "以上帝为中心"转向"以人为中心"，把对来世的向往转化为对此岸世界的热烈追逐。

而关于文艺复兴运动的基本目标，我认为主要是反抗神权的束缚和压迫，是追求个性自由和人性解放，是提倡理性思考。既然要追求人性解放，形形色色的享乐主义也就有了抬头的机会，这就有可能使压抑已久的人们走向另一个极端，陷入极度膨胀的欲望之中去，也就是"纵欲"。

其实，当人们在推动一场思想运动的时候，"矫枉过正"常常是在所难免的。好比说中世纪一直在讲"禁欲"，当时为了追求精神世界的纯洁，就对苦修生活大加赞美，对于男女欢爱之情则无情地扼杀；再比如讲五四运动时期，在当时的文化战线上有一批文化旗手，为了创造一种新的文化，他们不仅大力推广白话文，而且还提出了许多口号，比如"砸烂孔家店"等，他们甚至还对当时的美术创作做出评论。像陈独秀、鲁迅等人的一些讲话，如果拿到今天来看，他们大力鼓吹西方文化对中国的积极影响，反映出的是当时知识精英们的急躁、亢奋，甚至是盲目的心态，在我看来有些观点和思路已经"走偏"了。

再回到我们原来的话题，在文艺复兴时期，随着神性维度的逐渐退隐，人们的眼睛能够更加现实和透彻地看待世界，而不是为神所蒙蔽。文艺复兴开始改变人的生活，改变人的理想、思想，使欧洲走进了一个新的时代。在这个时代出现了许多新的大师、巨匠，有绘画上的"文艺复兴三杰"：达·芬奇、米开朗琪罗、拉斐尔；有文学上的但丁、薄伽丘、彼特拉克；还有哲学上的巨匠，比如培根、笛卡尔，培

薄伽丘

电影《十日谈》中的青年男女

根喊出了“知识就是力量”这样振聋发聩的口号。当然还有伟大的科学家哥白尼、伽利略和布鲁诺。文艺复兴就是这样一个巨匠辈出的时代，这个和人性的解放是分不开的。

2. 文艺复兴与人文主义

文艺复兴和人文主义是紧密联系在一起的，可以说，人文主义思想深深影响着文艺复兴时期的人们。进而影响到近代欧洲，也进而催生了法国的启蒙思想运动，有了法国和英国的启蒙思想运动，又使得英国和法国的资产阶级鼓励科学家发明创造，带来了欧洲的工业革命，又由于有了工业革命，使得欧美文化站在了世界主流文化的前沿，而这个占领一下子统治了世界两百年。从 19 世纪到现在，欧美主流文化始终占据着世界主流文化的前沿，只有到了 21 世纪人们才喊出了 21 世纪是中国的世纪，对汤因比的预言，对中华传统文化能否成为世界的主流文化，人们报以期待。

（1）提倡以人为中心，反对以神为中心

人文主义思想主要包括两个方面的内容：第一，提倡以人为中心，反对以神为中心，以人性反对神性，以人权反对神权。大家都知道天主教是禁欲的，追求所谓天国的快乐，人文主义指的是对人性的肯定，强调对人的生存权的赞美，肯定人是有自由意志的，而且有幸福、快乐之权，还有自由平等、参政、议政之权。最近，南京某大学的老师被抓起来，要判刑，就是关于换妻，现在这个问题遭遇了法律难题，道德和法律是两回事，对这个问题我不想做评论，但是我们还是很关注怎么判，身体是自己的，有权对自己的身体作出处理，他的理论就是这样的。但是这个理论是有缺憾的，因为社会是需要道德来维系的，至于法律最终会怎么判，我想在不同的时代会给出不同的结论。一个社会禁锢了很长时间之后，必然会有“苍蝇、蚊子”。

1978 年的时候，流行跳交谊舞。为什么流行跳舞？“文化大革命”的十年，男女授受不亲，是不能有这种事情的。如果一家的男人不在家，一个陌生男人进去，被居委会的老太太看到了，她们会把这件事情记录下来，她们的警惕性非常高。1978 年改革开放以后，城市里面流行跳舞。当时的舞会很简单，就是某个人家里有空闲的房子，就会在房子里放一个四个喇叭的录音机，不需要召集沙龙，自然就会有消息传出，比如星期六在某某家要跳舞，跳舞时都是把门窗关得紧紧的，一有声音就会被举报，这就是地下舞会。后来地下舞会越来越大，达到什么程度呢？城乡接合部的一些农村，家里造了楼房的，年轻人就到这种空旷的楼房去跳，骑

他开启了一个新的时代《邓小平时代》（美）傅高义著

自行车带着男男女女到那个城乡接合部，只要有电往上一插就开始跳舞。这个意思是什么呢？就有点像中世纪刚刚过去，文艺复兴刚刚到来，人内心涌动的那种欲望，被激发出来。当然在激发的过程中，如果做得不好，就会滑向罪恶的深渊。我们这样一拨人还是有上进心，要学习，要考大学，根本没有去释放激情，如果整天混在那里面难免要出问题的。

文艺复兴经历了将近一千年的压抑，到了14、15世纪，人的内在的人文主义的一面、人性的一面、人的自由意志的一面，开始挖掘、表露出来，人的思想得到了很大的解放。人的思想的解放，会推动生产力的发展，推动文化的繁荣，今天来回顾文艺复兴，得到的启发是深远的。

我们总结一下人文主义思想的第一方面，它强调的是用以人为中心，来反对以神为中心，是以人性反对神性，是以人权反对神权。

（2）以理性和科学来反对蒙昧和神秘主义

人文思想的第二个方面，表现在以理性和科学来反对蒙昧与专制，这也反映了新生资产阶级的要求。知识精英们利用各种渠道去启迪人们的心智，去传播新的知识，培养多才多艺的全面发展的人。而在中世纪的时候，宣扬的只是一种神秘主义，当时的文学也叫灵修文学。所以文艺复兴的人文主义学者，是以理性和科学来反对蒙昧和神秘主义。

1980年，天安门广场华灯下学习的中国青年

20世纪80年代跳舞的人群

二、艺术独立与美学理想

（一）艺术之独立

我们今天所理解的“艺术”概念产生于近代欧洲，可以说它是西方美学运动的产物。那么在古代世界，人们眼中的“艺术”又是怎样的呢？我们发现，不管是在古代希腊，还是在先秦时代的中国，“艺术”一词都和技艺、技巧有着天然的联系。当然这也不难理解，因为这是由当时艺术家的社会地位来决定的。

在古代，几乎不存在纯粹的艺术家，所谓的艺术家和工匠并没有差别。直到文艺复兴时期，这种状况才有所改变。伴随着“人性的解放”和“对人的发现”，艺术家的技艺开始得到公众的尊重和认同，他们逐渐获得了独立的社会地位。即使如此，他们的地位和社会关注度还是无法和今天相比。

今天我们艺术家的地位很高（当然你首先得有一定的名气），远比以前艺术家日子过得要好。以前只是宫廷艺术家日子会好，在官方沙龙获奖的画家的日子会好，而非主流的画家日子是不行的。我们今天的艺术家动不动就是个千万富翁，甚至是亿万富翁，吃穿不愁，钱几辈子都用不完。而且他们的身份也比较多元，这里既有主流艺术家（体制内的），也有所谓的自由艺术家（体制外的）。

我们认识很多的艺术家，有一年我受邀去参加“中国艺术研究院研究生院建院三十年”庆典活动，他们邀请了六百多位来自全国及世界各地的艺术家，接待住宿的嘉宾有三百多位，其他都是北京市的。唱歌的、跳舞的、画画的、搞戏剧的等等，包下了两个五星级酒店。庆典大会那天，我和几位学术界的朋友走在一块，看着这些人鱼贯入场，就有一种感叹，因为走进去的这群人“势”（气派）都很大。中国艺术研究院也挺有意思的，请了中央电视台、北京电视台，道路上有很多摄像机，甚至还有“大摇臂”。走进去的时候就像唱一出大戏，每个人都走着方步。像台湾来的欧豪年，也是台湾当代非常著名的画家，还有叫李世茂的，看起来比范曾、龙瑞气派还大。这个欧豪年的下巴上长着一个东西，我们南方人叫“瘊子”，有三根毛“蹿”出来，而且穿一身长衫。李世茂是位水墨画家，个子很高，戴一顶礼帽，着长及膝盖上面的中装，一柄手杖放在手臂上，旁边一位珠光宝气的太太搀着他，然后一拨人就鱼贯而入，还有李双江、王昆等，一看上去就是个人感觉很好。

事实上，艺术家没有从工匠那里独立出来的时候，他们也是很艰难的，属于三教九流里面的“末流”。艺术家能有今天的地位，那还要感谢文艺复兴。再近

帕索里尼在电影《十日谈》中扮演乔托

乔托指导助手工作

一点讲，中国艺术家今天地位能这么高，要感谢中国这个伟大的时代。

苏州大学曾举办过一个讲座，演讲嘉宾是曼彻斯特都会大学的博物馆馆长，我原先也不认识他，是中央美院许平老师介绍过来的，我们接待了他。那天早上我跟他见了一面，就发觉这是个老实人，不像我们国内有些艺术家那样张扬，他同样在大学里，也从事设计（丝绸的设计），他的“势”就没有中国的设计师的“势”大，这还要看各人的修养。

关于艺术家的地位，我们要从历史上来反思，可以说没有文艺复兴就没有今天艺术家的社会地位。文艺复兴的一个重要内容是要恢复古希腊罗马的崇高荣誉，是要把美和艺术重新还给人间（就像古代希腊那样），而不是仅仅为神而服务。在此过程中，也诞生了许多新的艺术思想。

在中世纪，诗歌和音乐被看作是自由的艺术，而绘画则被归为机械和手工艺。我开始不理解达·芬奇为什么会去设计机械装置和下水道，这样一位画家要承担的工作和一个工匠不是没什么两样嘛？后来我才搞清楚，在过去的欧洲，各种行业都有行会组织，但是艺术家们却没有他们自己的行会。而艺术家作为一个职业，只能依附于医师和药剂师的行会。我们前面说过，艺术和艺术家的地位在文艺复兴以前是比较低下的，中世纪基督教的教义甚至宣传艺术是罪恶的。所以艺术家的地位不会高，建筑家和雕塑家只能从属于泥瓦匠和木匠的行会，当时的艺术家没有获得一个独立的身份。

再好比说设计师，在国内我们的设计师能够独立出来，能够有今天这样的地位，也就是最近二十多年的事情。在今天，做一个环艺设计师是很吃香的，这和20年前的状况相比就大不一样了。今天你做环艺设计，去跟甲方谈，大家基本上都还能接受你的设计费用。这就是时代的进步，它说明了一个社会、一个时代对设计师工作的肯定，但如果倒退20年可能就没有这个事。

我从1998年10月以后再也没有画过一张效果图，我从事过的设计行业其实还蛮多的，这是我们这一代人的特点，经历丰富。1992年我率先创办了一家“蓝岛艺术公司”（这在当时艺术学院的老师当中算是最早的），而且这家公司有资质，是建筑装饰三级资质，在当时是很少的。也就是说，从设计到施工这“一条龙”，我们都有资格去做。

但那时我发现，做企业的人内心会比较纠结，因为我的传统思想根深蒂固，我不愿意别人欠我钱，也不愿意我欠别人钱。你说要过年了有两个包工头天天耗在你办公室或者家里讨钱。有一个包工头是苏州黄埭的，第一次合作从我这里拿了6万块钱，裹在身上骑摩托车回家，后来他跟我讲，他一路上是“抖”着开的摩托车，他觉得钱很多，从没有一次性拿过这么多钱。我觉得他付出劳动了，就应该给他这么多钱。但是甲方又老是不给我钱，所以我的内心就很纠结。

1994年的时候，我就把这个公司转给别人做了。之后我又成立了一家“昂立咨询设计事务所”，1998年又把这个事务所关掉了，之后就再也不搞具体的设计了。到了50岁，尤其到了我现在这个年龄，再叫我去做设计师我是不干的，因为我认为，一个人要活得有尊严，你一天到晚跟甲方打“拉锯战”，甲方可以把你训得跟孙子似的。我为什么在1998年不干了？这个跟我主张的“艺术独立”有关。

我一直是在昆山、常州和溧阳这些地方做装饰设计的，当时在那儿我设计的声望比较高。那个时候刚刚开始推出电脑效果图，学校里也刚刚培养了一批学生，有的刚刚毕业走向社会，有的还在二、三年级，就开始做电脑效果图。但我们这批人还是画“手绘”，我们基本功好。我一个朋友在溧阳接到了工程，是一个老年活动中心设计施工，有三幢建筑要改造。他打电话给我说要我赶快来，这个图很急，马上就要讨论方案，我就带好了我的随身家当——一套笔、一个泵（喷枪），1992年买的，3360块钱，在1992年花这么多钱买个泵的人是很少的。去了之后他就跟我说这个房子老，没有图纸。我们到现场一看是三幢独立建筑，设计稿要把它画成一个三点透视的效果图，所以就到对面展览馆的楼上现场写生，再把大概尺寸量下来，然后开始干。

效果图要求一整开纸，我提出要两根一米长的长尺来推着画（后来就只有一根），另一位老师先画平面方案图，我画立体彩色效果图，就用一根尺子连续作战 27 小时。当时的期望价值是给我一万块钱现金，哪知道走的时候，他给了我四条烟、十听茶叶，还有一个信封，凭我的感觉不会超过 5000 块钱，因为你还不好拿出来点，知识分子脸皮薄。回程的时候到了车上，我跟另一位老师讲，我们失望了，他猜五千，我猜四千。回来以后我想了几天，我跟那位老师讲，我们俩分道扬镳吧，丢不起这个脸，不能再做了。我当时是副院长，给我两千块钱，27 小时没睡觉，说不过去吧？

为什么会出现这种情况？当时已经出现一批学生开始搞电脑效果图，很多装潢公司认为电脑图比手绘图好，电脑图只要 500 块钱就肯做了，我们还要一万块钱。从这个项目完成以后，我就再没有画过一张效果图，壮士断臂，就此回归学术研究。十多年来很多的同学不知道我会画环艺的效果图，有一次我在办公室拿一些老照片出来，他们看到有一些环艺的效果图："啊！李老师你画这个的？"我们这一辈人，适应性比较强，你要说"下岗"，我现在也马上能够到装潢公司上班，也是没有问题的，只要你把这个架子放下来就是了。

设计师在 20 年前是没有什么地位的，现在是有了，一个服装设计师年薪可以上百万，可是以前的服装设计师和裁缝有什么区别？温州有那么多服装企业，刚开始的时候哪个认你这个服装设计师？等到后来，这些老板一掷千金请名师，为了一场时装秀花费一百多万。温州曾有一个叫"夏梦"的品牌，是兄弟两个开的，以前他们是木匠。二十世纪初，他们在北京做博览会的时候，为了一个法兰西的座椅，可以把它从巴黎空运过来。尊重设计，给予设计师地位，使他们能够从一般的艺人当中分离出来，这在我们国家也就是最近 20 年的事情。

说起历史上艺术家地位的改变，其实直到文艺复兴的早期和中期，他们都还被认为是工匠。在 15 世纪到 16 世纪的意大利，经历了两代人的不懈努力，他们才最终改变了自己的地位。他们从受雇人变成了艺术家，而雇主则成为艺术家的赞助人，这一转变就是在文艺复兴中完成的。

为了给自己争得一席之地，人文主义者和艺术家们在努力创作之外，还不忘从思想和舆论的高度来肯定艺术的价值。比如讲文艺复兴早期的作家薄伽丘，他曾专门论述了艺术的崇高使命，他强调了尊重手工艺这样一种理想，充分肯定了手工艺的地位；阿尔波蒂则要求重新认识绘画艺术的地位，他主张把绘画提升到时代思想的保护者和代表者的地位；达·芬奇，他不仅是绘画艺术的巨匠，同时还是艺术理论界的巨人，他说过绘画是最高级的艺术，应该把它列为自由的艺术。中世纪被称为自由的艺术的是诗歌和音乐，绘画不是，绘画被看作是工匠的工作。达·芬奇大声疾呼，要为自己的艺术争取地位；瓦萨里是第一个运用“文艺复兴”一词的人，他说道：“要求艺术家去为桌子、窗帘、骑兵的燕尾服和马的装饰品绘图这类低级的工作，是有损于职业尊严的。”

达·芬奇自画像

当这群艺术家和人文学者主动站出来，为了艺术和艺术家的价值大声呼吁的时候，他们的身份就慢慢地获得了改变。米开朗琪罗早年便开始学习绘画和雕塑，他的家人认为这种选择会降低他未来的社会地位，因此报以怨言。这种情况到了我这一辈人还是存在，我的父亲就是这么认为的。老一辈的知识分子有这样一种观念，他认为你应该学理工科，一句老话说：“学好数理化，走遍天下都不怕！”他们觉得那些学画的都是二流子，头发长长的，是不是？你可以想象，文艺复兴过去了三四百年，像我们的父辈们还觉得不应该去学画画。但是米开朗琪罗在去世前已经被尊为“超人”“艺术之神”。到后来一位葡萄牙画家注意到，在意大利人们并不看重王公诸侯的声名，只对一位画家敬若神明，他就是提香。据说皇帝查理五世曾俯身为他捡拾起画笔，你们可以想见他当年的地位和荣耀。这就反映出当时的人们对于那些杰出画家的尊重，这是文艺复兴运动的成果。在这一时期，艺术终于获得了人们的认可和尊重，艺术家终于获得了独立的地位。

提香自画像
（1488—1576）

（二）美学理想

有一点是值得关注的，那就是在文艺复兴时期，艺术真正开始以表现美为最高目标，艺术终于获得了自己独特的地位，可以说，正是文艺复兴实现了把美与道德、宗教相分离的任务。而在此之前，“美”始终是和“善”“道德”“崇高”这些概念结合在一块的，这样一来，人们自由而独立的审美意识终于恢复起来了。而在这审美意识的背后，反映出的其实是丰富的人性世界，是一种内心的扩张。

一些重要的美学概念也在这一时期被提出来，虽然这些概念在我们今天看来似乎有点“小儿科”，但是在当时，它们的提出却是大大向前迈进了一步。

比如说当时有人认为，美要“舍教取乐”，强调了艺术首先要给人以快乐，给人以享受，这是文艺复兴时期提出来的。比如说，德国绘画巨匠丢勒谈到艺术家的天才，他认为天才是不可捉摸的，也是无穷无尽的（艺术家确实是要有点天才的）；再比如说“创造”这个词，艺术不再像过去那样仅仅被视为一种有规律的技艺，而更多地被看作是一种以审美为目的的创造；再比如说科学，文艺复兴的理论家们把艺术和科学并立起来，认为造型艺术不仅仅是手艺活，而且是与自然科学平行的学科，他们把艺术的位置提得很高。这个时代艺术家把解剖学、透视学、配色学、植物学、动物学、几何学视为艺术必备的常识，进而努力地表明，艺术也是一种科学活动。比如说米开朗琪罗和达·芬奇，他们一生都在不断地探索和完善艺用解剖学。

要把艺术、自然科学、人文科学并立起来，并且让它真正受到重视，这还是很难的。就像我们这种综合性大学到现在都做不到这一点。尽管艺术学已经成为独立的学科门类，但在所有学科当中，自然科学家总认为自己是老大，因为它处在国民经济的中央，解决人的吃饭穿衣等基本问题，艺术是吃饱了饭没事干来愉悦精神的。

我去校部开会，往那儿一坐基本不发言，但是有的时候领导想起来也会说：“超德，你讲讲啊！”我就想笑，他们知道我一讲话场面就活跃。我就说艺术讲起来也是很重要的，就是起“涂脂抹粉”的作用，当然你要是天生丽质就不用涂脂抹粉。另外也就像我们苏州的一碗面，打底的这个是自然科学，或者是人文科学等重要学科，而艺术就是上面的葱花，甚至是胡椒面，你说没有吧，味道又不行；你说有吧，它又不是管饱的，我说艺术学科就是这样的境况，他们就哄堂大笑。

其实关于艺术的地位，文艺复兴过去了三四百年，到我们这里仍然需要呼吁提高地位，但是在文艺复兴的时候已经做了努力，所以艺术家在西方的地位是比较高的，美的理想、天才的创造力、科学方法的使用，使文艺复兴时期的艺术无论是在精神上还是形式上，都有一种古希腊之后空前绝后的庄严。艺术是神圣的，走进艺术的殿堂，怎么能大声喧哗呢？去看一个展览会怎么能大声喧哗呢？不能惊扰了大师们。如果艺术学院能够有这样一种敬畏之情产生，我觉得艺术学院成功了，你来到艺术学院是不能够大声喧哗的，因为生怕惊扰了在思考和作局老师们，走进这个大楼要轻轻的。如果有一尊维纳斯站在这里，尽管它是一块冰冷的雕像，你仿佛感受到她的血液在流动，因为你有种敬畏之情。

大英博物馆和纽约大都会博物馆里面有许多古希腊、古罗马的雕塑，那绝对是充满神圣感的。我在每个博物馆都待了两天半，每天一大早就去，在大都会博物馆这两天半中看到一个人，长着胡子的，天天在画素描。他大概一天画一张，就是八开纸那么大，从眼睛开始画，不打草稿，都是碎笔在画。我问他这些画卖不卖，他把画夹全打开，画的是博物馆里所有雕像，1000 美金一张，不还价，这其实是很贵的，画是画得很好的，有神圣感。去这样的大博物馆一看，你是要肃然起敬的，这是一种油然而生的敬仰。

东京艺术大学也值得一提，这也是一所百年老校。他们的石膏像放在一个大厅，不像我们的石膏像是摆在教室。上课要画石膏像，学生们就到大厅里面一组一组地对着画。这里面有米开朗琪罗的《昼》《夜》《晨》《暮》，是 120 年前从原雕像上翻制下来的，石膏像本身已经成为文物，经过了一百多年，上面发黑有孔，你进去以后会受到感染的。

大都会博物馆

大都会博物馆内的 18 世纪绘画

临摹大都会博物馆藏画的中国画家

东京艺术大学

文艺复兴艺术汲取了古希腊、古罗马艺术中的宝贵养分，形成了庄严、和谐、匀称的伟大风格。以“文艺复兴三杰”的作品为例，他们为后世贡献了无比精湛、微妙的绘画（达·芬奇），宏伟壮丽的建筑和雕塑、臻于完美的壁画（米开朗琪罗），以及兼具典雅与和谐的圣母像（拉斐尔）。艺术围绕着美的目的而实现了自己特殊的理想，而这种理想在中世纪时期却是无法实现的。

三、大师的美学情怀

文艺复兴是一个产生巨人的时代，在各个领域都涌现出了许多大师。他们不仅勇于探索新知，而且敢于捍卫自己的思想成果。比如说像布鲁诺，他曾提出宇宙是无限大的，作为一个自然哲学思想家，他对后世的影响巨大。但就是这样一个伟大的思想家，却被宗教裁判所在1600年判处火刑，直到1992年，罗马教皇才宣布给他平反，由此可见教廷的昏庸和黑暗。宗教权威和世俗知识分子之间的斗争还是很激烈的。而波兰天文学家哥白尼，他曾提出“太阳中心说”，伽利略后来又捍卫哥白尼的这一学说，当然也遭到了教廷的迫害和打击。

这一时代，同样也出现了很多著名的艺术理论家和美学家，他们在美学理论方面也作出了突出贡献，表现出了极大的勇气和智慧，其中有这样一些代表人物。

（一）尼古拉斯·库萨

这是阿奎那之后最重要的神秘神学家之一，喜欢用数学、类比思考神学。尼古拉斯·库萨（1401—1464）写了一本《论美》，是对狄奥尼修斯文集的注释，总的思路是借用文集当中“美是缘于神”“光是美的形象” 等观点，使中世纪关于美及比例和鲜明性的公式得到注解。能体现新时代特征的是尼古拉斯关于艺术创作的观点，古典美学和中世纪美学都认为创作是艺术家把早已存在于心中现成的形式附加到物质之上，文艺复兴突出了创作这一形式的思想，艺术创造形式的思想成为美学的基本观念，这是在文艺复兴的早期形成的。

（二）阿尔伯蒂

阿尔伯蒂（1404—1472）是意大利的建筑师、建筑理论家，是文艺复兴时期的全才，著有《论绘画》《论雕塑》《论家庭》《论心灵的安逸》等书。他不仅全面地论述了有关艺术的理论，而且还对一般美学问题作出了论述。文艺复兴时期艺术的一个重要特点在于，它摆脱了中世纪的象征主义，回归到了古希腊的写实主义。阿尔伯蒂进一步发展了维特鲁威（罗马时期的建筑学家）的观点，率先在新时代表达了“美在于和谐”这个新的观念。

阿尔伯蒂（1404—1472）

阿尔伯蒂主张人们停止对上帝奥秘的探索，而首先要把眼皮底下的事情弄清楚。他热爱自然，曾被参天大树和麦浪滚滚的景象感动得泪流满面。其实大自然的壮美正是治疗人的精神痛苦的一服良药，很多艺术家有了疾病之后都是到大自然当中。俄罗斯风景画大师列维坦也认为，大自然是一服良药，他认为是大自然治好了自己的疾病。因为当他身处大自然当中的时候，他就变得心胸开阔，能够忘掉城市的一切烦恼。我在 1979 年还看过一部罗马尼亚电影《奇普里安·波伦贝斯库》，它讲述了一位罗马尼亚爱国小提琴家奇普里安·波伦贝斯库的故事，这个人将自己的音乐和对祖国的热爱紧紧联系在一起，也深深地感染着我们。他时常演奏由自己创作的乐曲，优美动人的旋律贯穿于电影当中，它们很容易让你联想到罗马尼亚乡村的富饶、美丽。可以说，大自然的美丽很容易让人释怀。而当阿尔伯蒂生病时，他也不止一次地因为回归大自然而获得痊愈。他认为，艺术家的创造行为源于对自然的模仿，真正的艺术家不是受自然支配，而是为自然的必然所支配。

我们应该看到，艺术创造的过程往往始于艺术家对自然的关照和领悟。首先，大自然的美能够让我们的心情变得轻松愉悦；这种审美的快乐又会激发出人们的智慧，人们凭借着想象把自然对象的各个部分区别开来，逐一进行研究，这就包括对各个部分之间的比例关系的研究。在西方建筑师和艺术家的眼中，大自然充满着数字和几何的关系，而美就诞生在其中。

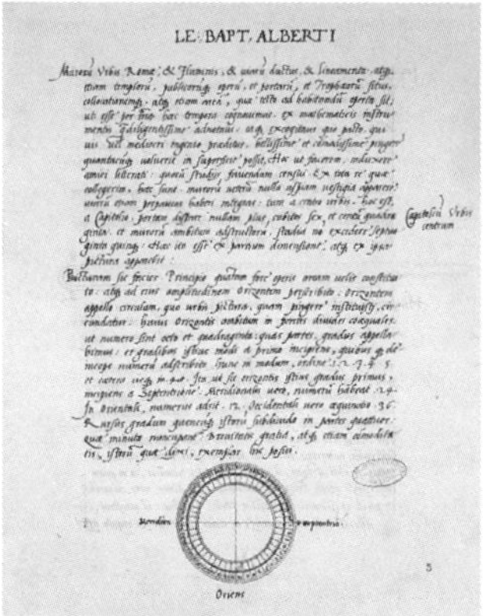
LE: BAPT. ALBERTI

阿尔伯蒂手稿

列维坦作品《湖》

（三）蒙田

蒙田（1533—1592）是法国哲学家，也是法国文艺复兴时期的重要人物，他曾著有《论自命不凡》《论相貌》。蒙田是主观论者，他以极高的热情来赞扬美，认为美是塑造人类关系的一种伟大力量，美能够使人们相互吸引。从古希腊到中世纪，大多数美学家都认为美是客观的，但蒙田认为美是主观的，是相对的。这正好契合了中国人讲的“情人眼里出西施”，这是很有道理的，实际上人们对于美的判断和理解都是千差万别的，有人喜欢胖的，有人喜欢瘦的，用现在的话来讲，每个人眼中的“性感”标准是不一样的。现在可以公开地探讨“性感”这个词，以前是不敢的，冒天下之大不韪，有人甚至认为这是将美学引入了“庸俗化”，美应该是无杂念的，纯粹的。在蒙田所处的时代，法国正备受宗教战争的煎熬。当时法国的天主教和新教势力正相互残杀，对抗的双方完全不知“宽容”一词为何物，人民生活在水深火热之中。在这样一种情况之下，蒙田善意而策略地提醒人们，在探讨美的时候，最好采取小心谨慎的态度，表面上平静的美学，实质上是一个极其危险的领域。

实际上，任何一种新思想可能都是带有挑战性。我们那一代画画的年轻人，常常思考这么一个问题，就是“为什么我们要画裸体呢？”当时我们给出的理由是，艺术家要有科学家一般的精神，所以艺术家也要去研究人体；而且人体是最复杂、最微妙的，所以一个画家要去画人体。但是陈丹青在 20 世纪 80 年代却有一个颇为大胆的言论，我们当时是乐意接受的。他说，问我为什么要画裸体，我为什么要说是为了科学呢？我难道就不能说我就是喜欢女人体么？这句话在 20 世纪 80 年代初曾在报刊上登出来过的。

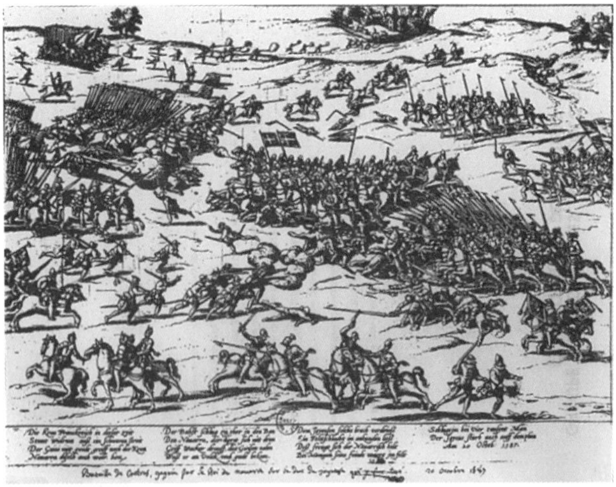

版画中的法国三十年宗教战争

蒙　田　（1533—1592）

刚才所讲的四位，都是文艺复兴时期在美学上有突出贡献的大师。其实不光是他们，在这一时期还有许多杰出的画家，他们也通过自己多元的创作和思考，大大推动了美学理论的发展。

（四）乔托

乔托（1266—1337）是文艺复兴早期的伟大画家，他被称为“中世纪最后一位画家”和“文艺复兴的第一位画家”，同时还享有“美术界的但丁”之美誉。他出身于佛罗伦萨的一个铁匠家庭，据说自幼便随契马布耶习画，青年时代就已经声名鹊起。他擅长壁画创作，作品既有中世纪艺术的质朴，又具有自然的空间感，画面洋溢着庄重、静谧的气息；他拥有丰富的技巧，构图精到而紧凑，他常常将众多富于体积感的人物错落排布在画面当中，而秩序井然。

乔托的作品大都取材于圣经故事，在他留下的作品中，最具有代表性的有两件。一件是《逃亡埃及》，这幅绘画讲述了圣母在上帝的启示下，怀抱幼小的基督逃亡埃及的故事。在乔托的笔下，这群人物似乎已经历了长途跋涉，他们虽然面带憔悴，却不失坚毅。这件作品摆脱了中世纪拜占庭风格的刻板和象征的手法，采用了比较写实的方法来刻画人物，这使得人物的形象更加富于个性。

乔托的另一件作品是《犹大之吻》。关于犹大，大家都知道，他是耶稣的第十二个门徒。他因为贪图三十块银币，出卖了耶稣。他向罗马祭司长告密说耶稣在地下传教，并约定了捉拿耶稣时的暗号（犹大去吻谁，谁就是耶稣）。这幅画表现的就是这样一个充满戏剧性的场面，画家运用精湛的笔法把人物复杂的内心活动呈现出来。耶稣知道犹大已经叛卖了自己，他的神色愤怒而不失坚定；犹大的卑劣则与之形成鲜明的对比，这个叛徒心怀恐惧，却又鬼鬼祟祟地要去亲吻耶

乔托作品《逃亡埃及》

乔托作品《犹大之吻》

稣。整个画面充满紧张而悲壮的气氛，令人感动。这幅作品是多幅宗教画中的一幅，在离威尼斯不远的帕多瓦小城的斯克罗威尼小礼拜堂内，精彩至极。

乔托为近代写实主义绘画开辟了道路，被称为“欧洲现代绘画之父”。达·芬奇在《论绘画》中这样赞美他：“乔托不仅超过了当代画家，而且也超越了过去几个世纪的画家。”对于乔托的艺术，或许可以用一句话概括：“虽然是一幅现实主义的绘画，但是仍旧有庄严的宗教气氛；虽然是宗教画，但是已经注重了人物性格的刻画。”这是对乔托的美学精神的一种概括。

乔托的晚年还从事建筑设计，为佛罗伦萨的很多公共建筑做设计总监，负责设计了圣马利亚大教堂的钟楼，而且在佛罗伦萨被授予“艺术大师”的称号。

（五）波提切利

波提切利（1446—1510）生活的时代晚于乔托，他的绘画和前辈相比，更为成熟、精到，也别具风格。他的作品往往具有抒情诗般的空灵和魅力，带有一种忧郁而高贵的气息，而这种淡淡的忧郁恰恰反映出那个时代人文主义理想的端倪。

波提切利的两幅作品经常被画册刊载，可以说是脍炙人口。一幅是《春》，作品的灵感来源于文艺复兴诗人波利齐安诺的寓言长诗《吉奥斯特纳》，画面上鲜花满地、密林幽静，林中的果树缀满金色的果实。在画面中央的是爱和美的女神维纳斯，她满面春风，凝视着和煦的阳光，而花神和风神则围绕着她；画面左侧的主神宙斯的特使墨丘利正拨开冬日的乌云，这象征着春天即将到来。这幅作品的主题尽管是裸体的少女，却显得清新脱俗，优雅动人，浸透着一种爱和美的情韵，具有超凡的感染力，这不能不说是艺术史上的一个奇迹。

波提切利的另一幅名作是《维纳斯的诞生》，绘画再现了那神奇的一刻，维纳斯亭亭玉立，如同出水芙蓉一般，脚下就是爱琴海的万顷碧波。海风拂过，

波提切利作品《春》

《春》中的维纳斯形象

波提切利作品《维纳斯的诞生》

《维纳斯的诞生》局部

她美丽的金发飘逸而卷曲，和她修长的颈项、曼妙的身姿融为一体。有趣的是，维纳斯的双臂被夸张得拉长，如果你要从比例真实的角度来看，这手臂显然是不对的。如果有这样的一个女人走到街上，那会把人吓跑的。但维纳斯被“拉长”的手，却并没有影响观众的审美感受。这样的形象既增强了少女的优美，同时又给人一种超凡脱俗的感受。

波提切利用画笔传达出了文字都无法描绘的信息，他把人类最健康、最真切的感受融入其中。画中维纳斯的目光中没有新生的喜悦，却似乎带着羞怯、困惑和迷茫，这反映出波提切利鲜明的、世俗的人文主义倾向，这也标志着文艺复兴时期的艺术创作已经获得了更大的创作自由。

（六）米开朗琪罗

米开朗琪罗是举世闻名的巨匠，因此他的大部分作品我们都比较熟悉。米开朗琪罗从少年时代学习绘画、雕塑，毕生勤奋工作，直到他 89 岁高龄去世前不久，他仍旧创作不止。尽管米开朗琪罗在世时已经享有很高的声誉（在晚年甚至被称为“艺术之神”），但他却耻于自己的艺术家身份，他一生都在为教皇、贵族们服务，为此奔波劳累，辛苦异常，这使得他感到自己如同奴隶一般受人奴役，在他的传记中写道：“像一个石匠一样地工作着，满身

米开朗琪罗作品《最后的审判》

米开朗琪罗作品《被束缚的奴隶》

散发着酸腐的味道”，他的手臂上面干裂的皮肤像鳄鱼的皮。甚至在他所创造的艺术形象中，也反映出这种内心的挣扎和痛苦。你们可以去看《被缚的奴隶》《濒死的奴隶》，那种被压抑、被束缚的形象实际上就是米氏对自己人生的一种隐喻，他们在压迫之下却不忘抗争，这种美学反映出的是人文主义者的理性精神。

（七）达·芬奇

达·芬奇（1452—1519）反对把艺术置于智慧之下，人的作品之于自然作品正如人之于上帝，艺术家是可以和造物主类比的创造者，艺术作品可以和自然类比，艺术集中表现了人的创造力。达·芬奇最有力地提升了绘画艺术的地位。他要把艺术和科学并列起来，他认为眼睛是人类最高级的感觉，因为他认为绘画是最高级的艺术，是一门科学。达·芬奇把绘画的地位提得很高，而我们现在经历的时代也相当于一个文艺复兴，现在是中华民族的伟大复兴。达·芬奇说：“画家能够像镜子一样反映自然，因为他有无所不能的技巧，能够有力地反映自然，绘画保留了可朽物流逝的美丽，使之比自然更长久。”他还说：“绘画不仅诉之于理智，也诉之于幻象，所以不但可以模仿自然，还可以与自然竞赛，创造出理想化的形象。”

这就是达·芬奇，而且他对于绘画、美学的贡献还不仅仅局限于此，他说绘画是一切科学艺术之母，绘画科学统治着人类和神圣的作品，他认为诗歌不如绘画表现得高尚和精美；他认为人体是美的，艺术是以美为目的的，但并不意味着没有丑的东西。库萨的尼古拉把丑从美的领域中驱逐出境。阿尔伯蒂认为丑是某种错误。要把它掩盖起来，新柏拉图主义的费西诺（1433—1499）认为丑与物质的抗衡力相联系。

作为一名画家，达·芬奇利用他的艺术实践，给我们倡导了一种美学理想。达·芬奇有哲人的头脑和诗人的情怀以及科学家的严谨，这一点在他为解剖学所做的贡献当中尤为可见，他一生在昏暗的灯光下解剖过 36 具尸体。

如果我们今天去到佛罗伦萨或者意大利某一个具有 600 年历史的医学院去，在那里有一个文艺复兴时期的解剖台，说不定就是达·芬奇用过的。他第一个提出了“眼睛是心灵的窗户”这样的观点，他的绘画当中我最崇尚的有三张画：第一张《岩间圣母》，这张画就陈列在卢浮宫的走廊上，不注意还看不见，画中一共有四个人，圣母坐在中央，画面是金字塔形的构图，在一个充满着钟乳石的山洞里面，远处透着一点亮光，圣母端坐在那里。她的那只手，透视关系是直视的，这种透视的角度是很难画的，特别是边缘线，要想画好是很难的。我们有一位老同学画得很好，苏州大学院庆五十周年的展览里面有张画，作者是旅美画家赵尔俊，

达·芬奇作品《最后的晚餐》

她的造型能力非常强，她的这张油画实际上是用油画画的素描，黑白的没有颜色。第二张画《最后的晚餐》，在米兰圣马利亚感恩堂的正面，这张画集中描绘了人物的性格，分了三组人物，当耶稣讲“有人出卖我”的时候，犹大的一张脸是阴的，就是阴暗的样子，其他几组的人物是怎么表现的？有人说：“怎么可能！”有人说：“是真的吗？”每个人的人物性格刻画得淋漓尽致。而最终全部集中到耶稣基督一点上，人的视觉全都集中到他那里，并不会由于画面是一个长条、有十二个人，而分散人的注意力，人的视觉焦点就集中在耶稣基督的脑门上。

这张名画，从19世纪80年代开始，意大利通过很多年的修复，现在基本上告一段落。还有一张画就是《蒙娜丽莎》，现在看到的所有出版物上这张画是偏暖色的，其实这张画是偏暖绿的，向草绿那个方向走的。这张画每天在卢浮宫被围得水泄不通，从她诞生以来到现在，围绕着她引申出来的话题非常多，也养活了许多的理论家，有人专门去研究神秘的微笑是笑的什么，还有人通过对她脸部轮廓、组织结构的分析，说她肾脏有毛病。达达艺术家更加极端，在她嘴上撇上两笔胡子，法国人认为这两笔胡子是有特殊含义的，那就是“骚公羊”。说这是少妇怀春的微笑，凡此种种。但是《蒙娜丽莎》这张画确实让全世界的人所着迷，她的娴雅、动情的情感感染着

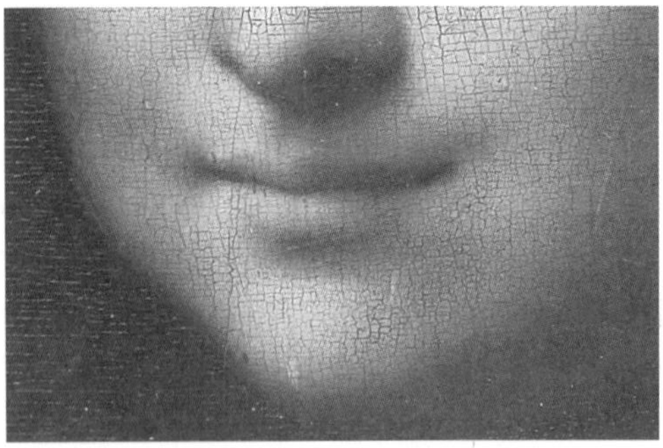

《蒙娜丽莎》神秘的微笑

达·芬奇作品《蒙娜丽莎》

人。最有趣的是，前两年报纸上有一篇文章，说最新研究发现蒙娜丽莎是威尼斯商人佐贡多的妻子。怎么会是最新发现呢？我上大学的时候美术史上就说这是佐贡多的妻子，她当时是刚丧子，然后就叫达·芬奇来画这幅画，达·芬奇前后用四年时间才完成这个任务，作画时还请了一个乐队来给她伴奏，据说有一天她突然听得高兴了就嘴角微微一笑，达·芬奇就把她这一瞬间的微笑记录成永恒，这就是神秘的微笑。尤其是她那双手，被称为人文主义的手，让人感觉到血液仿佛在流动，《蒙娜丽莎》是文艺复兴时期的典范之作，达·芬奇的绘画和美学理想，体现在他注重于性格的描绘。

（八）拉斐尔

拉斐尔早年有一段时间生活不是太稳定，但是后来还是比较舒适的，可以说是衣食无忧。由于他的这种成长环境，影响了他的性格，使得他看待事物的角度和米开朗琪罗不太一样。一个人的童年很关键，他的作品中表现出了一种闲雅的美学理想，描绘的圣母马利亚不是圣母，而像我们身边的村姑。有一张画，就是圣母马利亚坐在田里，圣母就像一个村姑，圣子和圣约翰绕膝相伴。拉斐尔描绘的宗教人物，既具有人文主义理想，又有着娴雅的一面，仿佛就是我们身边活生生的人。拉斐尔也是英年早逝，去世时只有 36 岁。达·芬奇、米开朗琪罗、拉斐尔，并称为文艺复兴三大巨匠。

拉斐尔作品《草地上的圣母》

拉斐尔习作

（九）提香

文艺复兴还有许多大师，用他们的实践塑造了美学理想，比如讲威尼斯画派的提香，在他的作品当中，充满着壮丽的色彩，奔放的热情，强烈的情绪，这种情绪与色彩是人的一种自由意志的释放，情感的一种宣泄。提香作为威尼斯画派的重要代表人物，给人们树立了一种新的美学理想。

（十）乔尔乔内

乔尔乔内的作品具有一种田园牧歌式的美学情韵、抒情诗般的宁静，甚至在他的作品当中死亡都是那么富有诗的含义。

讲到这里，我觉得需要一点小小的总结：

文艺复兴是人类觉醒和人性解放的伟大时代，因此它也成为一个巨匠辈出的时代。在人文主义思潮的影响下，这一时期的艺术家们对中世纪的艺术进行了总结和反思，他们不仅克服了以往艺术中公式化和概念化的弊病，同时也把人们关注的焦点，从天国转移到了尘世。 虽然他们仍在借用宗教、神话和历史题材，但却赋予了艺术以新的内涵和新的形式，他们的作品表达出了对自然和人生的赞美之情，歌颂了人类无穷无尽的创造力量。文艺复兴的美学理想，一直影响到今天。

第七讲 启蒙思想运动与法国的三个主义

在 15、16 世纪，封建社会在西欧已经解体，文艺复兴运动也逐渐走向高潮，资本主义社会在这个时候开始形成。到了 18 世纪，欧洲又进入了启蒙思想时期。可以说没有文艺复兴，欧洲不可能有启蒙思想运动，启蒙思想运动作为欧洲资产阶级反对封建专制制度的思想武器，对西方近代文明发展的推动是巨大的。

尽管文艺复兴已经使人们的思想得到了一定程度的解放，但是欧洲的封建专制和宗教势力依然强大。最先打破这一局面的是英国，它也是最早建立起君主立宪政体的欧洲国家之一，而启蒙思想运动正是发源于英国。随后启蒙思想又被引入法国，并最终在法兰西的土地上成熟壮大起来。之后启蒙思想运动又以法国为中心，向欧洲各国传播延伸，最终为欧洲的资产阶级革命奠定了思想基础。

启蒙运动时期的美学研究成果丰硕，美学研究的基本范畴在这一时期得到了确立， 一些重要的美学概念也得以产生。比如讲“趣味”“优美”“ 和谐”“崇高”等。它们也是英国经验主义美学主要探讨的问题，促成了美学研究重点从审美客体和美的本体向审美主体和审美意识的转变。

接下来我想谈谈西方美学史上的启蒙思想运动，回顾它的发展历程和主要贡献。

一、启蒙思想运动与资本主义启蒙时期的文化背景

（一）启蒙运动

从 18 世纪 20 年代开始，在法国出现了一场波澜壮阔影响深远的思想运动，这场运动被称为启蒙思想运动。引领这场运动的是代表资产阶级的先进思想家们，他们力图砸开宗教愚昧的枷锁，冲破封建专制的束缚，确立资本主义制度。为此他们积极营造舆论，通过出版和宣传来启迪大众；他们高举“自由、平等、博爱”的大旗，这些价值观至今仍为世人所推崇，用唯物主义和自然神论作为武器，向封建专制制度及其精神支柱——天主教会发起了猛烈的进攻。

在这场史无前例的思想文化运动当中，冲锋陷阵的不仅有代表着资产阶级利益的思想家，如伏尔泰、卢梭、孟德斯鸠等，此外还有代表城乡劳动人民利益的

空想社会主义者，他们往往也是乌托邦理想的推崇者和实践者，其中包括圣西门、傅立叶、欧文等。

这场运动来势汹涌，人们不禁要问：它究竟从何而来？我们认为，它可以溯源到文艺复兴，因为正是文艺复兴带来了思想解放，为社会生活各个层面都注入了新的活力，这就为后来的启蒙运动打下了基础，所以没有文艺复兴，就没有启蒙思想运动。

同时我们还应该看到，尽管文艺复兴运动为人们提出了许多美好的希望，也在一定程度上解放了人们的思想，但是欧洲社会内部的矛盾还没有得到根本的解决，而反动势力也并不甘心就此退出历史舞台，他们疯狂地反扑。所以文艺复兴运动到了16世纪末开始走向消沉，思想界为此也付出了沉重的代价。比方说，改革家和科学家布鲁诺就被宗教裁判所判处了火刑，而哥白尼、伽利略等人也先后被禁止发言。

不过，文艺复兴已经把思想的种子播撒在人们的心里，种子在生根发芽，已经不可能被清除了，文艺复兴在科学和艺术领域所积聚起来的成果无法泯灭。虽然到了1822年，罗马教廷才正式承认地球是围绕着太阳转的，但人们早已察觉宗教当权者的愚昧和可笑，启蒙思想运动正是在这样一个历史背景下开始发生的。

我们现在亲身经历了改革开放也有体会，今天当你看到其他一些落后国家，你会觉得他们很愚昧、很落后，可是我们也经历过那样的岁月，要叫我们再回到那样的日子是不可能的。就像我刚进大学的时候，跟现在的状态就完全不一样。当时跟同学相比，我穿的衣服就算比较时尚了。我记得自己当时有两件灯芯绒派克衫，一件是咖啡色的，还有一件草绿色的，这都是我母亲给我做的。后来我们班长就找我谈话，说你为什么要跟大家穿的不一样呢，他觉得我身上有小资产阶级思想。我当时入学之后，在学校定了牛奶，每天到学校的西门口拿一瓶（也就是半磅）喝。班长又找我谈话，说你看人家都不喝牛奶，你为什么要喝牛奶？我们这个班长很真诚也很坦率，当然后来我俩是好朋友。他当年批判我有小资产阶级思想，现在他比我更有小资产阶级思想：开宝马、打高尔夫……从改革开放到现在，我们一直讲“思想解放”，现在你要让大伙儿再回到过去过苦行僧一般的日子，你说可能吗？想再把你的思想禁锢起来，这还可能吗？

言归正传，我们前面已经提到，启蒙运动的发源地是在英国，可以说英国思想界在这一时期的确有先声夺人之势。早在文艺复兴时期，英国就诞生了莫尔和培根这样的伟大思想家。后者发出了“知识就是力量”的呼声，这实际上是号召

洛　克　（1632—1704）

培　根　（1561—1626）

人们向愚昧、迷信作斗争。继培根之后，英国又诞生了许多思想巨人，包括牛顿、洛克等人。他们是英国自然神论和经验主义哲学的奠基人，他们的思想都对启蒙运动产生了重要的影响，因而也被视为启蒙运动的创始人。

正是英国点燃了启蒙思想运动的火花，它不仅影响了后来法国的启蒙思想运动，而且其本身就具有启蒙的性质。启蒙思想运动也影响到了后来的科学发明和创造，例如，牛顿用精确的机械观点来解释整个世界，他的著名的万有引力定律，不仅有助于我们理解地球上的自然现象，同时也能帮助我们理解和把握太阳系及外太空的各种复杂现象。从这个源头出发，我们很容易得出这样一个结论：自然界的每一个事物都受着自然界普遍规律的制约。

值得注意的是，牛顿所发现的这些规律还能够像数学公式一样，被精确地加以阐明。而这种理性的思考方式有力地破除人类的迷信和愚昧。可以说，科学的主要任务就是发现规律，而人的责任就是要认识和利用这些规律，以此来改造自然，启蒙思想就是用这种理性的价值、理性的思想来看待世界。

在牛顿创立的科学体系当中，上帝虽然依然存在，但已经不再是万能的主宰。这向人们表明，中世纪的宇宙观已经过时了，人们现在生活在一个按自身规律运行的世界中。今天当我们再次回顾早期启蒙思想家的言论时，它们对于我们思考当下都是有现实意义的，希望同学们能够去细细地体会。比如讲现在的“国学热”，其实也是泥沙俱下，用迷信解释社会现象，强调个人的超自然力，这都是装神弄鬼。虽然有些问题早已得到解决，可就是有人在那里故弄玄虚。我认为科学时代的人

牛　顿　（1643—1727）

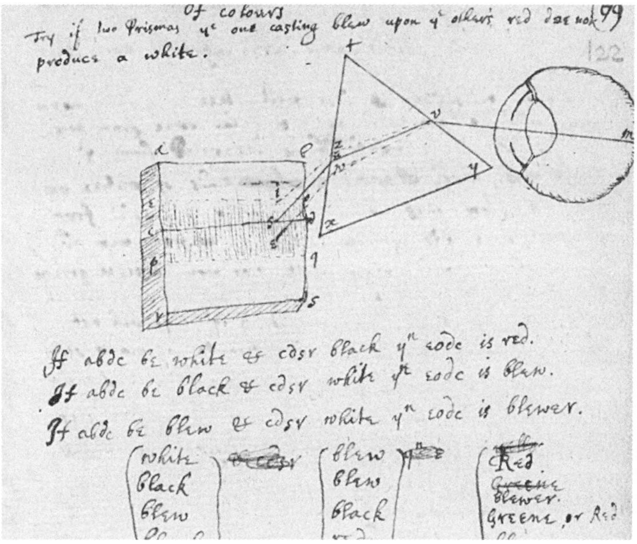

牛顿手稿

们还是要坚持理性、相信科学。

我以前说过一句话：“艺术是我。”我认为做艺术一定要强调自我，要搞清楚“我”是怎么看待世界的。因为“我”的视角是独一无二的，艺术不可以重复，艺术一般情况下也不强调“集体创作”，所谓的“集体创作”往往很糟糕，艺术一定要有独特性和独创性；而科学却不能突出和强调所谓的“我”，而要强调“我们”，因为科学以发现真理和规律为目的。如果科学神秘地强调了“我”，那一定是伪科学。就像有的气功大师说他能调动宇宙的力量来影响导弹的射程，这一定是伪科学。大师还要问大家有没有看到他手上有一道光，这道光是神光，可以改变一切，在他的诱导下居然有人说看到了，然后他说没有看见的人心不诚。当然，科学发明也强调个人的创造性构想，但这一构想是建立在科学理性推导基础之上的，而不是不着边际的玄虚。

在 17、18 世纪，启蒙思想运动是如此之重要，把人们蒙昧的思想状态引向一种理性的状态，它的重要性非常突出，牛顿在科学当中悬置上帝和神学的位置，在精神领域我可以信上帝，但是在自然科学领域、现实生活当中，要相信科学和相信理性。与在科学当中悬置上帝和神学的位置相对应，洛克在哲学上确立了理解力的地位，所以牛顿作为科学家，洛克作为哲学家，这两人在启蒙运动当中起到的重要作用是毋庸置疑的。启蒙运动源于英国，盛行于法国，并在法国茁壮成长，为 1789 年的法国大革命做了思想上的准备。

（二）法国的启蒙运动

马克思和恩格斯在研究了法国启蒙思想运动之后，曾经说道：“启蒙思想正是从法国带着法兰西式的天才影响传播到欧洲各国，成为席卷欧美大陆各国的广泛的国际性思潮。”

路易十四
（1638—1715）

那么启蒙运动为什么会在法国发展壮大呢？这里当然有它的历史背景，在 17 世纪的法国，封建君主专制制度比起以往更为强大。我们应当承认，这种中央集权的君主体制在路易十四时代对于巩固国家政权，凝聚国民意志，无疑是有正面意义的。但随着历史的发展，这种体制的弊端也变得愈加明显，皇权和教权已经妨害了处于上升期的资产阶级的良性健康的发展。

在宫廷的保护和提倡下，既能迎合宫廷趣味，又能在一定程度上反映新兴资产阶级的意识形态。法国启蒙思想运动的发生、发展又有其特殊的背景。所以法国启蒙思想的内涵极其广博，涉及宗教、哲学、伦理学、经济学、政治学、文学、法学、史学、美学等文化领域，因此，启蒙运动是西方资产阶级的第二次文化运动。

此外在这一时期，资产阶级的经济力量已经开始壮大，这是启蒙运动的社会根源。相应地他们就要求取得更多的政治利益。这很明了，因为经济基础决定上层建筑，我们在学政治经济学的时候，这句话经常挂在嘴上，这是启蒙运动的社会根源之一。其实现在社会也是一样的，私有经济发展得这么快，这个经济基础就会影响上层建筑，他们要有话语权。这样一来，有一些人就可能成为人大代表、政协委员，他们要在更大的舞台上施展他们的才华，当然这也会影响政府决策，这就是我们说的“经济基础决定上层建筑”。

路易十四为其皇储举行的生日庆典

由路易十四一手打造的凡尔赛宫

英国的政治文化曾给法国的启蒙运动以强大的推动力，英国在 1688 年经过了“光荣革命”，使英国从一个封建专制国家变为君主立宪的国家。这一时期有两百多位社会科学家和社会活动家到英国去访问，他们赞赏英国的社会制度，特别崇拜英国政治思想家与哲学家洛克的思想理论。

日本明治维新也是这样，君主立宪的国家体制一直维持到现在，日本有天皇，但是做主的实际上不是天皇，天皇只是个象征性的国家元首。晚清的时候中国出现了一批杰出的思想家，比如康有为、梁启超，他们受到英国光荣革命和日本明治维新的启发，他们也想要通过变法来改变中国。虽然光绪皇帝支持变法，但随着变法活动的深入，它已经危及朝廷中保守势力的利益，因此遭到了“后党”的疯狂反扑。最后这批人或被杀害，或被流放，维新变法运动就这样胎死腹中。20 世纪 90 年代初，中国有一位思想家在国外写过一本书叫《告别革命》，这本书我没有看过全文，但是我看了两万多字的概要，我不太同意这个学者的观点，他就是从君主立宪的国家得到启发，说如果中国近代没有革命有多好。其实这是一种小资产阶级文人的罗曼蒂克。中国的近代是一个什么社会？靠所谓的“开明君主”，搞君主立宪，我们也就只能平平淡淡的、在改良的体制下按部就班地来做，然后告别革命、拒绝革命，这是一种罗曼蒂克的想法。当时社会矛盾已经很尖锐，列强要瓜分中国，我是教艺术的，但是艺术和政治是关联在一起的。

在清代乾隆时期，曾有一位韩国学者来到中国，回去之后写了篇游记，这篇游记就像我们今天去韩国、日本回来写的游记差不多，我们就会感叹日本人、韩国人如此彬彬有礼，如此之友善，甚至厕所里面都充满着香气，它不叫厕所，叫化妆间，写这些文章的人都是充满了赞美和赞赏。这位韩国学者的中国游记中就充满着对中国的赞美，尽管赞美文字不一样，但是意思差不多，说中国是如此之稳定与繁荣，中国人是如此有礼貌，最好玩的那句话：连北方农家小院的粪堆都堆放得那么整齐。所以我们反过来讲，中国不是天生肮脏的，一个人穷了以后志就短，当然我们要讲人穷志不短，这样的人有没有？肯定有的。所以国家要兴旺发达才行。

回过去再讲启蒙运动，英国哲学家洛克的思想对整个欧洲的影响很深，洛克全名约翰·洛克，他出生于 1632 年，于 1704 年去世，是英国光荣革命后期著名的哲学家、政治家，他著有《论宗教宽容》《政府论》《人类理智论》等。他的政治哲学著作对革命时期的各种观点进行了清理和总结。在哲学的观点上，洛克继承并且发展了培根和霍布斯的唯物经验论，反对唯心主义的天赋观念，认为人类的知识来自后天的经验，不是先天的。但他又把人的思维活动和心理活动同感

路易十五　（1710—1774）

1778年的女士时装

攻占巴士底狱

觉并立起来，有的学者认为，他把思维活动和心理活动同感觉并立起来，就陷入了两重经验论的围城，就使得在唯物论当中夹杂着唯心论的成分；对待宗教问题，洛克系统地阐述了政教分离和信仰自由的原则，解释了国家权力的起源、性质和作用，并且第一次在理论上说明资产阶级天赋人权的基本原则，这些理论深深影响了美国的独立战争和法国的大革命。因而洛克在西方思想文化史上占有重要的地位，他不愧为启蒙运动的先驱者之一。

反过来再看 17、18 世纪的法国，当时法国的政体依然是封建君主制，它的法律公开承认人们之间的不平等。一边是英国要讲平等、信仰自由，一边是公开的讲不平等，而且还把社会成员分为三个等级，第一个等级是僧侣，第二个等级是贵族，第三个等级是资产阶级及平民。国王作为特权阶级的总代表，几乎享有不受限制的权力，路易十四就曾说过：“朕即国家。”

此外，“君权神授”的思想依然在法国大行其道，也就是说国王是在代替上帝行使权力，国王的权威来自上帝。我为什么会做皇帝呢？是上帝要我做的。这样一来，国王的权力就不受任何的限制，作为臣民的个人必须绝对服从于国王。

因此当时的法国就扩军、腐朽、专制、加重税负、对外侵略，一个国家一旦到了顶峰的时候，它必然要往下坡路走。国内贵族过着奢华糜烂的腐朽生活，宫廷当中贪污腐化成风、支出无度，中央和地方行政机构极度混乱，监狱制度非常黑暗，皇室与贵族、教会和僧侣串通一气，相互勾结成为反动思想的堡垒，这就是当时的法国，垄断知识，并以神权、宿命论和种种迷信思想来奴役人们。

当一个社会压抑太久，它就会寻求突破。法国究竟应该怎么办？是改良还是革命？人们在思考这个问题，这时英国的经验和历史再次发挥了作用。早在 1688 年，英国就爆发了光荣革命，资产阶级在英国掌握了政权。这就为法国资产阶级革命提供了一种历史经验，对于法国人来说也是一种鼓励，那么建立新的社会制度对法国来说就成为一种历史的必然，因此 1789 年法国大革命就爆发了。大革命是鼓励社会变革的，资产阶级高扬理性精神，肯定个人的权利和利益，传播进步的观念，创造新的思想文化体系。资产阶级撕碎了宗教的外衣，将理性主义作为武器，使这次革命成为资产阶级革命史上规模最大、斗争最彻底、影响最深远的一次革命。它的影响极为深远，彻底改变了世界的面貌，可以说是启蒙思想为欧洲点亮了智慧的明灯。

但是，也必须看到暴力革命又不可避免夹杂着非理性，譬如在法国大革命中狂热的群众抓住了皇后的闺蜜——43 岁的德兰巴拉公主，竟然在大庭广众之下将她开膛剖肚，她被挖出心脏和肠子惨死，因此又有革命是暴力的所谓“无套裤汉”革命之说。

二、从让·梅耶到让·雅克·卢梭

法国启蒙思想运动时期涌现了很多启蒙思想家，大背景就是自然科学与理性主义思潮的发展。在自然科学领域里面，像望远镜、显微镜、温度计、钟摆等观察实验的仪器相继被发明和应用，成为科学研究最有成效的手段和巨大的推动力。前面提到的牛顿的万有引力说，提出了宇宙的定律的相互作用。这个时候天文学、电学、化学、生物学、医学等学科领域的创造发明不断地涌现，改变了自然，影响了人的生活。

科学技术的发明创造会影响人的日常生活，院校的大学生都是谈恋爱的年龄，写情书很难了啊，还有多少人写情书？很少了，大家都是通过手机短信、QQ 聊天工具等等沟通，这就是科学技术发明改变了人的生活方式。随着科学的发展、知识的积累、规律的发现、方法的完善，人们的心理素质发生了深刻变化，有这么多科学技术的发明，人们开始怀疑、反思前面的政教合一时代统治人们思想的那些东西。人们开始以一种怀疑、反思、批判意识和以具体的经验事实与严谨的逻辑推理来代替中世纪那种似是而非的经院式的思辨，倡导要有科学量定。中国有很多东西是没办法科学量定的，像中医药，到现在为止，在世界范围内，要得到官方认可还需要做很多的工作。因为医学的东西是定量定性的，草药在许多时候也没有做过理性分析，这个草药怎么来的？中国人认为生病是由于脉络不通，首先要把脉络搞通了。中医现在不仅仅有中医养生，还有中医美容，现在有一些会所培养了几个懂一点中医的人，见到中年妇女就开始忽悠，当然我没有贬低它的意思，中医理疗有一定的作用。

随着人类历史的不断前进，科学和理性在人们的社会生活中显得越发重要。用理性来对抗宗教的狂热，这几乎成为启蒙思想运动时期有识之士的共识，并且贯穿在整个运动当中。我们一般把启蒙运动分为三个阶段，接下来我们就说说各个阶段的思想成果和它的代表人物：

（一）准备阶段

这一时期有三位重要的思想家：皮埃尔·贝尔、贝尔纳·苏丹奈尔、让·梅耶，他们是法国启蒙思想和唯物主义的先驱，是早期空想主义的著名代表。

1. 皮埃尔·贝尔

皮埃尔·贝尔（1647—1706）是法国政论家、哲学家，他把怀疑论作为武器，尖锐地批判宗教神学和 17 世纪的形而上学，为法国传播唯物主义和健全理智的哲学打下了基础。著有《历史和批判词典》等。

2. 贝尔纳·苏丹奈尔

贝尔纳·苏丹奈尔（1657—1757）是科学的热心的宣传者，是反对宗教迷信的坚强战士。他的通俗著作《世界多数问答》写得非常深刻、犀利，文采斐然，在许多方面是百科全书派启蒙思想的先声。特别是他关于反对自然科学中唯心主义的论述，为启蒙时代的机械唯物主义在科学文化界的胜利奠定了文化基础。

3. 让·梅耶

让·梅耶（1664—1729）是哲学家、空想社会主义者，是代表被压迫阶级利益和要求的启蒙思想家。他的全部政治思想包括在生前没有能够发表的遗书，无情而又充分地揭露和批判旧的政治制度，对理想社会进行了描绘。他认为世界上现有的宗教都是纯粹人为捏造出来的东西，他指出宗教是妄想、谬误、欺骗、虚构和瞒哄的代名词。

当然如果我们用今天的视角，更加公允地看待宗教问题，我们显然无法完全同意梅耶的观点。然而在当时，面对法国黑暗而残酷的宗教势力，梅耶的批判却是必要而及时的。他的学说在当时引起轩然大波，推动了民智的觉醒，对于启蒙运动的发展贡献巨大。

（二）掀起阶段

这一时期也有三位可以载入史册的大师，他们是伏尔泰 、孟德斯鸠、让·雅克·卢梭，他们的思想反映了历史发展的客观要求，他们高举理性的大旗，对封建制度和宗教神学进行了无情的批判。这些思想大师强调理性和人的创造力的重要性；主张用自然权力、自然法、社会契约等新观念来对抗君权神授的封建意识；他们坚信理性之光一定能够消灭黑暗的旧势力，运用理性帮助人们建立一个美好的新世界。

他们积极鼓吹“天赋人权”“自由平等”等进步的思想理念，用新理论证明反抗腐朽的封建专制势力是人民不可或缺的权利，是完全合法的行为，他们的新理论为法国大革命做了思想上的准备。

1. 伏尔泰

“伏尔泰”其实是个笔名，他的全名叫作弗朗索瓦·马利·阿罗埃（1694—

伏尔泰
（1694—1778）

1778），他是当时公认的最有声望的思想家、作家、哲学家和历史学家，被人们誉为“欧洲思想界的泰斗”，甚至被尊称为“科学艺术共和国的无冕皇帝”。伏尔泰出生在巴黎的一个殷实的资产阶级家庭，因为向当权者和思想界挑战，他曾两次被捕入狱，一度还被驱逐出国。在侨居英国的三年时间里，他研究了英国的制度与文化，并将其和法国作了比较，他得出结论，认为英国的君主立宪政体优于法国。他的主要著作包括《英国通讯》《牛顿哲学原理》《形而上学》《路易十四时代》《论宽容异教》《哲学辞典》等，通过这些作品，他深刻地揭露了法国封建君主专制的黑暗和残酷，也辛辣地讽刺了宗教势力的愚蠢和顽固。这等于向旧制度投下了一批炸弹，对启蒙思想运动起到了推波助澜的作用。

然而他又寄希望于法国能够出现一个开明的君主，从某种意义上讲，这就反映出伏尔泰身上资产阶级的软弱性和保守性，或者说是两面性。这又使我想起《青春之歌》里面的小知识分子，他们对于革命有着狂热的一面，但是当他们面对敌人的屠刀时，马上又缩了回去。

2. 孟德斯鸠

孟德斯鸠
（1689—1755）

孟德斯鸠（1689—1755）是西方近代史上伟大的思想家，他曾经游历过西欧，广泛考察各国的社会与政治制度，吸纳总结其中的优秀成果。

孟德斯鸠以英国哲学家洛克提出的“三权分立”学说为基础，将其诠释为行政、司法、立法三权分立的形式，这就使得三者达到了一种平衡。通过它们相互间的监督和制约，从而限制了特权，保障了公民的权利和自由，这一学说被广泛认为是民主制度的有力保证。

尽管孟德斯鸠的学说是针对18世纪的法国提出的，但为后来的西方国家民主政治打下坚实基础，孟德斯鸠对于民主制度的贡献无疑是巨大的。

卢　梭

卢梭的故乡：日内瓦

3. 让·雅克·卢梭

卢梭（1712—1778）代表的是中小资产阶级利益，也是一个革命的民主主义者。著有《论科学与艺术》《论人类不平等的起源与基础》《社会契约论》等。卢梭是封建制度的叛逆者，对法国的君主专制、封建贵族、封建教会进行无情的揭露和抨击，而且在斗争当中毫不妥协。毛泽东比较推崇他，曾一针见血地指出："人类社会不平等的原因是私有制的出现，只有用暴力革命才能恢复人们的自由平等。"卢梭反对孟德斯鸠的"三权分立"学说和"行政首长神圣不可侵犯"的主张，主张国家的主权来自人民，人民对行政首领有任命、罢免、监督的权利。从理论上讲，我们的人民代表大会制度就是法国大革命中著名的《人权宣言》和1793年宪法体现的卢梭的政治思想，甚至美国的独立战争和独立宣言也深受他的思想的影响。

（三）高潮阶段

真正把启蒙运动推向高潮的是百科全书派和重农学派。我们先来说说百科全书派，它的代表人物是狄德罗，他和达兰贝尔、爱尔维修、霍尔巴赫等学者通力合作，编著了三十多卷的《科学、艺术和工艺的详解词典》，这就是《百科全书》。狄德罗（1713—1784）等人也因此成为当时法国思想界的精神领袖。他们从理论上丰富了伏尔泰、孟德斯鸠的学说，向封建社会的经济基础和上层建筑发动了全面的进攻，他们把对宗教、神学的批判提高到了唯物主义和无神论的高度，把对封建专制的批判提高到了民族主义的高度，这些都大大地推动了启蒙思想运动的发展。

魁　奈　（1694—1774）

百科全书书影之一

我们再来了解一下重农学派的弗朗斯瓦·魁奈（1694—1774），他是重农学派的创始人和重要代表，他出身于地主家庭，曾著有《农民论》等著作，他强调重视农业资本家和农民的利益，他发展了法国资产阶级革命当中的经济政策理论。

空想社会主义者接受了启蒙思想和平等自由的价值观、自然法的思想，他们反对私有制和私有财产。代表人物包括我们前面说过的梅耶，此外还有马布利（1709—1785）和孔多塞（1743—1794），他们带有普遍的禁欲主义和粗陋的平均主义色彩，他们幻想凭借启发人们的理性来实现共产主义。

三、以法国为轴心的美术运动

在法国启蒙思想运动和大革命的背景下，法国的美术运动以及倡导的美学理想，我们在分析讲解的时候，其实带有某种矛盾的心理，为什么这样讲呢？因为你无法用一个标杆来衡量。比如说古典主义，又分为积极的、革命的古典主义和消极的古典主义。消极的古典主义就是满足宫廷趣味的古典主义；浪漫主义也有积极和消极之分，现实主义就干脆和官方沙龙文化没有关系，所以也是处在一种矛盾的状态。

17、18世纪的欧洲，在经济、政治、文化等层面占据主导位置的国家是英国、法国、荷兰等国，而意大利已经失去了以往的影响力（文艺复兴时期），同时它在政治层面依然是分裂的。

这里有几个美术上的问题需要提到。一个是巴洛克艺术。“巴洛克”的意思就是畸形的珍珠，人们用它来称呼当时的艺术尤其是装饰艺术，这一时期流行的是华丽而又夸张的艺术样式，而且是为了区别文艺复兴当中正统的艺术。

17世纪欧洲巴洛克艺术的中心是西班牙、弗兰德斯、荷兰，建筑是其中最具代表性的艺术形式，尽管它们的功能和形式多样，但仍有许多共同点。例如，它们大都强调空间透视处理与装饰系统的结合，绘画和雕塑的结合，人性与神性的结合，这样的一种风格趣味，在一定程度上回避了社会矛盾，更多地反映出上流社会对华丽装饰的热衷。

巴洛克艺术的代表人物是鲁本斯（1577—1640）和贝尼尼（1598—1680），他们一个是画家，一个是雕塑家。前者出身富裕阶层，自幼受到良好的教育，他不仅画艺精湛，极富创造力，而且对于复杂的社会事务也能够应付自如，因此他曾经受西班牙哈布斯堡王朝的委托，出访欧洲各国。他显然很喜欢这种生活，并且说过这样一句俏皮话："画画是我的职业，而当大使则是我的爱好。"英国白金汉公爵与法国王后和奥地利公主之间的恋爱关系、纠纷闹得不可开交的时候，鲁本斯到了英国，见了白金汉公爵，并得到了他们赏识。鲁本斯在英国期间，画了很多的画，所画的女人体都比较雍然和肥硕，色彩比较艳丽，是典型的巴洛克画风。他喜欢用动感交错的S形、波浪形、放射形来创作，他有一幅著名的油画《强劫留西帕斯的女儿们》，我觉得这幅画

鲁本斯　（1577—1640）

鲁本斯和新婚妻子伊莎贝拉

鲁本斯作品《强劫留西帕斯的女儿们》

贝尼尼作品《阿波罗与达芙妮》

《阿波罗与达芙妮》局部

蛮有意思的，画面中马头交错，兄弟两人在抢夺两个丰满漂亮的女子，她们呈s形的胶着状，并且两个美女的嘴上在喊着“不要！”但是她们的眼神很轻佻，实际上很愿意。

贝尼尼是雕塑家，他有两个雕塑让我感动，一个是《阿波罗与达芙妮》，贝尼尼的这个雕塑，把一个动态的过程和表情凝固在一个静止物体当中。这件雕塑讲的是一个神话故事：达芙妮是处女，她不能够碰男人，而阿波罗无可救药地爱上了她，在追逐的过程中，阿波罗触碰到了达芙妮，就在这一瞬间，达芙妮的下半身已经变成了月桂树，这种剧烈的动态和戏剧化的情节，迎合了巴洛克时期对于华丽和繁复风格的热衷。

贝尼尼作品《圣德列萨祭坛》

贝尼尼另外一件雕塑叫《圣德列萨祭坛》，是圣德列萨教堂祭坛上的雕像。圣德列萨是一个圣女，她对上帝的崇拜是如痴如幻的。为什么说这尊雕像是巴洛克式的呢？因为它把对上帝的崇拜用一种世俗的形式表达了出来，圣女的眼睛半睁着，嘴巴微张着，这种状态是人类男女交合时幸福的情态，是一种欢爱的情态，是一种情爱幻觉的迷离。

继巴洛克风格之后的是洛可可风格，这一风格出现在路易十五统治时期。此时的法国封建制度已经日趋没落，然而皇帝和贵族们依然穷奢极侈、追求享乐。他们挥金如土，四处修建宫殿、别墅，这些建筑连同内部的家具、陈设和装饰物都极其华丽，人们致力于营造一种纤细、轻快的氛围。以绸缎为例，这类产品色泽绚丽，图案当中充满了曲线和各种各样的自然形象。它们往往被用来装饰墙壁，在卢浮宫里面甚至直接用来自中国的丝绸做软包装。洛可可风格在西方史家那里也被称为“东方风格”“中国风格”或者叫做“中国清代风格”，它从中国的绸缎、瓷器上面得到启发。

洛可可风格是一种外表华丽的风格，主要适用于建筑装饰、室内陈设、工艺美术，它的特征是多由S和C形来组成画面，就像我们今天室内装修，在洛可可风格当中绝对不允许出现折线，都是运用弧线把所有的空间“圆润”过去的。洛可可的家具、雕刻很多，卷草纹很多；金碧辉煌的色彩，当时在法国王朝很兴盛，贵族穷奢极侈，过着糜烂的生活，宫廷里也很混乱，建造了烦琐的铺满地面的装饰面。

在洛可可时期，法国诞生了一批重要的画家，比如华托、布歇、弗拉戈纳尔等。华托善于表现爱情题材，他的作品笔触迅捷，色调轻柔，人物形象风流妩媚。他有一件名作叫《发舟西苔岛》，在这幅作品中，华托把传说中的爱情之岛描绘得宛若梦境，画中的贵族男女们你侬我侬、打情骂俏；再比如说布歇，他也是非常有成就的宫廷画家，而且他是蓬巴杜伯爵夫人最推崇的一位画家，他给我们留下了许多作品，他的代表作《蓬巴杜伯爵夫人》非常写实，甚至洛可可风格长裙上的蕾丝花边、绚丽的图案和色彩，都用油画的技法表现得淋漓尽致，这幅画几乎在任何一本美术史的书上都有。你要想了解洛可可时代的西方服装是什么样，你就可以通过这幅画了解。蓬巴度伯爵夫人华丽的外表下面，是苍白的面庞，实际上这是表达了她的空虚以及宫廷贵妇那种弱不禁风的神态。

当你面对一位宫廷贵妇和面对一位村姑，你的审美感受肯定是不一样的。我有一次参加苏州电视台一个对话节目，约我去之前说是要探讨审美的问题，哪知道坐下来之后才发现不是。去了四个人：一个搞戏曲的，一个劳动模范，一个我，还有一个妇联的干部，我们四个再加上一个主持人，大家就开始讨论一个话题：什么样的女人是美的。平心而论，如果早知道是这个话题，我就不去了。可你一坐下来又走不了，就像凤凰卫视有一次叫我做访谈，明明事先说好是讲“明代才

华托作品《发舟西苔岛》

《发舟西苔岛》局部之一

《发舟西苔岛》局部之二

子”，可是去了之后题目就改了，讲“秦淮八艳”，谈情色文化。我当时就没怎么讲话，那个访谈是我做的所有访谈节目里面讲话最少的，我觉得我不好讲很多的，一讲低级趣味话题，学术形象就没有了。讲什么样的女人是美的？不同的人有不同的观点、立场，有不同的审美趣味。我就说安娜·卡列尼娜的美和一个村姑的美就不是同一种美，要不然沃伦斯基也不会看重她。安娜·卡列尼娜很忧郁，脸色苍白，这种贵妇人在抑郁当中也会透露出某种美的感觉，这种感觉是她那个阶级所欣赏的；而一个村姑的美就不一样了，那就是红红的面庞、粗粗的胳膊了。我讲完之后他们可能就认为我在贬低劳动人民，其实不是的，我并不是说村姑不美，说不好听的，你在乡村里面找媳妇，像林黛玉那样的人人家是不要的。后来轮到那个纺织女工模范讲话了，她说：“刚才那位先生说了一个外国女人的美，我认为劳动人民就是美。”这是十多年前播过的，站在不同的角度反映人的审美的欣赏。

洛可可时期的法国还有一位著名画家，名叫弗拉戈纳尔，这是一位纨绔子弟，他开始向布歇学习，想要混到宫廷里面，认为这是他的正道。后来他又成为夏尔丹的学生，他在洛可可画家当中也算成就斐然。他擅长描绘风流韵事，专门去画“钥匙孔”里的事情，比如卧室内男女的偷情，再比如讲贵族青年爬到阳台与心神不定的少妇幽会等。

在启蒙运动的有力推动之下，法国社会进入了变革时期，这又进一步影响到法国的美术。继洛可可风格之后，法国艺坛又相继诞生了“三个主义”，也就是古典主义、浪漫主义和现实主义，这是我要讲的重点。它们贯穿于18世纪中后期至19世纪中期这段时间，并对此后世界美术的发展进程产生了重大影响。接下来，我们要说一说这“三个主义”。

弗拉戈纳尔作品《门闩》

《门闩》局部

（一）古典主义

1. 古典主义的含义

任何流派与风格的产生，都有一定的社会历史条件，古典主义也不例外。它是封建社会向资本主义社会过渡时期产生的一种文艺思潮，也是现实主义早期最基本的思潮。它起源于17世纪的法国——当时的法国是全欧洲的中心，古典主义在18世纪后期达到鼎盛。古典主义在绘画方面的代表人物是达维特和安格尔。

"古典主义"一词来源于拉丁语，原意是"典范"。总的来讲，古典主义一方面在向古希腊、古罗马汲取营养；而另一方面，它又继承了自文艺复兴以来的艺术传统。一般来说，古典主义美术热衷于表现重大历史事件，它倡导并致力于描绘重大的历史事件，倡导英雄主义，宣扬个人利益服从社会利益的公民理想等，这是古典主义的精神实质。

2. 古典主义的美学特征

（1）模拟古典，模拟古希腊和古罗马

从题材和形式的角度看，古典主义并不注重对自然的关照，而是强调对古希腊、古罗马作品的模拟和效法。比如说古典主义大师达维特（1748—1825），他曾创作《萨宾妇女被劫》，关于这幅作品的构思，他说道："我试做此画的企图，就是当古希腊人、罗马人来看我的画的时候，也会觉得和他们的风习完全相符。"

（2）遵循理性

所谓遵循理性，就是认为只有通过理性，才能认识和表现真实的世界。这也是对创作中客观表现的一种强调。古典主义的绘画大多造型严谨、冷峻，不大渲染作者个人的情感。不论这个故事的戏剧性如何强烈，也不管画家的情绪如何高涨，古典主义绘画中的形象总是力求做到冷静、客观。你们可以去看看达维特的《苏格拉底之死》和《贺拉斯兄弟的宣誓》。

（3）重视形式

古典主义注重艺术的题材和形式，它往往根据题材把艺术作品分为高级的和低级的艺术，所谓高级的艺术就是历史绘画，或者以宗教和神话为题材的作品；而所谓低级的艺术则是肖像画、风景画和静物画。而从形式的层面看，古典主义绘画往往注重作品的构成形式，强调画家捕捉形象的能力及素描能力。这样一来，线条的重要性在画面当中就凸显出来，而色彩的地位则相应地降低了。著名的古典主义大师安格尔（1780—1867）讲："不要颜色，只要毫厘不差的阴影：把颜色看成是画蛇添足的东西。"安格尔的油画名作包括《土耳其浴女》《泉》，而他的素描作品同样让人印象深刻，《帕格尼尼》是其代表作。在画中，气质英挺的音乐家手持小提琴正凝视着前方。这幅作品凝练而纯粹，几乎没有一根废的线条。

（4）推崇类型

古典主义注重一般的和类型的表现，排斥特殊的和个性的东西，排斥民族和地区的影响，强调所谓永恒的东西。

安格尔作品《帕格尼尼》

安格尔作品《土耳其浴女》

（5）注重题材

由于重视古希腊和古罗马的英雄主义，重视公民战胜个人利益的市民刚毅，因而古典主义绘画热衷于表现历史题材或重大社会题材。

比如讲画家达维特，他有一件名作叫《贺拉斯兄弟的宣誓》，这幅作品取材于古罗马的历史故事，歌颂的是贺拉斯家族摒弃个人利益、甘愿为国献身的英雄主义。

画面左侧是慷慨激昂的贺拉斯三兄弟，他们举起右臂在老父亲面前宣誓保卫罗马；而他们的父亲则手持战刀，鼓励他的儿子们投入战斗；在画面的右侧则是哭泣的女人们，这幅绘画气息悲壮、雄健，展现出了一种大无畏的革命精神。对当时的法国人民而言，这件作品的感召力是巨大的。总的来讲，古典主义绘画是在利用古代神话、历史题材来表现当时的艺术观念，也可以讲是“旧瓶装新酒”。

接下来我们再来谈谈作者达维特。达维特早年一度追随过布歇，但最终厌倦了洛可可风格的奢靡，因此后来转向古典主义。他在27岁时曾赴罗马留学，他痴迷于古罗马的历史遗存。在吸收古代艺术养料的同时，他的政治理想也深受古罗马共和政体的影响，常常在画中借古喻今。达维特赞成并积极投身于法国大革命，他是大革命的领导人之一，他用绘画宣誓了自己的艺术主张：“艺术必须宣传政治。”

纵观达维特一生的创作，其中最优秀的作品总是饱含着慷慨激昂的情绪，以他的另一件代表作《苏格拉底之死》为例，这件作品描绘了古希腊的历史故事：

达维特作品《苏格拉底之死》

苏格拉底被雅典执政者以不敬神和破坏青年思想的罪名判处死刑。其实他也烦恼过，因为这是全体公民投票要他死。原本他是可以通过悔过来申请减刑的，但他依然抱定理想，最后在众弟子面前服毒自尽。达维特就是描绘了这么一个故事，联系当时的时代背景，你们就会发现，作者是在宣扬一种大无畏的革命精神。

再比如说《马拉之死》，这是轰动一时的悲剧事件：1793 年 9 月 13 日，因身患皮肤病在浴室办公的革命家马拉遭人刺杀。达维特在获知这一事件之后，立即动手创作了这件作品。他怀着要为马拉复仇的悲愤之情，要让人民看看革命的敌人是多么凶残，画中的马拉面容苍白，倒伏在浴缸中，胸口有刀伤，他右臂垂地，手中仍擎着一支鹅毛笔，马拉将毕生精力献给法国，直到生命的最后一刻。

面对时代和人生的起起伏伏，一个人的思想也在不断地变化。早年的达维特极力地鼓吹大革命，甚至参与了领导工作，但是当他面对黑暗势力的反扑，看到革命走向低潮时，他的意志就变得消沉了。他走向了妥协，想要调和矛盾。

《萨宾妇女被劫》这件晚年的作品就反映出达维特心态的变化，这件作品创作于 1794 年革命失败以后。此时罗伯斯庇尔（1758—1794）已经被送上断头台，达维特入狱，这种血腥让他感觉恐惧，再加上他的妻子又是保皇党，所以他的思想就动摇了，于是他就画了这张画。这张画的意思就是罗马武士把萨宾城里的女人都劫走了，当然萨宾城里的男人想要复仇，几年以后兵强马壮，就打到罗马人

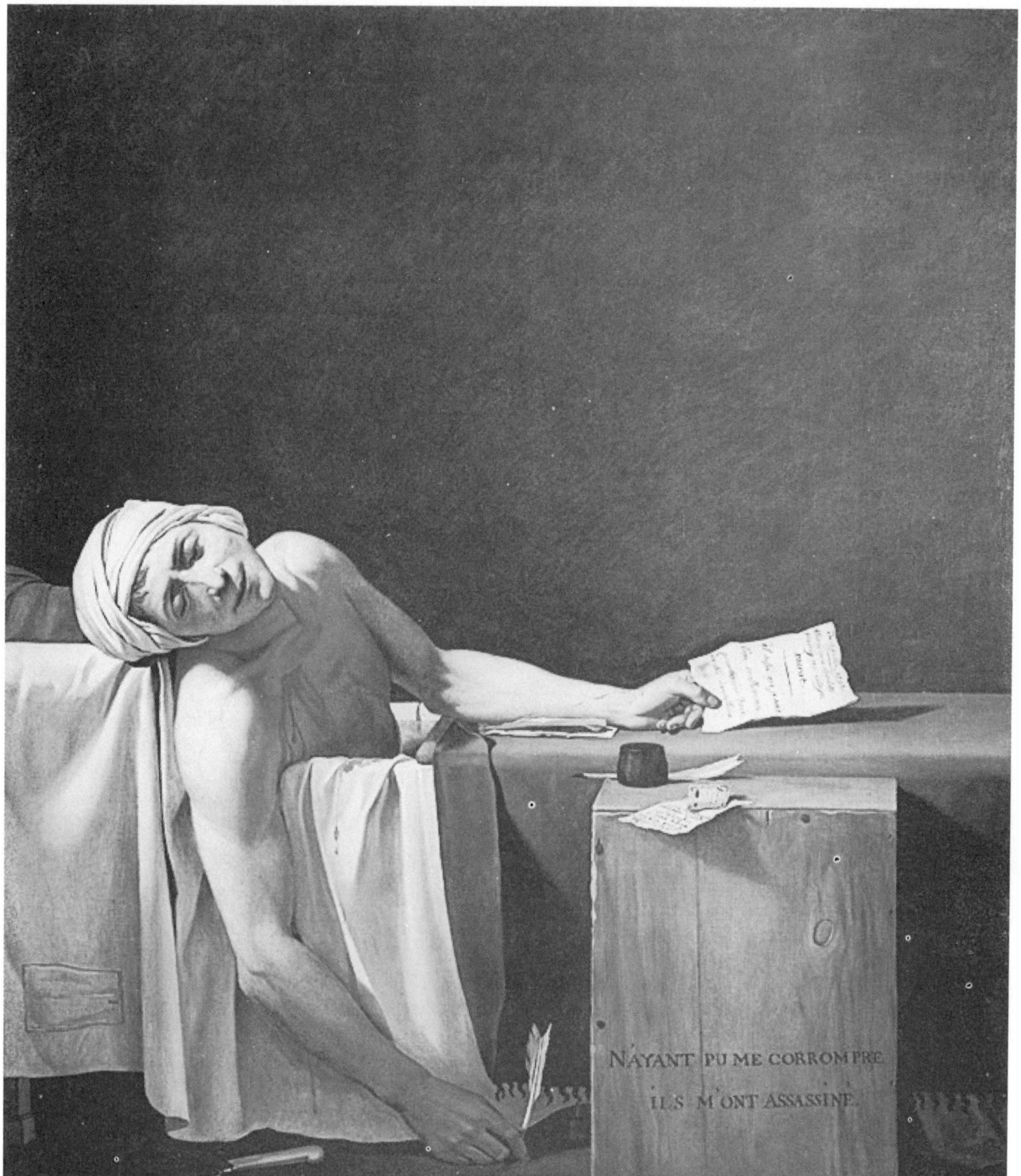

达维特作品《马拉之死》

的城下，想要抢回被劫的女人们，在这个过程当中，一边是罗马人，一边是萨宾人，抢的都是同一拨女人，但是这些女人已经成为罗马人的妻子，在这个过程当中萨宾妇女就希望争斗的双方都不要打仗，因为一边是自己的丈夫，一边是自己的兄弟，而且还有小孩抛在地上，这张画强烈地表达了达维特晚年的阶级调和思想，也就是说革命到最后，不要再革命了，这种思想反映出小资产阶级革命的不彻底性。

（二）浪漫主义

1. 浪漫主义

我们应该看到，法国大革命的确有力地推动了欧洲社会的进步，比如自由、平等、博爱的价值观念就是当时提出来的，今天它们已经深入人心。不过在当时的法国社会，这些观念却并没有真正得到实现，特别是在贵族复辟和大资产阶级统治时期，金钱和权势压倒了一切，黄金成为有形的上帝，而人与人的关系则变得冷漠无情。

就在这样一个背景下，浪漫主义诞生了。浪漫主义是由于社会各阶层对现实社会不满，想要憧憬未来而诞生的，它在法国大革命中发挥了重要作用。浪漫主义反对官方学院派艺术的束缚，争取创作的自由，这样一来，它就同古典主义的严谨、客观大大拉开了距离；古典主义那种分毫不差的线条和优雅克制的形象，此时都遭到了摒弃，浪漫主义青睐的是鲜明奔放的色彩和狂热躁动的形象，它更加强调个性。

2. 浪漫主义美学特征

我们来分析一下浪漫主义的美学特征。

（1）突出主观性

浪漫主义反对古典主义的理性，连拱券门都要跟古罗马的一样，这被认为是僵化的，浪漫主义绘画把感情和想象等主观因素提高到了重要位置。

（2）鄙视古希腊、古罗马艺术

浪漫主义把中世纪民间传奇和故事当作自己的传统，甚至还提出了回到中世纪的口号，“浪漫主义”一词就是从中世纪民间文学体裁、传奇当中借用转化而来的。回到中世纪指的是对本民族文艺传统的尊重和民族自尊心弘扬，反对古典主义的全盘希腊化和罗马化。

（3）塑造理想的英雄典型

强调浓厚的个人主义的色彩。

（4）积极的理想和反抗精神

浪漫主义爱用一种象征的手法，表现绘画作品的主题。以德拉克洛瓦（1798—1863）的名作《自由引导人民》为例，他用一个半身裸露的少女，来表现法兰西民族的自由精神，这就是一种象征的手法。

（5）回归自然、表达人与自然情感上的共鸣

可以归入浪漫主义旗下的法国画家很多，但是其中最具代表性的是席里柯和

德拉克洛瓦。席里柯（1791—1824）有一幅著名的作品叫《梅杜萨之筏》，用写实的手法描绘了1816年法国巡洋舰“梅杜萨号”开往美国的途中，由于法国政府的失误，在途经西非海岸的布朗海峡时触礁沉没，而船长肖马雷是个外行，他自己逃掉了，扔下了140多位船员不管。这些船员只能靠一个木筏在海上漂了十几天。最后生还的只有15人，遇风浪搏斗，未进滴水米粮，获救的时候，这15个人已经奄奄一息。然而，官官相护的统治阶级为了保护船长，封锁消息。26岁的席里柯用18个月的时间来创作这幅画，震动了整个法国。到了1980年的时候，在西非的海岸，沉冤160多年的这艘“梅杜萨号”的残骸被发现，被法国打捞公司打捞了上来，也算是对这些冤屈的人的一种安慰。席里柯为了画这幅画，走访了当事者，甚至到停尸间里面去画尸体，这张画是金字塔构图，求生机的人重重叠叠，拉着帆的绳子与筏贯穿，使它有种紧张和拉力的感觉，远处有一艘轮船到来，人们看到了生的希望，一个人拿着衣服在挥动，具有浪漫主义的理想色彩。

德拉克洛瓦作为浪漫派的旗手，在法国大革命中起着重要的作用，他是“浪漫主义的雄狮”，是浪漫主义画家中最富于激情的画家。他反对古典主义，他认为古典主义是冰冷的僵尸，没有生命的感觉，认为人离开了情感就没有生气。他父亲是一位外交官，有民主主义思想，他还擅长音乐，文学修养也很好。重要的代表作有《西阿岛的屠杀》《十字军进入君士坦丁堡》《阿尔及利亚的妇女》《美

席里柯作品《梅杜萨之筏》

狄亚杀子》《自由引导人民》等。特别是《自由引导人民》描写的是1830年7月23号巴黎人民奋起推翻复辟的波旁王朝，这一天大仲马在街上碰到了德拉克洛瓦。大仲马后来回忆，激烈的事变使这位年轻画家十分震惊，正是在这样一个基础上，德拉克洛瓦用寓意的方法，用半裸女神、三色旗代表着国家，来描绘这一事件，这幅画是他最有代表意义的作品。还有一部作品叫《亚瑟王的末日》，这也是非常伟大的作品，讲的是亚瑟王的反叛者已经冲进皇宫，他还在一个一个地屠杀自己的嫔妃，自己冷漠地躺在那张曾经情天欲海的床上，那些嫔妃一个个被杀掉时的凶残、惊恐和他的冷漠形成一种对照，这就是德拉克洛瓦。

德拉克罗瓦作品《阿尔及利亚的妇女》

德拉克罗瓦作品《自由引导人民》

（三）现实主义

现实主义画派是浪漫主义和古典主义争论中的一个中间派，因为浪漫主义和古典主义一直争论谁是绘画的主角。古典主义认为，线条是绘画的主题；而浪漫主义认为色彩是绘画的主题，现实主义就属于中间派。

高尔基在《我怎样学习写作》中曾经说过：“什么是现实主义？简单地说来，是现实之客观描写和摄取纷乱的生活事件，人的关系与性格等中间的最具有一般意义、最常常重复的显现的东西，组合事件和性格中间最常常遇到的特点和事实，把他们创造成生活的图画和人物的典型的描绘。”高尔基又说：“对于人类和人类社会的各种情况做真实的赤裸裸的描写，谓之现实主义。”

现实主义的特征有这样三个方面：第一，真实性，也可以讲是客观性。第二，典型性。第三，人民性。

现实主义既反对古典主义的保守和墨守成规，也反对浪漫主义的虚幻，它主张反映客观现实，主张画家要深入生活当中去。在法国现实主义绘画流派当中，“巴比松画派”是最有代表性的，它的核心成员包括卢梭、柯罗、米勒、杜毕尼、德拉佩纳等人。这群画家长期居住在巴黎郊外的巴比松村，彼此观念相近。他们反对学院派的“闭门造车”，主张直接面对自然写生。他们用画笔描绘出自然清新美丽的风貌，在美术史上留下了浓重的一笔。

关于米勒我们非常熟悉，他的作品脍炙人口，比如讲《播种者》《拾穗者》，《晚钟》比这两幅作品更隽永，画中描绘的是在田里劳动的一对夫妻，在黄昏时分，他们停下工作低头祈祷。尽管绘画是不能传递声音的，但远处的教堂似乎让你听到了钟声。米勒的作品其实表达出对法国底层农民的一种同情。米勒甚至称自己是农民的一分子，这也是对农民命运的一种悲歌，米勒的绘画是非常有诗意的。

现实主义画家当中还有一位也是名声赫赫，他就是库尔贝。他的代表作有《画室》《打石工》。《打石工》这部作品长达 3 米，这幅画很大，他画的打石工这个人相当于一个真人大小。1855 年，在巴黎世界博览会一个美术展上，德拉克洛瓦和安格尔的作品被称为美术展的台柱，因为它代表了官方趣味。库尔贝的《画室》和《爱尔兰的葬礼》却遭到了主办者的贬斥，主办者认为他的画不入流。后来库尔贝就在展览会的旁边搭了一个棚子，举办了一个对抗性的展览，后来库尔贝一举成名。这让我想起 1979 年中国的“星星画派”，中国美术馆展览不了他们的作品，他们就在美术馆旁边的栏杆上挂起自己的作品，艾未未当时也是参与者。新兴画派的许多画家都是一些知识青年，返城以后内心很痛苦很矛盾，寻

米勒作品《拾穗者》

米勒作品《晚钟》

库尔贝作品《画室》

找不到自己的坐标，也没有今天这么多的美术学院让他考，有的甚至去做了清洁工人，他们晚上画画，他们那种自我的情绪加上扭曲的心灵，就被他们用这样一种表现方式表现出来。库尔贝当时不为主流沙龙所认可，所以举行对抗性的展览。那张画是在画室里面，有一张长条子，里面有一个裸体的女人像，有画家本人，所有人都是他的邻居，画面描绘的是低层劳动阶层的景象，所以我们讲法国的启蒙运动思想催生了法国的三个主义、三个流派。古典主义也好、浪漫主义也好、现实主义也好，从 19 世纪以后对欧洲绘画乃至对苏联的绘画，一直到对我们中国的绘画，影响都非常深刻，启蒙思想运动吹响了欧洲近现代化的号角，在人类思想史上是不可泯灭的。

第八讲 中国传统美学中的儒、道、禅

这一讲确实是有些难度的，可以想象，如果指望通过这一次课程，就能把中国传统文化当中积淀了两千多年的东西讲清楚，这确实是非常困难的。所以我对这一讲的定位，是一个“导读”，或者叫“导入”。

今年寒假我去了柬埔寨的吴哥窟，作为一座被遗落的都城：它既是古代吴哥王朝的国都，又是国家的宗教中心。如果不是身临其境，你根本无法想象，这座昔日的都城有多么辉煌！那么，它为什么会遭到遗弃呢？这起因于吴哥与暹罗之间频繁的战争，1432 年暹罗的入侵使吴哥王朝走向衰落，人们终于弃城而走，于是这座城市逐渐被丛林所淹没，直到数百年后方才重见天日。

吴哥窟航拍图

吴哥窟近影

庙宇和巨树

值得一提的是，吴哥窟的发现，和一本《真腊风土记》有着奇妙的联系。这本游记的作者是中国元代的周达观，他曾受元文宗派遣，随使团到过吴哥，居留一年后又返回中国，之后他写下了这本游记，带有史和志的性质。这本书在 19 世纪初又被译成法文，并在法国印行。因为一个偶然的机会，博物学家亨利·穆奥读到了这本书，他对这个神秘的都城产生了好奇。于是他循着书中的线索前去探险。他从越南南部登陆后，到达洞里萨湖，再徒步走向丛林深处，在1861年他发现了这个宏伟而惊人的秘密。你可以想象，这个西方人在神秘的东方宗教建筑面前会有多么震撼。这里佛塔林立，巨树参天，藤蔓缠绕着古色古香的庙宇，蟒蛇、老虎在这里穿行。于是他也写下了一本游记《暹罗柬埔寨老挝诸王国旅行记》，在书中他略带夸饰地写道："此地庙宇之宏伟，远胜古希腊、罗马遗留给我们的一切，走出森森吴哥庙宇，重返人间，刹那间犹如从灿烂的文明堕入蛮荒。"

敦煌第130窟《都督夫人礼佛图》（盛唐）

当然也有人认为，亨利·穆奥并不是最早发现吴哥窟的人。然而人们却不能不承认，正是因为这个人物和他的著作，才使得世人能够重新认识吴哥窟。

前几年我到敦煌去，去敦煌研究院参加一个研讨会，后来我也去了榆林窟。敦煌在沙漠里面有很多洞窟，其实那些洞窟我们都很熟悉，有很多图版我们都看过。但是只有当你亲身来到这里的时候，你才会真正感受到一种宗教文化的力量。回想千百年前，这些画工、艺人不远万里，从山东、山西等地来到敦煌，在那里塑像、画壁画，他们吃尽了苦头，这不就是因为宗教的感召力吗?

当然这种宗教的力量已经成为往昔时代的标记，敦煌艺术已经成为我们民族文化的奇葩，深深地影响着我们。我们不禁要问：在敦煌艺术的背后究竟潜藏着怎样的力量，直到今天仍使我们感到震撼？我认为除了宗教因素之外，这里面还有美学的力量。当然这种美学力量不是孤立的，它和我们传统的文化信仰、价值观念是分不开的。那么接下来，我就要和大家共同探讨中国传统美学中的儒、道、禅。

敦煌 第45窟 菩萨（盛唐）

一、何为儒、道、禅

（一）儒

我们可以来看看，在《辞海》当中 “儒”是什么意思?

《辞海》上说：“古指学者”，“孔子创立的学派”，另外“儒”还有“柔顺”的意思，如果把这个意思再引申开来，“儒”又通“懦”，就是“懦弱”。此外“侏儒”也是这个“儒”，这些都是就词义而言。

关于儒家，一般是指“中国学术思想中崇奉孔子学说的学派”。“儒家”一词的使用由来已久，《汉书·艺文志》就将儒家列为“九流”之首。我们对于“三教九流”，有这样一些规范性的表述：所谓的“三教”指的就是“儒、道、释”，其中的“释”就是佛教，这就是三教；关于“九流”，又有“上九流”和“下九流”之分。搞文艺的在以前就属于“下九流”了，比如说“下九流”当中，就有师爷、衙差、媒婆、走卒、盗、娼这些人，所以我们过去讲的三教九流，下九流就是这些人。所谓的“上九流”就厉害了！它包括帝王、圣贤、隐士、童仙、文人、武士、农、工、商。据说还有“中九流”，里面包括举子（走科举的）这些人。

所谓的儒家学说的内容，主要是“祖述尧舜、宪章（效法）文武”，它所崇尚的是“礼乐”和“仁义”，提倡的是“忠恕”和不偏不倚、无过不及的“中庸”之道。儒家很讲究“中庸”，讲究“中”，讲究“和”。我祖父开的中药店就叫做“中和堂”，就取这个不偏不倚的“中庸”之意。儒家在政治上主张“德治”，也就是要“以德治国”和所谓的“仁政”。此外，儒家还非常重视伦理道德教育。

到战国的时候，儒家的思想已经发生了变化，它分出了八个流派，其中有两个比较重要的流派。这两派的代表人物都大名鼎鼎，一个是孟子，一个是荀子。

孔　子　（公元前551—公元前479）

曲阜孔庙

孟子的地位很高，也被视作儒家思想的重要代表人物，后世将他尊为“亚圣”，地位仅次于孔子，所以我们经常讲儒家思想就是“孔孟之道”。

为了能够迎合封建统治的需要，历朝历代的统治者总是对孔子的学说加以演绎和发挥，由此又衍生出形形色色的儒家学说。例如在两汉时期，董仲舒和刘歆就提出了谶纬之学。在魏晋的时候，王弼、何晏则是用老庄思想来解释儒家经典。到了唐代，韩愈为抑制佛教势力的影响，而大力倡导儒家的道统说。

由此可见，每个朝代的儒家学说都会有所发展，以此来适应现实政治的需要，这是我们所要讲的“儒”。

（二）道

所谓的“道”，《辞海》中的第一层意思是“道路”。第二个意思是“法则”“规律”。第三个意思则是跟宇宙紧密联系在一起，称“道”为“宇宙万物的本原、本体”。“道”还可以解释为“方法”，并由此引申为“人生观、世界观、政治主张，或者思想体系”。甚至还有“道”这个姓氏，《辞海》对“道”的解释有13种之多，在此就不一一列出了。

那么关于“道家”，《辞海》中是这样解释的：它是“以先秦老子、庄子关于‘道’的学说为中心的学术派别。道家之名始见于西汉司马谈的《论六家之要指》，书中称之为‘道德家’，《汉书·艺文志》称为道家，列为‘九流’之一”。道家的代表人物是老子和庄子，其中老子是道家的创始人，道教也尊奉老子为教主，当然我们这里并不是讲道教，而是讲道家，庄子则继承和发展了老子的思想。

这个月18号苏州市图书馆请来一位学者讲道家思想，他认为道家思想高于儒家思想，也就是认为老庄高于孔孟。你们记得吗？前两年有个高考题目就是这个，就是问儒跟道哪个更好、更优秀。其实要用绝对的标准来衡量二者是很困难的，也没有这个必要。因为在他看来，道家更加地超脱，更加地出世，所以他就认为道家高于儒家，这个说法值得商榷。

道家学说的内核主要是老庄的自然天道观，它强调人们在思想和行为上应该效仿“道”，“生而不有，为而不恃，长而不宰，是谓玄德”，在政治上主张“无为而治”。这个“无为”并不是讲真的不做事情，它表达的是对自然的敬畏，要顺其自然，也就是要按规律来办事。我们不应该违背客观规律，这不是让我们不做事，而是这样的话，我们的认识就会有偏差。同时道家还提出“不尚贤”，也就是不崇尚贤达，道家则在伦理上主张“绝人情欲”。

在中国思想界，自古以来就有一个有趣的现象：我们的思想、宗教尽管多元，却总是能够相互融合，相互借鉴，甚至是相互诠释。在这当中，道家学说就扮演着一个非常独特的角色。魏晋时期玄学盛行，王弼、何晏等人就用老庄学说来解释儒家的“谶纬”，这也就是把儒和道又合二为一了。而在佛教传入中国以后，学者们又以老庄学说来诠释佛典(这是一种“隔译”)，释和道又这样结合在了一起。

陶潜的诗歌中似乎也透出道家的风骨。（明）王仲玉《陶渊明图》局部

而从中国人的人格培养来看，道家思想也有其深远的影响。大家都知道，一方面，道家崇尚自然，推崇“虚静”和“高逸”的境界，直到今天，这依然是一些文化人努力追求的生命境界。另一方面，他们也不忘儒家的教诲，例如在日常生活与行为中，人们总是力图做到“文质彬彬”。

这里还有一个概念我们也需要注意，那就是“道教”——这和道家是有显著区别的。道教是汉民族固有的一种宗教（而佛教首先是外来的），它是源于古代的巫术。

关于道教的真正形成，据说和东汉的张道陵有关，一说是东汉灵帝时的张修，他于顺帝建安元年（142）在鹤鸣山（今天四川崇庆境内）创立了“五斗米道”。为什么叫这个名字呢？因为当时规定：“凡教众需交五斗米供斋醮使用。”“五斗米道”其实就是道教早期的重要派别，是道教定型化的开始。因道教徒尊张道陵为天师，所以又被称为“天师道”。道教尊老子为教主，称他为“太上老君”。

道家重视养生，所以一般道士都比较长寿，他们还要炼丹，希望长生不老。武侠小说里面的道士，一般都长着长长的寿眉，手里拿着一个拂尘。苏州有一个著名道观叫做玄妙观，就在观前街上。

（三）禅

所谓的“禅”其实是由“佛”而来，所以我们要说一说“佛”。佛是梵文“佛陀”（或“浮屠”）的音译简称。如果要意译，“佛”又是什么意思呢？是觉者。佛经上讲，凡是能自觉、觉他，并觉行圆满的人，就可以被称之为“佛”。佛教徒即以“佛”来尊称教主释迦牟尼，到了后来，“佛”也泛指佛经当中所说的一切佛陀。

佛教流传得非常广，除了中国内地外，像香港、台湾地区，日本、韩国以及

北齐《泰山经石峪金刚经》局部

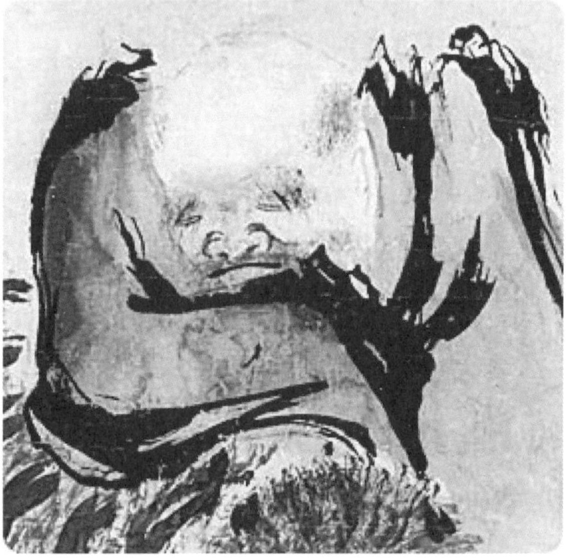

（宋）石恪《二祖调心图》局部

东南亚国家，甚至是在欧美国家，都有许多信众。在纽约，你去China Town（唐人街）看看，一般都有寺庙。

佛教与基督教、伊斯兰教并称为世界三大宗教，它们如同源头活水一般，滋养并承载着人类的文明。有一个奇怪的现象，这三大宗教都是起源于东方，所以我们可以说东方是人类文明的发祥地之一，它为人类提供了无穷的智慧，不管是《圣经》《古兰经》，还是佛家的经典，都是人类文化智慧的结晶。

佛教产生于公元前6世纪—前5世纪，相传它是由迦毗罗卫国（现尼泊尔境内）的王子乔达摩·悉达多所创立，这个人也就是后来的释迦牟尼。乔达摩·悉达多是反婆罗门教思潮的领袖，他提出了“无常”和“缘起”，以此来驳斥婆罗门教的“梵天创世说”。他强调“众生平等”以此来反对婆罗门的种姓制度，也可以讲他是以反对婆罗门为己任的，用我们今天的话来讲，他就是一位改革创新者。

佛教的基本教理即所谓的“四谛、八正道、十二姻缘”，主张依经、律、论三章，以达到减除烦恼、得道成佛这样一个最终目的。

佛教传入中国最早是在东汉，经历了三国、两晋、南北朝，前后达四五百年的时间，这一时期国内对佛经的翻译和研究日趋发达。到了隋唐时期，佛教在中国的发展更是达到高峰，此时的佛教更趋本土化，并诞生了具有中国特色的许多宗派，如天台、唯识、华严、禅宗、净土、密宗等。藏传佛教里面就有密宗，最近在一些城市我们也看到藏传佛教的喇嘛，说明这里肯定有人信奉。佛教思想对中国的文化艺术、民间风俗产生过重要影响，其中禅宗是中国佛教的最重要的流派，以专修禅定而得名。

禅宗据说是在南朝的时候，由天竺来的菩提达摩为传授禅法而创造出来的。后来又分成南北两宗，北宗是依神秀的“渐悟说”，南宗是依慧能的“顿悟说”，所以有“南能北秀”之说。再到后来，南宗的“顿悟说”渐渐占了上风，并逐渐得到流行。慧能这个人是不识字的，所以南宗主张“不立文字”“直指人心”“见性成佛”， 也就是靠“顿悟”。

我们再来归纳一下，“儒”就是崇奉孔子学说的重要学派，“道”就是先秦时以老子、庄子学说为核心的学术派别，而“禅”，则是指佛教传入中国后所形成的重要流派之一，以专修禅定为主。这就是“儒”“道”“禅”。当然就中文词义来讲，“儒”“道”“禅”又被赋予很多引申的意思，这是我要说的第一个话题。

二、儒、道、禅所体现的传统美学精神

我给一届 MFA 的学生上课时，他们就经常学我讲一个流行语。我经常会讲，一个男人要“从容”，所以他们也学会了，说要“从容”、要“淡定”。

一个男人不能“急吼吼”的，走路步子再快，也要学会放慢了。其实我的性子也是很急的，以前我上楼梯都是三步两步奔上来的。但随着年龄的增长，你就发现行动要放慢，讲话的语速要放慢。现在还流行一个词汇，叫做“腔调”。

“腔调”这两个字用得好。作为一个艺术家，要是没有“腔调”，还做什么艺术、设计呢？没有腔调就不要做艺术，不要做设计。想想看，你自己都没设计好自己，你又怎么去给别人做设计？就像我以前讲的，有些同学愿望很好，将来要做高级女装设计师。有的时候这就是想当然，那我就要先问一句了：你可知道贵妇人是怎么生活的？

我认为，要想做好设计，关键还是要看设计之外的东西。设计师的智力因素固然要紧，但非智力因素同样不可或缺。所谓的非智力因素就包括你的情商、人格、气质、鉴赏力等，这些东西其实也就是我们所讲的“腔调”。

如果艺术家、设计师的身上缺失了“腔调”，那和裁缝不是没有差别了么？服装设计，尤其是高级女装设计，对于品位、格调的要求是很高的，它不是把版型做好，做贴身了就算完成，也不是在连衣裙上加两朵花就是高级女装。要想做真正有品格的设计，你就得有“腔调”，你就要知道当下的时尚界在流行什么，你就要了解贵妇人是怎么生活的。

当然，有时讲这样的话和我们的主流文化是格格不入的。我有一次接受一个记者采访，他请我谈谈设计。后来这档节目播出了，那个记者在节目里说："李超德教授居然说，'设计是奢侈的艺术'。"我说这句话他有点想不通了，设计怎么会是奢侈的艺术呢？设计，尤其是有品质的设计，当然是奢侈的艺术。它是对生活有品质要求的人的共同语言。

关于生活，有特定的习俗和习惯。比如喝"二锅头"要一口"闷"下去，喝"二锅头"的人怎么知道人家喝"人头马"是什么滋味？你要把"人头马"当"二锅头"喝吗？再比如说吃鹅肝，你就不能把它当豆腐干吃，鹅肝很嫩，你一叉子下去还拎不上来的。这个话又回到格调上，再比方说西餐，你要吃西餐就要有吃西餐的"腔调"，要么就不要吃了。吃苏式的面条又是另外一回事，"呼噜呼噜"吃碗面还必须得吃出声音来。在生活当中我是一个追求唯美的人，我希望做事情能够有点格调。我最怕人家没格调，你跟他们坐在一起，马上觉得索然无味。

我讲接下来的这一节，会和上一节有所差别，在上一节我主要是解释"儒""道""禅"的一些概念，所以我要力求做到客观准确。现在，我要来谈谈在"儒""道""禅"中所体现的美学精神，这可以更多地糅合一些我个人的感受和体验，说到有些地方也不妨来点"高峡出平湖"。

当然我还得强调，这是一个体系庞大的学术问题，指望通过一次课就把这个问题说清楚，那是不可能的。但是我想做这样一个引导者，为大家提供一种思路、一种方法。那么我们先来看看儒家美学概念。

（一）儒家美学

关于儒家美学，我们可以把握三个点：一、它是围绕着对人格的陶冶而展开的。二、它关注面向大众的艺术教育。三、它通过艺术教育的实践，最终上升为一种美学的精神。

1. 孔子

孔子强调仁爱之心，所以他把文学、艺术当作培养人们道德修养的手段，同时他还是礼乐制度和礼乐文化的维护者、继承者和弘扬者。孔子为什么会如此推崇礼乐，甚至要把它变成一种制度和规范呢？那是因为我们的社会需要一种秩序。你们可以看到，即便到了今天，我们的行为仍然遵循着孔子的思想。譬如说"敬老爱幼"，父亲就是父亲，儿子就是儿子！

我以前说过，老师和学生的关系是一种教学相长的关系，在今天这样一个民主社会，师生的人格地位应该是平等的。但是有些东西也不能颠倒过来，哪一天你们看到我，过来一拍肩膀："哎，李老师！"那我就觉得不合适。我们关系再熟，你还是学生，你跑上来拍我肩膀就不合适。以前人们经常讲"师道尊严"，师道是要有一点尊严，否则这个教与学的互动关系也不能成立。

对于不合格、不称职的教师，人们常用一个词来评价他们，叫"误人子弟"。但我现在倒是担心，在极个别学生身上，有可能"子弟误我"。我是有事例的，我有一个学生，这个学生我是看着他成长起来，对他的优点我是要肯定的。他在临毕业前找到了一份工作，去一所大学当教师。这个大学的院长跟我非常熟悉，一看他的导师是我，他就聘了这个学生。这个学生兴高采烈地来跟我讲，他跟某某大学签约了。然而我心里一阵紧张，为什么紧张呢？因为我知道他的手头功夫不够，我当时就跟他讲：一方面我为你感到高兴，但另一方面我为你感到担忧。老师语重心长地跟你讲，你如果去教书是教效果图的话，你现在的能力还不够。距离报到还有三个月时间，你回去把各种风格的效果图临摹一百张。等你到了单位，人家用人单位对你是有要求的，可不会像导师这样对你。他的同事会讲，这是苏州大学来的老师。你如果干得不好，你不是要"子弟误我"了吗？前两年他又来考博士，来了以后他跟我说，李老师，我向您汇报，我现在在那里是骨干。我说那最好了，我当初跟你讲的一百张效果图你有没有临摹啊？他说还真临摹了，有效果，这是个正面的例子。

话又说回来，以孔子为代表的儒家之所以倡导礼乐文化、礼乐制度，实际上他的出发点是要维护当时社会秩序的稳定，他是想实现社会内部各阶层之间的和谐。所以，孔子会积极倡导"仁"这个理想，这是孔子为那个时代所做的创造性贡献之一。"仁"其实是一种伦理道德观，孔子说："人而不仁，如礼何？人而不仁，如乐何？"就是要将礼乐制度和礼乐文化建立在人这个基础上。

从"仁"这一点出发，孔子提出了一整套建立在人际关系之上的伦理哲学和伦理美学，所以儒家的美学是伦理学的。孔子所探讨的是美与善的关系，他的伦理学是具有美学意味的伦理学。所以孔子会提出"里仁为美"这样一个概念，"里仁为美"虽然不是我们今天的美学命题（我们今天的"美学"概念接近于英文中的"Aesthetics"一词的含义），但它却也因此而获得了美学的意义。因为孔子认为，人类之间的血亲之爱是构建和谐社会的伦理纽带。在封建社会，如果你违背了伦理规则，是要被杀头的。如果你做了伤天害理的事情，甚至要被"凌迟"（古代的酷刑）。孔子强调"四海之内皆兄弟"、强调"亲亲"、强调"仁民"、强调"泛爱众"这样一些社会思想。所以我们说，孔子的目的就是构建一个伦理社会，这也将是一个充满爱的社会，一个充满美的社会。

儒家学说的“仁”是在讨论“美”与“善”的关系。美学问题在孔子看来，也是伦理学的问题。因此，我们评判艺术的标准也是伦理学的标准。“里仁为美”强调的是人与道德。

既然有了目标，还得有方法，有手段。在孔子看来，诗歌和艺术就是实现其社会理想的重要手段，也就是塑造理想人格的重要手段。如果他第一个所强调的人是具有道德伦理教育意义的人的话，儒家学说的美学，所强调的东西就具有人格陶冶的作用。孔子认为君子应该“志于道，据于德，依于仁，游于艺”。接着孔子又提出 “兴于诗，立于礼，成于乐”，他还说“言修身当先学诗也”，这些话是什么意思呢？孔子认为，一个人要修身首先要学诗歌，学诗是培养自身道德修养的开始，而在“学诗”的基础上，还要学礼，也就是所谓的“立于礼”，“礼”就是我们立身行事的标准。

一个人的确要有礼数，要时时检验自己的言行是否符合礼仪。我们都说泱泱中华素来就是文明之邦、礼仪之乡，这主要应归功于孔子，这正是由他的学说来奠定的。但是发展到今天，在我们的身上，这种传统文化的影响还有多少呢？我看很可能是今不如昔，老师就是老师而已，现在有些同学却挺滑稽的，见到了老师就绕道走。

2005 年我到过韩国大邱大学。这所大学值得一提，它在韩国不算是最好的学校，可是它却是世界上著名的无障碍学校。它虽是依山而建，但是对残疾人没有任何的阻碍，所有的残疾人都能在这里通行，这样的校园就是善的设计。我住在他们的专家楼，我每天早晨走在校园里，迎面走过来的人都会跟我打招呼（他们用韩语或者是英语）。我在大邱大学并没有什么认识的人啊，他们并不认识我，只是因为我看上去比他们要年长。所以他们就认为我可能是一位老师，所以他们会给我打招呼。

不光是学生如此，甚至连大邱大学艺术学院的院长申明哲先生也是如此。有一天大早，他陪着我来到他们艺术学院的大门口，碰到扫地的一个阿姨，他也毕恭毕敬地立正鞠躬。我当时就扪心自问：在我们学院，如果我碰到扫地的阿姨，我会不会也毕恭毕敬地给她鞠躬呢？我们也顶多就是“老朱，你好！”“小王，你好！”也就可以了。这就是礼数，这个“礼”真是立身行事的准则啊！

孔子认为：“不学礼，无以立”，意思是说你不学礼数，就没办法立身。今天在这里，假如有诸葛铠（我的老师）老师在，那就要请诸葛老师先讲、多讲，

大邱大学风光之一

大邱大学风光之二

这就是礼数。作为一个学生，怎么能够在老师面前夸夸其谈呢？长幼有序嘛。还要说说我那次韩国大邱大学之行，我准备回国了，他们很客气地把我送到汉城，我觉得非常不好意思。我就跟其中的一位李吉淳教授讲，我准备在汉城请他们诸位教授吃顿饭。后来我们就去了汉城的一个叫孔乙己的酒店（是我请他们定的酒店），开始我以为这个酒店做的是绍兴菜呢，哪知道却是川菜。因为他们喜欢吃辣，在吃饭的过程当中大家一直在交流，他们说接待过很多大陆的学者，还直言不讳地讲：“李院长，你是我们见到过的大陆的教授当中最懂礼数的一位。”我当时听了，不知道应该是高兴还是悲哀，那就是说，我们中国人在很多修养和礼节方面是不在意的，但别人其实是很在意的。

因为是他们把我送到酒店的，所以在行李放下以后，我都坚持要送他们到电梯口，而且我临走的时候还请他们吃了一顿饭，我们中国人请人家吃顿饭的钱还是有的，我觉得这才是礼数，所以说“不学礼、无以立”。

虽然做到了“兴于诗，立于礼”，但一个人道德修养的培养到此还不算完成，他还需要进一步通过音乐来陶冶，这就是“成于乐”。所以音乐在孔夫子那里的地位是非常高的，它能陶冶一个人的性情。在孔子看来，音乐对于君子来讲，可以提高他的仁爱之心，对于小人来说，可以使他变得温和听话。

这里所说的“乐”，你可以把它理解为既有音乐般的节奏感，又有主旋律的多样统一的和谐的状态。可见孔子是多么注重艺术对人格的陶冶，他把行事立世、把音乐放到了最后。“乐者，和也。”这个“乐”也就是“中”，也就是“和”，也就是“文质彬彬”。那么“文质彬彬”是什么意思？“文”是纹饰、外表，“质”是内在，所谓“文质彬彬”也就是要做到“文质相一”，使“文”与“质”在对立当中达到统一（它们的对立应该是适度的），孔子认为一个人这样才有可能做到尽善尽美，才配得上被称为“君子”。

一个人要真做到文质彬彬，其实是很不容易的，这里有一个“度”的问题。例如从我们的外表和着装来看，我们要避免过分修饰。人们常喜欢修饰自己，但要注意修饰不能过度，关键还要看你的身份。如果你是一个演艺人员，你可以穿得花俏一点，哪怕穿得像是“芦花鸡”也没关系。但你如果是个大学老师，或者你是在设计院工作，那你穿得花里胡哨就不对，着装还得要得体，要“文质相一”，即使是修饰自己也要做到恰到好处。

当然，着装和仪表只是一个方面，而真正意义上的“文质彬彬”所指的却是一个人内外的统一，也就是内容和形式的统一（或者说是道德内涵和必要的审美形式的统一）。这里的“道德内涵”指的是人的修养和情操，而“审美形式”则包括人的气质和风度。这两者的统一，就代表着美和善的结合，这是孔子在美学论述方面的一个重点。

关于“乐”的作用，可以以一个小事例来说明。有一次孔子到他的学生子游任职的武城去，“子之武城，闻弦歌之声。夫子莞尔而笑”。他听到城中吹拉弹唱，丝竹声声，孔子就对子游说：“杀鸡焉用牛刀？”意思是说，你治理这么个小地方，还要用礼乐这样的大道？孔子其实是以一种玩笑的口吻来赞赏子游，赞赏他治理这么小的一个地方，也不忽视用礼乐来教化人民，这正是对孔子理想的实践。一个人只有经过音乐的熏陶，思想品德修养才算最后完成，即“成于乐”。

孔子关于美的论述还有很多，例如有这样一句话也是大家熟悉的，叫做“君子成人之美。如果我们碰到一对夫妻在闹矛盾，一般劝解的人不会说“离了吧！”这不大可能，总是劝和不劝离。一个人要追求某一个人，我们这些人都要帮他出主意，这也是“君子成人之美”（当然，你不可以给他出“馊点子”，只有少年时代的恶作剧可能会有这种事情）。再比如讲“尽善尽美”“思无邪”等等，这些都是孔子对美与善的关系所作的思考。这是我们讲的第二点，孔子强调对人格的陶冶。

第三，孔子在论述美与善的时候，还特别强调文艺的感染作用和社会功能。孔子说“诗可以兴，可以观，可以群，可以怨”，这就是孔夫子眼中的“诗”（文艺），它们具有强烈而生动的感染作用和认识作用。

所谓的“兴、观、群、怨”，具体该怎么解释呢？“兴”是指文艺的感染作用，它的含义十分丰富，但其核心指的是，要在抒情性的统一基础上，产生诗歌的感染性。之前，我看了一个纪念玉树地震的文艺晚会，里面许多演员都在朗诵诗歌，最有激情的是在《大宅门》里演坏蛋的那个，其中最平淡的大概是章子怡，没有太多修饰，这个感觉倒也对。诗歌应当感染人，但那些太富有激情的朗诵，往往叫人起鸡皮疙瘩。当然，如果退回到几十年前，你听这种朗诵可能是另一种感觉。这个跟时代的发展有关系，人们的审美感受是在不断变化的。

之前我在上海还讲，我们现在对美人的评价标准和过去大不一样了。我们现在强调的是女孩子的骨感美，她们一听到自己胖就不高兴。但过去的美人是什么样的呢？比如说二十世纪三四十年代著名的影星王丹凤，那张脸多漂亮，但是她的手臂是很粗的。以前电影院里挂的都是她们的明星照，那些侧面的人物像往往手臂都是很粗的，但那时候就是这么一种审美标准。包括秦怡，现在按骨感的标准看来，秦怡不漂亮，但在那个时候还是很吸引人的。

王丹凤　(1924—2018)

秦　怡　(1922—　　)

“观”是指文艺的认识作用，一方面可以通过读诗歌认识当时的社会风俗、政治面貌。另一方面，通过读诗可以“观志”，你可以领会到诗人的写作目的和意图，即所谓的“诗言志”。而“群”和“怨”，则是指文艺的教育作用。所谓“群”是指文艺可以沟通人们之间的思想感情，起到团结人民的作用。“怨”是指通过诗歌，可以表达对黑暗政治的批判。孔子把文艺的感染作用、认识作用和教育作用提到了一个非常高的位置。

前面我们说孔子强调君子的“文质彬彬”，“彬彬”就是合适，“文”是指文采，“质”是指人的内在品行，文是外表，一个人徒有虚表，他的质上不去，终究会被人唾弃的，所以要求达到本质与文采、内容与形式的完美统一。孔子在论述美与善的关系上是辩证的，这是儒家的代表思想——孔子的思想体现的美学精神。他主要是从文艺的社会作用上、美与善的关系上来进行阐述的。

2. 孟子

孟子、荀子，他们也都继承并发展了孔子的学说。如果说孔子思想的意义在于，他为礼乐制度和礼乐文化贡献了“仁”，那么孟子的意义就在于，他用“义”构成了“仁”的对立面和补充结构。如果“仁”强调的是道德的话，那么“义”所强调的是人格。孟子的美学是关于人格的美学，他提出充实为美，“民国”时期某所美专的校训就是充实为美。就是说一个人的内心充满浩然正气的时候，这就是美，也就是人格之美、充实之美。

除了孟子之外，还有荀子。荀子讲“无伪则性不能自美”，这个“伪”在这里的意思不是“不真诚”，而是“改造”。孔子讲“人际”，孟子讲“人格”，到了荀子是讲“人性”。荀子认为：“人之性本恶，其善者为掩。”也就是说人性本来是邪恶的，向善是后天改造的结果。没有后天的努力改造，一个人先天的恶不可能去除的，是不可能变为善的，荀子是第一个提出改造世界观的人。

（二）道家美学

道家与儒家不一样，道家是在野，儒家则是为统治阶级服务的。所以自汉代以来，中国的封建统治阶级始终“独尊儒术”，它强调“君君臣臣”“父父子子”，君臣的关系是不能僭越的。父子的关系也是不能逾越的，那不正是统治阶级要的吗？当然今天的家庭里面，父与子的关系已经成为一种民主的关系。

道家清楚地看到了奴隶社会的罪恶与矛盾，所以在那个时候道家是代表在野阶级的。他们大胆地揭露了阶级社会当中美和善的对立，因此它在美学思想上和儒家学说不太一样。他们强调的是，美是不受外物奴役的，美是绝对自由的，是一种自然的、无为的状态。道家认为美与名利富贵、纵欲享受无缘，与任何功利观念都无关。他们提出的许多美学思想今天仍然为我们所接受。

我们一般认为，儒家和道家在某种意义上是对立的，儒家重视礼教，讲求“入世”。而道家则推崇朴素、自然、无为，反对修饰，主张摒弃人为造作之举。当然这种对立并非不可调和，它们同样可以获得一种统一。比方说苏州园林就体现着儒道美学思想的统一。苏州的传统园林是很朴素的，但是它有文气，它常用匾额，厅堂旁边都有匾额，匾额提上诗句显得诗情画意。但是它强调的又是一种山野之趣、野逸之美，强调的是无为、虚静，以求达到人格的高逸。

孔子抬出了一个“仁”，是为了维护统治阶级，强调美与善的关系，维系社会的稳定。老子对超世之道的追求，让人会产生一种退隐之心。他看透了人生，觉得人即使活到八十岁，也总要死去的，所以他衍生出养生的思想。你们发现没有，气功大多是道家的东西，中医养生也是来源于道家的思想。

当然，这种无为而治的辩证思想如果运用在政治和军事上，就表现为冰冷阴沉的算计，成为兵家的资源，《老子》是可以作为兵书的。

道家的美学也是超功利美学的代表，因为它认为艺术是没有价值的。老子在《道德经》里说："天下皆知美之为美，斯恶已；皆知善之为善，斯不善已。"他又说："五色令人目盲，五音令人耳聋，五味令人口爽，驰骋畋猎令人心发狂，难得之货令人行妨。是以圣人为腹不为目，故去彼取此。"老子还提出 "大音希声，大象无形"，不可有形、不可无形，最后达到"无己、无功、无名"的境界。庄子说"天地有大美而不言"，大美是绝对的、永恒的，这就是文艺的"道"；"是其所美者为神奇，其所恶者为臭腐"，肯定它就是美的，否定它就是丑的，态度变了，功能也会改变，这是超功利的。所以我们说，道家在一定程度上是否定艺术的。

道家的"道"同样来自对礼乐文化和礼乐制度的批判，老庄把这种理想上升到哲学的高度，成为一种无声、无味、无形、无色，超缘绝向、虚静恬淡、不可摹写、难以言表的生命本体，因此道家得出结论："素朴而天下莫能与之争美"，"天地有大而美不言"，"大音希声，大象无形"等等。

这样看来，在道家美学中所谓"大美"的特征，就是强调自然、混沌和无为，讲的都是这个"道"。关于"大音希声，大象无形"，讲的是最大的乐声听起来反而是没有声音的，最大的形象反而看不见踪迹。这句话也可以用在当下，即使你是大师也不需要自己来说，自己说自己是大师的那类人，一定不是大师。

老子还说过："大直若屈，大巧若拙，大辩若讷"，最后一句的意思是说，一个人看起来很木讷的样子，其实他很雄辩。这就像"大隐隐于市、小隐隐于野"，一个真正隐的人是大隐于市的，一天到晚要说我要到山里去了，盖个茅草房子，那是小隐，是做给别人看的。所以老子讲的"大直若屈，大巧若拙，大辩若讷"与"大音希声，大象无形"是有相同意味的。后来苏东坡还补充说："大勇若怯，大智若愚"，这句话耳熟能详，很有道理。那种看上去很聪明的人其实未必聪明，就像人家看我很聪明，其实我未必聪明。某个人很木讷，嘴唇厚厚的，见到人就笑，其实这个人说不定倒是厉害的。

老子在说到"道"的至高境界时，引用了"大白若辱、大方无隅，大器晚成，大音希声，大象无形"，意思是什么呢？最白的东西好像是污浊的；宏大方正的东西一般看不出棱角；杰出的人才，"大器"一般成熟也比较晚。这句话跟我们今天的想法不一样了，我们今天恨不得自己生下来是"神童"。宏大的音律往往听上去声音稀薄，宏大的气势景象似乎没有一定的迹形，世界上最伟大恢宏、崇高气派的往往不拘于一定的事物和格局。但是，这句话又和我们讲的要有腔调产生了矛盾，我们现在是学术讨论，不可能每个人都成为智者。

把道家的美学总结归纳起来，不外乎这样一些说法：它崇尚朴素自然，“素朴而天下莫能与之争美”，寻求无为、虚静的状态（这个东西听起来有点悬的），道家的思想反思了礼乐文化，又超越了礼乐文化，它是最具有哲学意味的美学，也是最具有诗意的美学，同时也是隐含了强烈的心理学内容的美学。

关于道家能够讲的东西很多，譬如说在魏晋的时候，士人就把道家的美学发展到登峰造极的地步，我们说的“魏晋风度”和道家就有很密切的联系，士人的审美意识成为社会审美意识的主流。魏晋的这些隐士们都谈什么？他们谈“三玄”，也就是《老子》《庄子》《周易》。他们一天到晚没事干，就在竹林子里煮一壶茶，那茶可不是今天的碧螺春。我有一次看一部关于宋代的电视剧，里面的人物居然说：“把我上好的碧螺春拿来”，我吓了一跳，宋代哪有碧螺春啊？那个时候都是煮茶，就是我们现在看到的红茶、茶砖。魏晋的隐士们热衷于对“三玄”的激辩，那都是很形而上的思考。这种激辩今天已经看不见了，但是到西藏去，在山坳坳里面我看到喇嘛辩经。我是循声而去，我就听着那个山坳坳里面噼里啪啦的声音，我循着这个声音过去一看是一两百个喇嘛在辩经，他们读了佛经之后，在交流心得。他们有一个动作：就是把手掌打开，每讲一句话都会用两个手合拍，所以一两百个喇嘛的声音传得就很远。

魏晋的隐士们崇尚“道”，一般都手执拂尘，坐在一方榻上，他们谈玄、炼丹。炼丹也是会害死人的，因为他们常想通过炼丹来取得一种长生不老之术。你看服装史就知道，魏晋时期的衣服都是袒胸露背、很宽大的。我们都以为这是当时的

喇嘛辩经

思辨的快乐

“魏晋风度”：（唐）孙位《高逸图》局部

一种风范，但后来我看到一些资料，觉得以前这种说法不一定准确。为什么魏晋的这些隐士要穿宽大的衣服呢？说是他们服用这个丹药之后，会发丹毒，浑身发热，皮肤起泡，身上都是黏糊糊的，所以得穿宽大的衣服。当然，这是一家之说。

魏晋之际，上流社会道学盛行，清谈之风盛行，所以他们发展了道家的美学，并自然地把它运用在艺术创作当中。例如东晋的顾恺之提出了“以形写神”，南朝的谢赫提出了“六法”。所谓“六法”是什么呢？“一、气韵生动是也；二、骨法用笔是也；三、应物象形是也；四，随类赋彩是也；五、经营位置是也；六、传移模写是也。”“六法”可以说是品评传统中国画的最重要的美学标准。

值得一提的是，魏晋名士之所以如此痴迷道家的美学，这也和当时残酷混乱的政治环境有联系。面对无法预测的前途、命运，他们只能饮酒作诗、放浪形骸，借此发泄心中的苦闷。当然，以“竹林七贤”为代表的士人群体也并不一味消沉，他们还是创作出了大量形式精美、思想深刻的散文和诗歌，其中所凸显的人格气象是博大的、深厚的。

西善桥南朝墓砖刻《竹林七贤图》局部之一

随着时代的变化，这种以“道”为核心的美学情结也在发生变化。到了东晋时期，尽管仍然面对内忧外患，但偏安的政局还是相对稳定。于是之前的沉痛和苦闷慢慢褪去，士人的生命体验开始变得优雅、深沉。一些士大夫们更是远离朝堂，纵情于山水，他们更愿意在宏大的宇宙天地中抒发自己的情感，于是文艺的园地里又结出了新的果实。王羲之的散文名篇《兰亭集序》就是其中的代表。这篇文章记录了一群文人在暮春时候的雅集生活，作者把民间的音韵转化为一种文人的情怀，道家的思想精髓贯穿其中。

西善桥南朝墓砖刻《竹林七贤图》局部之二

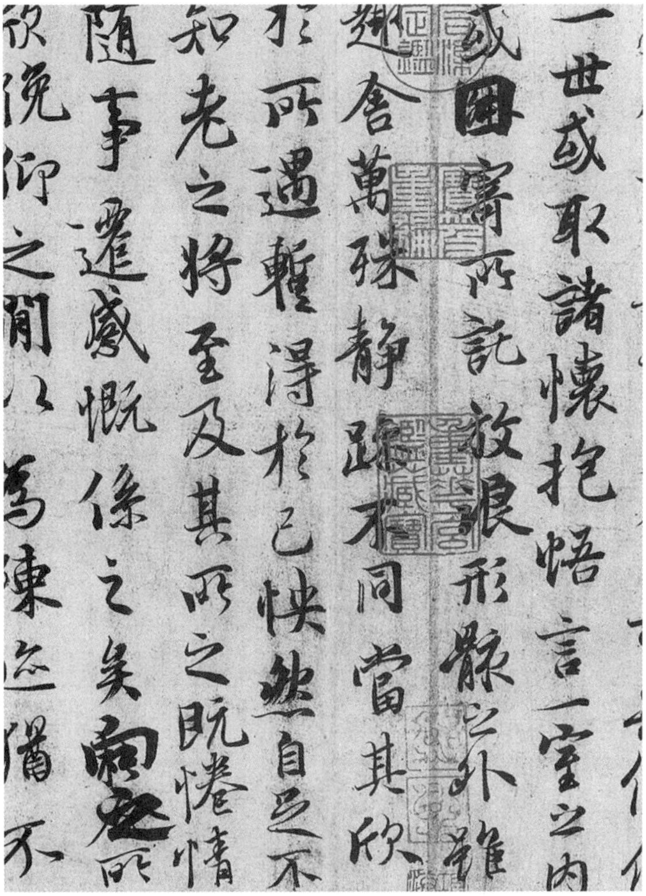

王羲之《兰亭集序》局部

《兰亭集序》全文如下：

永和九年，岁在癸丑，暮春之初，会于会稽山阴之兰亭，修禊事也。群贤毕至，少长咸集。此地有崇山峻岭，茂林修竹；又有清流激湍，映带左右，引以为流觞曲水，列坐其次。虽无丝竹管弦之盛，一觞一咏，亦足以畅叙幽情。

是日也，天朗气清，惠风和畅，仰观宇宙之大，俯察品类之盛，所以游目骋怀，足以极视听之娱，信可乐也。

夫人之相与，俯仰一世，或取诸怀抱，悟言一室之内；或因寄所托，放浪形骸之外。虽趣舍万殊，静躁不同，当其欣于所遇，暂得于己，快然自足，不知老之将至。及其所之既倦，情随事迁，感慨系之矣。向之所欣，俯仰之间，已为陈迹，犹不能不以之兴怀。况修短随化，终期于尽。古人云："死生亦大矣。"岂不痛哉！

每览昔人兴感之由，若合一契，未尝不临文嗟悼，不能喻之于怀。固知一死生为虚诞，齐彭殇为妄作。后之视今，亦犹今之视昔。悲夫！故列叙时人，录其所述，虽世殊事异，所以兴怀，其致一也。后之览者，亦将有感于斯文。

你们看看，传统文人就是这样面对自然的。即使他们心有感伤，有愤懑，却仍能获得一种对俗世的超越和对生命的感怀，他们的姿态是优雅的。这种优雅如果用今天的话来表达，也就是一种“腔调”，是一种俯仰天地的自由境界。这就是我们要讲的“道”，它对中国艺术（比如传统的绘画、音乐）有非常深远的影响。道家的美学思想是一种诗意性的美学思想，也是人格主义的美学，它强调的是天地、宇宙和人之间和谐的关系，所以我们也经常引用“天人合一”这样的名词。

（三）禅宗美学

“道家”追求长生不老。对于古人而言，人生苦短，面对生老病死和荣辱沉浮，他们从道家那里难以得到心灵的慰藉。于是他们又将目光投向了外来的佛教，佛教不像道家那样追求长生不老，而是讲来世、讲因果。所以佛教会具有很大的煽动性。

你们注意到没有，一些老太太日常生活可以非常节俭，但是她们去烧香的时候很大方。她们扎着头巾，背着黄色的香袋，春天都要到杭州的灵隐寺烧香。专门有“香头”来组织她们去，长途跋涉，跟旅游公司差不多。这些老人一年都很节俭，但是这个时候她是一定要去的，而且在“功德箱”里面她们也舍得投钱。所以佛教讲的来世和因果，在她们看来是很有吸引力的。我现在苦，可以修得来世，我就会好了。佛教具有无法预见性，讲因果报应，讲赎罪，讲来世，讲升天，讲极乐世界。

佛教传入中国后，又经历了许多变化，形成了许多的派别，其中一个派别就是禅宗。世所公认“禅宗”的源头虽是佛教，但它却又是地道的中国产物，这个观点是由日本著名学者铃木大拙提出的，他说“禅是中国的产物”。

有人说佛教不是宗教，是心学，这种说法有一定的道理，禅宗是佛教中国化以后的产物。我们谈禅宗的历史，就不能不谈六祖慧能，正是他开创了禅宗的“南宗”。慧能虽然不识字，但他却能靠着直觉的体验悟道。当然我认为，这里面也有心理学的内容。他所提倡的是“顿悟”，是对事物本质的独到的领悟。当然这个悟又离不开感性的神秘体验，具有神秘的色彩，这也正是禅宗哲学独具魅力之处。关于禅宗的美学思想，我们可以用这样一句话来概括：它追求的是瞬间的永恒。

铃木大拙和猫咪

自魏晋以来，尽管佛教在中国人的精神生活中占据了重要地位，但在世俗政治和思想的层面，儒家思想依然占有统治地位，而道家在士人阶层当中又颇具影响力。这种局面持续了很久，直到中晚唐才有所改变，中国美学思想的主流才开始被禅宗美学所占据。

因为佛教主张超脱人世的烦恼，追求绝对的自由。所以禅宗就特别强调主观心理的能动性，它强调个体的主观意志对外物的决定作用。所以和尚要坐禅、打坐，任凭外面知了哇哇地叫，但是入定者的心很静，天再热，他的心也不能动。当然见了美色的诱惑更不能动，要坐怀不乱。中国历史上有句俗语："唐乌龟、宋鼻涕"，什么叫做"唐乌龟"呢？用我们现代的话说，一个人做乌龟是什么意思？戴绿帽子。"唐乌龟"说明唐代宫廷男女两性关系比较混乱，儿子可以娶老子的妃子，这不是性关系很混乱吗？"宋鼻涕"是指宋朝很柔弱，宋代确实是这样，要不然徽钦二帝也不会被俘虏到北方去了。

宋朝开国皇帝赵匡胤，据说是坐怀不乱的，在"三言"里面有一则"赵匡胤千里送京娘"的故事。"珍珠衫"也是从"三言"里面来的，"杜十娘怒沉百宝箱"也是从这个里面来的。中晚明的时候，在苏州存在着一支造假的队伍，唐寅、文徵明的扇子五个钱、三个钱就有人画，画了以后到北方去卖，所以你今天看到哪把唐寅的扇面，说不定不是真唐寅的。"赵匡胤千里送京娘"说的是什么故事？说的是他称帝前，有一次到一个寺庙里面投宿，晚上听到一女子哭泣的声音，循声而去，原来这个庙里关着一个山上大王抢来的民女，赵匡胤侠肝义胆，就把这个女子救走了，一路上护送这个女子回家。赵匡胤一表人才使该女子动了心，干脆以身相许。但是赵匡胤毫不为所动，把她安全送回家，赢得了千里送京娘的美誉。

赵匡胤不好色，开了个好头。但是大宋朝到后来居然变得很弱，推行文官政治，当然这也跟徽宗赵佶有很大关系。一个皇帝成了画家一定是坏事，一个皇帝变诗人了，那也麻烦。比方说南唐后主李煜，你读他的词看看，"春花秋月何时了，往事知多少"。这个词写得多动感情，但是他做了亡国之君。所以艺术家可以"高峡出平湖"，但是治不了江山。心灵的感应对外物的决定作用，这种哲学正好适应了当时文人心理的一种状态，充实了他们空虚迷茫的心灵。

禅宗推崇"一切唯心造"，这当然是唯心主义的哲学。依据禅宗的精神，只要你把"心"放下了，你自然也就超脱了人世间的烦恼，心灵成了源头。很自然地，禅宗思想也就被拿来解释文艺和美学方面的诸多现象。有趣的是，许多艺术家、知识分子往往都喜欢和禅师、高僧进行交流，由此中国美学也进入了一个重视审

（宋）赵佶《桃鸠图》

赵　佶

美感受的阶段，这对于中国人的艺术创作有着潜在、深远的影响。因而在审美活动当中，主体的心理状态也一直备受关注。

“禅”与“道”在唐代又产生了禅道境界，在唐代的诗歌和艺术作品中常常透出某种禅理、禅机。比如讲大诗人王维，他也是写意山水画的创始人之一，可惜的是，今天没有留下他的真迹，据说画还是有的，有人说在乾陵里。据史书记载，他还经常画“雪中芭蕉”这个题材。芭蕉是亚热带植物，喜温喜湿，在江南一带也能生长。你可以想象一下这个画面：在喧嚣的城市中，一个如壶中天地般的小小庭院里，落雪缤纷，可那些芭蕉继续在雪中生长。金农在《冬心集拾遗·杂画题记》中就说：“王右丞学中芭蕉为画苑奇构。芭蕉乃商飙速朽之物，岂能凌冬不凋乎？右丞深于禅理，故有是画，以喻沙门不坏之身，四时保其坚固也。”这种意象就带有禅宗美学的意味，空寂而又恬静。

王维作为杰出的诗人和画家，主张“诗中有画，画中有诗”，在他的诗歌里面也总是融入禅理和画意。我本人很喜欢王维的诗歌，他的诗歌脍炙人口。比如“空山新雨后，天气晚来秋。明月松间照，清泉石上流”。比如“倚杖柴门外，临风听暮蝉”。这句“临风听暮蝉”的意境多么深远。

禅宗非常关注自然，它常常借助自然生动、灵秀的意象，使人领悟生命的奥秘，它所追求的是一种淡远的心境和瞬刻的永恒。日本学者铃木大拙就认为：禅之所以能够产生在中国，是因为中国人重实践。“禅”确实是中国特有的，不同于印度，古代印度人只认精神的高贵，而不屑于劳动操作。印度的那些僧侣基本是不劳动的，他们是靠别人供奉的；但是中国的和尚不一样，他们有很多是自食其力的。

实际上古代寺庙也是一个地主庄园，它拥有土地，中国的和尚是“一日不作”则“一日不食”，是要通过劳动来获取食物的。

综合来看，禅宗美学有三个特点：第一，禅宗美学是心灵主义的，它的“悟”“清静”“定”“慧”“解脱”，都已经上升到心灵的意义。它不重视形式，而更重精神。第二，禅宗美学是自然主义的，它认为人和自然是同一的，它认为人本来就是自然所生，也是自然的心象化，所以人要追求一种超脱的、自然的境界。第三，禅宗美学追求的是“理事无碍”和“自由创新”，禅宗讲的是自由，是觉悟，这就是我们要阐述的禅宗的美学精神。

总结归纳，儒家强调道德、礼教、仁义，注重人格陶冶；道家则强调人格，追求人格的高逸；禅是强调心灵的，强调感化，它强调的“悟”就是一种心灵的感悟。我们甚至可以说，“儒为表、释为心、道为骨”，以此来概括儒、道、禅所体现的精神境界。

三、中国艺术的精神

这个话题也很大，我们做一些方向性的探讨，它的内涵与外延就有得你探讨一阵子。关于中国艺术精神的实质，有这么三点值得我们思考。第一，中国艺术注重人格陶冶，是向善的，具有伦理意义，是人生的一部分。这种观念可以追溯到孔夫子那里，他说过，“兴于诗、立于礼、成于乐”，艺术是帮助人格完善的一种手段。第二，中国艺术是心灵化的，非常注重表达人的心灵感受。散文、诗歌、绘画时常借助山水田园来抒发情怀，它并不关注所谓的“像”与“不像”，反对亦步亦趋的简单描摹，而更加注重对意境的表现。再比如讲，“梅兰竹菊”也是

（清）金农《梅花图》局部

张大千《墨荷图》

自然的产物，但是它们的寓意却是人格化、心灵化的。第三，宋元以后中国艺术的主流是文人化的，中国艺术家走向职业化是很晚的事情，以前的官员很多人既是画家，也是书法家（我们称他们是“文人士大夫”），文人化的艺术是讲意境的。所以中国艺术的形式往往注重“删繁就简”，因为“五音令人耳聋”。

（一）中国艺术审美的阴柔美

关于中国艺术审美的特征，这个话题本身很宽泛，可以把它同西方艺术作一种直观的比较。我认为，通过这样的对比，我们能够更好地理解中国艺术精神的本质。

从审美特征的角度来看，中国艺术更强调“阴柔之美”。这个观点也许有专家不认可，但这是我个人的体会。西方艺术更强调的是“阳刚之美”，这个是可以对比的。中国艺术受儒家文化的影响很大，它重情感而轻理性。比如说，在中国的诗词歌赋艺术中，悲戚伤感的文人心态和消极遁世的隐士文化几乎无处不在。

从形式上看，中国绘画长于线条，讲究骨法用笔，追求“秀美”“秀润”和“平淡天真”。而西方艺术则更多强调体积和阳刚之美，以他们的史诗创作为例，大都不外乎对英雄的崇拜、对骑士精神的讴歌和对冒险行为的肯定。中国古乐中的《高山流水》《春江花月夜》，大都带着些呜咽悲戚、幽怨缠绵的色彩。

以往我也看过一些武侠电影，有一些讲述了中国武士是如何跟外国大力士比武的。从中你能发现，中国的武术讲究的是“四两拨千斤”，往往靠智慧和巧力战胜蛮力，这也从一个侧面反映出中国艺术背后的美学精神。

（法）布德尔作品《赫拉克利特》

《赫拉克利特》局部

成龙电影剧照之一

成龙电影剧照之二

清代版画《三顾茅庐》

北齐菩萨造像

再譬如说，中国的喜剧很少有西方式的狂欢闹剧风格，而多以机智、练达的幽默取胜。我们喜欢的是小桥流水、曲径通幽、温和宁静、流连徜徉。关于中国艺术的人物塑造，你去梳理一下会发现，它是阴柔的，比如释迦牟尼、刘备、宋江、玄奘，他们都很“中性”；难得有个张飞，他还只是点缀的。再比如说，中国人的爱情表达也是间接、含蓄的，不能太直接，因为“三从四德”把女子控制得很严。中国古代女子为什么容易动情呢？因为一天到晚将她关到小楼上，见不到男人，难得见到一个，赶快就丢一个手绢给他。而西方人呢，则往往喜爱激荡人心的悲剧气氛，或者是泼辣生动的喜剧情节。在绘画方面，西方讲究“面”，注重体积、透视、调子；他们的古典音乐往往是节奏明快、气息宽广、风格雄健；他们的舞蹈则是行进式的抒情而粗豪奔放。所以说，西方的艺术强调的是对力量之美的直接肯定，你们去看古希腊罗马的雕塑、米开朗琪罗和后来罗丹的作品，都是撼人心魄的。

再比如讲，中国的哲学是重情感的，讲求“悟”和“道”，推崇参悟和灵性；而西方艺术则更喜欢直接地表达，注重力量感，他们的史诗、建筑、雕塑和电影，都鲜明地反映出这一点。他们爱情的表达也很直接，男人们就站在情人的窗台下，弹唱着小夜曲。

讲述美学当然要重视理性和思辨，但我在这里做了一些比较感性和形象的中西对比，目的是帮助大家建立起比较直观的认识。有些说法可能矫枉过正了，甚至有些简单粗暴了，只是希望大家理解这一点。

（二）中国艺术审美特征的内敛性

中国古代的艺术、文学作品，往往注重对人物心理的描绘，追寻的是一种自由法则。比如讲，在我们的传统绘画中，就不重视物理性的透视。确切地讲，这里的透视也叫散点透视，本来是近大远小，可它却是远大近小。这种视觉上的收与聚，是中国艺术中非常强调的一点。而从传统建筑的角度看，我们则是在封闭的空间内做足了“文章”，空间的布局丰富而有韵味。我们的古典私家园林在设计路径的时候，就很强调“曲径通幽”。

那么对比来看，西方艺术则有一种外向性。西方文学和绘画强调再现外部世界，强调情节的激荡起伏，借助于两千多年以来不断完善的透视学方法；不断追求精确与完美。这是由西方注重于数理决定的，而注重数理，既来自毕达哥拉斯，也来自古埃及。西方建筑往往是外向性的，比方说哥特式教堂，它们高耸入云，巨柱巍立，明窗洞开，纹饰纵横。

（明）文徵明《兰亭修禊图》局部

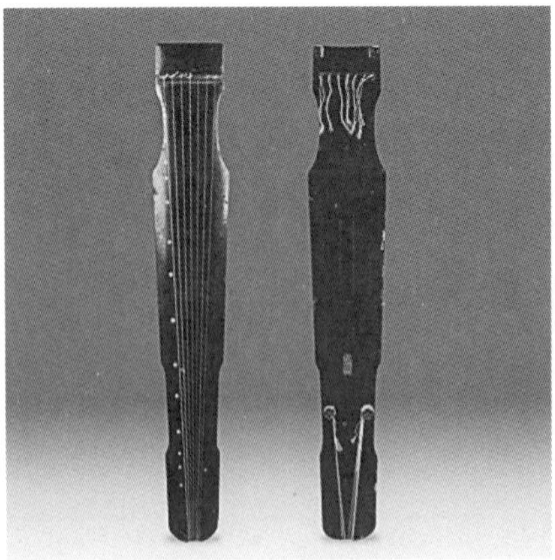

赵孟頫的“松雪”古琴

帕特农神庙的巨柱

（三）中国艺术的表现性

在十年前，我曾以学术主持的身份，主持过一个美术理论研讨会。参加这个研讨会的艺术家和理论家来自两个地区，一个是江苏，一个是西部省份陕西。这次研讨会所关注的是几位西部画家，他们刚刚做了一个画展，主题叫做“表现主义水墨”。

因为研讨会是由我来主持，所以我做了这样一个开场，我说：“今天我们江南的艺术家和理论家与来自西部的艺术家和理论家来到苏州举办这样一个展览和这样一个研讨会，江南的灵秀和大西北的雄浑，在这里产生了碰撞……”有人抢着要发言了，他等不及我把话讲完，江苏一位非常著名的艺术理论家，一上来就以教师爷的身份抢着要发言，他说：“我没有那么多客气话，我先给大家讲讲什么叫做表现主义……”他就开始大谈德国表现主义，最后得出的结论是：中国从来没有表现主义传统。接着又有一位教授站出来讲话，他说在苏州这样一个人文底蕴很深的地方，来讨论表现主义，你们不觉得很滑稽吗？研讨会一上来火药味就很浓。后来有一位老师要发言，这位理论家干脆指着他说：“你不懂的，不要瞎说。”

那天参加研讨会的有很多专家，像陈政，他是陕西画院的，也是很有影响的，后来调入西安美院教史论；还有贾平凹，他是作家，另外还有好多人。我实在听不下去，等论坛讲到一半的时候，我说：“我刚刚是作为一个主持人发表了一个抛砖引玉的开场白，我现在想以一个专业文艺工作者的身份发表一些我的看法，来谈谈我对表现主义的看法。我恰好不能同意刚才那位老师的看法，我恰恰认为

（清）八大山人作品局部

（汉）击鼓说唱俑

中国自古就有表现主义，中国艺术一直是偏重于表现的。以诗歌言志来抒发感情，通过它来表现，中国画是通过意境来表现的，它是偏重于心理时空的，诗言志、绘画讲意境，这不是表现又是什么？”等到一起吃饭的时候，那位理论家就和我讲了：“李老师你讲得对，但是我讲的那些有我的语境……”

我一直坚持认为，中国艺术是内敛的、是注重表现的；相反，西方艺术倒是更注重于再现，他们是以模拟和写实为基础，通过再现来表现。西方艺术偏重于自然、时空的描述，诗歌就像图画，很直接的描绘、描写，这和我们的诗歌是不一样的。我们还有藏头诗，别人乍一看是看不懂的，倒过去一看，哦！原来是这样的。

（四）中国艺术强调意境

东方艺术强调“意境”，“意”就是情感，“境”是客观形象。是要以“形”来写“神”，兼顾形与神、意与境。其实我们强调意境，就是注重于情感的描绘。还有一点值得注意：中国的艺术是向善的，是心灵化的，是文人化的；而西方艺术则偏重于创造典型形象，重视心理的描绘，重视客观，重视感性，重视个别，比如我们在古希腊雕塑中看到的人物形象。

刚刚进入大学来读书的年轻人，有时会认为老师们有点“学究”，有点“迂腐”。我年轻的时候，思维比较活跃，也蛮讨厌学校的教学系统，有时候甚至要给老师唱唱“反调”。我中学的时候，上课经常举手：“老师，你说的不对！”为什么呢？我回去读那个古文，那个时候属于“文革”后期，已经开始恢复正常教学了。这个古文翻译里面有很多字是很特别的，但老师是不管的，经常读错别字，他都这么教的，教了以后我回家都这么读的，我父亲虽说是建筑师，但也是“民国”老大学生，国学底子好，他站在后面说：“你读错了。”他说应该是怎么读的，第二天我现炒现卖，所以老师看到我这个小男生很头痛。我当时个子很小，坐第一排，因为是转学到父母工作的城市，在班上比人家小两岁，人小鬼大。

我认为，大学只是一个知识传授的机构，你能够从这里学到知识，但是真正的智慧却需要你从现实生活中去获得。所以我用一句话结束本讲：知识关乎事物，智慧关乎人生；知识属于社会，但智慧属于个人；知识可以传授，但智慧不能转让，可以启迪。读书再多不一定有文化。读书再多，一个人如果是极端自我的人、自以为是的人、不顾别人感受的人，终究是一个没有文化的人。

第九讲　东方审美精神的安然之境
——重读《阴翳礼赞》的体会

通过阅读日本唯美派作家谷崎润一郎的散文《阴翳礼赞》，我们来深刻体会文学家特有的观察视角，其细腻而又生动的文笔中，诠释了日本传统文化的精髓。通过阅读该篇散文，我们可以从《阴翳礼赞》的文辞、“风流即清寒”的情境、“污秽出文雅”的器物、“薄暗光线里”的饮食、“殿堂庇檐深”的意象等五个方面，分析《阴翳礼赞》带给我们隽永的美学意味，总结出精神安然的东方审美之境，进而探讨现代设计的东方美学意蕴。

日本唯美派作家谷崎润一郎（1886—1965）的散文集《阴翳礼赞》，以文学家特有的观察视角、细腻而又生动的笔触，诠释了日本传统文化精神，带给读者隽永的东方美学意蕴。《阴翳礼赞》是谷崎先生的散文集，其中包括了“阴翳礼赞”“懒惰说”“恋爱与情色”“厌客”“旅行杂话”“厕所种种”等六篇散文。虽然是一本散文集，却让我们读出了其中的美学意味，如若用一种设计美学研究的视角再精读这本书则更是令人遐想翩翩，不失为东方设计的美学宝典。这就如同英国文学家、“艺术与手工艺运动”的旗手罗斯金的《威尼斯之石》一样，尽管是19世纪英国文学史上的名篇，罗斯金以娴熟而优美的文笔，写了威尼斯的建筑和艺术。尤其是那篇经典的“哥特式的本质”，被多家出版社单独出版，成为早期设计理论不可或缺的必读经典。读文艺味十足的散文，或许是非逻辑的，然而在优美的文字之间，似乎又有着内在的逻辑关系。如果说“杂感五章”是一篇评论文章，自然无法构建起大论文缜密的逻辑框架，能够品鉴出文字背后的美学意蕴已经是最大的收获了。近几年，设计学术界热议设计创新和设计智造，面对西方设计潮流，如何确立中国设计的文化自信、文化自觉，我们似乎从中也可以得到一些启发。

一、“阴翳礼赞”的文辞之美

光阴之美，不舍昼夜。《阴翳礼赞》封面上的这八个字，已经点出了这本小书的隽永诗意。要不是庚子陬月江城疫情肆虐，恐怕也难有如此闲寂的心情细细品读这本小书的行文之美。日本文学向来喜欢描写生活中细枝末节的小事，甚至有时读起来显得琐碎。除非内心有的是平静和气定神闲，不然会觉得那些细节很是无聊。如果当其为美学书籍来读，用今天设计界普遍存在的浮躁心态，则无法领略这本书的真正美学内涵，自然也无法体会和表达真正的东方美学意境。

“阴翳”似乎是东方人才理解的一种境界，“阴翳”的词汇看起来有些生僻，这种语境既需要传统文化的生活积累，亦要有东方文人雅士深厚学养的冥想空间。迄今为止，我国江南吴语地区在某些地方仍然沿用“阴翳”二字来形容树荫之意。谷崎先生的《阴翳礼赞》，文笔舒缓、娓娓道来，许多话题在不经意间晕染开来，给读者带来温馨的美感享受的同时，让读者领会令人遐思的东方人生智慧，感受纵然阳光真美好、阴翳不可缺的风雅之情。与西方人崇尚光明耀眼和张力外显的美学表达不同，东方美学余韵缭绕、悠远绵长，往往存在于那片或明或暗的朦胧之中，真正是“蓦然回首，那人却在灯火阑珊处”的意境，值得慢慢品味。离开了阴翳和微明的独特美感，隐逸、静默的东方美感魅力将消失殆尽。《阴翳礼赞》虽然篇幅不多，却字字千金、妙语连珠。闲暇之余，能够把盏品茗披览此书，不仅仅是修身养性的消遣方式，从中亦能有滋有味品鉴出东方设计美学的余韵来。

多年来，《阴翳礼赞》有不同的中译文字流出，要说更加贴切而凝练，还要数上海译文出版社 2010 年这个版本。翻译者陈德文在《阴翳礼赞》的后记中说：散文集“集中体现了作家对东西方（尤其是日本和国外）文化、文学艺术的独特视点。作者对于这两者的差异，进行了深入而细致的剖析。应该承认，谷崎的分析是中肯的，令人信服的。作者的笔墨也触及了中国文化和中国人的生活层面，虽然年代久远，中国早已今非昔比，对于认识我们的历史文化和开创新的文明生活也有一定的参考价值。”[①]翻译者的这段话基本说清楚了读散文集的现实意义。面对政治、经济全球化的到来，文化思潮、审美欣赏的趋同化不言而喻，已经成为东西文化冲突和争论的焦点，如何确立自身的文化自信和文化自觉？不仅要树立正确的文明史观，还要有科学的价值观和方法论，更需要深切体悟和欣赏自身文化独特的美学语境。

早在一百多年前，马克思、恩格斯在谈到民族文化时就预言：“它们被新的工业排挤掉了，新的工业的建立已经成为一切文明民族的生命攸关的问题；这些工业所加工的，已经不是本地的原料，而是来自极其遥远的地区的原料；它们的产品不仅供本国消费，而且同时供世界各地消费。旧的、靠本国产品来满足的需要，

---

① 谷崎润一郎著，陈德文译，《阴翳礼赞》，上海译文出版社出版，2010

被新的、要靠极其遥远的国家和地带的产品来满足的需要所代替了。过去那种地方的和民族的自给自足和闭关自守状态，被各民族的各方面的互相往来和互相依赖所代替了。物质的生产是如此，精神的生产也是如此。各民族的精神产品成了公共的财产。民族的片面性和局限性日益成为不可能，于是由许多种民族的和地方的文学形成了一种世界的文学（中央编译局译注：这里的文学特指科学、艺术、哲学等方面的书面著作）。"[①]《共产党宣言》里描述的境况已经被言中，东方文化遭遇了处于强势的西方主流文化的夹击，传统伦理、道德、价值观和审美趣味面临挑战。互联网时代的文化资源共享，遭遇了科学认知、文化视野、美学趣味和评价标准的困扰，东方设计审美的形而上抽象理论如何转化为现代设计语言？重读谷崎的《阴翳礼赞》，仿佛慢慢品鉴出了东方设计至善至美的意境来。

了解《阴翳礼赞》这本小书，是受到日本设计界友人原研哉先生的推介。早在十多年前我曾邀请他到苏州大学艺术学院讲学，送了我日文版《设计中的设计》和《RE DESIGN 日常的 21 世纪》两本书。他在《设计中的设计》一书中饶有兴致地讲到了读《阴翳礼赞》这本书对他后来设计的影响。《设计中的设计》在中国被大量翻译出版以后，影响力极大，我又购买了此书的中文版，得以细细研读、全面理解原研哉的设计理论思考。原研哉是继日本老一辈设计家永井一正、粟津洁、横尾忠则、福田繁雄、浅叶克己之后，日本中生代国际级平面设计大师。原研哉早年毕业于著名的武藏野美术大学。他现任日本设计委员会理事长、日本东京设计中心株式会社代表、武藏野美术大学教授，他不仅担任了无印良品（MUJI）艺术总监，而且还为丰田汽车等企业服务。2016 年 9 月 27 日，我曾经和武藏野美术大学现任校长长泽忠德教授在上海相会，我们用笔谈的方式谈到原研哉的设计贡献：进入 21 世纪以后原研哉的设计和学术影响力实际上远远超出平面设计的领域，涉及建筑、工业设计等非常广阔的领域，已经成为推动 21 世纪日本设计改革运动的重要旗手之一。他在《设计中的设计》第六章"在日本的我"中，谈到了日本文化的深层含义。他曾经回忆过自己在大学时期初读《阴翳礼赞》时的不知其所以然，但随着时间的推移，个人阅历丰富以后再读此书，开始慢慢领会到书中那优美文字间流淌出来的日本传统美学精神，对他后来的设计产生了深远影响。

尽管《阴翳礼赞》是一部文学作品，但表达出的东方文辞、语境和美学意义，已经超越了一般文学作品，被当代日本许多设计师奉为设计美学的宝典。包括原

①马克思、恩格斯著，中央编译局译，《共产党宣言》，人民出版社，1973

研哉、隈研吾、黑川雅之、深泽直人，以及灯光照明设计师面出薰等人无不是《阴翳礼赞》美学理想的簇拥者。他们都是当代日本极具国际化视野、又具备东方设计美学立场的著名设计师。作为日本建筑、工业设计领域的“领军”人物，黑川雅之的设计涉及建筑、室内、家具以及产品设计多个门类，是跨领域的设计大师。有些评论家就称赞黑川雅之是一位抒情诗人，他的设计作品仿佛在时间与空间中徜徉，着力在寻觅人类灵魂的栖息地。黑川雅之对于日本美学的系统性整理全部著述于他的《日本的八个审美意识》一书之中，即所谓的微、并、气、间、秘、素、假、破。按照他的说法，这八个审美意识不分主次，属于并列互补的关系。管中窥豹、略见一斑、独立而统一、无形有力、即若即离、秘而不宣、返璞归真、顺势而为、不破不立，它们没有讲所谓设计人常讲的外显图式，讲的却是设计的思想、意识、灵魂和哲学，听上去有点庞杂，彼此又似乎融合在一起，这即是我们非常亲切的东方式思维。他的设计哲学来自传统又超越传统，完全是日本式的设计思维，但又以简约风格的呈现与现代设计潮流相契合，真正是做到了“细微处有神灵，素朴间有乾坤”。鉴于黑川雅之在当今设计界的成就和影响，他提出的“八个审美意识”也成为设计师不可不读的设计“圣经”。

另一位日本设计大师深泽直人则以“无意识设计”独树一帜，他说的无意识实则是将无意识的行动转化为可视之物的设计，但这种设计转化是没有任何显像痕迹的，具有了设计师主体虚空、禅定的东方意境，进而影响消费者而沁人心灵，以此来实践他“唯有美食与设计不可辜负”的诺言。深泽直人堪称“教科书”式的设计师，他曾经获得过美国 IDEA 金奖、德国 iF 金奖、英国 D&AD 金奖、日本 Good Design等几乎所有国际设计界的重量级奖项。2003年又加入无印良品(MUJI)，与原研哉共同奠定了无印良品的设计语言：日常与极简。所谓日常即是平实的意思，极简主义讲的就是素朴，在一丝一毫间，多一丝则繁复，少一分又苍白，没有粗暴拼贴和街头波普化的粗陋图形，更没有刻意图解化的表达。一件件充满极简主义设计理念的产品精细唯美，反映了时代审美要求，深受广大消费者的喜爱。体现了原研哉、深泽直人个人设计手法、审美趣味与价值观的综合平衡能力。由此可见，无论从事什么样的设计，显示到更高国家文化层面，彰显国家美学精神的设计表达共通的方式，都可以随着边界、技术、语境的发展，既追随国际化设计流行风尚，又体现自身民族的设计精神而不同。即使设计师的创作领域不同，但设计作品也能直接反映出设计师思考东方精神的深度思考，通过合理的表达方式将设计师与消费者的共同审美理想呈现出来。

原研哉曾说直到自己真正走向设计实践工作岗位以后才慢慢看懂了《阴翳礼赞》这本书，并逐渐从中生发出一种理念，也就是他反复提出的“白”和他设计作品中细节部分注重细微的曲线变化，将设计出来的产品当作空的容器，虚空、和缓、容纳着一切，用以承载人们无限想象的生活方式，在“无印良品”一贯追求阴翳、素朴、极简的风格中得到体验和回味的验证。由此可见，尽管是一本小小的散文集，对于设计师产生的影响有多大，同时在当下国际设计潮流全球化态势下，也是对设计文化和民族传统虚无主义有力的诘问，这是我如此重视和推荐这本散文集的首要理由。

对于东方语境和传统工艺文化的阐释，前有谷崎的《阴翳礼赞》、柳宗悦的民艺运动，当今则还有千叶大学宫崎清教授的“造乡运动”。百十年来他们抱着对传统文化的热爱，怀有东方文化审美的情感，持之以恒，确立了日本当代设计的美学趣味，并逐渐形成了独特的国家设计美学品格。特别是 20 世纪初柳宗悦先生提倡的“民艺运动”，他热诚希望从日本民族文化生活的细节中发掘美的东西，客观上带有启蒙意义，进而推动了日本现代设计美学风格的形成。譬如，柳宗悦倡导从日本陶器当中体会质朴、实用的美学风格，柳宗理积极实践工业设计的日本民族文化风格化的理想。2010 年上海世博会后，原研哉刚刚参加完威尼斯双年展后即来华，我们在苏州 800 年老街平江路的“礼耕堂”再次相会，席间我们畅谈了当代日本设计、设计文化、设计精神和设计教育未来发展等问题，原研哉说了一句意味深长的话，他说：“我不认为日本的设计是国际化的，日本的设计就是日本的，之所以日本设计行销全世界，说明日本的文化影响力。”他的这些观点在他后来出版的另一部设计专著《欲望的教育》中得到了印证。

重读《阴翳礼赞》，究竟读到了什么？文字所述的场所、物件、食物等讲出了什么样的体验？不知不觉从文章的遣词造句中，细细回味悠悠然的东方语言风格背后的潜台词。阴翳、黯淡、文雅、闲寂、雅致、薄暗、幽深、空、禅定，乃至“风寒即风流”“污秽出文雅”“精神安然”等言辞和文句，与其说它们是日本的，不如说也是中国的，更是东方的美学语境。

我想这即是需要体会的“阴翳可礼赞”文辞之美，潜移默化引申出设计学界应该深思的东方设计文化语境。

二、“风流即清寒”的情境之美

读《阴翳礼赞》最吸引我的即是那句具有浓郁美学意味的“风流即清寒”。“风流即清寒”究竟是有我之境还是无我之境，恐怕欣赏者个人阅历、修养不同，给出的判断也不一。论及东方人对于情境之说，必引王国维先生在《人间词话》中所讲：“大诗人所造之境必合乎自然，所写之境亦必邻于理想故也。”好的诗词“有有我之境，有无我之境。‘泪眼问花花不语，乱红飞过秋千去’‘可堪孤馆闭春寒，杜鹃声里斜阳暮’，有我之境也。‘采菊东篱下，悠然见南山’‘寒波澹澹起，白鸟悠悠下’，无我之境也。有我之境，以我观物，故不知何者为我，何者为物，古人为词，写有我之境者为多，然未始不能写无我之境，此在豪杰之士能自树立耳”[①]。静安先生所说的词学理论其实是美学。清寒即是一种情境，有我和无我、实体与虚拟把控的是居住者与来访者内心的性情，或孤逸而高洁，或陶醉于静谧深远的文学情境，精神所以安然。

《阴翳礼赞》从“阴翳造就了东方建筑美”这一观点出发，用文学语言探讨了东方建筑和美学趣味的精妙之处。日本建筑设计深受中国建筑营造观的影响，我曾造访过日本南端鹿儿岛的仙岩园，仙岩园有水、有亭、有榭、有阁，布满奇树异石，既清幽又舒展，和鹿儿岛活火山隔海峡而相望，一派文人大气象。作为旧时萨摩藩藩主岛津家族的府邸，这座有700年历史的园林，园中的山石、理水、植物无不具有中国明代园林的影响。单是园中的修竹，就是途经琉球从中国东南地区移栽而来。明代吴江人计成遗有《园冶图说》一书，对建屋造园的工巧和法度多有陈述，崇祯乙亥计成的友人郑元勋评价该书并题词曰：“若本无崇山茂林之幽，而徒假其曲水；绝少‘鹿柴’‘文杏’之胜，而冒托于‘辋川’，不如嫫母傅粉涂朱，只益之陋乎？此又地有异宜，所当审者。是惟主人胸有丘壑，则工丽可，简率亦可。否则强为造作，仅一委之工师、陶氏。水不得潆带之情，山不领回接之势，草与木不适掩映之容，安能日涉成趣哉？”[②]郑氏讲的是居家造园的理想与心得。所谓“鹿柴”指的是唐代诗人王维有《鹿柴》诗曰：“空山不见人，但闻人语响。返景入深林，复照青苔上。”“文杏”是文杏树的异种，该树木质纹路上很有文采。相传西汉时修筑皇家林苑，地方权臣敬献异物树种文杏。“辋川”则是王维位于终南山下的一处原野，筑有辋川别墅，此地诸水汇流如辋形，山重

①王国维著，《人间词话》，开明书店，1947

②（明）计成著，赵农注释，《园冶图说》，山东画报出版社，2004

水复，变幻无穷。郑元勋因此提示大家“草与木不适掩映之容”是不能成趣的。可见东方人在构筑庭院和情境理解上与西方人有着不一样的思考。日本自古有崇尚汉学和中国建筑文化的传统，这得益于1200多年前日本多次派遣唐使来大唐学习，带回了律法、典籍、工巧，对日本后来的政治、经济、文化产生了全方位的影响。甚至在江户、明治时代天皇宫中都设有儒官专门负责为天皇讲解中国典章、草拟文告。

日本明治维新之后开始脱亚入欧全盘西化，面对西方工业文明对日本日常生活和传统文化的冲击，日本精英阶层分成两部分：一部分人积极推进日本全社会的近代化进程，提出全面向西方学习，“大政奉还”又“君主立宪”；一部分传统学者和文人则坚守传统，力图固守汉学的统领地位，反映了当时日本朝野许多人力求回归日本传统，保护民族文化的强大呼声，提出了所谓“兴亚策”。甚至大清国某些中低官员和日本朝野互为呼应，提出了“中日合帮论”等论调，这股潮流暗合着正在积蓄力量的日本军国主义分子的不良野心。进入20世纪，柳宗悦提倡的“民艺运动”，正是有感于日本当时全面西化的实际情况，客观上为日本工业化浪潮和工业设计美学风格的形成起到了推波助澜的作用。《阴翳礼赞》恰好反映的是这一时期日本人在东西方日常生活领域和审美趣味上的冲突。

谷崎先生面临的正是日本社会生活方式深刻转型的时代。“如今，讲究家居的人，要建造日本式的房子住，总是为安装水电、煤气而煞费苦心，想尽办法使得这些设施能和日式房间互相适应起来。这种风气，使得没有盖过房子的人，也时常留心去过的饭店和旅店等场所。”[①] 他首先以盖房子的经历谈了自己的体会：“一扇格子门，依照兴趣并不想安玻璃，然而要是全使用纸，则不利于采光和关闭。没办法只得里边贴纸，外边装玻璃……纸后头有玻璃，仍不像真的纸门那般温润柔和，有点儿令人生厌。”[②]因为，在他看来玻璃透明而又亮晃晃的感觉，实在有些西方式的“粗暴”，没有用纸裱糊来得含蓄和文雅，那“微弱光线所形成的阴柔之美”就会消失，因而无美感可言，于是就来了个折中主义的处理手法。为什么必须用纸裱糊窗和门才是和缓的、温和的？写及纸的话题，谷崎先生用了听说纸“是中国人发明的”这样一句模棱两可的话，并用带有轻视的口吻说那些西洋纸是没有感触的，在日本只能当作实用品，而中国纸和日本纸却有让人感到温馨和舒畅的感觉。我们知道日本纸的白，不是纯粹的白，而是白得有些混浊，这是

① 谷崎润一郎著，陈德文译，《阴翳礼赞》，上海译文出版社，2010

② 同上

让人感觉温和的白。日本居室的采光，也很注重阴翳的美，让整个房间笼罩在轻微的昏黄中……尽管纸张同样是白的，但西洋纸的白和“奉书纸”“白唐纸”的白，是决然不一样的白。“奉书纸”“白唐纸”的白如同“初雪霏微，将光线含吮其中，手感柔软，折叠无声。这就如同触摸树叶，娴静而温润”[①]。谷崎充满着对西洋纸的鄙视，说是一见到闪闪发光的东西就心神不定。所以他会更加地喜欢“那些散逸室内、倏忽不定的外光附于昏暗的墙面。艰辛地保存其性命，我们偏偏喜爱这纤弱的微明”。“奉书纸”即是用树皮呈蝉灰色、肌理平滑、枝条粗壮而平展的楮树纤维制造的，比较厚实的高级日本纸。而“白唐纸”则使用云母、贝壳等研制的白色胡粉刷成各种花纹的中国纸，这些听起来就讲究的东方纸，怎么也够温润和含蓄的了。

谷崎既感慨生活的美是由生活实践中发展起来的，但也感叹不知何时在“阴翳”中发现了它的美。如果我们将日本的庭院和居室看作是水墨画，障子门就是墨色最浅的地方。“日本居室的美完全依存于阴翳的浓淡，别无其他任何因素。西方人看见日本居室，为其简素而震惊，只有灰色的墙壁，而无任何装饰，这对他们来说，自然难于理解，因为他们不懂得阴翳的奥秘。”[②]谷崎散文的遣词造句颇为用心，对于居家的描述，丝丝入扣。日式住宅为何要远避直射的阳光？理想的场所应该是“庭院里反射过来的光线透过障子，静悄悄映进室内。我们厅堂美的要素就靠着这间接的微光。”[③]素朴、温润的美感需求，落实到细微之处，则是主人可以安妥心灵的场所。

中日两国士大夫阶层极其崇尚隐逸文化，讲究清远、退隐的场所精神，努力营造不事张扬、处事低调的人生格局，以显主人性情的高洁。在他们看来建筑不仅仅是用以居住的物理空间，也是居住者人格、品性、精神和心灵的安养之境。“无论从哪一方面说，‘隐士’这个名词和它所代表的一类人物，是中国社会的特产。‘隐士’的含义，是清高孤介，洁身自爱，知命答理，视富贵如浮云。”[④]应该说传统的隐士野老秉承的是消极的人生态度，但不同于悲天悯人的佛教思想。许多隐逸人士的人生观虽然不积极，却含有达观的情绪，确切地说有的“隐”是为了今后的进，退与进实则充满着东方式的智慧。衍生出的隐逸文化，影响了士大夫阶层的审美趣味。

---

① 谷崎润一郎著，陈德文译，《阴翳礼赞》，上海译文出版社，2010

② 同上

③ 同上

④ 蒋星煜，《中国隐士与中国文化》，上海三联书店，1988

日本文化深受中国传统文化影响，慢慢确立起清寒意远的美学追求。谷崎先生追捧的“风流即清寒”有着日本独特的美学意蕴，也有“隐”的含义。中国人理解的“清寒”二字，按照字面的解释，意为清贫和贫寒之意，同时还有寒凉、寒冷的意思。“清寒”二字源自《晋书·文苑传·王沉》：“王沉，字彦伯，高平人也，少有俊才，出于寒素，就有‘仆少长于孔颜之门，久处于清寒之路’。”[①] 清寒之意，后来成为士大夫们诗咏的一种精神寄托和思想境界，清朗而有寒意。宋代就有大文豪苏东坡的《阳关词·中秋月》曰：“暮云收尽溢清寒，银汉无声转玉盘。”明代以后文人用“清”“寒”二字嵌入其间的诗歌数不胜数。“风流”在中国人的理解中专指人的风度、仪表和风姿。“风流”此词出自《汉书·赵充国辛庆忌等传》：“其风声气俗自古而然，今之歌谣慷慨，风流犹存耳。”[②]当我们将中国美术学院象山校区民艺博物馆作空中鸟瞰时，一片片黑瓦被分隔成高低不一、错落有致的几何状结构，掩映在起伏的山体和植物的阴翳之中，充满着传统的诗意境界，没有浮华矫揉造作之感。隈研吾所强调的反物质精神，正是和谐于自然的“阴翳”和古典禅意美学的最好体现，不得不承认他的文化基因里也是深受“阴翳”美影响的。隈研吾的建筑设计手法匠心良苦，在民艺博物馆环形廊的设计上用了朴实无华的灰瓦，吊置在钢丝编织而成的悬空网上作墙面装饰。一片片灰色的瓦与钢丝网组合，外隔临水设计和落地大玻璃，垂直形成柔和半通透墙体，阳光经过一定的阻隔流泻进来，不同时段呈现出不一样的视觉空间，斑斑驳驳、光影婆娑，营造出一片风朗之境。

谷崎先生第一次使用“精神安然”这几个字竟然是描写厕所，原本污秽的如厕之事，在他的笔下也能够写得如诗如画，妙趣横生的语言修辞令读者流连忘返，不能不说是谷崎先生文学功底深厚的绝妙之笔。由于日本传统宅院中厕所特有的地理位置，厕所两旁夹弄的寂寥，隔断木板上清新纹理，举头仰望天空时，绿树映衬的美景和可以静听淅淅沥沥的细雨声，都勾画出适宜的薄暗和清幽。透过理解和体会“阴翳”，读者的厕所观被彻底颠覆。“日本厕所更能使人精神安然。这种地方必定远离堂屋，建筑在绿叶飘香、苔藓流芳的林荫深处。沿着廊子走去，蹲伏于薄暗的光线里，承受中微茫的障子门窗的反射，沉浸在冥想之中。”[③]这里

①《二十五史·晋书·文苑传·王沉》，上海古籍出版社、上海书店，1986

②《二十五史·汉书·赵充辛庆忌传》，上海古籍出版社、上海书店，1986

③谷崎润一郎著，陈德文译，《阴翳礼赞》，上海译文出版社，2010

“微茫”二字用得实在是好，朦胧的、薄暗的，谷崎将获得风雅的真髓，归结到厕所的幽深和悠然中去体验，仿佛是只可意会不可言传的梦中呓语。

日式的宅院设计绝没有多余的繁复装饰，这和苏州私家园林的美学追求又是何等的相似。一方面是文质彬彬、无上风雅；另一方面又有心情的肆意和放任。体会一个“寂”字显示主人内心孤独、性情悠远的品性，甚至渴望有些清教徒式的清寒，来抒怀自己的意气。这时主人的“禅”心方可入定，面对芸芸众生浮华世界，慢慢品味宅寂、悠然、旷达的美学意境。

风流即清寒，所以精神就安然，依着王静安先生的情境说和境界说，恐怕这也真的是人格高逸的寂寥之境了。

三、“污秽出文雅”的器物之美

谷崎先生在《阴翳礼赞》中所言“污秽出文雅”的别样意味，以我的理解，“污秽”并不是不洁，而是一种历史的沉淀和内涵，是另一种阴翳和黯淡。置于特定的环境中，席地而坐、凭栏远眺、坐而论道，文人间把玩文玩的好古心境，似有回归故国家园之感，这使我联想到晚明李渔的《闲情偶记》。李渔丰富多彩的一生横跨明清两朝，虽然后人毁誉不一，但他的著述为我们留下了宝贵的文化财富。作为一本杂记，《闲情偶记》记述广泛，涉及了戏曲、丝竹、歌舞、园艺、古董，乃至饮馔美食和植物花草等杂项都有撰述，是一本以闲适的心情鸟瞰生活的百科全书。该书既体现了李渔内心玩世不恭的人生态度，又集玩物、雅趣与文墨修养于一身的秉性。虽然记述的是生活杂事，也不乏琴曲、营造等高雅经典，但对于后人了解古人的修身养性、技艺工巧、琴棋书画、居家审美都是难得的艺术文献。李渔和谷崎两位作者相隔三百年，《阴翳礼赞》却有类似《闲情偶记》般的把玩心理。只不过《阴翳礼赞》少了“之乎者也”学究式的酸腐文笔，多了娓娓道来的轻松与惬意。

日本素有崇尚中国文玩的传统，特别推崇所谓“唐物”，直到今天日本各大寺庙、正仓院、帝国博物馆乃至私人藏家，流传有序的国宝级唐宋文物比比皆是。虽然有江户时代穿越明朝政府的“海禁”政策和德川幕府时代的“锁国令”，数量可观的中国文物与典籍仍然批量化来到日本，贵族、文人将这些文玩和儒家经典融入日本的日常生活之中。譬如，从中国传来的饮茶之风，甚至被演化为追求器物精美，具有浓厚宗法色彩和煎茶待客的道统礼制活动，原本新兴的茶道获得了发展契机，形成了当今日本茶道的几大宗派，并推首领为“宗匠”，获得了极高的地位。谷崎对于日本人爱好古董着墨颇多，喜好宋元瓷品的成为习俗，迄今宋明两朝的茶盏在日本时有发现，可见日本民间古物收藏之水颇深。在国内出版的相关图录上刊登的许多宋元建盏藏品，大都来自日本民间藏家，而且流传有序、包装精美。

谷崎甚至将日本人珍爱古玩、崇尚有历史的陶瓷许为“国民性”。对器物的态度，谷崎列举了和西洋人的种种不同。“西洋人的餐具也用银制、钢制和镍制，打磨得锃亮耀眼，但我们讨厌那种亮光……相反，我们喜欢那种光亮消失、有时代感、变得沉滞黯淡的东西。”①谈到中国人钟爱的玉石，谷崎的语气就更加抱有赞叹的意味：“一看到那浑厚蕴藉的肌理，就知道这是中国的玉石，想到悠久的中国文明的碎屑都积聚在这团浑厚的浊云之中，中国人酷好这样的色泽和物质，也就没有什么奇怪，可以理解了。”②因此，他认为“无论天然宝石还是人工器物，肯定都带有令人想起那个时代光泽的云翳。中国有‘手泽’一词，日本有‘手臭’一语，长年累月，入手一摸，将一出磨亮了，体脂沁人，出现光泽。换句话说，就是手垢无疑。”我想这“手泽”“手臭”“手垢”即是我们常说的包浆了。而这种存于器物表面经过长期把玩流行的手垢经过了岁月的摩擦，在西方人看来是污秽之物，必须擦蹭干净方心头舒坦。但是，中国古代和日本传统的文人雅士们却对带有人的温度的体脂、污垢、油烟和风雨蹭摸过的老物件是如此的喜爱，古董身上悠悠的光泽与沉稳的色彩，被看作是岁月的沉淀和内涵的流露。而且，所有的这些喜好又潜移默化地渗入人们对建筑和器皿的喜好之中，成为一种“国民性”的美学偏好。所以，在这一点上日本和中国的文人雅士找到了共同语言。所以，对老器物的审美具有了特殊的含义，污垢有时候被认为是美的。例如用紫砂壶泡茶，茶和茶壶一般都要用热水滤一遍，而滤茶之后的水，可以用来“养”壶。长此以往，用茶水灌浇“养”过的紫砂壶，壶身变得圆润，深沉而有光泽，壶的内壁积累了一层茶垢，却是成长的见证，浓缩了相互陪伴的时光，显示一件古老器物之韵，更是对阴翳的另一种礼赞。在崇尚诗文才学的古代中国，文房和书斋是传统文人修身养性、气质养成的地方，书斋案头的文房雅件，蕴含着独有的生活情趣，文房雅玩就成了古代文人陶冶情操的把玩之物。有“明末五子”之谓的文学家、戏曲家屠隆著述的《文具雅编》不厌其烦地列举出了40余种文房用具，诸如笔筒、

① 谷崎润一郎著，陈德文译，《阴翳礼赞》，上海译文出版社，2010

② 同上

笔架、笔洗、镇尺、磨床、砚台、印章、竹雕等。后来又把鼻烟壶、核桃制品及文人案头书桌可用以把玩的各类精巧小摆设件均列入其中。文房雅玩的材质极为丰富讲究，包括金、银、铜、玉、瓷等，而且多是成组出现，如紫檀的笔筒、枕木、镇纸或者竹雕的笔架、笔洗、摆件，组合而成的品类繁多不一而足。古人的智慧和才情都藏于文房的小天地中，文房用器集材质、工艺于一体，文房清玩又往往凝聚着士大夫毕生的心血。如果再将团扇、折扇、金石、拓本、手卷等也包罗进来，可以讲没有哪一类艺术品有它所拥有的历史渊源和厚重的文化积淀丰富。

日本人对文房珍玩有着天然的崇尚之情，构筑起浓郁的书香氛围，成就了士大夫精神世界的别有洞天。明末秀水人沈德符就将文房雅玩列为赖以成就文人闲赏优雅生活的“玩好之物”。如何营造优雅的读书环境，如何配置雅致的室内陈设，并能够随时上手把玩，有时甚至比读书更重要。明代戏曲家高濂在其所著《遵生八笺》中就认为“文房器具非玩物等也”。古代士大夫孜孜以求、视为梦想的案头清供，成为当今艺术界、收藏界、学术界日渐追崇的珍玩宝物。我从日本曾经购回明治九年（1876）三册装袖珍型和刻本《圆山胜会图录》，这本由鸠居堂熊谷氏藏版的刻本，仅有巴掌大的图录，雕版精美被大量刊印，说明日本对古董喜好的广泛民意基础。《圆山胜会图录》详细记述了 1876 年秋末初冬，由鸠居堂的熊谷家为主人，遍邀日本古董商与收藏家，每人主持一席，来札幌圆山举行了圆山煎茶道茶会，根据文献描述可谓盛况空前。席上每个摊主陈设有独立的茶席，挂有中国宋元明清的书画，细读《圆山胜会图录》所列器皿、书画的名录，图录还绘有每一个摊位的陈设摆放图景，仅书画就囊括了宋元各大名家，吴门四家、清四家、黄道周、祝枝山、董其昌、王铎，几乎成全了中国美术史，可见日本当时的博古风气名重一时。各类铜鼎彝器、瓷件茶具、博古珍玩比比皆是。即便到了今天，据旅行者所言，当年的茶席地点都还叫得出来，圆山一片清池碧树，飞鸟游鱼。虽然，青山红树林中群贤毕至的博古盛况不能再现，但刊刻留世的《圆山胜会图录》却给我们留下了永久的文化印象。文房雅玩就是人生旅途中的邂逅，无言而温馨，足以抚慰文化人疲惫的心，以感怀岁月的流淌，用别样的情愫温暖心灵。

谷崎先生的用笔举重若轻、诗意悠然，即便令人感觉匪夷所思的事物，他写得也不仅合乎情理，而且理之所然。中日两国一衣带水，近代以来遭受日本军国主义侵略，国仇家恨集于一身，由此产生了不可名状的复杂心理。但是，不可否认两国之间传统文化的友好交流历史也源远流长，日常生活中的美学判断、审美趣味有许多相似性和继承性。在西方人看来如此晦涩的文字，又让人不禁感叹手泽、手臭、包浆、污秽等词汇如此文雅、内敛和醇厚。

体会“污秽出文雅”的语言内核，日本当代设计为什么偏爱色彩的彩度、灰度的拿捏与把控？不正是钟爱古董悠悠的光泽与沉稳的色彩，以及追求岁月的沉淀和内涵的流露？如果上升到美学的高度来认识，东方审美的独特性又在于东方人亘古的含蓄和内敛，产生了形而上认识的独特性。也许西方人的形而上建立在理性存在基础之上，东方人的形而上却是在儒、佛、道影响下的心灵拷问，是建立在“生成”基础之上的养心之学。前者追求“永恒”，后者却是“无常”。阐述中国传统文化时，我们常常会用“儒为表、释为心、道为骨”来形容，与专注于“存在”的西方世界一味肯定“有”不同，东方人注重的是“生成”和“有无相生”。如果说西方美学追求的是注重“有”和“秀”等可感因素的话，他们往往通过再现、模仿、典型化的手段，着重于表达美和真的统一。而东方人的美学追求，通常平衡在有与无、秀与隐之间的内在冥想和情感张力，注重的是情感表现和意气抒发。所以东方审美偏重于伦理学，侧重于美和善的统一。如同把玩古董时注重于手泽和体验，偏重的是经验形态，大多有印象、即兴和体悟之感，带有某种时间性、直观性和经验性。所以，我们追求的东方审美意境，就在于意象（心和物）、中和（变杂多为统一）、感兴（直觉上升为意念）的特征之上。

由此可见，要想读懂《阴翳礼赞》中“污秽出文雅”的东方意味和学术意义，缺失了固有的精神特质、在地体验和人文语境，也是枉费心机。

四、“薄暗光线里”的饮食之美

“薄暗光线”可说是另一种阴翳的综合体验，品鉴美食的有滋有味，离不开薄暗光线的空间与环境，薄暗成了阴翳和光线的条件。

日本料理被称为“眼睛的菜”，最令我垂涎欲滴的是写“羊羹”的美馔之绝。谷崎先生写的“羊羹”，借用了另一位明治作家夏目漱石在《草枕》一文中赞美羊羹的美誉之词。“冰清玉洁的表层，深深汲取着阳光，梦一般明净，含在嘴里，那感觉，那深沉而复杂的色相，绝非西式点心所能见到。奶酪等与之相比，何其浅薄、单调！这羊羹盛在漆器果盘里，其表面的色泽看起来明显的黯淡而深沉，同样唤起人的冥想。人将这种冰冷滑腻的东西含在嘴里的时候，感到室内的黑暗仿佛变成一个大糖块，在自己的舌尖上融化。”[①]谷崎举证京都的一家名为“草鞋屋”的餐馆，餐厅不用电灯，全然用老式的烛台，给人乡愁和恋旧的感觉。美食在日本有极精致的调烹方法，餐品取材、做工和作料配制可谓叹为观止。日料餐厅特别注重品味美食的环境，那若隐若现、略显幽暗灯光映照下的菜肴色泽、食具和周边的环境相互映衬。在有品位的日本人看来，餐厅灯火通明，加上明亮、洁白的餐具，人的食欲会大减。谷崎举例一道有如浓厚红土般汁液的酱汤，道出了日本人重视“器”与“食”关系的真谛。喝酱汤必须用漆碗，因为那幽深迷离的碗底沉淀的液体同漆碗的色泽能够相映生辉，这是体验这碗酱汤的韵味。因为，于飘忽不定的“烛影”之下沉淀在黑漆碗里的汤汁，是一种不可言状的甜美而极富意味的色彩。还有包括小碟中“黑溜”的浓质酱油，那“有光泽的汁液多么富有阴翳”，和周遭阴翳为基调的暗淡环境相匹配，不禁有身在其中品味一番的美食冲动，更有一种神秘，抑或还有一种靠悟的禅味。仿佛如我一贯的美学主张:“饮食之美，美馔与餐厅，彼此都是对方的风景。”

暗淡的光线中，微明的烛火摇曳，日本人尤其挚爱漆器食具，漆器特有的肌理里红、褐、黑都经过工匠层层堆积，器物表面发着幽深、厚重的光泽，有着无与伦比的魅力。《韩非子·十过篇》中有“尧禅天下，虞舜受之，作为食器，斩山木而财之，削锯修之迹，流漆墨其上，输之于宫，以为食器，诸侯以为益侈，国之不服者十三。舜禅天下，而传之于禹，禹作为祭器，墨染其外，而朱画其内，缦帛为茵，蒋席颇缘，觞酌有采，而樽俎有饰，此弥侈矣，而国之不服者三十三”。讲的是漆器始于四五千年前的尧舜时期，尧舜时期黑色漆器就作为食用器，禹时已有了内髹朱漆工艺的祭器。考古发现的原始漆器则更早，有的说迄今 9000 年，7000 年前河姆渡文化使用漆器已经被考古实物所证，说明中国漆工艺发源之早和文献记载之悠久。查询文献资料表明，中日两国都有原始漆器被发掘。但漆工艺在魏晋、隋唐时代的中国已经很发达，由大唐传播而来的漆器新工艺，在日本得到了长足发展。16 世纪已经有大量的日本漆器远销欧洲和中国。2017 年年底赴台湾参加亚洲设计论坛之际，我再次去台北故宫博物院参观，其时正好有一个非常精彩的“乾隆皇帝的文物收藏与包装艺术特展”，展览中看到日本莳绘漆盒在清代多用于清宫各种古玩的包装之中，以各式各样的日本漆盒来装贮珍贵文物。有一件尺寸较小，造型特殊，利用屉板或锦垫以存放文物的漆盒就是清

① 谷崎润一郎著，陈德文译，《阴翳礼赞》，上海译文出版社，2010

宫文物包装的代表作“竹唐草莳绘双袋盒”。这件莳绘漆盒原本属于两层屉盒，在上层中则加入木胎屉板以贮存玉器，屉板后则有珐琅彩绘西洋人物，下层则放置乾隆皇帝的“御笔雪梅”卷及“御临王帖”册，实在是精美无比，可见当时日本的漆工艺水平之高。源自奈良时代的莳绘漆工艺，多以金、银屑加入漆液中，干后做推光处理，显出金银状的色泽，并常以螺钿、银丝嵌出花鸟草虫和吉祥图案。还有的以淡雅风格的漆艺表现，对自然景象归纳为纹样，用比较自由的莳绘形式来表现绘画般的效果。在英国维多利亚·艾尔伯特博物馆日本馆有大量来自日本江户时代的莳绘工艺漆器用品的专门陈列。明清时期名人笔记中也有文人士大夫以拥有“倭国”来的漆制印章盒为时尚，可见日本漆艺至少到江户时代早期已经闻名遐迩。

《阴翳礼赞》中描述的食用漆器是比较质朴的器物，“绘有漂亮泥金画的光亮的涂蜡首饰盒、文几、搁板等，有的看上去花里胡哨，恶俗不堪”①。谷崎表达了对竭尽奢华的漆器的不屑。在谷崎看来，如果阴翳的店堂内没有漆器作为食用器，那烛光营造出来的迷幻世界，就无法不知不觉地将人引入冥想之境了，即便是泥金的漆器也需要在幽暗的光线里、隐逸在黯淡中，才会催发出无可名状的闲情与余绪来。日本的漆器之美，器与食互为彼此，在烛光摇曳的微黄中方可达到极致，这既是匠艺之美的体现，更是匠人精神的传承。食之初，人的生理需求当然是求饱，有闲情雅致后就有了品的意愿，经过改良食品结构，增添视觉元素，包括美食的环境的营造，这已经是综合美学的判断了。“餐厅之美，前往的食客亦有责任，人以群分，分在餐厅，彼此都是对方的风景”。所以，食也有设计，美食本身，色、香、味是统觉。食之为美，食之有味是人的感受，既有视觉的又有味觉的，是综合的统觉。再好的食物也会腻，可以不要山珍海味，不为流行所干扰，将饮食上升到品的高度，就如同台湾的蒋勋先生所言，吃的功课就有了美学意义。

日本文学家、戏剧家三岛由纪夫如此评价谷崎，他说：谷崎润一郎擅长在描写真实事物中融入细腻的自我感观，构建出一种凌驾于一般想法之上的独特魅力。与谷崎同时代的作家永井荷风则讲：在明治文坛上，谷崎润一郎成功地开拓出一片谁也不曾插手，或者说谁也不能插手的艺术领域。谷崎散文的语言唯美、隽永而又平实得令人遐想，看上去是在品味美食，实际上品味的却是东方美学的境界。

---

① 谷崎润一郎著，陈德文译，《阴翳礼赞》，上海译文出版社，2010

五、“殿堂庇檐深”的意象之美

谷崎先生充满着对古典东方美学的诗意礼赞，他将阴翳美学诠释到了极致，构建起一个“谷崎式”的东方美学理想国。阅读《阴翳礼赞》之余，深感东方传统美学精神的殿堂庇檐深远。审美意象作为大脑意识活动的产物，从具体到抽象，通过抽象产生更有深度的意象之美，进而上升为学术意义的热烈讨论。

日本现代设计善用“雅致”的有彩度的灰色系，多少含有几分阴翳的因子，给人以柔和、文雅之感，掩映着东方审美态度的追问：“阴翳礼赞”的文辞之美、“风流即清寒”的情境之美、“污秽出文雅”的器物之美、“薄暗光线里”的饮食之美、“殿堂庇檐深”的意象之美，似乎让我们回归了东方美学意味和精神文化家园。谷崎流连于模糊、幽暗、冥想的居酒屋，徜徉于幽深的庭院和寺庙，习惯于品鉴暗淡古老器物的浑厚美感，阴翳之美又衍生出许多美学的意外之象。即便如此，围绕着工业文明发展的大趋势，谷崎先生也不得不发出一声叹息：“我们已经失去的阴翳的世界，至少要在文学的领域唤回来。使文学的殿堂庇檐更深，将过于明亮的空间塞进黑暗，剥去室内无用的装饰。不一定家家如此，哪怕先有一家也行。究竟如何呢？姑且先把电灯熄灭看看吧。”①

当然，并不因为读了一篇散文，就诠释了全部东方美学理论问题，但至少为我们多维度探讨东方设计美学打开了另一扇研究的视窗。什么是东方？什么是东方美学？什么是东方设计美学？诱发出关于东方设计审美的连续追问。他山之石，可以攻玉。原研哉先生的《欲望的教育——创造未来的美意识》一书，终于由台湾雄狮美术出版了中文版，这本著作是继原研哉《设计中的设计》之后出版的又一部设计著作的姊妹篇。正如他自己所说，《设计中的设计》是他本人对于设计全面性思考的理论篇。《欲望的教育》则围绕从过去到未来一系列设计活动的轨迹阐述，可以被看作是实践篇。他在这部著作中回答了许多现代设计中关于东方设计美学的问题。尤其对于“何为‘无’的丰富”“白色对他者的意义”“设计师的职责不仅在创造商品，更要创造事件”等话题，又有了认识上的理论深化。

探讨东方设计学理论，最大的理论与实践障碍主要是两个方面：其一，许多学者从文本到文本，讲的是概念、范畴，更多的讲的是美学史，背离设计实践的实证

① 谷崎润一郎著，陈德文译，《阴翳礼赞》，上海译文出版社，2010

案例空谈所谓理论。其二，实践起家的学者往往刻意拼贴、图解文化传统和民族化，无法找到传统元素如何进行现代设计转换的方法。日本从明治维新完成近代化的一百多年时间里，走过了全盘西化到追求东方美学趣味的漫长过程，原研哉正是站在更高的文化视野上论述日本设计的今天和未来，提出了日本应该更注重设计内在“价值”的生成。原研哉、隈研吾、黑川雅之、深泽直人，乃至三本耀司等设计师通过设计作品中体现出来的寂静、禅意、空灵境界，以及缓的意境即是东方意象之美，已经将具象的初级形态抽离成某种符号化的精神意象，实现了日本设计文化的全面蜕变与更新。将原研哉的《欲望的教育》和谷崎先生一百年前所写的《阴翳礼赞》前后对照起来阅读，虽然相距百年，却有一种天作巧合的内在精神联系。回望20世纪日本设计，从20世纪五六十年代开始的一般产品的生产到21世纪重视设计产品的“事件的制造”，今天的日本更看重设计发展的精神制高点，即日本设计对于世界的文化影响力。“第二次世界大战后六十年来，日本不间断地生产着电视机、电冰箱、冷气机等家电制品，但已经到了不得不转换产业方针的时候了，日本必须超越‘功能’或‘商品’的生产国，而逐渐进化成为‘价值’或‘事件’的生产国。输出便宜且品质优良的产品或劳动力，已经是日本的过去式；现在应该要放在心中的是，如何以日本特有的传统文化或美意识为资源，将‘价值’输出到世界各国。”[①] 原研哉的设计思考，正好回应了我们正在进行的东方设计和东方设计美学研究的心路历程，并提供了有说服力的借鉴。

改革开放40年的丰硕成果，已经为东方设计美学研究提供了精神和物质基础。面对东西文化的大交流和大碰撞，关键在于双方文化概念和审美情趣上的差异，这种差异事实上也成为国际设计界互为新奇感的吸引力，成为设计师们的原创动力。当然，全球化的趋势不可逆转，一荣俱荣、一损俱损，设计审美趋同化带来的恶果是世界文化多样性的逐渐消失。而新兴的发展中国家经济高速成长，各地区、各民族文化精神又迫切需要得到承认，东方文化自觉在物质文化领域又呈现为一种新的潮流，反过来影响着西方设计的主流文化。因此，东方设计的民族化表达只有融入了时代精神，找到切合时代生活方式的设计样式，将原本初级状态的具象传统图形抽离成某种外在形式符号与内在审美精神，将传统视觉元素转化为既有自身文化特征，又符合年轻人审美趣味的当代表达方式，才可能实现中国设计的全面精神蜕变。

① 原研哉著，李伯黎译，《欲望的教育》，雄狮美术出版社，2013

设计界从设计本质上思考设计产业如何完成从一般加工制造到设计智造的创新型变革，作为强大的精神支撑，如何勾画出东方设计美学的理论体系，用以形成民族凝聚力的国家设计美学品格，探讨中国设计话语权如何表达，是摆在设计学术界的紧迫任务。顺应时代潮流，“东方设计学研究”作为国家哲学社科（艺术学）重大项目落户中国美术学院，2019年又一国家社科重大项目“设计美学研究”花落苏州大学，引发了设计学术界持续热议。原本纯粹的学术研究，却已经超越了一般设计形式审美问题的研究与讨论，上升为攸关国民经济大发展中创意产业、新经济的引擎、设计国策、国家设计美学战略的大研究，担负起社会应用的重大学术责任。然而，相对于国家设计产业的宏观要求，真正契合当代设计潮流、深受年轻消费者欢迎、具有东方美学趣味的设计产品仍然少之又少，能够上升到形而上的设计美学和设计哲学高度探讨的理论成果乏陈可数。

美是一种判断，美是一种意象，美的基础是对人、社会和生命的关怀与关注，设计价值和人生价值必然相依相存。与其说设计师直接设计的是产品，莫如说间接设计的是人和社会。互联网、大数据改变了人们的信息传播方式和生活方式，缓慢的清教徒式的生活已经成为前尘旧事，经过一段暴发户式的消费以后，人们已经不再简单地富贵相毕露与粗俗挥霍，逐渐倾向于生活态度、人生哲学与人生境界的审美评判。客观上讲，设计产品如何适应现代潮流和风尚的时代要求，设计审美由于国家、民族、区域和个人的差异，存在着多元的差别。我们说“好设计直指人心”，“心”既是设计家的匠心，也是消费者的爱心，更是人文、人道、人性之心。学会选择，学会拒绝，选择适合自己的生活方式和美学要求，实则是设计审美的价值判断。日本千叶大学的宫崎清是享誉日本及亚洲的设计文化研究学者，他反对全球化的一元论价值观，有感于20世纪六七十年代日本高速发展以后的乡村躯壳化，常年坚持推广民艺、组织“造乡运动”，从事日本民间手工艺的保护和培育工作。宫崎清在亚洲设计文化论坛说过：“高速发展的繁华时代过后，一个低成长时期又会拥有怎样的价值观，这是我们身处这个时代不得不回答的问题。”他深情地说：“当我把‘民艺’一词与‘设计’进行替换之后发现，‘民艺’竟然和‘设计’包含的直接含义一拍即合。”当他讲到为一位96岁的日本民间艺人颁奖的时候，因为老人的一句话，宫崎清热泪盈眶，这是我近十年来听到的最有人文情怀和情感温度的学术演讲。联想到深泽直人也说：日本人的工艺情结如同播撒在商品社会设计土壤里的养料。深泽直人将其看作是一种真正的“民艺复兴”，并认为两者的共通点是都流淌着一种不冷酷、温润的人性关怀，用“意匠”

式的温暖唤起人们心中对东方设计美的热爱。什么样的设计态度就有什么样的设计价值观。思考问题的逻辑起点不一样，结果自然不一样。当下国际政治、经济风云诡谲，社会意识形态领域围绕着汤因比的文明交融说和亨廷顿的文明冲突论，以及赛义德用“东方学”反对西方文化的霸权，伯仲难分、莫衷一是。特别是亨廷顿的“文明冲突论”认为世界冲突的根源不是意识形态而是宗教文化上的差异，未来的世界将是“文明冲突”的世界，但他和许多西方学者一样，极力维护西方中心论的文化霸权。围绕社会发展、设计未来的矛盾与冲突，在认识和实践应用问题上我始终怀有温情主义的理想。所以，我既不觉得东方设计与西方设计是对抗性的关系，在信息共享的时代，东方人一定要区别于西方另搞一套。也不认为西方文化霸权建立起来的设计潮流和趣味就一定要东方人遵循西方设计的流行规则。

东方审美是温婉的，东方人的隐逸遁世与西方人责任精神有时相对立，看上去是退却，但东方人认为退有时是为了更好地进。因此，我读《阴翳礼赞》处处流淌着温暖的怀旧之心，《欲望的教育》是东方美学内化为设计产品的精神之作。文明的传承是流淌在血液里的基因，民族化设计表达不应该是概念化的简单图解，传统活在当下就要走进现代生活，我想这就是所谓“价值”的生成，就是“制造事件”。阴翳是某种充满内涵的隐逸，我理解的隐逸文化绝不能仅仅看作是消极遁世，隐逸更是东方人的一种内敛的素养和看待事物的态度，设计样式的内敛和含蓄。物质世界的“精神安然”之境，是东方人的心学，精神安详也是东方设计哲学之境界。所以，与日常生活相随相伴的设计既要解决诸如“文化立场和设计观念”的形而上，又要解决具体实践和形式问题的形而下。如果设计单纯谈论形而上，从理论到理论，则无法解决产品形式的实际问题。设计如果不讲理论，那么所呈现的设计产品形式就会缺失内在“价值”而苍白无力。设计在形式和功能意义之外担负着巨大的历史责任和文化担当。具体来讲，对待工作的“纤细”“不苟”“细密”与“简洁”和谷崎的“阴翳”、原研哉的“白”、黑川雅之的“八个审美意识”、隈研吾的“反物质”，实则反映的是生活态度和事物本质。

阅读《阴翳礼赞》和多部日本作家、设计家的著作，从践行东方设计精神和品格的努力中引发思考。有了“精神安然”的态度，做任何事不就坦然和从容了？这即是我重读这篇散文诱发出的意外之象，也是东方设计美的感悟。

第十讲 “文脉苏州”：一柄团扇中的大乾坤

中国扇文化博物馆于2017年10月在杭州隆重举办了“明月入怀——中国团扇文化印象展”。这是一个通过团扇讲述中国传统工艺寻常物件的原创展，它连接的是过去，展示的是今天，畅想的是未来。展览承载了含蓄内敛的传统文化精神，透露了高雅精致的传统审美趣味，彰显了深沉隽永的传统文化品格。

一开始扇子并不用来扇风取凉，而是作为帝王外出巡视时遮阳挡风避沙之用。据传说扇子最早出现在商代，用五光十色的野鸡毛制成，被称为“障扇”。西汉以后，扇子开始用来取凉。三国时诸葛亮轻摇鹅毛扇，羽扇出风缓软不入腠理，成了运筹帷幄的象征。东汉大都改羽扇为丝、绢、绫罗之类织品，以便点缀绣画。一轮明月形的扇子被称为“纨扇”或“团扇”，又叫“合欢扇”。当时扇子有长圆、葵花、梅花、六角、匾圆之形，亦有木、竹、骨等材之柄，还有扇坠、流苏、玉器之饰。所以，“团扇”的制作与使用自西汉就有记载，最早的团扇形象大概出现在画像砖、壁画、帛画里，而常见的则是唐宋绘本里许多手执团扇的人和物的图景。宋以前称扇子，都指团扇。王昌龄《长信秋词》诗：“奉帚平明秋殿开，且将团扇共徘徊。”清代《杖扇新录》载：“近世通用素绢，两面绷之，或泥金、瓷青、湖色，有月圆、腰圆、六角诸式，皆倩名人书画，柄用梅烙、湘妃、棕竹，亦有洋漆、象牙之类。名为‘团扇’。圆形或近似圆形扇面，扇柄不长。”

团扇最早到底出现在何时？暂时不得而知。可以肯定的是，在唐宋时团扇已经非常流行。从《簪花仕女图》到《韩熙载夜宴图》等古代绘本中的一柄柄精美团扇，再到宋徽宗、王公大臣，包括南宋杨皇后在团扇上进行绘画或者书法创作，明代以前，团扇就是宫中与民间经常能够见到的寻常物件。宋以后折扇开始进入大家的视野，明代中期由于折扇大量地流行，团扇似乎已经淡出了人们的视线。清代嘉庆元年有个大文豪叫阮元，他到杭州去做浙江学政，得到了一柄宋代的团扇。据说当时正好有个考试（乡试），他就以团扇为考题叫士子们写文章。考得好的学生就送一把仿制的宋代团扇留作纪念。当时有个叫陈文述的学生得了第一名，他就得到了一柄仿制的宋代团扇。这个团扇也就是我们能够见到的清代很多团扇的原型。拿到这柄团扇以后，陈文述醉心于团扇，甚至有了一个外号叫“陈团扇”。

作为全国唯一一个扇子专题博物馆，“明月入怀”以一个传统生活物件为切入点，用显微镜式的视角，聚焦中国工艺智慧，传承传统工匠精神，讲述中国故事，对话现代生活。展览以团扇的历史、制作技艺、团扇与书画艺术、古代女性文化、文人传统到现代存续等为主题，以层层递进的结构，多维度的解读，拓展性的诠释，贴近广大受众。“明月入怀”围绕团扇，用文化的视角与“人”构建起展览的故事线，以“物”及“技”，由“技”到“人”，与“人”解“物”，进而引发观众的文化共鸣。该展览整合 7 家国内著名博物馆及民间社会藏品资源，文物、技艺、艺术、文化价值并重，让冷门藏品“活”起来，让社会力量“动”起来。该展览秉承了原创的理念，让观众感受一种独特的文化氛围。原创一：仪式感。从一层入口艺术场景延伸而上的序厅，营造出仪式感，让观众获得逐步“进入”主题的感受。主空间中设置了两个对称悬空的艺术装置，打破展厅格局的单一，表达中国传统文化简约与精致的审美特质，呼应展览主题。原创二：文学性。典雅的色彩序列，简约的构图造型，轻薄的材料质感，柔和的光影效果，悠远的听觉感受，与展品内涵之间形成一种通感的多层次呼应。有起伏层次的陈列带，消除观展疲劳，形成别致意趣。展览文字简约与诗意并重，穿插几何化的传统纹样，与观众的现代审美相符。原创三：环保观。秉持小成本与大制作原则，在离文物最近、观众最直接的地方集中投入。原创开发的装配式金属烤漆展架系统，与展品保持“随形”“随色”，并实现可再次使用的环保性与灵活性。在故事线中巧妙融入新技术、新媒体，让观展实现情景化、可视化和个人终端化。展览呈现出视觉、触觉、体验、传播的延伸广度。据说此次展览接待参观人员 35 万人次；获《中国文物报》、中国新闻社等直接报道 230 次；实现互联网全媒体推广，传播转发 16.5 万次。真正做到了“明月入怀，见微知著”，既连接历史与生活，又增强中华文化自信的综合效果。

虽然这个展览规模不大，但是由故宫博物院、沈阳故宫博物院、南京博物院、苏州博物馆、浙江省博物馆以及萧山博物馆等专业博物馆联合打造，确实是一个高品格的展览。展览陈列有 15 件国家一级文物，宋徽宗的《枇杷山雀图》，夏圭、马远的山水团扇面得以呈现，以及明清时期一批名家团扇作品在这个展览上面都有展出。我和蔡念群有幸成为这个展览的积极推动者、支持者和参与者，经过近两年时间的筹办，并贡献了自己的大量收藏办起了这个展览。特别是蔡念群制作和修复的团扇，作为苏州传统工艺团扇技艺的现代传承，是这个展览的重要的组成部分。说得确切一点，蔡念群用 20 年时间收集团扇以及修复团扇、制作团扇的工作，通过这个展览将其“江湖地位”固化了下来，并得到官方、学术界的认可。这个展览在国内学术界、工艺界、博物馆界引起比较大的反响，后来通过激烈竞争获得了“2017 年度全国文博系统十大精品陈列展”的殊荣。

今天，我要讲的是这个展览中重点展陈的一柄非常特殊的文人雅集团扇。一柄小团扇中有着大乾坤，关键这是一柄“过云楼”怡园画社第三次雅集的团扇，其中凝聚了七位姑苏晚清大名士艺术才华的团扇，也是讲述苏州深厚历史文脉的团扇。以前很多人认为团扇是女性专用的，例如《纨扇美人图》，似乎这就是女性专用的。而且有专家写文章肯定地认为团扇一直以来是女性专用的，武断地下此结论只能说明有些专家的孤陋寡闻。其实小小的团扇上面，承载着很多的文化信息和含义，在晚清遗留下来的大量照片中，你能清晰地发现作为男性的许多官员、名士人手一柄团扇。团扇也叫宫扇，清朝宫里有缂丝面的团扇，还有刺绣的团扇，所有这些宫廷团扇都是费工巨万、用料考究、精美无比。清宫有造办处，朝廷要做什么东西，都是到全国各地找最好的工匠来做，而且不惜工本。

苏州是江南文化的中心，文脉绵长、渊源流淌。苏州地处江南腹地，2500 多年来虽有吴王起事、泰伯奔吴的历史，但真正开发和发展起来是宋以后的事情。唐代大型类书《艺文类聚》里面写得很清楚，苏州是“水乡泽国，蛮夷之地”。书中说这个地方的人“断发纹身”，是蛮子。但是，北宋“靖康之难”以后，黄河流域政治、经济、文化中心彻底南移，到了明代的中晚期，苏州已经发展成为富甲一方的大都市。我们都听过“洪武赶散”的历史故事。元末张士诚在这里抵抗明军，明军攻占了苏州以后，要把这些不听话的苏州人赶走，客观上也要对苏北地区进行开发，就有很多人在阊门上船到苏北去，这就是著名的“洪武赶散”。“洪武赶散”的历史原因很复杂，今天的苏北乡下很多人都说自己是苏州人，他们代代相传记忆中阊门已经成为心灵深处的乡愁。根据有关民俗学家研究，苏北有些地方说睡觉就叫梦苏州，一觉要梦到苏州去，充满着对故土的怀念和悲凉。苏州真正的繁荣是明代中晚以及清代，这里经济非常富足，是朝廷历来的税赋重地。江南既是个地理概念，更是文化的概念，晚明的苏州已经是全国的文化中心，也是时尚中心，文化的影响力和辐射力非常之广。相关典籍上记载，“机梭之声通宵达旦”“丝绸牙行千百家”“崇祯帝后皆习苏样”，崇祯皇帝的皇后都要穿苏州样子。经济、贸易大发展带来了文化的发展和艺术的繁荣，冯梦龙的市井小说《三言二拍》里面曾经写到画贩子在苏州的作坊里面买了吴门四家的扇面仿品贩到北京去卖，说明苏州当时的绘画艺术是引领潮流的。由此可见沈周、文徵明、唐伯虎、仇英的画和祝枝山等人的字是可以拿到北京卖的。譬如在苏州收来的扇面两个钱，到北京就卖五个钱，许多扇面是当时明朝的纸、墨、笔、气息，流传到了今天几乎全部变真的了。每年苏州虎丘就有曲会，全国艺界人才聚集在这里，500年前这个曲会就相当于我们今天的文艺大调演。富裕的生活，滋长了一种奢靡的风气。有人说苏州的中晚明和欧洲文艺复兴的“人文主义”遥相呼应，色情小说、春宫画多了起来。但是，我也见到许多春宫画里面没有情色，有的仅仅是两个人手拉着手。但画的桌子上和案几上那些物品、家具、陈设的摆件非常文气和精美。江南经济的高速成长，吴门烟水滋养出了一种生活的风雅。跟北方完全不一样。北方是雄浑和豪迈，江南是灵秀与文气。乾隆时期宫廷画家徐扬的《滋生繁华图》画的是苏州的大场景、大繁荣，有点像张择端的《清明上河图》，有人问《清明上河图》是不是清明节上河？当然不是，这个清明是指政治清明的意思。

自明代中期以来苏州就集聚着大量的文化精英、退隐官僚、科举失意士子，他们在生活中营造出一种士大夫精英文化和独有的生活方式。老苏州人通常比较内敛，一方面深藏不露、谦虚有礼，另一方面又比较自负，家里即使很有钱、有好东西也不轻易露来。三四十年前，当你走在随处可见状元府、进士第、祠堂会馆的800年历史的平江路上，还有不少“遗老遗少”健在，迎面走来的老太太说不定祖上是状元，她的爷爷可能是进士，她的公公可能曾经出任过巡抚。所以他们在家里是看过好东西的，内心是比较自负的，是看不上粗陋文化的。当然，苏州人嘴巴也很刁，吃东西居然能品出千分之几的味道。陆文夫20世纪80年代就写过一篇中篇小说《美食家》，塑造了一个典型人物叫朱自冶。朱自冶整天就想着玩和吃，早晨喝喝茶，叫皮包水，下午泡泡澡堂，叫水包皮，晚上再到哪去觅点好吃的，是典型的“白相人”。正是这方水土养育了苏州，苏州人成为精致文化的倡导者、实践者、享用者，形成了苏州人独特的审美趣味和生活方式。我始终认为“苏州人骨子里有逍遥主义和温情主义的理想”，苏州充满着艺术的温情。讲苏州文脉，离开了吴侬软语、私家花园就缺失苏州的雅致和意趣，今天讲这柄团扇的场域关系就跟一处苏州园子——怡园相关联。苏州历来风调雨顺、物产丰富，苏州工艺出过无数的好东西，团扇只是尖尖荷角，苏州人对一般的老东西、老物件是不入法眼的。苏州哪个官员调到京城去工作，他心心念念是要回来。到南京去做官，夫人也是不带走的，他最终还是要回来，因为苏州的惬意生活吸引着他。今天，围绕一柄团扇和大家一起来畅谈文脉苏州、精英文化与江南生活方式，就有了特定的含义。虽然有些酸腐的老旧气味，但在苏州讲传统审美文化和生活方式，肯定不能剑走偏锋讲走在大街上的短衣汉子，也不能简单地讲粗陋的乡间民艺，要讲就要讲苏州的精致文化，讲吴门风雅。

这是一柄出自苏州“过云楼”的团扇，尽管初次看到它的时候尽管已经残破不堪，但上面有明确的纪年款“乙未”，即 1895 年甲午战争过去后的一年。

这柄寓意深刻的团扇，落款写明了谁画石、谁画山、谁点染、谁题跋，整柄团扇涉及晚清苏州城里七位大名士、大画家，而且还注明是怡园画社第三次雅集。团扇正面一幅小青绿山水，上款人是一个叫金心兰的人。金心兰（1841—1909），名涑，字心兰，号冷香，又号瞎牛，一号瞎牛庵主，自署冷香馆主人，长洲（今江苏苏州）人。金心兰工山水，早年私淑“小四王”之一的王宸，并喜绘花卉，尤其擅长画白梅。晚年得病后失视却又复明，其墨法精湛，卒年六十有九，著有《金瞎牛诗集》。这个人是我们苏州晚清时期的姑苏名士，家里非常富有，他在地方上结交很多的权贵和士大夫。该团扇正面的小青绿山水是有明确纪年款“（光绪）乙未（1895）怡园画社第三雅集”的作品，这幅扇面由姑苏画坛名家顾若波画山，顾鹤逸画树，陆廉夫点染成幅，章钰署款和题跋。合作者全是名重一时的晚清著名画家。当然，这柄团扇的中心人物是顾鹤逸。顾鹤逸（1865—1930），名麟士，字鹤逸，自号西津渔父，别署西津、鹤庐、筠邻，元和（今苏州）人，顾文彬的孙子，是怡园和过云楼的主人，也是怡园画社的实际掌门人。水木清华，庭院深深，顾鹤逸常与契友听曲、鉴赏、绘画其中。顾鹤逸在画界的地位近几年有很大提高，据说他一生不收学生，但却有许多受到他指点和培养的年轻人。其中就有吴子深和王季迁等人，以及美术教育家颜文樑。顾鹤逸提倡师古，追随传统。但他不让学生临摹他自己的作品，认为师古者生，学己者死。顾文彬则是清末著名书画收藏家，号艮龠，道光二十一年进士，他的父亲顾廷烈亦精鉴赏、好玺印，曾集拓新收旧藏自编《画余龠印存》。顾文彬是大官僚，曾经在京城刑部、武昌做过官，后来又做浙江宁绍道台。顾文彬做道台也没有心思做，几乎三天两头写信给他儿子顾承，催促赶快把怡园修好。苏州人民路上的怡园就是顾文彬的私家宅院，他要紧接着告老回来到园子里面逍遥。怡园、过云楼是连成一体的私家园林，尤其是过云楼已经不仅仅是一幢藏书楼，是集造园、版本、收藏、绘画、琴曲于一体的文化载体，是中国传统士大夫文化、精英文化的典范和最后一个高峰。顾鹤逸秉承家学，擅画山水，尤长临古，初学“四王”，后追宗元明诸大家。他的作品既有吴门画派的健笔与柔情，又有设色清丽雅逸、点苔沉着老健的风格。晚年喜用枯笔皴擦，涵濡功深，笔多逸气，有云林清秘遗风，可与麓台、石谷相颉颃，声望极高，因而自成高格。顾鹤逸精鉴别，秉承先志，广事搜求，经过四代经营使“过云楼”所藏书画更为丰富，著有《过云楼书画记》。近几年又有其日记出版，为我们研究过云楼提供了更为详尽的第一手资料。

扇面为一幅小青绿山水。画山者为顾沄（1835—1896），字若波，号云壶、壶翁，吴县人。顾沄是晚清吴门画坛一流山水名家，间作花卉和人物。有评价其水墨丹青汲古功深、气格醇穆，观之怡然，有山林之思，清丽疏古，气韵秀出，所作无论小帧还是巨幅，古意盎然，皆得清四家遗意，可见评价极高。顾沄光绪十四年（1888）曾游日本，后长期鬻画海上。点染者为又一吴中名家陆廉夫（1851—1920），吴江人。陆廉夫原名友恢，又名恢、友奎，字廉夫，号狷庵，别署破佛庵主人。陆廉夫早年从刘德六习画，又随吴江名宿任鳌瓒习字，山水、人物、花鸟、果品无一不能，笔墨俊秀、气韵清逸。书法汉隶、旁宗魏晋，极具金石气。因为有人举报其父曾参加太平军的相关工作，所以科举功名之路永绝。后来和晚清大官僚吴大澂相遇、相知，拜观了吴大澂极其丰富的家藏，遍览唐、宋、元、明名迹，其绘事大进。同时受吴大澂赏识客入吴幕，遍游三湘大地并随其从军出关，饱览名山大川和辽东名胜。中年归隐苏州、居沪上，鬻画卖字、考订金石文字三十余年，故其作画笔意通达、苍劲遒丽、古拙幽深。陆廉夫后来成为海派重要画家。扇面题跋者章钰（1864—1934），字式之，号茗簃，长洲（苏州）人。章钰生不逢时，少孤力学，十余岁时即佣书养母，又节衣缩食用以购书。光绪二十九年（1903）章钰才考上进士取得功名，赴京为官，官至外务部主事。辛亥革命以后久寓京津，在京师图书馆做过编修，1914年任清史馆纂修。章钰一生以收藏、校书、著述为业，晚年移居苏州。家有藏书处为“四当斋”，藏书过万册，“四当斋”取宋尤延之以书籍“饥当肉、寒当裘、孤寂当友朋、幽忧当金石琴瑟”之语而得名。著有《四当斋集》《钱遵王读书敏求记校正》《胡刻通鉴正文校字记》，终成近代著名的藏书家、校勘学家。从扇上的题款可见，光绪乙未（1895）怡园画社第三次雅集之时，章钰不过三十来岁，虽还未取得进士功名，但已经跻身名士之列。

这柄团扇除了正面绘画的著名画家，反面两位名人书法也值得细说。一位是过云楼主顾文彬的女婿、同治乙丑进士、奉天学政朱以增。奉天就是今天的辽宁一带，也将今天的沈阳称为奉天。学政一职相当于一省的教育厅厅长，但是也不能简单理解为教育厅厅长，实际上是一个省主管教育等事务的副省级干部，比今天教育厅厅长的级别要高。古代没有今天那么多事情要管，但教育却是国家与地方的民生大事，学政都是由皇上直接颁发任命，所以学政的职位非常高。朱以增，字砚生、研生，江苏新阳人。同治四年（1865）进士，选庶吉士、散馆授编修，历任御史、会试同考官、奉天学政。印有《听鹂轩印稿》。朱以增是顾文彬的乘龙快婿，翁婿俩均为耿介之人，同时任职京城，秉公执法，刚正不阿，在晚清历史上留下美名。另一个写字的人是常熟翰林陆懋宗，翰林院的翰林当然是进士，擅长写赵字。陆懋宗，字德生，号云孙，江苏常熟人。咸丰十年庚申二甲十二名进士，散馆授编修，屡任顺天会试考官。历史上有个传说，据说陆懋宗也是一个常常逛戏园子的主，自己贪色，却与咸丰皇帝争风吃醋，竟冒死谏劝皇上别贪女色，以国家社稷为重。有太监耳语皇上说此人外有相好，嫉妒你是皇上，于是皇帝在奏折上批了 14 个字："如狗啃骨，被人夺去，岂不恨哉！钦此。"尽管传说中的陆懋宗色胆包天，敢与皇帝争风吃醋，但咸丰帝批了这几句话后，并没给他治罪，陆懋宗还是照样当他的御史。朱以增和陆懋宗，一个刚正不阿，一个风流不羁，两人的书法集于一扇，别有一番风味。

这柄扇子集七位姑苏大名家于一体，又写着怡园画社第三次雅集，难能可贵。怡园画社是苏州近代第一个美术家团体，社长就是苏州走出去的大官僚吴大澂。吴大澂历官无数，做过巡抚、钦差大臣，在学界有比较好的口碑，是我们熟知的 20 世纪最著名的画家之一吴湖帆的爷爷。但是，光绪二十年（1894）甲午战争爆发，吴大澂时任湖南巡抚，奏请从军抗倭。8 月 15 日、17 日连电朝廷"奏请统率湘军赴朝督战"。不久，获清廷允准，被任为帮办东征军务，进而"带勇北上"。然而，他终究是文人，虽然满腹经纶，却兵败辽东，有记载湘军尽覆，吴大澂羞愧、悲愤难忍，欲拔剑自裁，被帐下部属拦阻。吴大澂叹曰："余实不能军，当请严议。"清廷以吴大澂"徒托空言，疏于调度"，下令撤去其帮办军务职交部议处，"革职留任、寻命开缺"。光绪二十四年（1898）复降旨革职，永不叙用，回苏闲居。据说他领兵出关打仗，居然带着吴昌硕等一批幕僚整天琢磨哪里有拓片、石碑，纸上谈兵、疏于防务，打败仗也就在所难免了。归隐苏州后，吴大澂也乐得陶醉于金石、丹青之事，终成金石考据一大家。怡园可谓是传统文化的"集锦园"，以琴棋书画会友，从意象到具象都有体现，怡园琴会、怡园画社更是会聚了许多文化名家，培育了众多文化新人，在苏州文化史上占有重要地位。前几年曾经有一台湾硕士研究生向我问道，她研究怡园的厅堂，我教她一重要的思想，即苏州园林的厅堂不能拘泥于仅有的物理空间，还要体悟厅堂的虚拟空间和精神空间。清光绪十五年（1889）由吴大澂、顾鹤逸发起成立"怡园画社"，吴大澂被推为社长，确立了其姑苏文坛盟主地位，顾鹤逸则担任类似于秘书长之职，主持实际事务。参加画社的画家及书法家有吴大澂、吴俊卿、顾鹤逸、王同愈、顾沄、费念慈、翁绶琪、陆恢、倪田、吴谷祥、杨岘、沙山春、郑文焯、蒲华、黄山寿、任预等。怡园画社的宗旨为“研讨六法，切磋艺事”，怡园内常常高朋满座，以金石、琴曲、书画、鉴赏自娱。到了“民国”初年至20世纪20年代，常到过云楼活动的还有吴子深、颜元、王季迁等人，日后他们均成大家。颜元之子颜文樑后来创办苏州美专，成为著名美术教育家、油画家。“怡园画社”一时名流云集、文采风流。团扇中提到的怡园画社第三次雅集，我曾经读到钱莺歌撰写的题为“苏州博物馆馆藏顾沄书画”的文章中详细写道：“曾在私人藏家手中看到一件顾沄、陆恢和金心兰三人合作的《三秋竞艳》设色花卉图单片，图中鸡冠艳丽、桂花飘香、菊花盛开，描绘了秋天的这三种花卉孤芳自清、不与群花争艳斗奇的品格。画家托物言志，借景抒情，将它们比拟为那些具有很高道德风尚的人，同时也表达了自己不与世尘合流的清高脱俗的品质。金心兰在画上落款：‘乙未夏四月怡园画社第三集，廉夫写鸡冠，若波补桂，心兰增菊。’题跋底下仅有金心兰钤‘金心兰’朱文印一方，其余两位均未落款钤印。从款上得知，此图是三位画友1895年4月在怡园画社第三次雅集时创作的作品。这件《三秋竞艳》图画于一张尺寸不大的牛皮纸上，通常绘画极少采用这种材料，但牛皮纸厚实的质地和独特的底色，增加了画面的层次和质感。这件即兴创作的小品正是怡园画社雅集活动的佐证之一。”由此可见此画即是这柄团扇同场名士雅集合作的姊妹篇，顾鹤逸在日记中也讲到此次雅集，参加人相同，因此这场雅集持续的时间不会短。

这柄有特殊意义的团扇流落到我手，印证了所谓收藏讲缘分一说。扇子是漆柄、竹框、绢本面子。“绢”是丝织物，经过120多年岁月洗礼已经风化，碰碰它就稀稀疏疏掉下许多碎片。扇面破损、扇框虫蛀，修复过程本身就是一次苏式传统制扇工艺和非遗修复的很好实践。面对这柄破旧的扇子如何修复？其实，在苏州要找一位能够用古法来修缮这柄团扇的人已经非常难。苏州有许多人做团扇，而且低成本用化学胶水粘的团扇到处都有，完全用古法修复几乎找不到，即使能找到也都是天价，修理费也极其昂贵。蔡念群凭借他收藏团扇、修复团扇积累的丰富经验，已经成为团扇领域里的制作高手和翘楚。首先，请裱画师傅将这柄扇子上的绢本团扇面小心翼翼完整地脱下来，而且在脱扇的过程中发现了许多问题。其次，我和蔡念群仔细研究了这柄团扇的破损现状，由蔡念群制定了具体修缮方案。修一柄古代的团扇是很复杂的工程和工艺，用今天的话讲这是不折不扣的非物质文化遗产保护项目。团扇画面是绢本，本来就不宜保存，时间长了会氧化，碰一碰都会一片片掉下来。因此，在拆卸的过程中尽量避免二次损坏，拆解后需要加固，必须用接近的材料平衡旧材料之间的拉力，需要找同时代老旧织理、织纹密度相适应的同类绢织物行加固。由于拉力不同，如果用新的绢会损坏老扇面。修复工艺的复杂性还表现在拆卸过程中免不了边缘地带会有一些脱落，所以整个扇框直径圆周变化在所难免，原来的扇框需要根据现在的画面进行重新校正，把扇面重新恢复到原来的状态。但是，在重新装配的过程中有一个致命伤，通常情况下团扇都是成扇装好以后再进行绘画的，而丝织物是有织理的，在已经固定好的织理上进行创作，画面和书法不会变形。现在把它拆了再要恢复上去时要保证它不变形就是很难的技术活。蔡念群通过垂直拍照，把原来的画面和原来的书法图样固定下来，打上坐标线。在一个框上大概打了近一百个坐标点。根据原来的画面再重新粘上框，这样可以保证 95% 不变形。扇框被虫子给蛀了，如果省事一点可以将整个框换掉，但考虑到原框的弹性和它原来扇面的匹配，所以选择原汁原味修好。修老团扇是很难的，修复的团扇如何保证在秋天和梅雨季节不同干湿度环境下保持平整，是很复杂的工艺问题。虽然是一柄小小的团扇，扇面绢本已经发脆，但它还有一定张力，可以后拓上去一层年纪相仿的老绢，虽然说织理密度差不多，但是由于替代绢的保存状况好，它们之间的张力和伸缩度还是有 30%—40% 的差别。通过技术的处理，掌控好一定温度和湿度环境修补，才能满足这个要求。不然到梅雨的时候，团扇面会软塌下来，到秋天的时候又会崩裂。所以，制扇工匠手上的轻重把控对于古代文物修复来说就很有讲究，稍有不慎就会出现问题，这也是其中的大乾坤。

这柄团扇之所以非常特别，在于它和过云楼和怡园画社的活动有关，特别是有明确纪年款的怡园画社第三次雅集，典型文人雅集画的扇就更难得。过云楼历经三代经营，到了近代，过云楼实际上在顾鹤逸的掌控下面又有了新的发展，养了一批我们以前叫门客的文化人。大家族都有门客三千之说，吴昌硕就是顾家门客，帮着校刊古籍、鉴赏字画，吴昌硕在过云楼技艺大进，日后称霸海上画坛不能不说没有过云楼的功劳。怡园画社的成立给予苏州文人、画家一个经常聚会的理由和机会。今天去喝个茶、聊个天、赏个花、吟个诗、作个画，相互唱和一下，这就是生活无忧的士大夫们的日常生活。过云楼成为中国古代到近代南方地区集版本、园艺、琴曲、收藏、绘画为一体士大夫精英文化的象征。非常遗憾，1930 年随着顾鹤逸去世，过云楼作为士大夫文化最后一个高峰也就消失了。尤其1930年以后，紧接着抗日战争爆发，社会动荡、家族分崩离析，过云楼的海量收藏也纷纷落难，过云楼不复往日的辉煌。

一柄团扇引出一段故事，苏州园林里的故事很多，刚才讲的是苏州怡园的故事。经过层层筛选，这柄来自过云楼的扇子成为“明月入怀——中国团扇文化印象展”中最具代表性的团扇之一。为此，出版的展览学术图录中动用了两个珍贵图版、两个文字版专题介绍这柄团扇，可见其重要性。

苏州这个地方很神奇。2017年12月我再次到台北，在台北故宫博物院看一个古代书画国宝展，该展览展出了宋、元、明、清大量绘画和书法，其中元、明、清的作品最多。在明清这一时期苏州画家又占了一大半，吴门美术有明四家、清四家，书法有吴门书派，篆刻有吴门印派，所以学术界常说苏州美术史就是半部中国美术史。据说到台北故宫博物院，碰到志愿者或者工作人员，你告诉他我是苏州来的，他们会将你当作娘家人，苏州文化就是有这样的魅力和影响力。文脉苏州，一座座园林，一个个寻常与不寻常的物件，以及围绕着园林的私家生活可讲的故事很多，对所谓文人士大夫精英生活的研究，也就是要在这些寻常与不寻常的物件背后挖掘深刻的文化寓意，这就是苏州的文脉流淌和文采飞扬。苏州有著名的世界文化遗产拙政园，为什么叫“拙政”？拙政园600年来几易其手，退隐官僚、富商巨贾乐得在此逍遥，文徵明手植的紫藤迄今仍然郁郁葱葱、遒劲有力。然而，世事巨变、历史沧桑，拙政园到20世纪中叶已经面目全非。今天看到的拙政园是三个园子合而为一，中华人民共和国成立以后重新修缮向广大民众开放。现在拙政园中间位子的补园有三十六鸳鸯馆，这是拙政园的精华，它的原主人张紫东是晚清苏州大户，此人生于光绪辛巳年（1881），名钟来，号适庵，业余昆曲家，是昆曲传习所三位创始人之一。张紫东家学渊源，其祖父张履谦一生爱好古物、书画和昆曲。张紫东请俞粟庐到家里鉴定书画、校勘古籍，兼为其儿孙辈“拍曲”。俞粟庐，讳宗海，字粟庐，晚清松江娄县人，曾经担任金山县守备，后改太湖水师营务处办事，据说剿灭太平军有功绩，所以看生平他似乎是个武官。但移居苏州后，俞粟庐专事文苑雅事。俞氏曾问道于吴江名宿沈景修，精研碑版，故通金石学，书法宗北碑并精于书画鉴别，我本人曾经收藏有俞粟庐多柄书法折扇，可惜现已散落他处。俞粟庐就是昆曲艺术大师俞振飞的父亲。俞振飞在张紫东家拍曲、做家教、做校勘。张紫东有个儿子叫张问清，出生于1910年，2012年去世了，他是上海同济大学建筑系的教授，曾经就学于上海圣约翰大学，是美国伊理诺伊州立大学留学生，真正的百岁老人。张问清去世以后我曾经到他家去看过遗留的古物，他的女儿张岫云接待了我们，她身出名门，也是留苏的同济大学建筑系教授，虽然已是耄耋老人，但风度超然。俗话说大户人家即使穷，“穷穷穷，家里还有三担铜”。1949年以后，张问清将祖上留下的补园捐给了苏州市政府，收藏的大量文物则捐给了上海博物馆，家中只留下了民国早年他结婚时购置的一房质量上乘的海派红木家具和少量碑版字画。苏州还有个留园也是有故事的园子，园林主人盛宣怀是晚清红顶商人，传说慈禧太后可以赐他在紫禁城走马，可见他的地位。盛宣怀妻妾成群、子女众多，特别是其子盛老四在上海滩的婚礼风光一时。但是，豪门盛极而必衰，盛宣怀死后，大家族解体，子女挥霍无度，疏于经营，很快家道中落。盛老四就是很凄凉地死在留园门房，再次见证了任何的纸醉金迷与奢华都是过眼云烟。

苏州的文脉、文化随处可见。2011年我们为建立一个传统刺绣样本库，开始征集清代传统刺绣服饰。经过一年多的努力，征集到了160多件清代中期到民国早年的刺绣服饰。其中有一件绣工极其精美的女性褂子，发现其领子口有一个标签，标签上用极其工整的楷书写了“造办处”三个字，也就是说这是出自清宫造办处的一件衣服。这件衣服我们可以想象，至少是晚清王爷级以上的人送给大臣的夫人或者是母亲的，讲白了以前的女主人一定生活在某个私家园林中。这样一件衣服如果是在任何一个有点文化的家庭，肯定是不会轻易卖出去，状元的后代是文盲不是传说。幸运的是这件衣服到了我们手上，我们就应该把它保护起来，这件珍贵的服饰现在就收藏在苏州大学博物馆里。我们还为这164件衣服办了个名为“从马面裙到旗袍”的专题学术展，出了一本大开本的学术研究图录。今天的苏州民间仍然可以从团扇到服饰一件件流出来，如果没有文化守护者将它保护、修缮起来，这些东西就可能变成垃圾。反映古代社会生活的老物件是和传统对话的中介，老物件消亡了，对话的载体也就没有了。只凭虚幻的意念，而没有物质的实体存在，情感也会疏远。什么叫文脉？这就是绵延不断的苏州文脉，我们有责任做苏州传统文化的坚定守护者！

追忆逝去的年华，感叹文化的魅力！团扇是日常生活中一个特别的物件，宫廷里有缂丝和绣花的团扇，而且等级很高，今天很少有用现代书画题材做成缂丝团扇。为此，我一直想着如何用传统团扇这个载体表达个人的艺术作品。如何将自己的文人画与缂丝结合起来？团扇这一特殊的物质形态让我找到了最佳载体。在杭州的团扇文化印象展上就展出了一柄乾隆时期的缂丝团扇。展览主办方正是看到我2013年在北京做个人画展的时候，我设计、王明荣缂丝、蔡念群制扇的12把缂丝团扇，征集到展览里面，和乾隆时期的缂丝团扇交相辉映。一个是200多年前的缂丝团扇，一个是今天的缂丝团扇。我始终认为真正的奢华只给有缘人。2013年在北京做个人画展的时候，我跟蔡老师、王师傅合作，用我的绘画作品做成了12柄缂丝团扇放在展厅的中心位子展出，起到了意想不到的效果。缂丝的王师傅名不见经传，他是元和镇张花侨村的缂丝艺人，他家祖上六代为宫廷缂丝，但他是一位本分、老实、没有名分的缂丝艺人。虽然文化程度不高，但王师傅领悟能力还不错。一般缂丝工匠对颜色的灰度、彩度辨别力比较弱，配色时要手把手教他。我们曾经有过尝试，请有名望的缂丝师傅缂，但缂出来以后不甚满意，而王师傅的缂丝水平基本达到了我们的要求。这12柄团扇的制作前后花了近一年时间，缂丝一柄团扇，大概一个缂丝工人要用一个半月左右的时间。做这12把缂丝团扇，要考虑到去北京展出是10月底，北京已经开放暖气，高强度的室温和丝织品之间，缂丝团扇如何能够在不同的室温条件下保持平整？这肯定是个技术活。那个夏天，蔡念群将自己关在一个小玻璃屋子里，烧一锅开水让屋子里面形成蒸汽，使丝织物张开，在高温下来开始做扇。正因为我做了缂丝团扇尝试与创新，2014年中国工艺美术协会理论委员会年会邀请我去做了个演讲，我以前从来没参与过这个协会的工作。后来我去做了这个演讲，演讲稿被刊登在清华大学美术学院学报《装饰》上。对待濒临失传的传统工艺，包括修复扇子这样的工艺，许多人觉得它很简单。团扇作为一种独立的艺术呈现形式，小团扇当中有着大乾坤。所以我热爱团扇，也画了许多的团扇，有一股怀古的性情。

苏州的园林有文气，也有贵族气。贵族是什么？贵族是既有钱又有才，同时他还内敛，而且低调。如果说有人非常张扬，动不动要显露富贵，这个人一定不是贵族。作为阶层而言，我们不主张有贵族阶层，但人的内心要有高贵。因此贵族作为阶层可以不要，但是贵族的精神还是需要的，办事讲规则，讲底线。荣誉、教养、责任、勇敢、牺牲，这才是贵族精神的内核。"过云楼"为江南名门望族顾氏之私家藏书楼，以藏有宋元以来佳椠名钞、珍秘善本、书画精品闻名遐迩，它有文气也有贵气。

所以今天讲的是一柄团扇，但引出的话题是"文化的坚守"和"传统工艺美学"。

姑苏名士光绪乙未年怡园画社第三次雅集合作扇（1895 年）

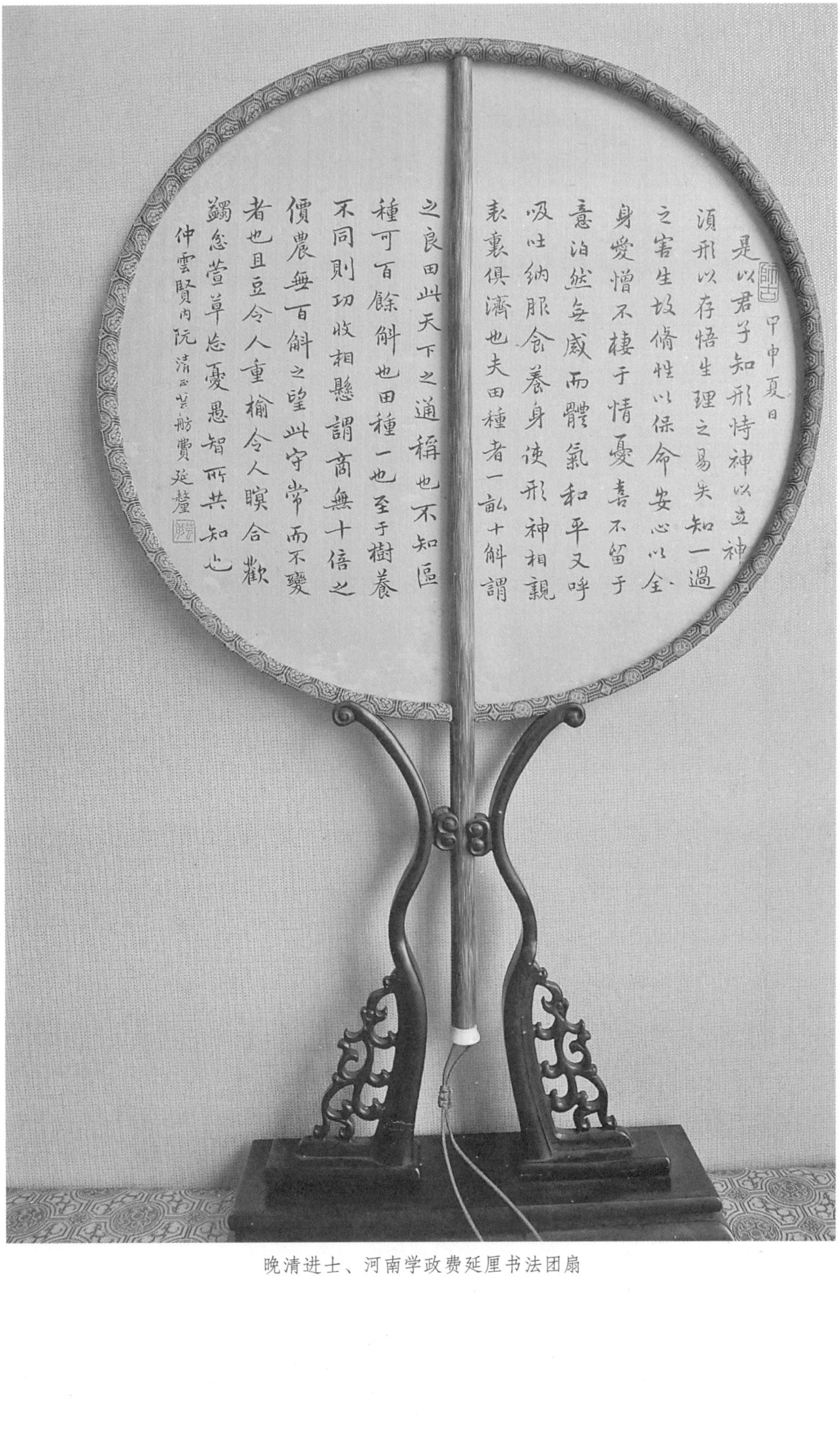

晚清进士、河南学政费延厘书法团扇

第十一讲　艺术美学中的“境界”与“意境”之说

——中国传统艺术境界与新文人画

中国文联与中国文艺评论家协会举办专题研讨会，邀请国内中青年文艺评论骨干围绕“中国传统艺术精神与当代呈现”这个话题，畅谈如何坚守时代精神、担当时代使命，以强烈的评判精神和高度的文化自信与文化自觉，做合格的和文化积淀深厚的文艺评论家。可以说这个研讨会契合了时机，找准了脉搏，具有很强的现实意义。

习近平总书记在文代会上的讲话中指出：中华文化既是历史的、也是当代的，既是民族的、也是世界的。只有扎根脚下这块生于斯、长于斯的土地，文艺才能接住地气、增加底气、灌注生气，在世界文化激荡中站稳脚跟。正所谓“落其实者思其树，饮其流者怀其源”。我们要坚持不忘本来、吸收外来、面向未来，在继承中转化，在学习中超越，创作更多体现中华文化精髓、反映中国人审美追求、传播当代中国价值观念、又符合世界进步潮流的优秀作品，让我国文艺以鲜明的中国特色、中国风格、中国气派屹立于世。改革开放四十多年来，人们的审美价值观、审美趣味呈现出多元化的趋势。但是，作为长期关注艺术理论研究的艺术教育工作者，如若对文人画和新文人画提出一些批评意见是要冒很大名誉风险的。多年来，我三缄其口，甚至缄默不语，这既是积郁心中哽噎于喉的心病，也是我对于当前缺乏正常的学术生态和学术讨论所产生的畏惧，以及美术理论界常常不能有君子风范而演变成俗人骂街的担忧。

画中国画，都要讲“传统艺术境界”，究竟什么是传统艺术境界？境界一词，我们可以从词义学上多个层面加以解释。一般情况下，所谓“境界”，指的是人的思想觉悟和精神修养，也可以说特指人的修为。当然，人生感悟我们也常常用“境界”一词来加以解释。境界的词义中既有边界、疆域的意思，也有处境的含义。然而，我们更多的理解却是境况、情景之意，它特指人调动起全部的人生经验和文化积淀，感受事物所达到的程度、表现的情况。与此同时，我们又常常遇到具有同义词的什么是“意境”的追问？所谓意境，是中国古典美学的重要概念，中国画常常讲意境。中国人讲的意境，以特有的辩证光辉和生命魅力屹立于世界美学之林。其实意境包含着生活形象的客观反映和艺术家情感理想的主观创造等两个方面。

意境作为美学研究的重要课题，有其本质内容和表现领域。意和境本身是两对范畴的统一：意是情与理的统一，境是形与神的统一。所以说意境既不是生活形象的简单摄制，也不是主观感情的单纯抒发，而是通过艺术家主观的爱憎、理想，对生活现象集中、概括、提炼了的某种本质的深远的真实。它是客观形象的主观情感的统一；是形、神、情、理的统一。

关于“境界”说，王国维在《人间词话》中，就已经讨论了中国传统美学的一个重要范畴：境界。尽管许多学者指出境界这一范畴并非王国维首创，但是我早在三十多年前，就曾经撰文论述了王国维从传统美学中提取“古雅”作为中国美学思想的基本范畴，进而发展到将“境界”二字看作为中国文学的基准和中国美学的中心范畴是有积极意义的。“境界”和“意境”两个词汇本身带有浓重的传统士大夫气息和文化追求，特别是“意境”一说它受到士大夫价值观的严重局限，它不太可能成为一个具有普遍意义的现代美学基本范畴。“从‘情动于中、故形于声’的古代起，中国美学非常强调情感是艺术的内在生命。‘诗缘情而绮靡’（陆机《文赋》）、‘情者文之经’（《文心雕龙》）等等，无不强调情感。明代王夫之在论述情景交融的同时，又强调：‘情主、景从’、‘以意为帅’，脱离了情感，也像脱离了生活一样，意境就无从谈起。艺术作品的意境所以能是生活的‘神似’的境界，正在于它不是生活的自然主义的摹写；正在于它包涵着艺术家主观的情操性格；正在于它是通过积极能动的主观反映、把握了的客观。”① 王国维站在了中西文化的交汇点上，用“境界”一词直截中国传统艺术精神的本质，提出了“境界说”，进而他把意境分解为“意”与“境”两个方面，互为关系。王国维植根于传统理论，也深受西风东渐之后西方美学的影响，意境说至王国维而集大成，所谓“意”包括情感、意志、理想等主观因素，“境”则含有生气（神）符合事物的“真景物”，二者可偏重不可偏废。境包括可视的形象和画外的联想之意。境的产生依赖于形象，形以外的联想，也要靠可视的形象来刺激触发，有了形方可写神，才会有传神之笔。

传统文人常常以丹青自娱，文人画自宋以后，大行其道。但是，面对新文化的冲击，充满着暮气的文人画也面临着革新的任务。戊戌变法领袖康有为、梁启超远在“五四”运动前后，就对“文人画之价值”提出过全面否定。而“五四”新文化运动的旗手陈独秀、鲁迅等一大批学者则更加激烈地将明清文人的写意画和“四王”等画派当作了中国画革命的主要对象。这些新文化运动的主将们站在

① 李超德，《意境之我见》，苏州大学学报（工科版），1996

了不破不立的高度，期望通过自己的呼唤和呐喊，构建中西文化融合的现代美术蓝图，并以“引美术革命为己任”。但是，曾留学海外的陈师曾则以自己鲜明而冷静的态度、辩证客观地分析了“文人画之价值”的真正所在。同时，我们又不得不看到，康、梁和陈、鲁对中国新美术诞生的贡献是极其巨大的，这种贡献不仅有其理论意义，而且具有实践推动意义。甚至鲁迅还亲自发起了新木刻运动，将俄、德等国的版画介绍进中国，推动了当代中国新美术的发展。

任何艺术样式的发展，都会打上时代烙印。太平盛世和和平年代，有些风花雪月、闲庭信步的题材表达不足为过。如若在民族灾难深重的紧要关头，艺术创作仅仅流落为落魄文人闲云野鹤般的遁世生活与城头落日的哀怨，则必然被时代所唾弃。依我所见，“文人画之价值”不容否定。按照陈师曾对“世俗文人画”的种种误解做出的深刻辩驳与批判，对中西绘画走入近代注重“主体精神”的共性要求，以及强调中国“文人画四个要素”对未来中国画发展的意义等角度，都无可厚非地肯定了文人画的存在价值。然而，康、梁和陈、鲁，以及陈师曾都不可避免地存在着认识的历史局限性。我们对“新文人画”推出某些批评意见固然存在着“矫枉过正”的偏弊，但是，有些理论家视新文人画为中国艺术之精髓的“非此即彼”也脱离了时代美学精神的要求。

文人画作为农耕经济时代及市井经济影响下士大夫心灵写照的一种艺术表现形式，反映了那个时代的美学精神与审美趣味。但是，起始于上世纪八十年代，兴盛于九十年代的所谓“新文人画”，从它的发生及追捧则有些让人匪夷所思。首先应该说明，探讨“新文人画”，我站立的逻辑起点并不是否定“文人画”，也不是否定审美趣味的多样性。而是针对“新文人画”画家及理论家们所推出的文化主张及审美理论提出自己的看法。“新文人画”，从文字的表面理解上，似乎与“文人画”有着继承关系。然而，那些以“新文人画”为标榜的有些画家们的作品，要么是中国画传统的继承，实在说不出什么“新”字，要么胡乱涂鸦，“以丑怪为能”“而以画外之物为弥补掩饰之计”。更有画家以所谓“儒”“道”“禅”的境界，画一些环顾左右而言它的东西。充斥在画展和刊物上的许多“新文人画”作品，无论是从时代要求与技法理论，还是作画者个人学养与品性，都与旧时真正意义上的文人画大相径庭。客观地讲，这些以文人画名义绘制出来的作品，既无法超越明清时期的文人画，也无法体现当代中华文化的主体精神。相反，如果从时代进步论的观点和学术理性的角度分析，中国画界和理论界的少数人以曲高和寡式的脱世态度掀起的“新文人画”画风，以及他们力图重树中国传统人文精神和回归高逸美学意境的祈求，由于作品表现内容的苍白和视觉艺术语言的粗糙，与其真正意义上的“文人画”风马牛不相及。

关于“新文人画”的出现，有理论家认为：“文化的本质之一是人类心灵的抚慰，尤其是发展到了‘文人画’阶段的中国画，它们已在历史上成了‘直抒胸臆’的精神上的绿色家园。因而它们对中华民族文化发展的影响和借鉴，也会成为一种探求的必然。新文人画的出现，正是这种必然的现象之一。所不同的是，较之以往的倡导，新文人画更强调文化的时代性、艺术的民族性，而不是屈从于某些固有的模式诠释与形态蜕变。因此，新文人画既不是一种潮流，更不是一种简单意义上的风格，小而言之，它是一种中国当代绘画发展的探索；大而言之，它的实质与内核，实际上是一种文化主张，是一种通过国画的创作反映出的文化取向，是一种弘扬中华文化的当代精神，是一种建设时代民族文化的努力”。假定这位理论家上述言论可以被视为新文人画理论宣言的话，这种见之方尺的“新文人画”反映的则是少部分画家的个人趣味，将这种非主流画风的“新文人画”提高到了代表当代中国绘画进程的文化主张和文化取向的高度，实在是言过其实和荒谬的。因为，现时的一些“新文人画”既无法体现出画作应有的时代性，更无法彰显中国艺术的时代风华与精神。

人类自摆脱蒙昧和野蛮状态，追求精神生活以后，作为个体存在的人，虽说受到区域、民族、时代文化背景的影响，存在着共同的审美倾向。但是，精神文化生活的多样性和繁杂性，决定了审美趣味的多样性，使得社会群体大众对艺术趣味的判断和鉴赏，客观上存在着“高”与“低”、“深”与“浅”、“雅”与“俗”之分。从中国绘画流变的历史层面看，封建制度与农耕经济、儒道哲学传统与士人文化心理构筑起文人画发展的社会舞台和文化背景。宋及宋以后，失意官僚、落魄文人大量涉足画坛，以院体画家、专业画家为主体的绘画队伍，由于有文人士大夫的加入，画风发生了明显变化，逐渐形成了词赋与书画融为一体、文人气息浓郁的画风。因此，传统文人画，强调的是作画者个人主观情志的抒发，追求的是笔墨趣味的把玩与体悟。

从文化层面分析，并追溯其审美意识的根源，文人画审美意境的形成取决于作者的意识形态和观照自然的人生态度。一方面，儒雅与顺从反映出古代文人所常有的性格缺憾的两面性，“文质彬彬”方为君子。一方面，他们中的大多数人无法、也不可能通过像辛弃疾那样悲壮激烈的言词和行为来表达对现实的不满。另一方面，他们只能寄情于山水和田园，追求淡泊和宁静，借自然之景抒胸中隐逸之气，消极遁世，借古喻今，在画纸上寻找精神寄托的物质载体。因此，能诗善词，追求人格高逸，寓景抒情的文人画满足了文人士大夫的自我主观要求。从而，见之于形，而超乎于形外，追求个人情趣与形态表现意味的文人画就为中国绘画开创了新的表现领域。自然山水，花草鱼虫、古物庭院、高士奇石、闺中女眷，无不可以入画，视觉形式语言追求笔与墨的趣味，题跋中的诗词歌赋，显现了作者古雅意趣和高深学养。

从社会背景看，文人画的产生迎合了时代风尚。因为闲适与恬静的农耕文化，塑造出作画者的时代性格，他们除少量是自食其力的劳动者外，绝大多数是寄生阶层的士人。即便自明代以后，市民阶层的出现，也没有彻底改变对乡村情怀的追求，明清文人画达到了后人无法超越的艺术高峰。我们常说艺术是社会生活的反映，脱离了一定时代背景，生搬硬套出一个古意盎然的所谓传统人文精神境界是徒劳的。

“新文人画”作为画家个人主观意趣的追求，反映出审美趣味的多样性，本来无可非议。但把它上升到时代文化取向和文化主张的高度则显得词不达意。由此衍生而来的是我要发问：时代的文化主张究竟是什么？时代文化取向又是什么？前些年，江苏国画院赵绪成倡导的“现代城市水墨”曾遭来不少骂名。但是我却认为，用传统人文精神与水墨笔意去表现现实生活的倡导是值得提倡的。甚至，在形式表达上借鉴西方绘画的某些元素，也是值得肯定的。这可以算得上是一种文化取向和文化主张。但是，一些新文人画家们除附庸风雅和捏造出的虚幻的人文情怀外，不可能成为工业化社会中走向信息技术时代理性精神高扬的替代物。相反，这些新文人画家们所倡导的虚假意境，恰恰是时代美学精神的倒错。

特别是少数新文人画家们以伪绅士的姿态，倡导一种伪绅士式的审美趣味。他们长期不深入生活，通过自命不凡式的精神慎独，在儒、道、禅的名文下，以小文人心态的所谓“清高”，做起怀古的热梦，并将自己贴上“高雅艺术”的标签。陈师曾先生早在八十多年前就对当时的世俗文人画提出过批判，任意涂抹，失画家之规矩，以荒率为美等成为当时“文人画”的痼疾。陈师曾对真正的文人画是提出过自己看法的：“旷观古今文人之画，其格局何等谨严，意匠何等精密，下笔何等矜慎，学养何等深醇，岂粗心浮气轻妄之辈所能望其肩背哉！”“文人画之不见赏流俗，正可见其格调之高耳。”进而，他又阐明了“文人画应具有的四个要素：即人品、学问、才情和思想，具此四者，乃能完善”，陈师曾的论述确立了“文人画”所具有的高尚而独立之精神品格，精密而矜慎的技巧，对曲解写意精神的随意涂抹和心浮气躁提出了强烈的批评。然而，近一个世纪过去了，历史又是何等的相似。

回顾近百年来，针对中国“文人画之价值”的争论，客观上推动了中国画教学的变革与新发展。当代中国画界的艺术表现风格与技法是多种多样的，但大致可以归纳为三类画风，而这三种画风的形成，却又是画家人生态度、社会背景、文化根基、哲学思想通过技法表现的人格外化。其一，淡化材料和所谓笔墨意趣，强调客观塑造的“西化”派。最能说明问题是历届全国美展中国画展部分和中国美协举办的大型中国画展，许多反映现实题材的作品，大多采用西洋油画的坚实造型方法，与其说是中国画，倒不如说更像彩墨画。其二，主张学习西方美术精神和方法改良的中国画，被称为“中西结合”派，从造型上讲，采用具象的西洋素描造型手法，辅助中国画的笔墨渲染，这类画家用学院中学来的以西方美术视觉造型技巧来实现中国画的改良与变革。其三，为所谓“传统笔墨”派，百十年来，不乏著名大师。但发展到现今，“传统笔墨”的拥护者中有部分画家以重树中国“艺术精神”为己任，又衍生出一支“新文人画”的画家队伍。

囿于中国画发展的困境，围绕中国画前途的讨论，近三十多年来可以说是一波三折、热闹非凡。从八十年代中期李小山的中国画穷途末路，到吴冠中的“笔墨等于零”，以及张仃的“笔墨是中国画的底线”，直至林逸鹏的“废纸论”。由于立场、观点以及作者文化背景的不同，所阐述观点都力图寻找自身理论的逻辑起点，驴子拉磨，蒙着眼自顾走。唯独没有从时代美学精神和社会历史流变的层面，将中国画置于历史存在和现实矛盾中去加以考察。

按照潘知常的说法：“当代文化的转型，主要与两个东西有关。其一是技术性的史无前例的介入，导致了技术文化的出现。其二是商品性的史无前例的介入，导致了消费文化的出现。”它们促使了当代审美文化与审美精神的时代性转换。这种转型在西方实则上早在十九世纪已经初现端倪。直至黑格尔悲叹“散文的时代”与“诗的时代”的消失。人们不再生活在一个田园牧歌式的诗意时代，人们再也无暇顾及“留得残荷听雨声”的悲凄。互联网时代，交互设计改变了人们的获取信息的方式，社会生活的转型，必然带来审美观念的转型。机械文明对人类传统思维的解构，信息技术时代悄然降临对社会生活方方面面的影响，宗教矛盾、局部战争的腥风血雨，大众文化的突然崛起，这一切都使传统审美观念相形见绌。贝尔纳·迈耶说：“20世纪的艺术之所以惹起许多混乱和非议，是由于人们习惯用评论文艺复兴艺术的标准和概念评论今天的艺术。这种做法正如以网球比赛的规则来裁判一场足球比赛，是得不出结果的。”而且，由于时代的变化，人的审美意识正经历着一场裂变，对此我在2001年发表在《美术观察》杂志上的一篇题为“有害的艺术与美学的困惑”中有深入的阐述，在此不再赘述。而今天的“新文人画”则对时代性文化精神与美学精神视而不见，热衷于自己从未体味过的古意盎然的生活场景与情景，作怀古的热梦。

毋庸置疑，艺术是时代的一面镜子，人类审美文化的历程反复证明，新的未必是好的，旧的传统也未必都不合时宜。“传统艺术境界”中倡导的意境，应该在新的时代赋予其新的含义。境界和意境不可能是生活景象赤裸裸的描写；境界和意境是朦胧的，但并不是无形的，境界和意境是神秘的但又不是虚无缥缈的；境界和意境有时只可意会不可言传；境界和意境又必然是“微尘中有大千，刹那间见终古”，境界和意境必然包含着中国传统文化的精髓，又凝聚着中国艺术的根本精神。因此，反映时代性的境界和意境意味着主观表样形式与现实内容寻求新的统一，当代审美文化所应该反映的客观内容已不再是农耕时代所赋予士大夫心态的山水、草木、花鸟鱼虫，至少不应该是主流。或者说见诸于这些客观条件的主体的人变了，美学精神必然会改变。如果把“新文人画”的涂抹上升为“文化的主张”和“文化取向”，岂不要人们关掉电视、熄灭灯火、重新过上“倚杖柴门外，临风听暮蝉”式的隐士生活？更不要说“弘扬中华文化的时代精神”与新文人画表达的内容相差十万八千里。作者同意张仃“笔墨是中国画的底线”一说。因为“笔墨”在中国画中既是绘画材料，又是独特的绘画精神和艺术语言，只不过“笔墨”所要表现的和要蕴含的深层文化指向是所谓“古雅的高逸”趣味，还是时代的美学精神，这才是我们讨论问题关键之所在。

文艺是时代前进的号角，最能代表一个时代的风貌，最能引领一个时代的风气。实现“两个一百年”奋斗目标、实现中华民族伟大复兴的中国梦，文艺的作用不可替代，文艺工作者大有可为。广大文艺工作者要从这样的高度认识文艺的地位和作用，认识自己所担负的历史使命和责任，坚持以人民为中心的创作导向，努力创作更多无愧于时代的优秀作品，弘扬中国精神、凝聚中国力量，鼓舞全国各族人民朝气蓬勃迈向未来。新的时代应该有新的价值取向和审美趣味，艺术家坚守艺术理想，如何用高尚的文艺和美学理想引领社会风尚？文艺美学与美育是铸造灵魂的工程，担负着以文化人、以文育人的职责，独到的思想启迪、润物无声的艺术审美熏陶启迪人的心灵，传递向善向上的价值观。广大文艺工作者要做真善美的追求者和传播者，把崇高的价值、美好的情感融入自己的作品，引导人们向高尚的道德聚拢，不让廉价的笑声、无底线的娱乐、无节操的垃圾湮没我们的生活。“文人”所指是文化人，即知识分子，在古代就是读书的“士”。通过科举入仕做官，因此官员大多数也是文人。在重文轻理的古代，情感陶冶被上升为人格确立途径。在今天，科学技术高度发展，人类情感的外化，体现在物化了的所有技术产品和文化产品之中。“文人”所包涵的阶层范围极广，科学的、技术的、文化的、教育的，甚至是官员。用“新文人画”命名的绘画形式实则上越来越显现出概念的模糊性，越来越不能体现时代的审美趣味。

对待民族文化和审美研究，一方面，既要有为高扬中国传统文化旗帜的文化精神，又要有为创立中国学派而奋勇前行的勇气。另一方面，我们既要有坚守文化自信和文化自觉的信念，又要有放眼未来、文化融合的视野。这便是我对文人画、新文人画与时代美学精神问题讨论的意见。

第十二讲　传统与现代的冲突
——现代先锋美术对传统审美理想的颠覆

大家都知道，在 19 世纪末 20 世纪初，欧洲已经完成了工业革命。尽管在物质生产领域有了空前的发展，但是矛盾丛生，国与国之间的矛盾、社会矛盾、阶级矛盾，当时的城市平民、失去土地的农民和资产阶级的关系，可以说是非常紧张。艺术家对当时的这种现实极度不满，选择了与传统对抗，于是求变求新。当然也有一些艺术家试图逃避现实，沉溺于对所谓纯艺术的探索之中。

今天我讲的不是艺术史，所以没有办法对艺术史的每一个过程都详细讲解，但是我会来说说这么几个方面，是它们推动了 19 世纪末、20 世纪初欧洲艺术的转变。

第一，这些艺术家置身于这样一个社会状态下：社会动荡，阶级矛盾尖锐，他们不满现实，对现实充满着一种批判的态度。在不满现实的同时，又为了回避现实，去追求所谓纯形式的创造。

第二，照相机的发明也对传统的古典主义艺术产生了冲击。照相机的发明大约是在 1839 年，这个发明改变了艺术创作或者绘画在当时的一种基本架构，因为肖像画当时是作为记录人生的方式或者功能这样一个理由存在的。欧洲的城堡里面有许多家族的画像，这些画像现在看是艺术品，但在当时则是为了记录某一个伯爵或者伯爵夫人的生活景象，就这么一代一代地流传下来。每个时代都会画一些肖像画，存留到现在就成了优秀的艺术作品。论“写实”的技巧，绘画显然无法与照相机比拟，所以照相机的发明使得绘画的记录生活的实用功能受到挑战。也可以讲，由于有了照相机的存在，绘画的这种实用功能就减退了。

1885 年的相机

第三，从技法上讲，因为有了照相机的发明，也使得绘画逐渐摆脱了单一的写实方法，转而追求新的艺术观念和形式。

第四，近现代哲学思想的发展，对近现代艺术也产生了重要影响，因此我想从近现代哲学思想的发展来探讨现代艺术的思想根基。

马奈的相片

马奈的自画像

一、现代哲学思想下的艺术流派

（一）叔本华

在第二讲的时候我曾经给大家说到过叔本华。叔本华作为近代一位杰出的思想家，1822年的时候，在柏林大学和黑格尔对着干，大家都知道黑格尔，也是古典主义思想家，在哲学史上的地位非常高。

1. 美是意志的暂时的歇息

叔本华在美学理论方面有一个重要观点，认为美是“意志的暂时的歇息”。为什么这么说呢？因为叔本华认为意志是世界的本质和核心，也即自我的本质和核心。他强调所有的人都是利己者，内心充满永无止境的欲望，但是由于人生的欲望永远得不到真正的满足，因此人的一生必然会充满痛苦。20世纪的社会矛盾、阶级矛盾是非常尖锐的，在这种情况下，叔本华的这些观点受到了很多人的推崇。其实一个有思想的人一生都会充满着痛苦，有的时候他可能也想活得简单些，想过一种平凡的生活。但是真要让你每天就这样“混”过去，你必然会感到痛苦。

要想从痛苦当中解脱出来，应该怎么办呢？叔本华认为只有两个途径：

第一，在实体上否定自我，这也就是我们所说的宗教般的涅槃，以此来达到一种绝对的忘我，达到一种对生活意志、生命源泉的绝对否定。这个话说得明白点，那就是自杀。

第二个是暂时的解脱，或者说是在精神上的否定自我。这种精神上的否定自我所指的东西其实很多，包括哲学上的沉思，道德上的同情，以及审美的静观等。

通过这些方式，主体可以消除物我之间的差别，暂时摆脱欲望和意志无法满足的痛苦，从而达到意志的否定。

关于这种在艺术上的“审美的静观”，其实也就是“入迷”“痴迷”。你要想做画家，一定要“入迷”，我刚刚从武汉回来，我在武汉纺织大学有一个朋友叫周杰，他非常勤奋，一直在画油画，这次去又带我到他画室去参观。我说：“我真佩服你，我把画画当作消遣，画着玩……”他说：“我一有空就在画室。”所以他晚上是不出来吃饭的，他认为是浪费时间。但是我去了他说他要出来的。他的房间里面同样尺寸的油画摆了一大排，全部是竖插着的。他觉得他就是在绘画当中得到了意志的休息，得到一种满足。最近和以前画的完全不一样了，以前画静物，画得很好，卖得也不错。他一般都是十年以后才会把前面的画卖掉，他最近在画风景，全部是带有中国水墨感觉的风景油画，他这样的人就入迷，他是中国美院毕业的，比我年纪还大一点，他一直是沉浸在绘画当中。其实一个画家就需要这样，他需要一种沉静的状态。

当然叔本华认为审美和艺术活动是解脱人类痛苦的最佳途径，所以他就提出了美是“意志的暂时的歇息”。他说的摆脱痛苦，实际上就是超越欲望。

那么怎么才能摆脱这个欲望呢？叔本华哲学的主要贡献就在这里，他指出了摆脱欲望的方法。他认为理性是没有用的，所以刚才我们讲反理性主义的意志，不过是意志的工具，但人还有一种能力，这个能力就是直观。它能够认识到人的欲求的内在本质，能够彻悟痛苦的真正根源，能够逃避意志走向生命意志的否定。

进而叔本华就认为否定意志就是灭绝欲望，为了否定意志，灭绝欲望，他认为要分几步走：第一，放弃性欲，因为性欲是为了延长生命、繁衍生命，为了把意志带来的痛苦延续下去，所以他认为要放弃性欲。第二，否定痛苦，由对内心的绝望进而进入到直观。第三，死亡灭绝，甘愿以死亡达到解脱和涅槃。

2. 审美静观

为了摆脱痛苦，叔本华就请出了所谓的“审美静观”。也就是通过人的直觉来达到一种审美的静观，这是从意志和欲望的束缚当中获得暂时解脱的一种方式，艺术就成了最好的载体，无论是音乐还是美术都能起到作用。

有一位享誉欧洲的挪威艺术家在苏州大学举办展览，他叫惑空，他的作品非常好。这个画家以前主要是画肖像画，后来也做了很多的版画，这次来一共展出 105 幅作品。他在挪威的地位很高，就相当于吴冠中在我们国内的地位，他的作品从挪威海关出去之后，回来必须是原作。挪威的商务大臣也莅临了苏州大学艺术学院，参加这个画展的开幕式。为此学校准备了一个酒会，邀请了挪威皇家乐团的8位大提琴手和小提琴手来表演，显得非常有“腔调”。在一个小小的开幕仪式之后，就是酒会，大家就慢慢地品着红酒、香槟来欣赏惑空的作品。

面对艺术作品，人们的精神得到了放松，沉浸在其中，从而忘记了自身的存在，因此而变得愉快。每个人在紧张的工作之余，都需要休息。

叔本华以审美静观为中心，又分析出了审美静观的关键：

第一，要放弃对事物的习惯看法，从而获得一种直观的认识方式，只有不再按照习惯的方式去看待事物，才能进入一种审美的静观，实际上讲的是人的意志。

第二，美不是一个具体的物品，其实叔本华并没有给美下一个具体的定义，他认为美就是美感，美感就是美，与其说规定美，不如说规定审美静观；审美静观是非功利的，如果有功利，就达不到审美的境界；审美静观又是非理性的主观直觉，美国直觉心理学家鲁道夫·阿恩海姆也是持直觉这样一种观点，但是作为唯物辩证法的观点来看，所谓“直觉”，其实是以往的人类文明史、人的发展的全部积淀，直觉是有内容的。

鲁道夫·阿恩海姆　（1904—2007）

第三，审美的态度就是艺术的态度，审美的对象就是艺术的对象。艺术就是直观、复制和传达某种理念的载体，是审美静观的一种升华、一种强化，更是一种自觉，这种自觉是一种更完善的审美的静观，这种审美的静观帮助人走出了意志的牢笼。我们在欣赏作品的时候，暂时摆脱了意志的困扰，摆脱了牢笼，就像人生旅途当中的花朵，沁人心扉。

叔本华强调艺术的天才，天才就是能够直接进行纯粹直观的本领。讲一个人有感觉，其实这种感觉是不需要多说的，艺术很大程度上要有天分，当然光有天分不行，还要勤奋，但相比较而言，我认为天分是第一。所以说艺术家不是人人都能培养成的，艺术家往往都有点特别，有的人会恶作剧，他经常异想天开，天才与疯狂相识，有的时候精神病和天才之间只有一步之遥。叔本华认为艺术家就是不正常的人，因为正常了就无法用一种独立的视角来看待世界，不能你看到的与别人看见的一样，你正是用自己一种独特的视角来看待这个世界。前文提到的

凡·高自画像

“钢琴怪杰”古尔德

德朗作品《查宁十字铁路桥》

挪威艺术家作品的视角很有意思，他从传统古典油画当中受到启发，画了好多变异的肖像。

叔本华根据意志客体化的观点把艺术进行了分类，将建筑、造型艺术、文学、音乐分了四个等级，他认为这四个等级是从低级到高级的四种艺术。叔本华认为音乐是最高级的，因为音乐超越了一切客体化的级别，与理念是同一层次，叔本华的观点对19世纪末20世纪初的艺术发展起到了精神支柱的作用。

马蒂斯作品《舞蹈》局部

（二）尼采

前面我们在讲希腊精神的时候，讲到了尼采。他于1844年出生，1900年去世，这是新世纪的前夜。

尼采的全部思想，自认为是来自希腊的两个神：日神和酒神。他把这两个神比喻成“梦境”和“醉境”，这是两种完全不同的状态。

所谓的“梦境”，就是指人们可以借助雕塑、史诗以及一切叙述文体的艺术。尼采认为叙述文体的艺术就是日神的艺术，用来编织幻境，暂时忘却痛苦，为自己创造一种远离苦难的美妙世界。

然而梦境毕竟是一种幻象，人们总有一天会醒来的。醒来以后，人又会进入另一种状态，一种迷醉的状态。在迷醉的状态当中，天上的神与人的界限就冰消瓦解，日神的自我主体就消逝了，人就完全处在一种忘我的境界之中。这使得人们和神秘的大自然融为一体，从而获得一种不可言状的快感，这就是“醉境”，也就是酒神的境界。

显然在尼采的眼中，日神艺术是梦境的世界，是个体对人生痛苦的一种解脱；而酒神艺术则是迷醉的世界，它消灭了个体是对大自然神秘统一性的一种感知。这两种力量都从大自然当中得到了某种启发，并从大自然当中出发，是艺术发展的深层的动力，受到它们的支配。

尼采认为，艺术家的气质大体可以分为两类：一种是日神式的梦想，一种是酒神式的沉醉。当然，这两种气质无法截然分开，它们可以相互融合，从而产生出形形色色的艺术流派，举例来说，希腊悲剧就是两种艺术气质结合的产物。

尼采还提出过“超人”理论，这得到了希特勒的推崇，尼采把自己比作超人，当然也强调所谓贵族精神，在前面我们已经谈到这一点。

尼采和叔本华有一点是一致的，他们都认为音乐是人类最好的精神载体。在这个世界当中，绘画、音乐、戏剧都是精神财富，我们欣赏它，就像一个金字塔的塔尖，下面铺垫了大量的民间艺术，这些艺术逐渐地递增，塔尖就是精英艺术。一个社会倡导的东西就反映了时代和社会的精神。

我们也认为这个时代不能总倡导“二人转精神”，我们不否认二人转作为民间艺术存在的合理性，但是把它作为中华民族艺术精神来褒扬的时候，我觉得这个导向是很可怕的。我经常跟同学开玩笑讲：“要从容，要有腔调！”也有人开玩笑讲：“李老师你老讲从容，结果人家不从容，机会全被人家抢去了。”这个话也对，但是每个人都有自己生活的准则。

尼采认为，意志，或者说生命意志，固然给人们带来痛苦，但酒神精神却使我们尝到了快乐。酒神精神就是一个人达到一种醉境的状态，做一个沉醉的艺术家的时候，他就尝到了一种快乐。

我们学院有一个老师，他年轻的时候就经常面对墙壁拿着一根筷子“指挥”交响乐，这就是一种迷醉。其实做指挥也是很有意思的，比如小泽征尔，他是非常有激情的，他的指挥棒是从下面这样上来的。再如卡拉扬，他的指挥又有另一种大师风范。卡拉扬年轻的时候曾经为纳粹服务过，所以“二战”之后人们对他是颇有微词的。卡拉扬的指挥一派绅士，是古典式的。

唱歌也一样，唱流行歌曲会声嘶力竭。我最喜欢的是帕瓦罗蒂。帕瓦罗蒂的肚子就是音箱啊，唱到高潮时他已经是满头大汗。他身体已经不好，站不动了，他就坐在那里唱，谱架就放在他前面，唱到一半一头汗，拿个毛巾一擦又接着唱。这种迷醉，是艺术的沉醉。酒神精神使我们尝到了快乐，艺术有这样的诱导作用。

毕加索作品《曼陀林和吉他》

莱热作品《音乐家》

尼采认为我们应该自觉保有一种审美的人生观，学会用艺术的谎言来掩盖某些可怕的真理。他指出，应该把人生艺术化，赋予生活以价值，创造新的快乐。他认为真理有的时候是丑的，我们依靠艺术才没有毁于真理，艺术是生命的最高使命和生命本来的形而上学活动，他认为审美就是对生命的肯定。

尼采意义上的美，与传统美学意义完全不同，他认为没有完全的、自在的美，美是人的自我否定，他甚至发出了“上帝已经死了”这样的呐喊。他认为欧洲的基督教文明面临着危机，上帝的死招致了虚无主义的到来，所以人们没有精神目标了。

一个人需要有精神目标，我们中国人对于精神也有一种崇尚，而且这种崇尚我认为在任何环境中都应该有，中国人有自己的标签，当然西方人有的时候不能够理解，我觉得可以心平气和地跟他们介绍。中国人很谦虚，而西方人则很乐于推销自己。从西方大学教授对中国学生的看法来看，他可能认为中国学生缺乏创造力，但是我们又要从正面来看，中国人有谦虚的美德，当然可能也有虚伪的一面。传统文人都会说：“本人才疏学浅，还请多多指教。”传统文人都很谦虚。

尼采曾经兴高采烈地宣布：“酒神精神正在我们的时代渐渐苏醒，苏格拉底主义行将就木，埋葬者就要被埋葬，伟大的德国精神将承担起拯救现代文化的使命。”尼采的这些言论非常具有蛊惑性，希特勒从他的著作中找到了某些可以利用的精神。希特勒是一个演讲家，当然他是一个残暴的法西斯主义者；纳粹德国的宣传部长叫戈培尔，也是极富煽动力的演讲家；列宁也是一位革命的演讲家。

但是我想一个政治人物的演讲和一个学者的演讲不太一样，他们竞选时候的演讲都是声嘶力竭，台湾也经常这样，那些政治人物有时完全不注意自己的肢体语言、风范，甚至鞋子都扔出去了。

（三）达达主义与波普艺术

现代哲学思想影响下的艺术流派很多，诸如野兽派、立体派、表现主义等。因为我不是讲现代艺术史，所以我现在重点想和大家谈谈最为不可思议的两个流派，一个是达达主义，一个是波普艺术。

达达艺术的诞生和“一战”有关，在瑞士的苏黎世，当时英、法、德一批青年为了躲避战争，来到这样一个中立的国家，这些艺术家充满着对战乱的恐惧。达达艺术的兴起，首先是起源于文学青年当中，他们在小酒馆中为了排解自己思乡的情绪，表达对现实的不满，开始喝酒，吟怪诗、作怪画，甚至在酒吧里面随地抛洒粪便！这些文艺青年，对“一战”充满着绝望和恐惧，又对现实有着强烈的不满，对生活丧失了信心，他们反对战争，力求在幻想和荒谬之中寻求理性与现实的强烈挑战，他们的作品宣扬无政府主义和虚无主义，甚至提出“破坏就是创造”。

蒙克作品《月光》

科柯施卡作品《德累斯顿风景》

参与达达运动的艺术家很多，其中最为著名的要算受到达达观念影响的杜尚。杜尚把一个小便池拿到了展览会，这个被命名为《泉》的作品，完全颠覆了人们对美术作品的认识。如果说野兽派、立体派、表现主义，还算是架上绘画的话，达达主义已经是观念的艺术。

杜尚作为达达艺术的一位先锋派人物，他对人类传统审美习俗的冲击是巨大的。他还有一幅作品，就是给达·芬奇的《蒙娜丽莎》加了两撇胡子，为什么要给她搞两撇胡子？《蒙娜丽莎》作为经典艺术，几百年来人们对于其美的认识是毋庸置疑的，她的神秘的微笑、人文主义的手、丰满的胸部，以及背后的风景，构成了一种人文主义的理想。你说她美，我偏不说她美，并在她的嘴上加两笔胡子，两笔胡子在法国人那里是有暗示的，是“骚公羊”的意思，他把蒙娜丽莎的微笑

杜尚作品《L. H. O. O. Q. 》局部

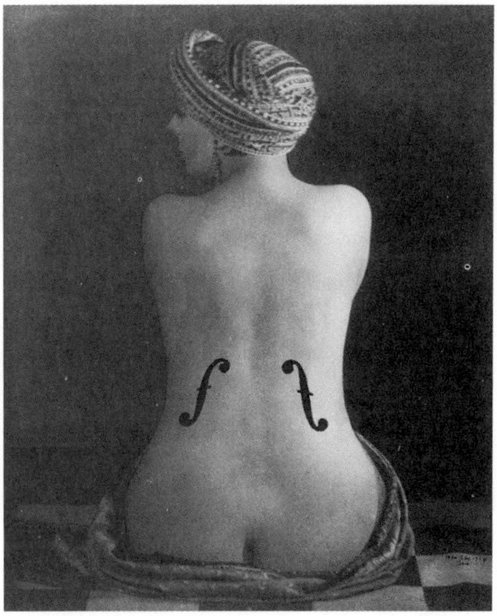

曼雷作品《安格尔的小提琴》

看成一个少妇怀春的微笑，当然恶搞的东西还很多，达达艺术甚至把维纳斯肚子上搞上抽屉等，后来达达艺术从文学影响到了绘画。

所谓波普艺术，是我们的中文直译，波普是大众化的、流行的意思，在20世纪50年代的英国萌芽，是一种源于商业美术形式的艺术风格，后来在美国得到发展。波普艺术力求通过大众化的事物把观赏者和创造者都融入生活当中，它的特征是普及的，认为艺术不是高高在上的，所以作品让人感觉是极目可见、随手可得的，是短暂的，是可以大量生产的，是在客观上对抽象主义艺术的一种公然否定，而成为主流前卫艺术。在20世纪50年代，美国画家约翰斯和劳森伯格就曾经以星条旗、啤酒罐头、汽车轮胎等物件构成作品，这个作品被称为前期波普。

波普艺术的真正流行是20世纪60年代，最著名的画家有三个，这三个人是安迪·沃霍尔、罗伊·里奇登斯坦、理查德·汉密尔顿。安迪·沃霍尔以纯客观的形式画了很多名人，最有特色

里奇登斯坦作品

沃霍尔作品之一

沃霍尔作品之二

的风格就是重复，比如一个头像不断地重复，有一幅著名的作品《玛丽莲·梦露》，重复印头像产生了一种奇特的效果，这在许多画册上都有；还有绿色的可口可乐瓶子，不断地重复直至图像成为类似超级市场里面的货架。安迪·沃霍尔的作品很多，甚至开始的时候创作作品就直接从报纸上剪下来，剪完以后不断地重复复印。

罗伊·里奇登斯坦擅长把通俗的连环画、邮票上的图案放大成巨幅画像，其实这种手法现在有很多人在做。张天星老师的版画工作室里面有一位浙江的在职研究生，在版画中，他把一个苹果或者南瓜切开来，一放大，这种肌理就变成作品，你如果把它按原来大小切开它能作为作品吗？但当你把南瓜或者西红柿切开之后无限放大的时候，它就成了作品；理查德·汉密尔顿，被称为波普艺术之父，他是杜尚的学生。他们的这些作品为波普艺术创作了一种典范。2004 年春节，我在纽约古根汉姆美术馆看了波普艺术展，这是一个回顾展，这些大师的很多作品都在里面。

波普艺术体现出对商品美术形式的崇拜，充满了一种对现代美国生活的崇尚和欢愉。波普艺术对美国流行文化特别是广告宣传影响非常大，当然波普艺术现在的影响非常广泛，在 20 世纪的七八十年代，在东欧的社会主义国家，有一些持不同政见的艺术家以政治波普的形式来描绘一些政治题材，来抨击他们的政权和社会。

在北京的“798”创意广场和北京的画家村宋庄，有一些现当代著名艺术家，实际上也是在用波普的形式表现，比如一帮人咧着大嘴傻笑的图象被不断地重复。当然现在的政治波普用那种戏谑调侃是怀有政治目的的。据说“798”有一段时间每天都在上演着火爆剧，说有一个女人到了时间就把衣服一脱，关在笼子里，被拉着拖动，也挺吓人的。反正大家一讲到搞当代艺术的女孩，就会联想到毒品、大麻。当然，后波普时代又涌现了“圆点女王”草间弥生这样的艺术家，她是后波普时代女性波普艺术的代表，影响非常大，甚至对时尚艺术影响也很大。

除了前面讲到的这些当代艺术流派以外，现代艺术中的流派还有很多，比如说抽象派、行动画派、超现实主义等。超现实主义的画家很多，前面讲过米罗、达利，米罗早期对野兽派和立体派感兴趣，后来转向了超现实主义；我们曾经在上海美术馆看过达利的画展，包括他的一些素描稿、速写，画得很好玩。一个老人能够用孩童的眼光来画画，那是大师啊！用一种孩童的眼光观察世界，回归本我，了不起。超现实主义用纯粹的精神、用潜意识的梦幻来解释作品，达利做到了顶峰。在他的作品当中充满着幻想，达利的作品还有点偏执，难以想象的幻想和构图对观众产生冲击，在 1936 年西班牙内战前夕画的《内战的预兆》，就是一只手托起来一个人不像人的躯干似的东西，画家运用细腻的笔法画出了被肢解的人体，用蓝天做背景，表明罪行在光天化日之下进行，这很恐怖。米罗的《丑角的盛会》中，一个狂热的舞会正在进行着，各种动物蜂拥嬉闹十分快活，让你感觉到不可思议。当然当代艺术发展到今天，更让人瞠目结舌。

达利作品《内战的预兆》

798 工厂之一

798 工厂之二

二、“有害的艺术”与美学的困惑

这个小节是我在 2001 年写的一篇文章的题目，这篇文章当时刊登在《美术观察》杂志上。2001 年美术杂志在王仲老师的策划下，倡导高举现实主义大旗这样一个主题，当时所发文章连篇累牍，对现代和当代艺术进行了围剿。其实我本人并不反对现实主义，我也喜欢重大题材，那种激昂的、革命的题材。在一个要求艺术百花齐放的文艺政策的倡导下，我认为不能失去学术理性，因为《美术》杂志组织的文章把现当代艺术的探索一棍子打死，认为它是有害的艺术，尤其以鲁迅美术学院一位老师写的一篇文章达到了极致，这篇文章就叫《有害的艺术》，所以我就针对此文写了一篇文章，想了一个月，一个晚上写好，七千多字，一气呵成。没有像挤牙膏似的，我就直接把稿件投给了《美术观察》理论版的主编，他很快就给我回了一封信，他说不能同意我这篇文章的全部观点，但是尊重我的观点，为了保证学术的公正，要登我这篇文章。在登载的过程中还加了编者按，大家知道，一般重要的文章才会加编者按。我看了他的编者按之后，尽管他说他不同意我的观点，但是他认为我的这篇文章的逻辑起点是成立的。

（一）传统与现代从来都存在争论

中国当代艺术已经脱离 20 世纪 70 年代末到 80 年代完全一味的模仿，走入了一个探索的时期，而且正在形成自己的语言。《有害的艺术》登在当时鲁迅美院的学报上，这篇文章用了这样的一些词来评价现当代艺术：这些人“为非作歹、藏污纳垢”，现当代艺术当中是不是有些触目惊心的东西呢？有！譬如讲行为艺术当中，把一个死去的小孩放在盘子里吃；在自己的皮肤上割开一个口子，用电烙铁烫；在冰天雪地里面趴在雪地上自虐等，确实令人瞠目结舌，模糊了艺术的边界。

宋庄艺术节

岳敏君作品

毕加索也曾毁誉参半

先锋艺术家现在很多，苏州有一位从北方调来的艺术家很有意思，有一年的冬天，他穿了件黄大衣，好像他的主题是寻找雷锋，他在观前街提着一个灯笼，穿着一件黄大衣到处走，他的太太跟在后面拍照，这是他的行为艺术。《有害的艺术》说："迄今为止，中国的现代艺术家还没有创造出值得人们关注的人文和行为艺术，我看不上国内某些现代艺术的直接原因是它们太简单了，简单到无法用学术智慧加以判断，仅凭感觉下结论就够了。"甚至把前卫艺术家叫做"叫花子"，我一听就来火了，我写了一篇文章来反驳他。其实我们都知道现代与传统的争论一直存在，不要说现在的艺术形式，20世纪30年代鲁迅先生和苏州尤墨君先生都对流行语进行过争论，流行语充斥的语言文学，有人认为很庸俗。今天，对于先锋艺术的争论仍然是传统与现代的争论，而且这两者之间，似乎一直存在着紧张关系。由于各种人所站立的立场不一样，习惯用这两个词来标榜自己，要么就是现代的，要么就是传统的。其实传统与现代的争论在西方也没有停止过，库尔贝的现实主义，今天来看是传统的，但是在19世纪的巴黎的沙龙上，就是现代的。当马奈拿着《草地上的午餐》，到落选沙龙展展出的时候，拿破仑三世和卫道士们愤怒地攻击它不道德，甚至想用皮鞭抽打这幅画，因为在草坪上两个绅士旁边坐了两个裸女，所以当时马奈的这张画就变为现代的。但是我们今天去看这幅画的时候，它又是传统的。当莫奈和西涅克拿出他们的印象派作品的时候，也遭到谩骂和诋毁。

20世纪上半叶是先锋派在人类艺术活动的各个领域最为积极的时期。从马蒂斯到毕加索，从立体派到抽象派的绘画，以及音乐、哲学、心理学还有电影，几乎都被先锋派征服了。古典主义建筑的特征是什么呀？古典主义的建筑都有装饰、卷草，现代主义建筑摒弃这种东西，柯布西埃甚至高呼："房屋是居住的机器！"强调居住的功能。现代与传统的冲突历来都存在。1979年在中国出现了一个星星画派，他们没有办法在中国美术馆展出，只能挂在美术馆外围的墙上展出。这些先锋艺术青年当时的年龄大多二三十岁，到今天最有名气的栗宪庭、艾未未，就是星星画派的人物之一。从星星画派到今天，人们对于现代艺术的包容程度已经不可同日而语。1988年，在中国美术馆举行了第一次全国现代美术大展，开幕式的招贴用了一个寓意很深的"禁止掉头"的交通标志，全场招贴底色为黑色。当时展览上有两件作品引起很大轰动：《枪击事件》，一男一女据说是高干子弟，从家里偷来了枪，对着自己的作品"啪啪"开了两枪，可以想象在中国美术馆里突然一个人拔出枪打上两枪，然后警铃大作，他就开始逃跑，然后就有警察追，

在“中国现代艺术大展”的开幕式上，艺术家们展示了创意——“禁止掉头！”

抓住之后被审问：“枪是哪来的？”答：父亲那里偷来的，他们最后宣布：“作品完成”。还有就是在神圣的殿堂的台阶上洗脚等。所以现代与传统的冲突与争论是一直存在的，到现在也一样，在我们艺术学院内部，我是抱着宽容的态度来看待的，但未必代表所有的教授都这么看，正是这种百花齐放，方显我们学院的生色。这里面需要有人剃光头，有人留长发；有人吹胡子瞪眼，有人文质彬彬，不见得每个人都要有腔调。

（二）中国的先锋艺术的发展值得我们反思

有人说 1979 年的星星画派，是中国美术的第一次觉醒。在“文革”十年，人的心灵被扭曲，他们通过一种扭曲的形体和夸张的色彩把自己内心的不满发泄出来。到 1985 年，中国的先锋艺术已经如火如荼地发展起来了，这即是所谓的“85 新潮”。这里要举的一个例子是：1986 年在北京大学校园里面，由中央工艺美术学院的学生组织了一次叫做“行动 21”的展览，一帮青年将自己身上全部绑上白纱布，然后做出各种各样的动作，然后在校园里奔跑，在草坪上慢慢解开，摆出造型，作品算是完成了。策划这次展览的是现在北京大学著名教授朱青生，当时他在读邵大箴的研究生，其实邵大箴是一位传统的讲西方艺术史的教授。这个展示结束之后，有记者就问朱青生：“为什么叫‘行动 21’？是否有面向 21 世纪的意思？”朱青生说“行动 21”就是不管三七二十一的意思，当时的美术类报纸报道了这次采访，后来我曾问过朱青生，他居然记不得有这次采访。我认为“行动 21”是美术青年自觉主观精神的一次极端反映，这次事件在当时美术界是引起轰动的。因此北大校园里面一些老师和同学说把他们当猴耍，不知道他们在搞什么。朱青生迄今仍然冲锋在中国当代艺术研究第一线。

这些艺术行为的演示活动，把人们复杂的感情的交流与碰撞，所引起的恐惧、疑虑、喜悦和愤怒全景式地一网打尽。学院派的艺术家就认为这是在胡搞。学院派的艺术家也隆重举办了一次大展，要用经典艺术来唤起全民族的审美情感，他们在中国美术馆组织了一次中国人体艺术大赛，上点年纪的画画的人都知道，这个展览除少量作品外，绝大多数都是非常写实的学院派作品，感官的刺激是显而易见的。面对如此真实的人体画，完全出乎艺术家的意料，原来想用传统艺术形式经典之美来唤起人们的审美情感，然而事与愿违，大展引起了轩然大波，文化官员以一种惊恐的态度关注着事态的发展，某些文艺家感叹国民心理的脆弱，某些文艺批评家以卫道士的面貌出现，或者以鼓噪者的身份出现，对此说三道四。在观赏者当中，绝大多数人由于综合因素的原因，是用异性眼光来看待人体艺术大展的，他们挤破大门，盛况空前。

去年开世界设计大会的时候，中国美术馆同时在组织一个展览，叫“现代写实油画展”，画展中写实的裸体要比 80 年代的展览作品逼真得多，却没什么人看。已经过去这么多年了，在当年，这种现代艺术大展和人体画展，对人们视觉感官的冲击是如此之大，而如此之大并不是能够唤起人们的审美情感，而绝大多数人是以一种异性眼光来看待裸体，用世俗的目光来代替了严肃的艺术和情感。最有趣的是前卫艺术家充满着对传统的蔑视与嘲弄，传统艺术追求高雅，但举办了经典的传统的裸体艺术展，却高雅不起来。所以中国的先锋艺术发展让人深思。进入 20 世纪 90 年代，中国先锋艺术逐渐开始寻找自己民族化的语言，在逐渐地走向一种成熟，无论是形式的构建还是观念的注入，它已经在进行着一种重构。

（三）艺术美学的重构

艺术美学确实需要进行一种重构，从尧斯的接受美学到舒斯特曼的身体美学，许多理论家和前卫艺术家把自身看作是文化大众的一员。在西方，现代主义的兴起与大众文化紧密联系，而大众文化是现代商品社会发展的结果。中国改革开放加快了工业化的步伐，大众文化也导致人们极力摆脱物化、回归自我，休闲文化也超越了一般意义上的消磨时间和娱乐性，更强调发挥人们的本性和精神，并在休闲方式当中体现出来。

如果我们今天对艺术作品的欣赏仍然以所谓高级灰的色彩或墨色的浓淡来评判现代绘画与视觉艺术作品，就显得苍白和乏力。当代流行文化以及美学观念的变化，我认为已经无法用传统美学观念来阐述，结果只能是某些艺术界和非艺术人士词不达意、南辕北辙的争论不休。面对着高挂在卢浮宫中的《蒙娜丽莎》，我们会毫不犹豫地断定那是艺术，当我们面对色彩和光影处理得非常好的美人画挂历的时候，我们无法断言这是不是艺术。上流社会的芭蕾舞和黑人街区的迪斯科，究竟哪个是高雅艺术似乎早有定论，但是从本质上讲迪斯科和芭蕾舞的高低是人为形成的，就像宫廷中的贵妇人的画像和杜尚的小便池，如果以正统的审美观念来看，它们风马牛不相及。

总的来讲，按照传统美学的理解，经过审美距离处理过的展厅里的、画廊中的、沙龙里的作品展示活动，这才是审美的定义。似乎观念的艺术、行为的艺术以及综合的艺术等则不是。因此在大众流行文化背景下，审美理论必须进行重构，由于缺乏诸如古典哲学这样精深的理论基础，这种美学理论的重构，一时还很难建立起比较完备的理论体系，尤其是行为艺术、综合材料艺术的发展，在传统与现代之间挖了一条鸿沟。所以有人要问到底是行为还是艺术，形成了与传统审美理论完全相悖的另一种思维方式，恰巧这种方式和思维的模式也反映了我们所讲的一种美学的困惑，一种当下美学的困惑。我们不能以这种困惑来否定当下艺术的探索，就像前面我已经跟大家讲过的一样，你不能用评判足球的规则来评判一场橄榄球比赛，同样是用体育场，同样有一个球，同样要有这么多人来奔跑，但是足球是不能抱起来走的，橄榄球却能。所以我觉得作为一位有责任感的艺术从业人员，我是不鼓动破坏性活动的，也不支持暴民心态的艺术活动，我不否认精神文明建设的重要性，但如果把精神文明狭隘地理解为单单是宏大叙事式的主旋律，我觉得也不可取。艺术审美必须有多样性的呈现，必须体现时代的审美节律。

艺术本体发展的规律是不容忽视的，我们既要反对对待艺术的轻浮和狂妄态度，又要给前卫艺术的探索以足够的理解和支持。我们不能因为自己的困惑，就把新生的事物臆断为有害的东西，因为中国的先锋艺术实在是太脆弱了，每人一口唾沫，就会把这些艺术青年淹死。如果没有宽容开放的心态，艺术创新和文化创新就无从谈起。

第十三讲　设计之美的新价值和新解读

一个直指人心的设计，首先是一个善的设计，是符合事物规律的真的设计。

对于设计之美、新价值的判断往往都停留在对于设计表面形式的一种追求上面。这也影响到我们对于设计价值的判断，设计审美的判断，以及设计教育的判断。

本讲我们将探讨设计之美的新价值和新解读。前几讲枯燥地讲了很多概念、本质、史论等。但我觉得如何来关注当下是一个很重要的问题，因为设计审美研究中关注当下是很重要的，而且我们一讲设计始终认为它是一个视觉的东西，形式的东西。

其实在很多年前我已经形成一个重要观念，我认为设计不单单是视觉的含义，它还是一个涉及社会学、伦理学的行业。一个直指人心的设计，它首先是一个善的设计，是符合事物规律的真的设计。那么，它就是要符合于人类生存的设计。所以我认为设计是一个涉及社会学和伦理学的行业。我两次赴美，在这方面就深有体会。其中一次去美国是 2004 年的 2 月份，在那时有一段经历对于我认识设计为什么说是社会学和伦理学的解释，有很大的益处。

我是从洛杉矶转机到芝加哥的，路途很辛苦。飞洛杉矶要十来个小时，再从洛杉矶飞芝加哥要四个半小时，这相当于上海飞乌鲁木齐。到达芝加哥的时候是晚上九点多钟，如果在国内，比如晚上一个国际航班到了上海虹桥机场，我肯定打个车就回来，从上海虹桥机场到苏州也就 300 多块钱。但从洛杉矶到芝加哥然后从芝加哥机场再到我的住处，大概是在芝加哥的 53 街还是 54 街靠近芝加哥大学那里，打出租车要 70 美金左右。说实在话 70 美金作为现金而言是一笔不小的数目，出了国的人都知道节约，所以我们就选择坐巴士。

出了机场以后找到巴士，这个巴士使我大失所望。我认为美国这么发达的国家巴士应该很好，就像我们国内的巴士至少有语音装置，到哪个车站都要提示你。比如会自动播放下一站是王府井，在王府井下车的乘客怎么样等。这一辆巴士看上去很旧，巴士的内部内饰还是那种木纹板的。最让我感觉到不可思议的是，车上是没有任何的提示装置的，如果你要下车，你就必须和司机打招呼，你要在哪里下车，就拉走道里的一根绳子，这个绳子上有个铃铛，会在司机头上梆梆梆地响，他就知道你下个地方要下车。美国巴士就是这样，当时我就对这个巴士存有一种疑问，觉得美国这么发达，怎么巴士会这么土？而且一进车厢，车厢里全是黑人，我的朋友开个玩笑说能够看到白的，就是牙齿和眼白。

我后来跟我的朋友开玩笑，我说因为看芝加哥的黑帮电影看多了，总感觉这里面全是坏人，他们就哈哈大笑，说人家还认为你是坏人，因为他们认为中国人都会武术，Chinese boxing。

但是这部车子在行进的过程当中，我改变了对它的看法，因为那天晚上到芝加哥是下雪天。在宾夕法尼亚、伊利诺伊州一带飘着很大的雪，那是我看过的最大的雪，真的就是鹅毛大雪。这个司机讲话的声音，是一种黑人的沉闷的声音，这个讲话声音似乎就在喉咙口。他突然在一个地方说要下车，然后我就看他跳下去了，我当时想他跳下去干吗？我再一看，原来在晚上十点钟的站台上，还有一个残疾人，残疾人有一部轮椅。我想轮椅怎么上这个车？黑人司机下去以后在门边上按了个按钮，这个台阶就慢慢地生成一个平的升降机，门打开以后，司机就把残疾人推到车厢里面又升起来，残疾人就进了车厢。那个时候我恍然大悟，尽管他没有那些形式的东西，还没有自动录音装置，但是这个车子却是人性的、人道的，它是符合于伦理的，它也是社会学可以解释的。

所以我这个时候又突然觉得这部车子高大起来、优美起来。这个事例说明的是什么呢？我们做任何的设计，其实都是为社会而设计的，它都有付诸伦理的价值，这才是美的。所以芝加哥的这部车子给我的印象就非常的深刻。

在一些西方发达国家，有很多地方都兼顾到了残疾人。我们国家近一二十年的社会进步很快，马路上、道路上都有盲道。我们的校园里面有的大楼前面有专门给残疾人设置的通道。但你们发觉没有，通道是设计了，但是盲道有的时候是走不通的，另外大楼门口是有个通道，但是进入大楼以后怎么上楼是没有通道的。所以作为一个公共的设计，这里面要做的工作就非常之多。

这样一个事例使我记忆犹新。因此我就觉得作为一个设计，它一定是指向社会学，指向伦理的，指向设计的至善至美。只有符合了善，它才是美的。这是我想说的一个部分。

我们对于设计之美、新价值的判断往往都停留在对于设计表面形式的一种追求上面。这也影响到我们对于设计价值的判断，设计审美的判断，以及设计教育的判断。

我曾多次和我的学生讲过，有很多环艺系的学生，我说你们进来以后，课堂上如果要叫你设计一个教室，或者是会议室，你首先考虑的是吊顶怎么装，随便在那个地方搞一个装置，这里搞一个凹凸感，我认为这不叫设计，这是装饰。你有没有认认真真地思考过，两百个人在两个小时之间要呼出多少二氧化碳，吸入多少氧气？呼出的二氧化碳在什么样的情况下空间里面才能够流动？一个公共的场所，如果发生紧急事件，什么样的流线是能够极快地来疏散的？……像这样一些设计问题，都应该是我们从事室内设计、环境设计要考虑的。

当然讲到设计话题，低端的设计还有很多，我们老是讲要生态设计，我们的公园叫生态公园，这个是没有错的。城市当中当然要有生态，要强调生态，但是你有没有想过你讲的生态，却是以破坏真正的大自然作为代价的。现在很多的城市公园绿化中的香樟树被挖过来，好几十万或者是几万块钱一棵，都是在哪里挖的？都是在江西、安徽的一些山区里面挖来的。

把这些三四十年、四五十年的香樟树挖走了，留下的山体千疮百孔，这会造成水土流失，这样的生态又是什么生态呢？我有一次到宜兴的一座山里面，正好是为了学校的事情，去选一块石头。

当时老板就带我们去了安徽和江苏交界的地方，告诉我们这块石头如何好。他为了挖一块石头，甚至不惜开了一条路到山里面，从山里面把它挖出来。我们以前都讲太湖石如何之好，但现在你要真的在太湖边上找太湖石很难，其实都是在周边太湖流域的山里面挖的。

太湖石在800年前就很金贵，大家都知道《水浒》里面杨志丢了生辰纲，最后被逼上梁山。杨志丢的生辰纲是什么？是花石纲。花石纲是什么？就是从江南这一带挖的太湖石，他要把太湖石运到开封去，最后弄丢了，他无法回去交差就上了梁山。

这么多年对太湖石的开采、挖掘，已经使得太湖石资源枯竭，现在我们又去祸害山里面。很多的园区，包括我们周边的城市、小区是漂亮，但是那些石头是哪里来的？那些石头是从山里面挖来的，人们不惜破坏生态，不惜破坏真正的大自然，为了给我们建造一个人造的大自然。

那么设计是符合于伦理的吗？是至善至美的吗？这是我们设计美学或者我们设计所要考虑的事情。我非常欣赏俞孔坚先生的一种环境景观设计的理念，他的理念遭到了一些园林学家的非议，所以他报送工程院院士两次都没选上。有人开玩笑，他这么一倡导，园林学家还有什么工作可以干的，他所倡导的是足下文化和野草之美。我觉得他的理论对于解决今天破坏真正的大自然来营造我们身边的

俞孔坚

小自然的景观设计氛围是一剂清醒剂，而且对人类来讲，它是造福人类的。

我记得有一年俞孔坚承接了美国密西西比河沿岸一个城市的景观改造项目，后来这个改造好像还在美国获了很多景观奖。他在建造景观的时候，设计景观的理念打动了该城市的市政当局，我觉得很有道理。他先做的第一件事就是把那些水坝都给炸开，先恢复成它自然的肌理，让它的水能够流动起来。然后修复它的生态。

我曾经讲过，生态要有蛙声，有昆虫的鸣叫，使得自然生机勃勃。它是多样性的，而不是单一的，都砌上了驳岸的那样的景观。现在很多景观设计都喜欢建大草坪，这其实很不生态。一方面有养护的问题，第二方面其实它本身带来的环境负担也非常之重，所以俞孔坚才强调野草之美。

他所强调的足下文化是有道理的。他在丹阳有一个设计，这个设计在五六年前我曾经去看过，这是一个石刻的博物馆。这个博物馆让我一看就意会到一定是俞孔坚设计的，因为其中有他惯用的语言。这个石刻博物馆是基于一位藏家捐赠的大量的石刻建成的，至于这里面的石刻的真伪我们不去讨论，但是博物馆的设计和建构的理念确实非常之好。他把六朝时期的一些石刻放在了路边，而露天的景观是一片乡村的农作水稻田，到了春天还会长出小麦。

这个景观一看就是俞孔坚的设计，他并没有挖很多的大树来，没有铺设很大的草坪，没有设置很多的假山。包括在金华，还有杭州还是浙江的哪一个城市，他的城市公园，都是秉承了这样一种理念。我记得有个彩虹桥，大量的植被都是用原生态的芦苇、杂草来构建，反而别有一番风味。所以我觉得从设计的角度来讲，在理论的层面，它是社会学和伦理学的一个解读。这是第二个我想说的方面。

第三，我在 2010 年的时候，曾经去马里兰大学一个高校教育管理的进修班去进修。在那里我拜访了建筑学院的一位规划专家，我跟他有交流，这个专家是一个华裔，我听了他的一些话觉得是有道理的。

在中国我们讲规划，很多人就想到规划局里面的建筑师或者规划师，画两张图标记这里种什么树，那里搞什么石头，那里挖一个池塘。根据我跟这位专家的沟通，我觉得他传送给我的一个理念和启发是很重要的。他说马里兰州以前是没有规划的，州政府没有规划，不像我们有“十一五”、“十二五”、“十三五”。但是十几年前开始马里兰州就特重视规划，它的规划主要是社会学的，是一种理论架构的城市定位的规划。先把这样的规划给定下，然后才是我们讲的那种视觉的功能的东西。这个规划涉及社区的构建，医院、学校，包括居住环境当中的商业设施。

我们的设计，除了一般意义上看到的形式的东西以外，其实很大程度上是社会学、伦理学的一个解释。

设计是新经济的引擎，创意产业是新经济的引擎，它能够带动我们的产业发展，它能够增强设计的文化内涵。

我们处在这样一个设计的时代，但是我们设计的大数据时代远远没到来。

马里兰的规划首先是一个文本的政策性的规划，当然有了规划以后，才是进一步的深化。像苏州的规划，特别是工业园区的规划就设计了几年，工业园区有住宅、校区，但没有门面开出来做商业，都是以邻里中心这样一个概念来设计的。邻里中心的概念使得我们的街道非常整洁，绿化也非常好，没有哪里是破墙开店。所有的商业在一个区域里面，人们到了各家各户，住在家里，但是通过邻里中心和人与人之间的交流，以及购物、购买、娱乐都是在邻里中心来完成。

像这样一种理念，我觉得很大程度上是吸取新加坡的一些规划的理念。我想表达的是什么意思呢，我们的设计，除了一般意义上看到的形式的东西以外，其实很大程度上它是社会学、伦理学的一个解释。西方工业革命完成以后，城市化的发展就非常之快，但是两次世界大战以后，这个城市的地平线又不断升高，使得城市的改造任务非常繁重。

所以从60年代开始，英国就推出了城市更新的策略，探讨如何来改造老城区。中国现在的城市也出现了这样的快速化的发展，城市有很多城中村，有一些老的街区急需要改善和完善。这些都涉及与社会学和伦理学相关的一些问题，所以我们应该给予设计之美一种新的解读。这个是我要说的第一个大问题。设计不单单是视觉的海，它还是社会学、伦理学的海。

第二个想跟大家说的是，我们处在一个设计的时代，人人都享受着设计的快乐幸福。这跟40年前是不好比的，从我们的衣着来看就是这样，我进大学的时候，当时普遍穿什么？是穿灰色的、蓝色的、军绿色的这样一种中山装、军装，我当时穿了一件粗条的灯芯绒的派克衫，当时还有人认为你身上有小资产阶级的思想，为了和大家打成一片，我也去买了一件军大衣，很实用。晚上可以当被子盖，压在被子上。天冷的时候可以当大衣穿，在教室里面画画的时候，冷的话，披身上又保暖。可以想象，40 年过去了，今天每个人的穿着、每个人的生活状态，都已经非常之好，人们追求的是时尚，追求的是流行。

现在在一些大城市，在 CBD 之类的地方，有的时候甚至让人恍然若梦，根本分不清这是在东京还是在首尔。因为就穿着这个角度来讲，特别大的变化是没有的，当然还是能看出你是中国人还是日本人，这就说明，大家现在的生活水平都很高了，这也说明我们处在一个设计的时代。

很多人都会以季度或者是年份来穿着自己的衣服。今年我们比较流行什么？我们穿的是小碎花，明年流行大色块，今年流行一个灰调或者是彩度和灰度上都很讲究的颜色，明年可能是鲜艳的颜色。但是在日常的生活当中，一方面是我们处在一个设计的时代，人人都在享受着设计的快乐和幸福。但另一方面，非常有意思的是，有些领导人在这些问题上是不讲究的，他似乎觉得这是本色，也觉得好像这是亲民，但是如果参加一个外事活动，或者参加一个非常正式的礼节性的活动的时候，我就觉得这就是对人的一种不尊重。

非常简单，比如说男士，女士在这里不讲，女士比较爱打扮，很多男士不注重穿着，他也不管三七二十一，在大格子衬衫上面还要打领带，非常滑稽。穿着西装要穿旅游鞋，这种情况在我们生活当中比比皆是。在一个正式的场合，即使不穿什么正装燕尾服，但是穿色彩比较稳重单一的衬衫、深色的西服，我觉得这个还是比较庄重的，当然颜色淡一点也可以。现在也有的人会穿西便服，这个也不为过，也不需要太讲究。但是有的就不行了，穿着棉毛衫外面套一件西服，非常滑稽。

陈逸飞

有一次政府邀请我去给公务员谈谈个人形象，陈逸飞老师、杨澜老师也是嘉宾。我参加这个活动是勉为其难，其实我真不想去讲，因为讲了以后很多人会对号入座，我在日常生活当中接触到的很多官员，实际上他们很不在意。其实这些细节处理难度不大，这些穿着方面的事都可以讲究一些。

总体来说，亚洲（CBD 商圈）还比较少，欧洲人早已习惯，左岸地区也充满着艺术的氛围，所以像这一类的商品一条街，都已经积聚了很多的奢侈品牌。日本有银座，其实那个地方没有意思，我们可以去表参道看看。首尔也有，很多中心都集中在江南，江南不是苏州的江南，指的是汉江的南。有首歌叫《江南 style》，就是汉江之南，那个地方也集中了很多的奢侈品牌。

我们处在这样一个设计的时代，但是设计的大数据时代远远没到来。这个时代要追求设计的品质，也要为奢侈品正名，不是倡导每个人都穿奢侈品，但奢侈品设计的精致以及对品质的追求也是触动设计审美的一个重要的动力。

刚才我们说到了，关于设计，第一，很大程度上它不仅仅是视觉的含义，它是社会学和伦理学的解释。好的设计，都是社会学、伦理学的解释。第二，大数据时代依然没到来。第三，我们对奢侈品要有一个正确的判断，我觉得要尊重社会的多样性，也要尊重设计追求品质这样一种规律。

下面我想跟大家说说，我认为的设计之美的新价值，以及我对它的一种新的解读。刚才我说了，40 年前我们是以穿一件军大衣为荣，今天我们的穿着已经非常丰富多彩，追求时尚、时髦。那种清教徒式的生活，已经成为一种前尘旧事，并不需要刻意地把自己打扮成清教徒似的。但是每个人都有自己一种生活的选择，这无可厚非，有人要吃斋念佛，清心寡欲，这也是非常正常的。这是人的境界和追求不一样。老派人物大都认为奢侈是一种寅吃卯粮的消费理念，所以老先生、老一辈的都会抨击奢侈。

现今的人们认为，追求流行和时尚是一种新的生活方式，但是我们也必须看到，经过前一段时间的暴发户式的消费以后，其实人们已经不再简单地、粗俗地挥霍，而逐渐地倾向于个人生活态度、人生哲学和人生的境界。现在很多小姑娘，我看也很有意思，她主理一个茶室，甚至做一个“独一桌”，做得都非常有品位，甚至茶具和餐具都是古董。我觉得这种追求也是一种个人的人生价值。

包括有一些人在城市里面打拼了好多年，最后把城市的房子卖了，比如北京的房子 1000 万，我卖了，回老家去，买下一块非常平缓的土地，造一幢房子，前后都有田地，自己过上愚公式的生活，把自己的孩子教育好，去追求这样的一种田园牧歌式的生活。或者有些朋友，年轻的时候奋斗了很多年，现在回归乡野，他们真的就住到一个镇上去了，平时也不到城市里来。其实我也蛮向往这样的生活，但是目前还做不到，这是追求一种人生的境界。

心中有境界，这个茶叶不就是树叶。我们在其中注入了文化的含义以后，就喝出品格来了，很多的茶人都是这样，你去跟他们交流，这个里面讲究大了。

旺多姆广场

两河流域的文明，尼罗河的文明，印度河文明，中华文明，包括玛雅文明，世界上其他文明，能够一直延续到现在的就只有我们中华文明。

过度的设计会对人类造成伤害，我们不能过度地消耗自然资源，人类的享受是相对的，我们既要反对对大自然的无尽的索取，又要反对空谈。

所以美是什么？不仅是一种选择，而且是一种判断。

我手中有两张照片。一张是我讲的芝加哥，芝加哥是很冷的，我有几次经过芝加哥，冰天雪地，风也很大；另一张是风城。密歇根湖整个是滨城的一个镜面，所以芝加哥非常冷，冰天雪地。

人类过度的设计也会对人类造成损害，大家都知道两河流域的文明，尼罗河的文明，印度河文明，中华文明，包括玛雅文明，世界上其他文明，现在能够一直延续的就我们中华文明。两河流域的文明，底格里斯河和幼发拉底河流域的文明，为什么会消亡？为什么会消失？在世界文明史当中，很多写世界文明史、写两河流域文明的人都有反思，我这里有一本书，叫《世界文明史》。

现在国内出版的大型的世界文明史主要是两部书，一部是季羡林先生作序的杜兰特写的《世界文明史》，比较庞杂；还有一本80年代商务印书馆出版的，爱德华·伯恩斯写的《世界文明史》，一共四册，这个看起来就比较好看。他在讲到底格里斯河和幼发拉底河的文明为什么会湮没的时候，他讲到最富裕的两河流域的一个河谷地带、狭长地带，最窄的地方只有 61 米，可以想象三四千年前那个地方进去了那么多的人在砍伐，造成沙漠化，大自然必然对它进行报复。

《世界文明史》

这本书我推荐给学生看，但是我对这本书也有批判，它的作者是西方中心论者，他实际是看不起中国的文化，他认为 3000 年前中国没有像样的文明。一个能够冶炼青铜的民族，怎么能说没有成熟的文明？随着考古不断挖掘，这个说法就不值得一提。

我谈论这些话题的时候，主要还是希望大家能够以一种正确的历史观、文明观来看，所以过度设计也会对人类造成伤害。我们根据 C_{14} 的测定，河西走廊一带的沙漠化，除了地壳变化，也有人类开发的原因。尤其到了黄河中下游，造成了水土的流失等问题。根据 C_{14} 的测定，中下游这一带，河西走廊一带，包括甘肃、陕西这一带，地下曾经有大量的沼泽，还有猛犸象。由于地理条件、地壳的变化，这个地方荒漠化，当然后期又有人类的开发，使得它的植被也大量减少，黄土风沙就回来了。

过度地设计会对人类造成伤害，过度地消耗自然资源，人类的享受又是相对的，我们既要反对对大自然的无尽地索取，又要反对空谈。我们现在一讲到生态，就对现代主义的设计、现代主义、现代生活进行抨击。这种回归中世纪的小资产阶级浪漫主义，从来都是不可取的。好像恨不得要回归山林，你怎么回？满是蚊蝇，平均寿命三十几岁，你怎么回？

到山林里面搭个棚子？每个人都到山林里去搭个棚子，要砍掉多少树木啊！所以现代主义的高楼，钢筋混凝土的建筑，它实际上是一种自然资源的节约化。其实也是节约能源。现在集中供暖，那就要热电厂，它当然也会冒烟，因为这个我们就抨击电厂，那你就烧煤炭好了。我们把室内的温度提高到这么高，一家人又浪费多少煤？所以现代主义实际上是一种现代的自然资源的节约化，不能一概而论。我们对人类的这种过度地开发，一方面要避免，另外一方面我们对现代主

李兴钢

义的发展要有一种正确的认识。

现代主义发展过程中出现的问题，我觉得要用科学技术来解决它。能源也是一样，比如说风力的发电、太阳能的发电、潮汐的发电等方式，这些设计都已经进入我们的生活，但是它成本很高。中国建筑设计研究院副总建筑师李兴钢，他有一个设计，这个设计在烟台，他们在海边上建了一个办公大楼，office building，它里面是没有空调的，它通过什么调节温度？通过海风的回灌，一年四季调节室温。

这个设计方案展览以后，我对他很感兴趣，他来苏州，我们一起吃过饭，后来我为了这个设计，专门问了工程院院士、建筑大师孟建民院士，我说李兴钢他这有这么一个设计，你觉得可行吗？他说理论上是行的，但是真正在现实当中，现在要做还有一定的难度，比如说我们在建筑设计当中，有建筑表皮是能呼吸的，但是成本非常高。从清华大学东门出来，右手边，或者我们正面看是左手边，有栋大楼，就是所谓会呼吸的墙面，但是建造成本非常高。

核电最生态，但是核电也有它的后遗症。而做这种回归中世纪的热梦的人，我觉得这种看问题的方式还是小资理想。就像我们今天很多人强调文化自信，我觉得本身没有错，因为流淌在我们血液里的就是中华文明的基因，但是希望通过《论语》来治理这个国家，现在已经不可能了。以前我们说半部《论语》能治国，还有人说看《资治通鉴》就能治理国家，那都是宫闱秘史，钩心斗角时讲的。

现代科学强调的不是这样，现代社会还是要建立一种科学性的、健康的生活方式，我们审美就是建立在这样一种基础之上，因此在这样一种情况下，我觉得数据审美要有它的新价值。要有对设计审美，设计之美的新价值、新解读，除了前面强调的科学以外，至少我认为：第一，设计是属于人文的事情，设计是合理的、理性的文化，它要注重历史和文化的传统，有一种自己的文化立场的表达，一种价值观的表达。我觉得设计之美，它的新价值的体现就要体现在一个人文的时期，国际主义风格大行其道的时代已经过去了。我们现在更加注重于具有自己的文化，文化特质，有立场、有态度、有价值的设计。所以日本设计师最近十年，在中国接了很多的单，我觉得这个是历史的一种必然。我们中国也有许多设计师现在走向国际，来表达自己的一种文化立场。无论是王澍也好，俞孔坚也好，张永和也好，他们都有自己的一种立场，所以这是人文的事情。第二，我觉得是人道。对于设计，越来越注意到它的人道很重要，注重人的本性，我觉得人道的设计具有伦理学的意义，具有社会学的意义。一个好的设计，如果不能够兼顾到各种需求，我觉得不是一个好的事情。而且这个社会也应该多样化，没有办法以一个人的审美判断标准来衡量。但是我们现在可以维护一些共同的标准，比如说我们对人的尊重，对于个人价值和人的审美方式的尊重。对于公民社会、公共卫生以及人与人之间的一种尊重，都是一些共同的价值。第三，我觉得是人性的设计，注重与自然的和谐，我们现在有很多方法可以用于设计，不是很生硬地来衡量，粗暴地开山劈路。这些人可以集中起来谈设计审美的新价值的三个大的要点。但是我们对于设计审美的新价值的解读，可以从另外一个角度、一个方面来说，我们要建立一种技术科技的信仰，相信科学，相信未来。

但是我们既要有自己的态度，又要有人文的东西，这种东西我们老祖宗最擅长，美是什么呢？美就是一种判断，它是一种态度。我们从衣食住行的角度来讲的话，比如说衣之美，我始终认为衣服与某种生命情调是有关联的，因为我们在日常生活当中，品位，常常被误解和误读为品牌。

有一次我在电视台参加一个访谈节目，做了 4 期，就是谈你心目当中的女性之美。当时在座有四个人，一个是我，第二个是一个演员，是著名男演员。第三个是一个妇女工作者，第四个是一个工厂的劳动模范。我当时就讲了一句话，我说关于美的判断，由于人不一样，做的判断就不一样。

我说村姑有村姑的美，安娜·卡列尼娜有安娜·卡列尼娜的美，这是两种美的判断。劳动模范当时讲的那句话很有趣，他说我不知道外国女人的美是什么美，但是我只知道劳动就是美。这句话也没错，我觉得劳动之美就是红彤彤的面庞，粗粗的胳膊，一种健康的美。后来轮到男演员说话了，他讲话很有趣，他很炫耀地讲，我一身都是名牌，我的短裤都是 ck 的，我当时就觉得不知道怎么跟他讲下去。

所以品位常常被误读为品牌。品牌可以贵，但不一定有品位。你就是镶了满口的大金牙，带了镶满钻的百达翡丽，我觉得你也未必有品位。品牌可以用金钱来对齐，但是品位却要做美的功课，而且是一生的修炼。

一个男士有一块好的手表，我也赞同，但是非常粗俗的金光灿灿的，满是镶钻的，这样的手表我并不喜欢。如果是我，会选一款设计简洁的名表，我觉得很有格调。甚至我可以戴一块古董的表，古董表又很有品质，这就是人对这个问题的一种理解。

衣之美，我觉得它是培养一种生命的感动。像穿丝绸，如果你的工作很繁忙，是一般的工薪阶层，就打理不了丝绸，平心而论，你无法用洗衣机来洗丝绸，要用手揉擦，这也是一种生命的感动。

食之美，吃饭，还有美吗？当然有。那是味觉的、视觉的综合美的一种判断，是色香味的一种统觉。这样一来，对于现代人，特别对于年纪轻的人而言，食的环境、人的因素也很重要，即使山珍海味吃多了也会腻。所以对于一个有精力的人来讲，不为山珍所动，不为流行所束缚、干扰，品自己有滋有味的东西，我觉得这就是食之美。这就是对自己品格的要求。这就是我们食之美当中“品”的意味。因为“品”的功课是有美学意义的，什么叫“品”？像喝茶一样，品茗是慢慢地体会出它的味道。

衣食住，住之美。其实我前面也已经说过，房子再大，不一定是家，有品质的居住，诗意的气息，我觉得这是我们要追求的。我们要培养一种生命的感动，而这种生命的感动对于我们每一个人来讲都是一种记忆的封存。比如说你家里有一件老物件，这些老物件有某一个故事，它和你的祖先或者和你的祖父、曾祖父通过这样一种形式在这里相遇，这就是家。

食之美当中，我们可以用许许多多的东西来作判断。食之美也跟环境有关。如果到了一个公众的环境当中，餐厅就是一个彼此。对双方而言，餐厅都是一个重要的环境，彼此都是对方的风景。餐厅之美，美在彼此。

当然中国人的饮食有自己饮食的一套习惯，比如猜拳、吆喝，我们经常在北方的一些餐厅能看到喝酒，二锅头一瓶一瓶地干，人头马也当二锅头喝，但是无可厚非，我们也没办法干预别人的生活习惯。但是在公共的场所，餐厅之美是美在彼此，食之美是一个综合的因素。

衣食住行，行也有行之美。我们对于设计美的判断，实际上是基于社会学意义的解读，我们今天去北京，当天就可以来回，我经常早晨飞过去，下午把事情办了，晚上就飞回来。这是一种时代的节奏，也是一种行动文化。

如果放在古代，张郎送李郎，有个老朋友来看你，十几年甚至几十年才见一面，左喝酒右作诗的，左一把眼泪右一把鼻涕，因为“西出阳关无故人”，所以一般送人还要送出城，通常在城外的十里，还会有一个十里长亭，专门给人家送行的。送行的程序一般是张兄慢走，李兄回吧，张兄一路保重，然后再吃上一顿饭，喝上一顿酒，作一首诗再走。这个时代已经过去，今天这种时空的观念已经被缩短，对传统行走的一种眷恋，现在又开始滋生。

有的人并不喜欢坐飞机，甚至旅游时都要做行者，行的另外一种文化由此应运而生。徒步旅行或者自驾，都是一种慢悠悠的状态。这种状态对比于忙碌的大家，就是一种选择。我们太忙，但是有选择的权利，美是一种选择。过年的这两个多月我们宅在家里，这是一次被动的选择。虽想这是被动的选择，但一想到马上就要开学了， 反而有点怀念。

所以美是什么？是一种选择，是一种判断。行是时代的节奏，行有行的文化，现在这样的节奏有现代节奏的文化。有一部手机，就可以畅游天下。当然手机有的时候也会累赘，因为根本没有隐私可言，有人可以通过手机攻击你的网络，比如通过自媒体，我们有的时候想要自我交流和表达，会在自媒体上发布信息，这样献给了别有用心的人以可乘之机。

最后我用一句话来总结，美是什么呢？美的基础是一种关系，一种对生命的关注。我们直接设计的是产品，间接设计的是人和社会，这是我们对设计之美的期许。以上是我对设计之美的新价值的理解和解读，也算是一家之言，很高兴能和大家做这样的沟通。

第十四讲　关于构建东方设计学美学品格的思考

我和东华大学有缘，我是半个东华人，是东华大学的兼职教授，迄今为止还在这里带着研究生。

大约十年前，东华大学也搞了一个论坛，专门讨论“国服”，来了许多老专家。由于上一次上海的“APEC”会议，外国领导人都穿了我们的“唐装”，社会上中式服装掀起了一股流行热潮，“国服论坛”应运而生。在当年的国服论坛上，大概所有的发言嘉宾当中只有我是反对所谓“国服”这样一个提法的。我发言的那个题目很长，我几乎忘了完整的题目，意思大概是“关于国服的悖论”。因为，我认为在我们这样一个 56 个民族的大国家和现代民主社会中，要形成单一的服装制度，这仅仅是一个美好的期许，是不可能实现的。因此，今天我们来探讨中国风格这样一个话题，其实也很难用一种艺术语言来表达什么是中国风格，因为这个国家是如此之大。

从今天大家看到的这十位设计师的“中国风”服装设计展示就能看出，从北方的张志峰先生理解的中国风格到我们南方的吴海燕教授所理解的中国风格，这里面的差异性就非常之大。但是，今天我们谈的这个话题，并不影响我们来探讨关于如何来建立东方设计学的美学品格这个问题的思考。

老实说，站在上海东华大学的讲台上来做这样一个演讲，其实是要承担名誉和学术风险的。但是，我既然是一个学者，有一些观点还是要表达出来。而且，我相信即使每一个观点不一定很完备，但都有它的逻辑起点。

我今天所要做的演讲是“关于建立东方设计学美学品格的思考”。这个话题是我近两三年来一直思考的问题。我想声明，我无意来谈赛义德的“东方学”，而且我认为所谓“东方学”的概念起点很高，可以展开长时间辩论的，也不是今天能够说得清楚的。所谓“东方文艺复兴”这个话题我也不想谈，因为这也显得过大。当然，我讲的话题绝对又和国家的强盛、民族的复兴有关，脱离了这个大背景也是无法深入的。其实，我跟吴海燕教授在过去的两年当中对这个话题都有交流，很多想法也都是有共鸣的。一方面我们生活的地域都在江浙，我们共同受到江南文化的滋养；另一方面，我们的学术背景非常相像，都是学染织设计出身，那一代的设计师或者服装设计学者从染织、美术转行来的多。因为，真正的服装设计专业的本科 1983 年才开始在我们国家设立，那是非常晚的事。

讨论什么是“中国风格”其实是难的，讨论由此蕴含的东方美学品格是什么？那就难上加难。今天在东华大学举办的“花好月圆——中国风时尚设计大展”和将要在纽约大都会举办的“镜花水月”都是说中国风，中国人看中国风和西方人看中国风，一定不一样，我想他们阐述的中国风一定大相径庭。

今天我要讲的这个话题，是我今年一月份在厦门做的演讲的延续，这个 PPT 做得有些粗糙。因为，这个 PPT 是我在厦门演讲的头一天晚上做的，但我的想法和思考却是近两年来一直在考虑的。首张照片就是我本人，因为按照常规演讲者的套路，每个人都要做一个介绍的。其实，旁边这张我站在雷诺阿作品前的照片我更喜欢。这是在伦敦的考陶尔德美术馆，这个美术馆不大，真的非常好，各个时期印象派著名大师作品都在里面，而且个个耳熟能详。我在国外旅行和游学，我是喜欢泡在美术馆、博物馆的。因为，设计、绘画以及其他艺术等许多东西是相通的。

面对西方化的设计潮流，我们每个人身上都留有西方化的痕迹。坦率地说，我近二三十年的研究重点是研究西方和现当代，也曾经为欧洲中心主义的学术观点所左右过。上海这个地方非常特殊，是“华洋杂处”，更多的是洋。昨天包铭新教授还说到我常常调侃海派教授。其实，我是心怀敬仰，并不是调侃。下面这句话在圈内流传很广，我说一个海派教授讲起话来，十句话当中，三句话是英文，两句话是上海话，还有五句话是夹生的普通话。海派教授指导学生，他会说我看学生的论文，我首先要看他的 review。然后他指着这个学生说，你这个 idea 很好，但是没有做很好的 develop，所以你这篇论文就只能 finish 了。客观地讲，海派教授思维是很活跃的，头脑是活络的。我不是上海人，所以我觉得我站到东华大学讲台上做演讲是有负担的，因为下面许多人是海派教授。

正是海派文化滋养了一批这样的教授，他们有着开阔的视野和灵活的头脑。我们今天共同在这样一个大思潮下面讨论，中国的设计教育应该呈现一个什么样的状态？我们有三十年改革开放的积累，同时我们又有五千年的文化积淀，到现在我觉得是有条件和理由来提“东方设计学”这样一个概念。如何来建立东方设计学的美学标准以及我们的设计产品建立什么样的美学品格，所有这些都引发我们这一代设计工作者包括设计师的思考。围绕这个话题，我要说四个方面的观点，重点在后面两个：一、究竟什么是东方美学标准和品格？二、优秀的设计师都应该是设计哲人。三、经济发展为构建东方设计学提供了基础。四、日本的设计为我们提供了借鉴。下面我分而述之。

第一，究竟什么是东方设计学的美学标准与品格？这句话很抽象，就像我刚才说的，要想用一个东西来衡量是很难的。我的理解是，当下我们中国的设计教育实际上是一种杂糅，这种杂糅培养出来的设计师也是一种杂糅。因此，有一句话我觉得讲得蛮贴切的，叫做“中国的设计教育是工艺美术下的设计蛋”。其实，很多设计师内心是有工艺美术情节的。包括东华大学，我相信尽管置身于这样一个工科大学中的设计专业，它还是在大工艺美术教育和大美术教育思路下面来培养设计师的。

创意产业发展和时尚生活丰富的国家，都是设计型国家。2010年世博会在上海举办，从这个世博会上我们可以分出三个类型的国家：创新型的国家、古老文明历史的国家和虽然没有古老文明历史但是有自然风光的国家。而这三个类型的国家分离出来以后，像英、美、法、日，包括加拿大和德国，这些国家属于创新型的国家，这些国家不可谓没有历史，除了美国的历史简短一些外，其他国家的历史不可谓不久。但是，他们在展览会上、世博会上所呈现的都是这个国家科学技术最创新的部分，因为它是引领这个世界的。第二个类型的国家，就是像埃及、印度、墨西哥，像我们中国，展览会上经常会出现像金字塔、长城等代表性物件，中南美国家一定会出现玛雅文化的很多东西，因为这是文明古国。如果说这个国家连这种东西都没有，它一定会搞点花花草草，像新西兰，太平洋的一些岛国。其实在这当中就全部把国家的层面给分离出来。强悍的国家是创新型、设计型的国家。

设计时代与设计国策，这个话题很长，我今天就暂且不谈。在这样一个大背景下，设计创新型的国家引领着这个世界在前行。但是像我们这样的国家，虽然有14亿人口，但我们的设计话语权是缺失的。它的设计价值观、美学品格在这样一个潮流当中是缺失的。

那么究竟什么是东方的美学标准与品格？应该要上升到哲学的层面去思考。很多人说你作为一名学者站着说话不腰疼，你老是说哲学长哲学短，和我们有什么关系？有关系！在我的学术语境当中，我非常尊重画家和设计师。因为美术史的呈现是靠画家的作品，不是靠嘴巴。设计史也是一样的道理，我甚至在国内非常重要的场合都讲过《红楼梦》和“红学”的关系。先有《红楼梦》，然后才有研究“红学”的专家。如果连《红楼梦》都没有的时候你谈什么“红学”？难道研究“红学”的专家就一定比写《红楼梦》的曹雪芹高明？或者说他的地位就一定比曹雪芹高？未必。所以，我在前几年深圳某个国际设计论坛上做过一个演讲，叫做“呼唤匠人精神”，就是给予第一线动手实践的设计师和工匠以礼敬。所以，今天我们这个论坛非常好，破除了以往一些论坛上，都是学者在讨论形而上的层面。今天，恰巧有一些著名的设计师来谈关于中国风格。

我们以前常会讲我们的设计院校和设计师是可以分为三种类型的。这三种类型就是有的设计院校培养的是人手，有的设计院校培养的是人才，有的设计院校就是培养人物。当然，人物的基础一定是人手，他总是要从基层开始做的。面对不同的培养标准，应该有相对应的学校教育和教育体系来作支撑。像海燕教授今天上午所讲的，用塞义德的东方学来强调东方的文艺复兴。我相信，对学生的感染就是，在我的这个院里面走出去的学生，将来是要成为设计人物的，我们是用东方学的视野来考虑问题的。这就是一个学校的培养标准。与此相对应的，我觉得又引申出所谓设计匠人、设计艺人、设计哲人，这个话题有点抽象，我今天就不展开来说，后面也会讲到。而所谓的东方设计的美学品格在我看来，它不仅是能够反映自身的、民族的文化立场和文化观念，还应该是能够契合于设计潮流的又能够反映产品内在文化精神的现代设计产品，这才是真正的东方设计的美学品格。

第二，我想说一说关于优秀设计师应该是设计哲人。其实在高校的语境当中，对于设计学的评价一向是厚古薄今。认为研究古代的东西是有学术性的，研究当代流行是没有学术性的。学术界也是一样，中国艺术研究院有一个著名学者叫刘梦溪，他在一本书的开篇当中就写出“时尚无学术”。这位刘梦溪先生，我很崇敬他。但是，这句话可以展开想象，在学术的语境中他认为时尚是没有学术的。其实，一个能够真正切入现代设计并能够做出好设计的设计师，他的设计产品的背后是附着着他的文化背景和价值观的，这就是学术。当然，一位优秀的设计师，包括一位优秀的设计教育工作者，他如果能够站在一个很高的平台上，能够带领一帮学生或者他的团队做出好设计的时候，他就应该是一个设计哲人。因为，好的设计往往直指人心的，它能够打动你。因此，设计匠人、设计艺人、设计哲人这三个阶梯就显而易见了。好设计反映的是设计者的文化立场与价值观。

刚刚刘薇老师在演讲时呈现了她的作品，她的发布会的剪辑视频，我觉得非常好。其实从她的设计当中，我们就能看出她的一种文化立场和价值观。包括我们十位设计师所呈现的这次展览，还有张肇达老师的一幅巨大的书法作品，都反映出他们的文化立场和价值观。甚至我们海燕老师的图案，一看就是从杭州织锦来的，杭州织锦非常的出名，在这个图案的元素当中做了提炼，是给予其现代化的一种呈现。但是，我们要看到的是，有许多产品是没有内涵的，为什么？因为我们的设计产品缺乏自己的设计主张和文化立场。因此，它必定是空洞的，也必将是徒有虚名的。同时，有了自己的文化主张，又如何把这种文化主张务实化，是我们需要做更深刻思考的，这个是我要重点切入的。

第三，经济发展为构建东方设计学提供了物质和精神基础。最近两个月，在新闻媒体上，闹得沸沸扬扬的是亚投行的设立，如果仅仅把它看作是一个国家经济领域的事情的话，那是非常狭隘的。实际上，在近百年来，所有的事情都是由西方人做主的，也可以说是他们自立规则的。这次终于到了中国人开始想要自立规则的时候了。可能有一些国家对这个亚投行表示不乐观。但是，现在已有五十多个国家成为初始创立成员国。从这点来看，我觉得这个事件不仅仅是经济领域的一个事件，它会引申到文化领域。它是中国人经过这么多年的屈辱以及近三十年的改革开放后，为了要发出自己的声音所做出的一件最强有力的事情。因为光凭嘴上说是不行的，经济的杠杆非常重要，这个规则现在由我们来制定。日本人可以不参与，但是下次它要参与的时候就会失去很多权利。我觉得这非常有道理。经济高速发展，引起设计工作者高度的文化自觉，为我们构建东方设计学的美学品格提供了基础。其实我们在国内许许多多的场合，大到一些著名学者，小到设计师都在谈这个问题。

湖南有一本杂志叫做《新潮流》。这本杂志出的非常低档，就是一般的新闻纸，这样的一本杂志里面会介绍一些二十来岁的年轻设计师，这些年轻的设计师大部分接受过西方教育。他们大部分都有洋人的名字，叫 Allen 也好，叫 Davie 也好，都有这样的名字。现在很多年龄大的人都会觉得这些年轻人怎么这样。有一次谈到这件事的时候，他们就觉得这本杂志很垃圾。但我觉得不是，我认为这本杂志真的反映了当下年轻先锋设计师的现有面貌。我觉得我一点都不担心他们。因为尽管他们接受了西方的教育，他们的英文说得不错。但是他们内心，或者皮肤里流淌的血液和基因还是中国的，将来一定会转化为自己的东西。20 世纪 70 年代、80 年代或者 60 年代在西方接受教育的那些日本设计师，他们之所以现在可以成为代表着日本文化方向的著名设计师，跟这种背景是离不开的。所以我们根本都不用担心。

如果没有经济的增长，我们无法去谈构建东方设计学的美学品格。就像祁刚先生说的，十多年前你到欧洲去，人家对你的看法和你现在去欧洲人家对你的看法是不一样的。现在你去看各大时装周，中国人的面孔很多，包括在大学里做老师的人也经常去参加，反正我知道的几个老师每年都要去的。当然有的老师跟我讲玩笑话说“混个脸熟，打个招呼”。是，你在国际场合真的是要混个脸熟。而且，西方人的交流和交际不像我们非要天天喝两瓶二锅头才能交朋友，不一定是这样。如果没有这样一个强大的经济基础，提出所谓构建中国设计教育体系，就是我们海燕教授所讲的东方设计教育体系，这都是痴人说梦话的。正是有了这样强大的基础，从学者到设计师，都有了这样一种文化的自觉，才使得这种可能性加大。有了这样的基础，有了这样的可能，也有了现实的需求，我们才能提这样的话题。因此，站在这样的讲台上让我来讲关于构建东方设计学的美学品格要比十多年前讲来得自信。

第四，我们从日本的民艺运动与理论得到借鉴。我不知道在座各位有没有日本留学生。我想说的是，我们跟日本的感情是比较复杂的，我一直讲，我们跟它有国仇家恨。说国仇，由于日本的侵略，中日两国持续开战，从 1894 年以后一直有激烈冲突。而且这种冲突是以日本侵略中国，中国付出巨大民族牺牲为代价的。所谓家恨，我相信在座的许许多多的家庭在抗战十四年当中或多或少都受到过战争的创伤。反正我的家庭是这样的，所以有一种矛盾的心理。但就是这个东北亚的岛屿国家，它的发展和设计呈现，却让我感觉到我们应该正视它，从它的身上我们可以学到很多东西。因为它也是一个东方国家。它也曾经非常闭关自守，因为它在江户时期由德川幕府来统治。通过明治维新，日本成为一个近代化和现代化国家。当然由于它是岛国，有民族生存的危机，所以它要向外拓展，但它选择的道路是侵略。这个民族所推崇的那种精神，我个人感觉到是值得我们思考和学习的。因此，我会说，日本的民艺理论为我们今天的设计提供了借鉴。我理解的东方设计学的美学品格是蕴含在设计产品当中的，既契合于现代人生活，又摒弃了具象形态来表达某种内在精神和文化意志的产品，我觉得这才是我们需要强调的东方设计的美学品格。

日本自明治维新以后，特别是 20 世纪，它的文人、设计师、艺术家通过不断地提炼，形成了日本特有的美学品格，这是一种准则、规范或者讲说是审美的标准。因为自明治维新以后，它也是西方化的，它的西方化到 20 世纪 20 年代的时候达到顶峰，正是在这样一个情况下，日本掀起了民艺运动。这个民艺运动就是希望能够保留日本民族文化当中精髓的部分。由柳宗悦倡导的民艺运动，后来又由他的儿子柳宗理推动了日本工业设计。日本这样一条道路为我们提供了借鉴。

柳宗理去世还没几年，柳宗悦60年代就去世了。他们两位为现代日本设计奠定了理论和实践的基础。柳宗悦本人来过中国，他考察过华北地区中国的民间艺术，他获得过日本政府的很多荣誉，他研究宗教，他对日本和朝鲜包括中国的民艺产生浓厚的兴趣。他进行过收集整理，他希望提炼出日本民族的精神。而且柳宗悦所推崇的民艺运动为后来日本的工业设计，尤其是战后的工业设计奠定了基础。尽管他反对机器生产，就像英国的手工艺运动一样反对机器生产。但是，他在客观上推动了艺术工业。柳宗理从小在他爸爸的工作室长大，年轻时候也很反叛，但当他进入东京艺大的时候他对当时的先锋艺术很感兴趣，比如毕加索、马蒂斯的艺术。当他看到勒·柯布西埃的《明日之城市》时深受震撼我们都知道勒－柯布西埃是现代主义的巨匠，我们教设计史的教授们都清楚，他是现代设计的大师。勒·柯布西埃所倡导的简洁和实用，和他父亲所倡导的从日本的民艺当中提炼简洁和实用的思想如此之相像。后来他也为推动民艺运动的发展竭尽全力，成为日本的现代工艺之父。

这里我们需要说的是，为什么柳宗悦会选择民艺？因为，工艺美术有很多类型，譬如说皇家的、贵族的工艺美术。我们今天参观展览能看到张志峰先生的设计，就是非常具有宫廷之美的。如到缂丝、云锦里去汲取灵感。皇家艺术是非常奢华的，而柳宗悦却没有选择这样烦琐的工艺作为他风格的延续，而是选用民艺，因为民间艺术非常质朴，和我们的生活非常贴近。这种民艺的质朴和简洁，跟现代艺术、现代设计艺术和流行风潮的发展是相吻合的。因此，柳宗悦所推崇的民艺运动，对后来的工业设计产生极其重要的影响。父子俩努力构建起了一种代表日本当代工业设计风格的美学品格。柳宗理又把这种与民艺相关的东西带到了现代工业设计当中，他设计的产品创造出了一种全新的方式，既能贴近现代人生活，又能够体现日本人美学品格的精神，这非常值得我们思考。柳宗理设计的餐具非常之简洁，它从民艺中得到启发，这一看就是日本人的设计。

原研哉和山本耀司是我欣赏的设计师。前几天在北京有一场对话，山本耀司和原研哉的。本来组委会邀请我去做主持，很遗憾当时学院有重大的事情，没有去成。我其实愿意跟他们做这个对话，应该说，主办方的主持人是选对了。山本耀司也好，原研哉也好，在他们的作品当中，我觉得是经过提炼和抽离了的，不是一个具象的形态。它抽离了具象的形态，表达出的是寂静、富有禅意、空灵的抽象意境，以及体现出了“缓”的境界。这种境界和现代人所倡导的简洁、实用紧密地结合在一起。谈到色彩，日本人研究色彩是有体系的，他拿一个颜色出来，在灰度和彩度上都一定是非常讲究的，而不是我们随便说个红是“中国红”。这个红是什么红，这个红是什么色相都讲不太清楚。所以我觉得他们的设计是哲学性的。

说到这里，讲的是从日本的民艺理论当中如何得到启发。今天中国的设计，我觉得应该摒弃一种徒有虚名的表象的图形，而应该提炼出属于我们自己的内在文化品格的精神，我觉得这种设计才能和现代生活结合得更加紧密。好在我们有5000年的文化传统，有强大的文化基因，就像我本来关注西方，现在转而关注东方一样。刚才你们看到PPT上的团扇，是我画的。2013年，我花了10个月的时间，做了12把缂丝团扇。因为，我希望通过这个来体会手工艺，来更好地领会工艺美术精神，更好地领会所谓东方美学的品格。

第十五讲　设计美学研究的时代意义与时代美学品格

美学是人类对美的本质、美感的本质和艺术的本质研究的理论思维。古代美学理论把美看作是世界客观存在本身的一种自在的完美性，而把艺术之美看作是对完美世界的有益补充和完善。工业革命以后，设计成为了审美研究的新领域，从技术的角度切入研究技术美学到设计美学的学科形成，美学研究者从思考人的本质角度将人类的设计造物活动和技术活动注入了审美观念，从而诞生了一门新的学问——设计美学。

一、设计美学研究的时代意义

“生活即艺术”“艺术介入生活”等现代美学命题，直接将“生活审美化”纳入美学研究的思考中。现代技术作为科学的物化，具有合自然规律性的特点，最好地体现了“人的本质力量的对象化”。同时，技术作为工具理性，又是实现人类目的性的有效手段。设计作为生产活动的物质承载、思想精神、审美趣味的外化，通过科学技术应用的合理性、人性化和付诸于形式的美化，将客观自然规律纳入人类综合发展的目的轨道，使人类为求得生存的物质活动由客观必然性制约迈向了人的更大自由。作为人类社会性劳动成果，设计从日常生活中的衣、食、住、行到航天飞机、城市规划等无不存在着大量的设计审美问题。从美学的角度研究和探讨人类的设计行为、日用器物、生产过程和生活环境，寻找设计审美理论的科学性、逻辑性、规律性，正是设计美学理论研究所迫切需要解决的重大学术问题。

21 世纪以来，新的社会需求和经济发展任务对现代设计提出了新要求，无论是当下的设计实践，还是设计理论建构都无法满足国民经济的大发展、紧随设计时代的步伐，为中国的未来设计业、制造业提供积极的理论贡献与支撑。设计美学作为设计学研究的高端研究任务，国内虽然已经取得相应的研究成果，完成了从“技术美学”到“设计美学”研究的初步转型。但是，从设计美学理论的研究现状、学理深度和理论广度上讲还不够深入，许多理论成果还不能真正理论联系实际消化现代设计积累丰富经验，解释设计实践过程中遭遇的新疑点和难点，还停留在一般性历史资料收集整理、理论观点的推介阶段，许多设计美学理论家如何从设计实践、设计流行、设计文化、传统活化等方面深层次探寻理论本体研究、设计美学史流变研究和当代设计审美规律研究还存有巨大的研究空间。

设计美学研究需要正确的方法论。设计美学研究是把抽象的美学原理运用于设计实践技术领域，使美学与技术达到和谐统一的一门应用美学学科。它主要研究物质生产、设计实践和技术领域中一切有关生产过程和物质文化领域的审美关系；关注设计产品和器物文化领域有关设计、生产和销售对设计审美的影响；揭示技术因素对人的审美心理和情感世界的作用机制。因此，它既是横跨自然科学、技术科学、社会科学、艺术等学科的新兴边缘学科，也是现代工业生产和科学技术高度发展的产物。

当抽象的美学研究视角转向工业生产和由此形成的物质文化领域时，遭遇了前所未有的困扰，技术和艺术、实用与审美、物质效能与精神效应之难以分清的纠葛。立足于把艺术作为美学研究的主要对象，并以艺术的眼光审视器物文化，已经无法包容工业文明多种价值并存的综合性问题，技术美学便应运而生。技术美学的诞生为后来的设计美学研究奠定了学科基础。宗白华先生曾经指出："过去一提美学就是艺术，艺术中当然有美，技术与美似乎没有关系，其实，技术也可以是美的。我国技术与艺术的结合就更不够了。懂得美学与艺术的不懂得科学技术，懂得科学技术的又不懂得美学和艺术，你缺一条腿，我缺另一条腿，你干你的技术，我干我的艺术，所以，设计的产品要么不好看，不招人喜欢，要么就过于华丽、装饰累赘，摆着虽然也好看，但是，用起来却不方便。这个矛盾怎么才能解决好呢？外国早就注意并研究了，也取得了很好的成绩。而在我国过去没有足够的重视，研究者很少，很不够。起码说我们这些老美学工作者研究得很不够。时代总是要给人带来局限性的，我们那时研究美学注重艺术、实用品，注重研究工艺美术。时代不同了，时代总要提出新的课题，现在的人造物大量是机械化的工业技术产品，怎么使技术与艺术两种因素结合起来呢？这是一个具体而又细致的新问题。你要把这两种因素结合在具体的物上。为什么有的产品美，有的不美呢？这里总还有一个美的规律问题，总结现代物质生活和产品的经验，找到美学上的规律，再指导人造物的设计。这个学科急待研究而又不能着急，要扎扎实实地研究。"（宗白华《美学与意境·谈技术美学》，北京：人民出版社 2009 版）

设计美学的产生为技术与艺术的重新结合，为实用功能与审美功能以及物质效能与精神效应的统一提供了新的方法路论途径，也为人的理性通向感性现实开拓了道路。因此，技术美学作为设计审美理论的核心内容和新兴学科在世界经济比较发达的工业国家得到了迅速发展，从而成为提高设计产品质量，提高产品竞争能力的重要手段和发展生产的出路。1944 年 12 月英国创立了第一个有关技术美学学会组织。根据学会领导人普·莱利的意见，它们将学会的宗旨确定为：尽一切可能促使大不列颠工业产品的艺术设计水平得到发展，帮助英国的工业产品质量迅速改进，从而在国际市场上能与先进国家竞争。然而，由于日常生活领域所涉及美学问题的面非常宽，将设计审美理论研究庸俗化和泛化的现象也是客观存在的。徐恒醇先生在《哲学动态》杂志 1997 年第 11 期上发表题为《当前技术美学研究的三大误区》的文章，对技术美学研究的误区提出了自己的看法，从某一侧面反映了中国当代技术美学研究的现状：

误区之一，是在学科性质的取向上，把技术美学不是当作美学，而是当作技术科学。时至今日还有人认为“工业设计是技术美学的核心”，“技术美学包括工业设计、人体工程学和理论方法论三个组成部分”，这显然把技术美学当成了整个设计科学理论体系的代名词。众所周知，工业设计、人体工程学和设计方法论是属于技术科学；而美学是人文科学，它是以审美经验的研究为中心，以审美价值理论为依据的。这种误解的产生，来源于前苏联文献先入为主的误导。

误区之二是在研究对象的内容上存在泛化和混同。技术美学对工业设计和物质生产方式的关注是理所当然的，但它无需罗列所有带有审美因素的产品类型、环境特征和操作内容。因为这种罗列并不能揭示技术因素对人的审美心理和情感世界的作用机制。问题在于对观察作出归纳，要把非美学问题与美学问题区分开来，这就要运用思维的抽象力。不对现象进行本质的抽象，便不能获得事物要素质的规定性，也无从认识功利价值与审美价值的区分和联系。将美学问题与技术问题在内容上相混同，便失去了美学研究的作用和价值。产品系统可以是技术的对象，也可以是美学研究的对象。在这里，美学所关注的是结构的技术规定性与形式创造的自由度的关系以及功能目的性如何向形式表现力转化。是否从审美感受性出发来探讨物质对象的审美创造问题，是衡量它是不是技术美学，是否保持了美学品格的标志。

误区之三，是在研究方法上存在割裂和孤立化倾向。美学是研究人与对象世界的情感价值关系和人的审美活动规律的。任何事物都是在人与整个环境的相互作用中成为审美对象的。任何形式的选择总是与一定目的、用途或功能相联系，任何局部都是和整体相联系的。所以不能把各种形式要素与功能或内容割裂开来，把审美对象的美分割成形式美、质地美、色彩美等孤立的概念。更有甚者，有的作者推出各自独立的材料美学、色彩美学、形态美学、功能美学等体系。试想审美对象被如此分割，又如何确立整体的审美价值呢？更不用说审美主体也是审美价值构成的重要环节了。通过各种术语的组合来完成理论的“创新”，这无疑是最省力也最无用的方法了。针对上述现象的出现，使人意识到建立正确的方法论是这一学科开拓中的重要问题。徐恒醇认为：技术美学作为跨学科的综合性研究，系统论方法具有重要地位。所谓系统论方法，是注重事物组成要素的相互联系和作用。在运用分析方法时，不是简单地将整体化解为要素，而是注重要素的相互联系和转化及其对整体的效应，从而实现在分析中有综合。系统论的整体概念即是整体大于各部分之和。同时，应该把共时性的研究与历时性的研究结合起来，从而使事物的结构分析与功能分析相互勾联在一起。徐恒醇先生的观点有一定的理论深度和代表性。但反对者也不是没有，因此，有感于技术美学研究所遭遇的学科困境，作者主张用“设计审美论”的框架，并以技术美学的相关内容为核心来研究现代设计中的美学问题，不失为一种好的方法。

二、设计美学研究的基本思路和切入点

如何进行设计美学研究？研究者必须系统研究和梳理美学、设计美学的相关经典著作，从哲学、逻辑学的视角把握美的本质和美感的本质、设计美学产生的缘由，以及设计美学的发展与流变。分析审美新问题、新趋势，关注影响因素、寻找理论依据。关注设计审美的各层次问题，把握其形式与内涵。系统梳理、完善设计审美理论。如何辨析科技与设计关系？研究者应该从设计史论及设计文化视角梳理科技对设计的作用与影响，不局限于人与物的交互，可尝试通过实例验证结论。以科技为主线分析设计现象、解读设计理念，不拘泥于时空限制。又如何探究科技与设计审美价值关联？研究者当然需要以设计物、设计事件及相关社会行为为对象，探寻科技与设计审美的交集。梳理物质文化发展过程，挖掘各个时期设计审美的文化背景，重点关注科技的人文内涵。设计美学研究，自然要研究科技对设计理论影响。基于本体论和价值论分析科技与设计审美间更深层次的问题，为设计理论体系添砖加瓦。真正将产品作为验证科学、技术、人文与审美结合的载体。通过对设计美学理论在设计领域的解读与完善，结合科学、技术、人文、审美对设计的作用与影响探究，有针对性地梳理设计产品应有的科技价值、

人文价值、审美价值，进而验证理论研究的准确性。

“设计美学研究”作为2019年度国家社科基金艺术学重大招标项目，体现了国家设计策略层面，充满着对于设计创新基础理论问题研究的期盼。该研究招标项目公布以后，受到全国范围内设计理论界和美学界的高度重视，许多研究者工作者纷纷加入到竞标队伍，经过激烈角逐，最后由苏州大学、福州大学和东华大学组成了强大的学术研究团队获得立项成功。作为该项目的首席专家，我认为“设计美学研究”应该着眼于“本体论”“历史论”“当代论”三个理论维度，从设计美学本体规律入手，分析设计美学产生的背景，梳理中外设计美学发展历史，结合科学技术发展和设计时尚理论，重点探讨设计美学的当代价值。让设计美学研究回归设计的真相，避免以往过于强调抽象理论和美学史的流弊，从而构建起具有中国特色的、彰显中国学派特色、具有时代美学品格的设计美学研究基本理论框架。

“设计美学本体论”围绕“设计美学”理论研究的本体，进一步理清设计美学的相关概念、内涵，从设计实践认识论的角度阐明设计美与美感的本质、设计美的形态类型、设计审美的判断标准，揭示设计美学研究的逻辑思辨性。“设计美学历史论”从原始审美和美学观念的发生入手，重点分析设计美学产生的技术环境和社会背景，梳理工业革命以来设计美学学术史的流变过程，挖掘中国传统工艺美学研究的潜力，彰显设计美学文化自信，展示中国传统工艺美学研究厚重的历史积淀。本研究最大亮点和重点是“设计美学当代论”，重点突出应用美学研究的当代性，关注设计生活、高技术发展、数字化时代对设计美学观念形成的影响，从当代设计流行与时尚风潮对时尚美学形成的意义中，总结设计美学研究发展的新观点、新流变、新方法，显现设计美学研究的开放性。设计美学研究具体从设计美学本体规律研究、设计美学历史研究、中国传统工艺美学研究、科学技术与设计审美研究、时尚美学与设计潮流研究等五个方面，回归设计美学专业语境和面向设计未来宏观视野，构建起设计美学研究的新范式。

设计美学是基于哲学、美学、技术美学研究基础之上发展起来的，设计美学本体规律研究是设计美学最核心、最基本的范畴，是既往设计文献、文化思潮、审美趣味在哲学层面的总结，更是建筑在工业文明基础上的应用美学理论的深化。设计美学研究强调“人的本质”和美的本质的哲学思考，人的本质力量在造物设计创造活动中的感性显现，是人类物质生活领域合目的性和合规律性，以及人的自由自觉创造性活动最确切、最合理的解释。同时，深入研究作为审美主体的接受者和消费者对设计产品审美的感受，把握设计审美心理的本质，从技术理性中体会技术美和设计美的内在含义，进一步加深设计美是社会美的认识。

设计美学历史研究，以物质功能、理性主义和感官经验为基础，更具注重数理逻辑、工程技术因素的特质，相对于中国传统工艺美学史而言的，同样具有宗教、礼法、人文、感情等因素。设计美学美学史研究不停留在一般技术和经验层面，着力思考在科学发展、技术理性、感官经验基础之上的设计现象，形成具有形而上的哲学判断。甚至，可以进一步发出对人类关怀、人与自然、可持续发展、生态文明意义上的美学终极追问。设计美学研究正是立足于西方设计美学史发展过程中“工业革命”这一时代土壤，从古希腊、罗马先哲们思想遗产的高度思考设计美学思想产生的渊源，对美学历史作学理上的追溯。围绕中世纪神学、文艺复兴、启蒙思想运动在人类精神世界和物质生产领域对设计审美产生的影响作必要的学术梳理。以纵向思考的方式，围绕设计思想、设计风格、设计心理阐述设计审美发展史的流变。围绕 18-19 世纪西方工业革命和批量化大生产，产品遭遇到的艺术品格问题，研究“艺术与手工艺运动”的掀起、美学研究进入到日常生活用品设计领域的学术历程。重点研究工业化浪潮的兴起，20 世纪初及二战以后，现代主义的发生、发展和成熟，现代主义、后现代主义设计美学思潮的流变。

设计美学研究对于中国传统工艺美学涉及较少，本研究独辟蹊径从“度量工具制约、礼乐制度制约、工具条件制约、设计思潮影响”等为逻辑起点，分析中国传统工艺美学研究的价值和标准，探讨古人造物的历时性与共时性审美特征。通过古代文献的梳理与考据，从博物馆馆藏文物、考古发掘报告、历史文献资料中进行分类研究，结合美学、文化人类学、民俗学等相关学科，以实地考察、出土文物、历代考工典文献为基本依据，在思想和技术、技术与形式、形式与功能、设计与评价中的对比分析中展开，努力完善中国传统工艺美学思想史研究。与西方设计美学研究相比，中国传统工艺美学理论散见于典章、古籍、笔记之中而自成一格，并在历史发展进程中，逐渐形成了具有中国特色的古代工艺美学观念。和西方设计美学研究注重数理、逻辑体系不同，中国传统工艺美学根植于中国传统文化的深沉基因之中，工艺造物审美关注的“仁、礼、度、和”四个维度，其核心价值应该说是“仁”。而“礼”在思维层面控制人们的造物活动，进而影响人们的审美观念。总结中国传统工艺美学研究体系是以仁、礼、度、和相统一的四维体系，从而提升中国传统工艺美学研究一般性的史学梳理模式，给予中国传统工艺美学研究更高的学术品格。

三、设计美学研究需要有时代的美学品格与节律

21 世纪以来，新的社会需求和经济发展任务对现代设计提出了新要求，无论是当下的设计实践，还是设计理论建构都无法满足国民经济的大发展、紧随设计时代的步伐，为中国的未来设计业、制造业提供积极的理论贡献与支撑。设计美学作为设计学研究的高端研究任务，国内虽然已经取得相应的研究成果，完成了从“技术美学”到“设计美学”研究的初步转型。但是，从设计美学理论的研究现状、学理深度和理论广度上讲还不够深入，许多理论成果还不能真正理论联系实际消化现代设计积累丰富经验，解释设计实践过程中遭遇的新疑点和难点，还停留在一般性历史资料收集整理、理论观点的推介阶段，许多设计美学理论家如何从设计实践、设计流行、设计文化、传统活化等方面深层次探寻理论本体研究、设计美学史流变研究和当代设计审美规律研究还存有巨大的研究空间。

“设计美学研究”必须体现时代的品格与节律，大数据、智能化等技术尖端话题对人类设计审美影响也越来越大，科学技术实则上已经上升为新时代的“人文主义”。随着互联网技术、移动支付的大为普及，消费社会广义上的“物品”大流通已经成为展现设计美的新载体，新的设计审美形式逐渐成为大众日常所需的“消费品”。科学技术发展成为创造设计美、创新设计元素无法摆脱的必要因素，设计审美已经营造起具备鲜明时代性的审美文化。科学技术与设计审美价值越来越影响消费者主体，技术经过新的组合并赋予其新的设计形式，改善了人的生活质量，改变了人的生活方式，设计的科技含量已经上升为时代美学精神，印证了“人的本质力量对象化”的理论与实践，形成了特征鲜明的时代审美文化，体现出合规律性和合目的性的设计美。因此，设计充当了科技与人之间的桥梁，展现科技带来的物质便利，传达科技蕴含的精神理念，形成特征鲜明的审美文化，成为时代的美学。

时尚已经成为现代生活方式的重要组成部分，是设计的重要主题，对于时尚美学的探讨也成为设计学的前沿理论。设计美学研究作为体验性美学，时尚与设计潮流是设计美学时代品格必不可少的研究内容。相关研究阐述时尚美学的概念、特征以建立时尚美学的基本构架，然后分别讨论时尚与社会、时尚与设计、时尚与产业、时尚与流行，以及现代设计的时尚法则等。时尚美学研究将从设计流行的规律入手，以形而上的美学高度出发，对于现代设计现象以及与之相关的社会行为进行深入思考，以美学、设计学为核心，综合史学、心理学、社会学、伦理学、

经济学等多学科的学术原理和方法，将时尚美学界定在实用美学层面。通过对设计时尚潮流的分析追溯，寻找设计时尚美学的内在规律，强化设计美学研究的应用意义。结合新时代条件下如何传承和弘扬民族传统文化和中华美学精神？深入探讨设计时尚美学和设计流行的关系，寻找到一种可持续的新时尚美学的表述方式。将时尚流行、设计美学相互交叉和相互融合研究，用来表述一种大众化的体验行为和现象，发出本源性的、哲学性的拷问。力求建立起比较完善的时尚美学体系，并探讨时尚美学对于设计实践的指导意义和应用价值。

设计离不开材料，随着科学技术的发展变革新材料不断涌现，设计风格的形成又和新材料使用有着密不可分的关系，高技术、信息技术、互联网、智能化发展对于现代设计美学思潮的影响。因此，本研究的另一重点将从材料史的角度分析设计美学史的流变。设计美学研究极具社会价值和个人价值，起到设计的导向作用。从社会价值方面来看，设计美学反映着政治、经济、科技、文化和社会生活发展水平，体现出时代的节律，将设计美的社会意义和审美价值直接呈现在公众面前。

通过五个子课题的支撑研究，基本搭建起有中国特色的“设计美学研究”基本理论框架，拓展“设计美学研究”的新领域，树立“设计美学研究”的新范式。具体讲在“本体论”研究中，将设计过程、设计成果、技术材料从一般的物质认知上升为设计美、设计美感的时代节律，探寻物质背后的审美含义。在“历史论”中，从纵向和横向两个角度将西方设计美学历史和中国传统工艺美学研究作比较研究，总结出中国传统工艺美学的精神，提炼出设计美学应有的时代品格和国家美学趣味。在“当代论”中，重点突破科学技术发展带来的生活方式变化和材料、结构变化对设计审美的影响，特别是设计流行的变化，设计审美的动态性特征对设计美学研究的意义。“设计美学研究”研究立足于大设计研究视角，至下而上强调理论联系实际，争取获得某些重要理论研究难点上的突破，修正当下国内设计美学研究中的某些不足。

设计美学研究从大的方面讲，设计美的合目的性是人的发展需要和目的，它的价值属性是属于全社会和全人类的。另一方面讲，设计对于个人而言还有审美趣味的差异性，又体现出一定的个体特征。通过设计美学研究从宏观到微观，深入探讨设计审美观念发展的时代背景、形成原因和理论意义，对现今设计进行反思和批评提供思想源泉和方法论指导。设计美学立足于人们日常生活带来质的变化，突破设计过程、设计物、设计产品一般功能性要求，满足人们物质享用和精神审美的双重需求，这即是设计美学研究最大的目的和意义。

第十六讲 设计时尚背后有没有学术？
——《设计美学》课程课堂交流实录

同心抗疫，学校不开门，课堂要开门，在线教学平时接触少，确实是累了老师苦了同学，工作量大增，年长老师本已眼睛近视、老花加散光，行动迟缓手也不听使唤，相关网络教学平台的界面设计既操控复杂，文字又微小，60岁的我要拿掉眼镜凑近屏幕才能看清。所以，老兵新传，遇到不少新问题。网络登录高峰时段连接不畅，有时学生无法正常签到，语音传输不畅等问题。特别是完全没有考虑50岁以上老师的现实生理状况，所谓操作界面的交互设计存在重大问题。但是，老汉我克服重重困难，带着沙哑的职业病嗓音，不断加强学习，深刻认识到自己已经跟不上形势的实际情况，不断改造自己的“主观世界”，深挖自己存在问题的严重性，决心“洗心革面”，努力“重新做人”，终于下载好了一个视频影像编辑软件，也总算将录制的讲课视频自己剪辑，能够马马虎虎上传给同学们。这门课由我和孟少妮副教授共同完成。

各位同学大家好！

设计美学以漫谈的方式已经录播了许多讲，想必大家都已看了。孟少妮老师作为我的助讲老师也跟大家讲了设计美学的基本原理，对设计美学史的相关问题也做了一些梳理。我今天所要讲的是围绕“时尚有没有学术”这个话题展开。这一讲实际上是希望大家能够明白，设计美学的研究除了设计本体研究、设计美学史研究，设计美学理论研究是非常重视现当代理论的。所以，学习设计理论的同学，如果不关注当下，就很难把握好、把控好设计学理论的真正精髓。因为，设计是面向未来的，如果你不了解当下的设计流行、设计理论，对此没有认识，或避而不见，你要学习好设计理论并对其有深入理解就非常难。

所以，我专门给大家讲讲“设计时尚背后有没有学术”，这实际上是个反问题，答案当然是肯定的。这一讲的中心思想就是要围绕着关注当下、关注当下的现时理论。我以前一直讲，经济学研究经济史肯定是学术，研究经济的运行理论当然也是学术，而且经济学要解决经济问题主要是研究经济的当下运行理论。如果经济学不研究经济的运行理论，这个经济学是徒有虚表的，而且一定是伪学问。所以设计学也一样，设计学是“一体两翼”，主体是研究设计本身，一翼是通向古代的理论，一翼是通向现代的理论，不研究设计流行，这个设计学是有重大缺陷的，这只设计之鸟就没法飞翔。

你们是设计学的学生，对现代设计有多少了解？不能单纯在设计史里面打转转，你们知道在设计流行的表象背后有很深奥的学术承载吗？这些话题我都会在这一讲里面和大家谈。这也是我努力构建和完善设计美学研究基本框架的出发点。我将设计美学研究分为三大块。第一块就是本体论，也就是要追根溯源讲设计美的本质、设计美感的本质。从人的角度来切入，进行哲学性的追问，设计美的本质恰好是哲学上讲的“人的本质力量的感性显现”的最好体现，这是马克思讲的一句哲学名言。人的思虑和观念赋予人以行动，物体经过人的改造，使得这个物体或这个建筑物和产品上打上了人的印记，这就是本质力量的显现。

为什么我在前面的讲课当中跟大家说设计美属于社会美，而不属于艺术美？它们虽然是孪生兄弟，但因为设计美学关注的主要对象不仅仅是研究所谓形式问题和艺术问题，所以它们也有所区别。设计美属于社会美，主要就是因为人用自身的力量改造客观世界的美，体现了人的本质特征所以它是属于社会性的美。比如摩天大楼为什么能够造起来？我们看到摩天大楼时震撼于它的高耸、巍峨和雄壮，体会到的却是高技术发展力量，你体会的是一种人的本质力量如何征服自然、改造自然的过程，体会的是由此产生的崇高或优美的感觉，所以这个属于社会美。第二个部分就是讲设计美学所要关注的美学流变史。讲工业革命以来的设计美学演变。我们讲艺术与手工艺运动，讲普金、罗斯金、莫利斯，我们更要讲包豪斯、乌尔姆、现代主义、后现代主义和高技派，这些都既属于设计本身技术的，也属于美学的，这是历史论。第三个部分就是讲所谓当代论。当代论就是要研究当代，要研究当下设计流行的规律。所以，我事先已经录好的两集讲课视频过一会儿传到这个群里，大家先看看。看完了以后大家有什么问题，你们在群里面提出来，我再和大家互动。

我一直有一句话就是：好设计往往直指人心，而且好设计往往是简单的设计。不需要搞得云里雾里很复杂，装神弄鬼，如果把供人使用的设计做得很复杂，既让人使劲猜，使用功能又不方便，让受众和消费者搞不明白，这个设计一定不是好的设计。好的设计不仅仅要简单，还应该是一个好看的设计，它有优美的形式。如果既简单又好看，同时在使用过程当中相当便捷且带有启发性，那么这个设计就一定是好的设计。所谓的好设计，它也一定具有很强的美学因素，好的设计一般来说就是看上去是容易的，但是它也是有趣味的。同样一个好设计也是可以再复制的，是可以批量生产的，而且还应该是一个比较大胆的、创新的设计。

好设计的秘诀就是还要有一套严格的品格和品位要求。设计要讲究品质，设计师要讲态度、要讲判断、要讲立场、要讲价值。要在设计中突出这种时代的要求和个人的品位，设计师自己首先要有品格、品质与品位。消费者本身当然也要有品位，设计师没有品位和格调，他怎么能够为大家做好设计呢？他设计的产品怎么能够承载丰富的文化内涵和美学倡导呢？这就是设计背后的学术，时尚背后的学术，而且是不露痕迹的高级的学术。当然，在设计过程当中技术是一个决定因素，因为好的技术是决定一个好设计的基础。关于好设计，有很多内容可以跟大家分享。有一本书叫《设计如何诞生？做出好设计的 100 个建议》，这本书十几年前在市场上有卖的，我不知道现在还有没有。你们可以在网上觅一下。

这一讲围绕的中心是时尚的背后到底有没有学术？其实就是要围绕时尚学、时尚审美来讲一些话题。多年前我买过一本书，这本书叫《大师与传统》，是中国艺术研究院的著名学者刘梦溪先生写的。当我翻开书的第一页的时候，有一句话就映入我的眼帘，书中说流行与时尚和学术大师无缘。看了这句话以后，我就有兴趣往下看。在这个语境当中，刘梦溪老师对于时尚充满着鄙视，当然，如果这些时尚大师要和这些学术大师比，时尚界要挑出一两位、三四位大师级的学者确实是难，因为时尚是易变的，稍纵即逝的，它不可能在短时间内形成一个严密的逻辑框架，所以要产生众人敬仰的学术大师确实很难，但是我不能同意的是时尚似乎在他们的眼里是没有学术的。许多学者厚古薄今，往往喜欢研究古典的和前古典的东西，考据、引证，但是对应用型的现当代的理论却视而不见。其实，一个社会要前进就得关注现代理论，在科学技术领域里面，这叫创新设计研究或者创新研究。人文社会科学领域里面同样需要关注当下，要研究当下，要有前瞻性。流行和时尚背后，我一直认为是有学术的，当然我们没有办法拿当今的一些流行学或者设计学的学者和这些众人敬仰的大师作比较。

我非常崇尚这些大师。在我的书架上面有许许多多这样的传记，这两天我还在看《陈寅恪与傅斯年》，我相信各位同学是知道这两个人的，他们同时代的还有王国维、梁启超。像这样一些大师级的人物，如果再延伸到五四运动的胡适、陈独秀、鲁迅，那就更多。当然后来还有一些文化的巨人，巴金、茅盾、郭沫若。这些享誉海内外的大师，为人类的文化作出了重大的贡献。我们今天研究当代的流行和当代的文化，实际上也是为未来指明一个方向，同时它将会成为传统。

有一年我在南京艺术学院参加一个学术论坛，论坛的规模有三四百个人，整个论坛都是谈设计。大部分在台上的学者讲的都是设计师，研究的都是过去的东西。但是轮到我发言的时候，我说了这么一句话，我说各位嘉宾，我想问大家一个问题，我们研究经济学、研究经济史是不是学问？当时在座的一些学者都共同地点头，当然是。我再问，我说研究经济学，研究当下的经济的运行理论，是不是学问？底下也有人点头，因为经济学主要是解决当下的经济运行理论，经济史是过去的，作为一种学术积累，作为一种借鉴，我觉得也未免不可。但是经济学主要要解决当下经济的运行理论。

第二个问题，我接着就问，我说各位嘉宾，我们研究设计学、研究设计史是不是学问？当然是学问。大家都知道，学术界就是厚古薄今，包括现在很多的场合也还是这样。我又紧接着又追下去，我说我们研究设计流行是不是学问呢？这个时候有人交头接耳，当时有几位老先生在。我问这个问题是有出发点、有针对性的，我要阐明的话题就是研究设计流行是当下设计学研究的一个重要的方面。我一直讲设计学的研究是一体两翼，所谓的一体是设计实践本身，一个有创造性的创新型社会，它必然是这样。但是光靠这个还不够，还要有两翼，一翼是通向古代理论的，这就是积淀，我们做任何设计，做任何研究，都要有很深的文化积淀；另外一翼是通向现当代的理论，你的眼光要高远，要看到未来，如果设计学不研究未来，设计学就没有意义。我们的研究要面向未来，这个才是设计学要真正加强的。但是我可以负责任地告诉大家，在学术界，厚古薄今到今天没有根本改变，所以我在设计美学的这门课程当中，要专门抽出一讲来和大家讨论，时尚的背后有没有学术。

刚才跟大家说到了设计美学研究，我把它分成了三个大的板块：第一个板块是本体论，那就是作为一种哲学性的探讨去研究设计的本质、美感的本质，要解决一些基本的哲学性的理论问题。

第二个板块是研究历史，设计美学的历史论。以往我们的设计美学研究比较侧重于西方的理论，而且基本研究到包豪斯就停了，这个历史我们还要把它梳理清楚，把它延续下去，我正在做这个工作。另外在历史论当中，中国传统的工艺美学基本没有纳入设计美学的研究范畴，因为大家认为设计美学是外来的，但是构建有中国特色的设计美学理论的研究和框架，我觉得这一个板块必须要加进去，这也是我上一讲要讲东方设计审美的理由。

第三个板块是什么呢？我觉得设计美学研究当代，就是设计美学当代论，本体论、历史论、当代论就构建起一个大的设计美学研究的框架。在当代论里面，我觉得两个重点要突破：一个就是科学技术，科学技术的理性与设计审美是什么关系？为什么要强调设计美是社会美？正是在这种技术的进步基础之上，我们通过体会时代的节律来体会它。比如今天我们使用的苹果手机，为什么我们会觉得这个苹果手机是美的？因为这里面有对科技理性的崇拜，所以就像我经常说的，年轻学生要有一种对科学的信仰，一种对技术理性的崇拜，这样你才可能真正理性地来分析。另外一个就是时尚学、时尚审美。我把时尚审美总结一下，实际上它是一种体验性的美学。这个在设计美学研究里面是一个重大的缺憾，我们应该完善这个理论。所以我今天跟大家讲的这个话题当中，很主要的就是讨论这一点。古代与现代是两个不可分割的整体。我们现在是重视古代，轻视了现当代。我去参加过工业设计领域的很多论坛，我觉得工业设计领域的前瞻性、科学性走在一般的设计理论前面，这个需要所有做设计美学研究、设计理论研究的人关注。研究当代就是研究现实问题，就更具有紧迫感。时尚的背后不仅是有现实意义的，而且是有学术意义的，但我们可以用学术的视野来切入时尚的流行的现象当中去，赋予它学术的本质。

我读大学的第一年，当时的中国丝绸进出口公司的一位专门从事流行色研究的人到我们学校讲课，那个时候我才知道什么叫流行色。但是当时他们对于流行色的理解，就是跑到国外的会展上面去看一看明年将流行什么，回来就跟大家讲讲，是流行大色块的花还是流行小碎花，非常简单。这些从 20 世纪 80 年代初的那些杂志的介绍上，就可以看到。其实从那个时候我就开始关注流行的话题，但到一二十年前，我们国内的很多流行色的发布还仍然处在一个似是而非的状态。有一次我听一个流行色的专家在台上讲流行色，他说明年将流行来自土耳其的狂蜂浪蝶，这句话非常抽象，什么叫来自土耳其的狂蜂浪蝶？这句话没有定性，因此又反映出我们的流行色的研究或者流行的研究似是而非，缺少科学的定性，这也是它招来诟病的一个重要的原因。接着他又讲，还有一个流行，明年流行什么呢？流行寡妇黑。我旁边坐着的一个朋友就问我，他说李老师这个寡妇黑是个什么黑？我说我理解的寡妇黑是黑里面偏紫，他说李老师，你为什么说寡妇黑是黑色里面偏紫呢？我说你想一个寡妇死了丈夫，心情会很忧郁，我们都说蓝色是忧郁的，但是一般寡妇死了丈夫以后，她不可能对生活没有希望，她对生活还有畅想，还有希望。蓝中再加一点点红不就变紫色了嘛，所以就叫寡妇黑，寡妇黑就是黑里面偏紫。当然这是一个笑话，从这个笑话中我们可以看出，中国的流行色式的研究当年还处在一个艺术家的畅想的方式上，要我说我们流行色的研究不能这样搞，为什么呢？因为我觉得我们需要平衡好艺术家式的那种随性的研究和一种科学理性规律性的研究，它们之间需要找到某种契合点，要把握好。

这个研究还需要把握好什么呢？这也有科学性的依据。比如说非主流文化和主流文化之间是一种什么样的关系？今天巴黎流行什么？米兰流行什么？纽约流行什么？我们流行什么？当然这也与对未来的预测方面相关，比如战争来了，可能人们心理趋向于保守，就像我们现在的服装流行一样，在战争年代，一般来讲会流行中性的东西。而处在和平时期，大家都很快乐，这种流行色块会比较明快一些。还有我们在研究这些问题的时候，要处理好精英的流行和大众的流行，处理好艺术家的直觉感性与科学家的理性。这个才是流行色研究应该遵循的一些准则。当然讲到这个流行，能举的例子比较多，因为一讲到时髦和流行时尚，总是跟服装服饰有关。

我是非常喜欢阿玛尼的衣服的。你们去看 20 世纪 80 年代的时候，阿玛尼流行什么？流行 V 字形、大宽肩、细袖笼，下摆裹得很紧。香港理工大学的区伟文先生在 80 年代中期到我们学校来讲课的时候，他当时年纪还很轻，风流倜傥，长发披肩，带顶贝雷帽，他就穿了一件阿玛尼的白色西便装，大宽肩，袖管撸在上面，看起来很有英武之气。但是你今天再去看阿玛尼，它变了，它不再流行大宽肩、大垫肩。而今天流行什么呢？相反，今天是没有垫肩的，很随意的，变成 A 字形了。面料上面也都流行一些非常特别的针织的面料。你可以从中找出它的规律，有的时候大家在研究这些流行的现象的时候，往往就流行而流行，让别人觉得你很浅薄。

我们再说流行受到的影响，除了我们刚才讲的一些科学性的研究预测以外，其实它跟亚文化的影响和流行紧密联系。什么叫亚文化？比如电影、电视、演唱等，这些都属于亚文化。这种亚文化现象，也会影响到流行。比如某一部电视剧里面的女主角，她穿了件什么衣服，它就会流行。以前我们电视传媒不发达的时候，电影明星就成为时代的风向标。所以旧上海的许多生活杂志封面都是好莱坞明星，或者是上海的电影明星，如果他们穿了一件裘皮大衣，明年就会流行这个，这是亚文化的影响。我们近一二十年能够举的例子就很多了。韩国有个演唱组叫“东方神起”，这在十几年二十几年前，是非常流行的一个演唱组。这个演唱组的几个男孩都是那种花儿少年，长得细皮嫩肉的，当时很多少女都非常喜欢。

我们这样年龄的人来看“东方神起”演唱组的时候，就感觉这些男孩一点阳刚之气都没有，但“东方神起”作为一个演唱组，后来影响到流行时尚，带动了服装流行的中性化倾向。我记得有一次我们论文答辩，有一位同学就写的男装中性化，当时有位老教授质疑他，男装就男装，女装就女装，哪来的中性化？当然这位老先生学问也是很大的，可是叫他完全理解现在的流行时尚，也是难为他。但是不代表男装中性化背后是没有原因的。如果从流行时尚学和文化艺术学的角度来分析，我们就可以深挖"东方神起"为什么会带动流行的中性化。比如讲英国的辣妹演唱组，也带动了一种流行，带动了创意产业。再比如讲披头士和摇滚乐，特别是那种重金属摇滚乐，影响了街头时尚、街头文化。而街头文化在 20 世纪 50 年代后期、60 年代，其实跟当时大的艺术流行是紧密地结合在一起的。你怎么能说背后没有学术呢？只不过是你没有去认认真真地挖掘，而这些现象又和伦理学、社会学、艺术社会学，和很多的学问联系在一起。所以我们一方面对那些民国的学术大师心怀敬仰，但是这也并不影响我们对现代的流行的研究。

一些亚文化的现象是如何来影响潮流文化的，如何来影响你的审美趣味，这就是我们要研究的。我再举个例子，前几年很多小男生都穿七分裤，裤脚管就到小腿了，这就是一种流行。但你说像我这样五六十岁的人，如果穿这样的七分裤，我就觉得很不稳重。我们还是需要穿裤腿搭到脚背上面的裤子，这样才会显得从容，这背后又存在着什么关联呢？这是时尚和时髦的问题。所以你能说它背后没有流行、没有学术吗？只不过是你不了解，你就不能武断地说时尚背后无学术。这也正是我们设计美学里面要研究的时尚美学所要关注的东西，我们要找出其中的规律性。所以我们做任何研究，要透过这个现象来看它的本质。

时尚的背后有没有学术？从这个话题当中，我们正式切入理论性问题的探讨。时尚是什么？我觉得时尚是文化，因为我们任何的设计问题，都是技术支撑下的文化问题，把这个问题解决了，很多问题就迎刃而解了。首先我觉得所谓的时尚是一种字面的解释，时间性的风尚有一定的流行时间，它同时也是人的一种生活的态度。

其次，我觉得时尚有的时候是坚守的，时尚并不一定随波逐流，但是时髦确实有时间性的因素，我不一定很时髦，但我可以很时尚，时尚是选择一种生活方式，健康的生活方式。比如讲卫生、爱运动，比如讲奉献、讲人生价值观，这就是一种方式。所以我说不一定很时髦，但可以很时尚。就像是化妆品，没有它你当然照样活。有了它，我们的生活更加精彩，更加美丽。刚才我讲了时尚是和流行音乐、电影亚文化这些现象相关联的。所谓的亚文化，前面做了解释，我特别关注的是那些先锋艺术对时尚的影响。前面已经说到像披头士音乐，他对时尚有影响。重金属摇滚，对当时的时尚、流行有影响。到近一二十年，"东方神起"这样的演唱组合，它对时尚也有影响。所以时尚有的时候对于一定的人群而言，是坚守的，坚持自己的一种价值观，坚持自己的一种生活方式。

但是时髦也是追逐的，如果时尚不能够流行，当然也就不称之为时尚。现在喝茶不能算是很时髦，但它很时尚，但是喝茶又很传统。我的同学或者我的朋友当中，喝茶的高手有很多，有的专门组织了俱乐部、茶会，以茶会友，这是一种生活的方式。

时尚当然是需要制造一些话题来带动的。这个里面有领军的人物，有人最讨厌“领军”这两个字，说我们不要领军，其实这个心理很复杂，就怕被别人领军。实际上怕被别人领军的人，自己就存有想要领军的这样的一种意念。以前我还经常说一句话，有很多人经常说怀才不遇，到处抨击社会，这个看不惯那个看不惯。实际上他怀的不是才，怀的是欲望。我一直开玩笑讲，王阳明，你说他怀才了吧？但是他没有消沉自己，因为他在贵州的驿站里面，遇到了最好的自己，所以它成为心学的大师。唐寅，科举失败，也投过一个小朝廷，想做官没做成，最后他也遇到了自己，成为“吴门四家”的重要的代表人物，流芳百世。我们常常看见所谓怀才不遇的人，以一种落魄状，对社会、对他人抱有一种强烈的不满，其实他本身怀的不是才，是欲望。这个时代是需要领军人物的，无论是科学技术、社会科学的研究，还是艺术，都是需要领军人物的。在时尚领域里面，这样的领军人物也是存在的。

我刚才前面讲的电影演员、文艺界的明星、歌手，包括体育明星，也是时尚生活的引领者。设计师就更是，我讲的好设计是直指人心，同时好设计不仅仅是直指人心，而且是要带动你或者引领你的生活。

有两位设计师，我一直是非常崇尚的，他们跟我年龄差不多，特别是约翰·加利亚诺跟我年龄差不多，约翰·加利亚诺毕业于中央圣马丁艺术与设计学院，正因为中央圣马丁有加利亚诺这样的人，所以中央圣马丁后来声名鹊起。还有一位就是亚历山大·麦昆。中央圣马丁毕业的加利亚诺，迪奥当年聘他的时候，年薪7000万美金。至于7000万美金年薪是他个人拿，还是他的设计团队拿，我现在没办法考证，因为一个总设计师还有很多助手。

总设计师做什么？做概念，做风格，做巴黎时装周和纽约时装周，或者做米兰时装周、伦敦时装周等几场重要的秀，对这个品牌的未来流行是起引领作用的。但是加利亚诺也让人觉得非常可惜，由于这个人有排犹的心理，他酒后讲了很多诋毁犹太人的话，最后被迪奥开除，现在一蹶不振。他前两年又做了几场秀，但是反响平平，所以一个平台抽掉以后，对个人的力量的影响是很大的。

亚历山大·麦昆经常制造流行话题，1995年和1996年的时候，社会上流行低腰裤、漏屁装。腰低到半个臀部都露在外面。第二天发布完毕，伦敦的Vogue杂志或者是其他的时尚杂志一宣传，今后几年当中都流行露屁裤，这就是流行的引领。他在2009年巴黎时装周上推出了一款25英寸高的高跟鞋，俗称为羊蹄鞋。像羊的蹄子，也像一个蟹的爪子，鞋的跟非常高，当时有三位国际大牌模特罢演，这个是引起轰动的时尚事件，她们认为这会对她们的职场构成安全隐患，所以就罢演。这是一个大型的时尚事件，我觉得当时名模们的罢演是有道理的。

所以在2009年，当我看了新闻以后，我就想写一篇设计伦理的文章。到了2010年春节前，我们到柬埔寨去旅行，在一个酒店里面看到一张报纸，说亚历山大·麦昆自杀了。当时我心里发出一声长叹，他以这样一个壮怀激烈的举动结束了自己的人生，殊为可惜。麦昆才华横溢，被时尚界称为鬼才，居然以这样极端的方式结束了自己的生命。但是我对他的设计伦理的质疑到现在一直还存在。加利亚诺和麦昆两位领军人物都是中央圣马丁培养出来的，约翰·加利亚诺的风格非常多变，麦昆也是。麦昆出生低微，他出生在伦敦东区，那个地方是下层人住的地方。

当然还有一些著名的设计师，比如瓦伦蒂诺、费雷等一些重要的大师都是具有引领性的，还有日本的三宅一生、森英惠、君岛一郎。可惜君岛一郎去世得比较早，他是我老师的老师。这些设计师都是在时尚的领域曾经起到引领作用的一代大师。时尚是时代精神的一种体现，它反映时代面貌、设计的视觉感受和使用价值。在他们的设计当中，在流行的推动当中来体现人们对生活充满了希望，来激发人们追求美好生活的一种动力，所以我们要从正面去理解这样的东西。当然，流行又是一个善意的阴谋，尽管与忧伤，但是它实际上编造了一个美丽的谎言，这个谎言是善意的阴谋。这个话题我们可以延伸出来讲很多。讲到这里，我觉得还是要讲时尚美学如何能够把时尚背后到底有没有学术的追问进行下去，并具体落实到时尚美学的理论研究上面来。我们做了一个梳理，现代美学发展的趋势，尤其是现代设计美学发展的趋势，未来特别强调理论美学和应用美学的并进。我们要从哲学的角度，美学史的角度去追溯，这是理论美学。理论美学如何和应用美学并进？现代社会及100年或者近50年，科学技术发展迅速，出现了许多新东西，我们如何能将它和应用美学研究结合起来？如何能让它跟当代的文艺思潮、艺术思潮贯通？如何能够和现代的科学技术的发展渗透？今天老讲的交互设计、智能化等，如何跟它交融？这都是我们研究设计流行和设计时尚的重要的节点。

从理论的追溯上来讲，我觉得西方有两位重要的哲学家，为我们研究时尚美学奠定了很好的基础。一位是汉斯·罗伯特·尧斯，德国著名哲学家。他 1921 年出生，但是非常遗憾，90 年代就去世了。但是他提出的接受美学的思想却非常有意思，在他以前，文艺美学研究的重点都是作品和艺术家本身，就像我们今天有好多美学家，都是围绕着作品、围绕着艺术家本人来做一些研究。但是尧斯提出的却不是这样，他提出了接受美学的概念，他把研究的对象从作品和作家转向接受者，至少也是要以作家和作品作为研究的基本的东西，同时来研究接受者也就是读者。以读者为主，接受者为中心，围绕他的审美经验来进行研究，所以一下就让我们豁然开朗。研究设计美学是研究什么？设计产品当然要研究，设计者要不要研究？当然要研究加利亚诺的设计风格是什么，要研究约翰逊的现代主义建筑如何，以及里伯斯金的设计哲学是什么，研究中国建筑师王澍的东方设计美学，俞孔坚讲的“野草之美，足下文化”。除此之外，我们还要研究审美接受者的审美经验，这是时尚美学、设计流行、设计美学迫切需要关心的消费者的审美经验。

其实它包括了三个方面要研究的内容，这也是尧斯为我们梳理的研究脉络：第一是生产者。生产者就是艺术作品的生产者，反过来讲就是设计产品的设计者、生产者。第二是接受者，也就是消费者。第三，是交流。交流是什么？交流就是流行信息相互之间的一种影响。消费者的个体对于设计产品如此之重要，我们举文艺美学的一个例子说明，一千个读者就有一千个哈姆雷特，每个读者的思想、文化的立场不一样，他读的哈姆雷特就不一样了。

看《红楼梦》也是。政治学家在《红楼梦》里看到了什么？看到了宫闱秘史、勾心斗角。研究服装的人，把里面王熙凤穿了什么，贾宝玉穿了什么，晴雯穿了什么，梳理了一遍，也写了论文，有的甚至写了博士论文。当然我一直强调这是伪命题。所以这是一个动态的有机的整体，这是尧斯给我们指明的方向，对我们设计美学研究非常有启发。生产方面、接触方面、交流方面，形成了研究的一个重要的有机整体。

实际上，我们要研究接受者，就是要研究创造，要研究美觉——美的感觉，要研究进化，来对应审美愉悦的三个范畴：创造、美觉、进化，它是一个动态过程，所以时尚背后怎么会没学术？接受美学，将它上升到哲学高度来探讨。

第二个重要人物是理查德·舒斯特曼。这个人现在还活着，20世纪40年代出生，他是当代最著名的西方实用主义美学家。他是继杜威之后，美国当代著名的实用主义美学的集大成者。他多次来中国，他指导通过培养身体的愉悦和训练，来推进更加肉身化的社会审美。

我们以前觉得这种肉身很庸俗。研究设计美学有庸俗和高级之分吗？但是这种肉身化预示身体的美学的可能性。他说作为感官审美欣赏和创造性的自我塑造的场所，我们可以通过它来研究美学，来研究美学产生的经验作用，同时来进行批判的改善的研究，来恢复哲学的行动性和它的实验性。哲学不是绝对的抽象和从理念到理念，这也是实用主义美学的一个重要理论。实用主义在美国历史上一脉相承，说明美国有实用主义的传统，越来越倾向于行动哲学，来力图恢复审美哲学的相交融的，身体维度的理论和实践的推广。这样一些话题，你说是不是很哲学？时尚的背后有没有学术？

而且舒斯特曼很有意思，他还专门研究过中国的哲学，他对东方哲学有兴趣，阅读了大量的文献。但是这里需要说的是，我研究了他的几个演讲以后，我发现他的理解是有局限的。比如说他讲到“阴阳”，他把阴阳理解为男女，他有一次演讲当中就是这么理解，其实阴阳在中国的传统哲学里面是一种世界观、宇宙观。他想简单了，他多次引用到守身为大，他认为是强调身体的重要性，这个理解也狭隘了。在我们中国的传统经典里面理解的“身”，不仅仅是肉体的身，还是具有人格意义的。所以我们以“身”，身体，“心”，心灵，身和心，来总结出一个行动哲学，来恢复哲学的行动性和实验性。把这些理论运用到所谓的时尚美学上面就非常实用。

当下中国对时尚美学的研究，刚刚开始，方兴未艾。比如已经出现了奢侈品学之类的书，但是它主要还停留在营销领域。比如时尚学，时尚美学，我的合作者卞向阳教授就在做这方面研究。

今天早晨我还看到，也是我熟悉的一个台湾地区的著名策展人，叫陆蓉之。她推送了一篇文章，讲潮流艺术和潮流文化是一个大时尚的概念，先锋艺术如何和时尚结合起来，我们中国实际上在实践领域里面很多人在做这个事情。

以前有一个时尚集团，董事长前年好像突然去世了，我觉得非常心酸，我也认识这个人，他手下有个副总裁叫苏芒，是一个年轻女性，做出版做得很好。他当时是《时尚芭莎》的出版人，时尚芭莎又做了个副品牌，叫《芭莎艺术》，我那个时候每年都买，每期都买。他们出杂志很好，像《新视线》《名牌》这些杂志都非常好。艺术已经跟生活紧密地联系在一起。

有一次我在北京开会，毫不客气地问了当时的一些学者，我就问他们这些杂志看过没有，他们一个都没看过，我就开玩笑说你们这些杂志都没看过，你研究什么设计教育？我们必须了解像流行艺术、波普艺术之类。波普艺术对现在设计影响很深，它为什么会流行？它的代表人物是早期的英国的保罗齐和美国的安迪·沃霍尔。安迪·沃霍尔把波普艺术性推到了一个非常高的高度，是集大成者。我曾经在纽约的现代艺术馆看过波普艺术的一个回顾展，办得非常好。展览回顾了如何从商业艺术当中汲取营养，随着艺术类的拼贴等手法后来影响到设计，潮流艺术催生了潮流品牌，波普艺术对街头文化产生了重要的影响。人与环境，与身体消费的体验，都结合到了一块。

纽约的现代艺术馆非常棒，每年都有重要的展览。还有伦敦的泰特艺术馆，它是用一个火力发电厂改造的，在泰晤士河边上，那里面简直是应有尽有。还有法国的蓬皮杜艺术中心，像个化工厂，是一个像没有完工的化工厂一样的建筑。这是国际上三大著名的现代艺术博物馆，它与生活的联系也是非常紧密的。

大家有什么问题可以自由提问，也可以相互讨论一下，归纳总结起来一起提问。

同学甲、乙、丙提问：老师，看过这几期的设计美学漫谈，有以下几个问题：

1. 您在讲世博会的场馆设计那部分时，曾提到水晶宫之所以在海德公园建立并拒绝砍掉树木，是因为“建造的一定要尊重生长的”这个理念，请具体讲讲如何理解？

2.“阴阳”是如何体现在中国人的世界观、宇宙观中的？

3. 时髦和时尚的关系是什么？

4. 尧斯的接受美学是什么？

5. 什么是接受者的审美经验？

6. 有人说设计美学归根结底还是要回归到具体的生活实践中去，接地气会对美学的理论研究产生什么样的影响？

各位同学归纳起来提的这六个问题都非常有高度，而且很有见地。我觉得很好，这是教学相长、互为彼此，我想下面一个一个来回答大家的问题。

1. 1850 年伦敦首届世博会设计建造世博会场馆的时候，有一位俄国建筑师提的这一观点，这个观点到现在影响都很大，就是“建造的必须尊重生长的”。大家可以想象一百六七十年前，建筑家已经能够关注到自然和植物生长这样的问题。大自然中自然生长的植物是不可替代的，有些甚至是不可再生的。这个观点主要关注的是如何尊重自然界任何一切植物的生长。尽管这个理念是一百多年前提出来的，但是到今天仍然起着重要的作用。因为大自然是有它自己的生态逻辑、生长肌理的，所以建造任何物质构建时，你都要尊重自然生长的东西，因势利导，因势就形，甚至要精心呵护它，这是一种自然界成长的积累和积淀，这个观点主要讲的就是这样一个意思。如果我们将这个观点衍生开来，再看看今天的景观设计师俞孔坚先生，他提出的一些景观设计学的观念和方法，是与其有前后呼应的。“足下文化、野草之美”是什么意思？它为今天的景观设计开启了新的视野、新的风尚，在现当代影响很深。它的意思就是设计景观时要尊重原本大自然的那种生态和生态多样性。俞孔坚一般接到这种设计任务以后，都要在充分调研大自然的基础上，首先立足于修复它原有的生态链和生态系统，让它先恢复到自然原有的生态环境之中，水是可以流动的，植物是自然生长的，水里是有蛙声的，地里是有昆虫鸣叫的。而不是绝对地用人造的垒石驳岸、种大草坪来改变它。甚至把有些原来建有的水坝先炸掉再说，让水放进来，先修复生物的多样性。这是一种大设计的生态理念，考虑的是人和自然如何来和谐？如何来尊重自然？如何来敬畏自然？一百多年前，前辈设计家都已经提到了这样的理念，我们有时候却还在人为破坏自然的生态，甚至从大山里挖香樟树来建所谓的城市生态公园，而大山里却千疮百孔。

附带着谈另外一个命题，就是“现代的必须尊重古代的”，这是我提出来的。我们现在的建筑师有许多人只有项目概念，没有作品概念。项目概念是对甲方负责，作品是对人类和历史负责。随处可见拆了真的明清古典建筑，去建钢筋混凝土的假古建，那种崭新的明清一条街如此丑陋。古代的建筑遗产是不可再生的，现在一些城市改造决策者利令智昏，把很多地方拆掉，很无知也很无耻，与尊重历史文脉的文化更新理念背道而驰，可以讲这是犯罪，但现在全社会还没有形成完善的追责机制。所以，我觉得这个理论所阐述的就是要尊重自然的生态肌理，因为和生态形成对抗性关系，必然会遭遇大自然的报复，特别是有些对于自然界破坏的不可再生，也不可修复，所以我们的任何建构都必须尊重原有的生长肌理。如果是旧建筑改造，现代的必须尊重古代的，这就是尊重历史的文脉，每个国家、每个地区都应该有这样一种历史的文脉和承载。包括在我们现在的城市建设当中也一样。有很多地方把真的古迹拆掉了，建假古董。其实，城市发展过程当中，有的城市有几千年历史，有的城市一千年，还有的几百年，每座城市都有城市的生长肌理，每个时代不可能是一样的。比如说从宋到明再到清，包括民国时期，这个城市实际上是有多样性的。在城市的更新建设和改造过程中，就应该要尊重这种历史的文脉和肌理。

2. 第二个问题，大家提到了“阴阳”的问题，这跟中国传统哲学观有关。大自然生生不息，人类要繁衍，这是中国古代先人总结出来的哲学。特别是道家学术当中特别强调阴和阳。阴和阳既相克又相融，实际上不仅仅是讲男女、讲人类的繁衍，它讲的更是大自然的一种循环往复。所以阴阳两个字，我们在理解它的时候，实际上已经上升到一种宇宙观和方法论。因为我们这个世界不停地在循环，潮起潮落、日出日落，都是属于自然界的一种循环往复运动的规律。白天黑夜、阴和阳、男和女、人类的繁衍等，讲的就是这样的意思。

3. 第三个关于时髦和时尚的问题。这两个问题我觉得由于个人的理解不一样，可以有不同的理解。你认为时尚的东西，他不一定认为时尚，时尚是一种生活方式、生活风尚的追求。我觉得时髦是比较具体的，时髦有的时候是追逐的。因为时髦稍纵即逝，追求时髦的稍纵即逝和对从众心理的盲从是其主要特征。但事实上，我觉得时尚是跟一个人的生活方式关联的。一方面是一个时间性的风尚，但它又跟人的内在品质要求、生活追求、时代潮流的共同审美息息相关，所以时髦跟时尚还是有不一样的地方。我在我的 PPT 当中应该有这方面的讲解，以后我们有机会再细细交流。正如品牌可以用金钱来购买，品位却要一生的修炼。

4. 第四个问题，同学们提到了尧斯的接受美学。美学研究在尧斯以前大部分以研究历史背景、艺术本体、艺术家客体比较多，比较少地去研究欣赏者和接受者主体。艺术作品的完成最终需要受众，即欣赏才完成。接受美学就是立足于接受者主体这一现实角度研究美学，于是理论就有了突破。一件艺术作品的完成，需要主客观两个方面的条件，需要作品和接受者共同来完成。艺术家创作了艺术作品以后，如果没有接受者和受众来接受，艺术作品其实没有完成。所以接受美学从受众的角度来研究艺术作品。我觉得这就在美学研究方面开启了一扇非常好的窗口，对于我们设计美学研究而言，恰好产品和消费者就是这样一种关系，所以我觉得这个理论非常重要。

5. 第五个问题，有同学提出关于接受者审美经验的话题。这个话题其实是一个非常大的话题。审美经验是从人的主观角度来切入的。因为，主观判断对于一个人的审美经验的产生非常重要。当然，首先我们要有客体物品的存在，或者是艺术作品的存在，或者是审美对象的存在，之后才能谈到我们主观接受者的审美经验。所谓的审美经验，是从每个人的历史、民族、文化角度出发，不同的民族、不同的文化素养、不同的个人修养，促使每个人作出的判断就是不一样的。虽然有时代共同的审美特性，但从个人的主观角度来谈审美，审美当然是主观性很强的。实际上这就是在讲一个人的所谓主观情感素质。每个人的感受是不一样的，有人多愁善感，有人就比较刚硬，这个情感素质其实就是关乎情感、关乎审美的。美学是审美的感性学，看到一件艺术作品、欣赏一个东西的时候，首先人的内心要发点热，要有一种关怀，培养对生命的一种感动。这样一种情形又和自己的情感、自己的身份、自己的阅历、自己的文化素养分不开，你的表达、你的感受自然也就不一样。这是人类历史或者你个人的全部成长史，是一种积淀、一种统觉。这就是他的审美的经验。

6. 最后一个讲到的是所谓哲学性和实践性的思考。我们以前对哲学的认识总是好像停留在一种抽象的、概念性的认识，是从理念到理念的概念，是概念到范畴的认识。其实大家忽略了哲学也是从实践当中走过来的，是通过实践上升到一种理性抽象，从感性到理性，它是一种实践性的抽象，实践性的思考。所以哲学从来没有反对过实践性的思考，到了 20 世纪以后理论哲学从强调抽象又回归它的实践性的思考，这其实是一个大的趋势。所以德国海德格尔的艺术现象学、美国舒斯特曼的实践主义美学就大行其道。当然，我们从哲学史的角度来讲，很多的哲学理性认识都是在人类实践当中产生的，比如讲数学、物理学、生物学、进化论的发展和演进，实践性的逻辑思考，都对后来的哲学产生了重要的影响。数学跟逻辑学结合得比较紧密，进化论中人对人的认识和人的本质的认识，就和哲学有着非常大的关联。所以我觉得哲学从来没有反对过实践性的思考。我们今天研究设计美学，很大程度上会介入到实践性的思考。因为设计美学本身强调实践，强调消费者的体验。所以我们今天探讨设计美学就是要从这个角度来切入。

各位同学，大家都是设计学专业的学生，这个本科专业在我们学院诞生到今天已经有将近 20 年。在 20 年当中，两代老师为此付出了心血，原来的学科带头人诸葛铠先生，包括张朋川先生，都有个基本一致的观点，就是我们学习设计学的理论，不能单纯地只讲从文本到文本的理论，还要强调一些实践的体验。艺术特别是设计，如果离开了实践、体验、感受，抽象谈理论是很尴尬的。因为任何的理论都是从感性上升到理性来阐述的。设计也好，美术也罢，如果说单纯从文本到文本，只能是就着这个文本来谈所谓的抽象理论，这时理论要想突破就非常非常难了。我经常会反问，光说不练，从未见过好东西，美术史难道是靠嘴巴说吗？

最终还是要靠作品。作品确实需要理论家去感受、提炼、总结，你既看不懂作品，又没有实践体会，产生不了感受，如何提炼总结？仅仅从文本到文本去认识艺术，只能是瞎子摸象。讲油画，油画里面就有笔触，有色彩关系，讲国画就有笔墨、墨气、水墨。如果你单纯从文本理论当中很难理解，而且也是隔靴搔痒和浅显的。所以一定要有感受，这个问题我觉得理论界还是有很大的认识误区，许多理论家概念、范畴，都是斗嘴，讲的是许多外行话，有时让人哑然失笑。

我本身就是实践起家的，所以我还是特别强调“术学并重”。如果你作为一个研究艺术理论的不能“术学并重”，那么这个理论就只能是无病呻吟、隔靴搔痒。我从年轻时候到现在也特别喜欢理论，一直有理论追求，但从来没有放弃过动手实践，到今天我仍然要抽一定的时间画画，做一些力所能及的设计工作。下面我发一些作品给大家看看，也是一种感受。关于绘画作品，我不在乎你是画花鸟还是山水，写意还是工笔，或者是画西洋画。其实看每个人想要感受和表达什么东西，只要看你对生活是否足够真诚，如果你对生活足够的真诚，我相信你的作品一定是生动的，现在许多画家缺少真诚，缺少对生活真实的态度。

我是学设计出身的，但是我从小就喜欢绘画，有做画家的梦想，到今天我也没把绘画丢掉，平时挤出时间画画，笔耕不辍，其实绘画对自己认识理论、提高理论修养绝对有很大的好处。其中大家看到有一张很大的作品叫《马关之殇》，属于历史题材，被评选为五年一次的第 13 届全国美术大展的进京作品，全国美展入围作品有好多，但进京作品就很少了，也算一个很高荣誉。

所以我觉得“术学并重”对大家讲非常重要，我是有亲身体验的。最后发上来的是我在大学时代所画的水粉写生画，其实我一直喜欢西洋画，但是留校工作以后，由于教学与工作安排的局限，画西洋画的机会不是太多，所以我慢慢地就改画水墨了，同时也做一些设计的工作，我甚至开过设计公司。一方面是理论，一方面是技术，再一方面是艺术的技巧技能，彼此相长吧！其实对绘画而言，我是无问西东的，画什么都是题材、材料、技能、技法的问题。关于题材，作为一个画家，你不可能一辈子只画竹子、牡丹花，牡丹花画一辈子，被称为张牡丹、王牡丹，根本没有任何创造性，教学生也只能是误人子弟。所以，不管三七二十一，山水、花鸟、人物我都愿意尝试，我以我眼看世界。不守旧、爱传统，也可以把西洋画的一些方法运用进去，艺术注重创造性，而不是因循守旧，绘画如何表达是一种方式。

后记

和许多著作等身的学者相比，虽然写的论文和文章很多，我的学术著作产出率却不高。满打满算，除了《设计美学》《服装评论》《设计的文化立场》等三本理论性著作外，其它撰写、主编的书籍严格意义上还不能算着是纯粹的学术著作。因此，我对于《高贵的单纯——艺术美学古今谈》一书是有一些期待的。该书稿实际上在11年前作为课堂演讲记录稿已经基本完成了，并且作为研究生课堂讲义已经在使用。书稿由于是演讲记录稿，特别是讲课过程中许多时候是脱稿而讲，有即兴发挥的成分，所以在文献的引证、案例的举证和理论构建的逻辑性等方面肯定存在着瑕疵，希望自己有比较完整的时间细细地加以订正，因而迟迟未能定稿。

关于这本书稿的由来，颇费周折。2009年年底，北京“超星学术网”项目负责人电话联系到我，说是经著名艺术学理论家张道一先生推荐，在苏州大学遴选了两位在国内有影响的艺术与设计理论家，参照中央电视台“百家讲坛”差不多的形式，全程拍摄课程演讲视频放到“超星学术网”上作为公共教育资源共享。而且，宣称这也是着力宣传苏州大学和学者个人学术成果的平台。当时，我正处在担任苏州大学艺术学院院长第二个任期之内，也正好第二年的春天要为在职研究生（MFA）上一门“艺术美学”的课程，于是我答应了他们的邀请。2010年3月几位年轻的工作人员即带着摄像设备来到苏州，每星期往返沪苏之间，专程录制诸葛铠教授和我的讲课视频。诸葛铠教授仅仅录制了两集，就突发脑梗一病不起，没有能够留下诸葛铠教授完整的研究生教学视频而终成遗憾。后来“超星学术网”又在学院录制了另外一位老师讲课视频，这已是后话。

关于“艺术美学”这门课程，原先是以大课的形式专门为在职研究生“MFA”的同学开设的基础艺术理论学位课程。中国的艺术类研究生教育，在2006年以前并没有专业学位和学术学位之分。2005年在曹意强教授等人的积极呼吁下，参照国外艺术实践类研究生培养的方式，以教育部和国务院学位委员会办公室的名义成立了“全国艺术专业硕士学位教育指导委员会”，准备开始专业学位研究生教育，并且在全国高校研究生培养会议和学科论坛场合，高调声称“MFA”即是艺术实践类的最高学位，在国外获得“MFA”的艺术实践专业人士就有资格在大学担任教师和教授。为了取得经验，学位办和教育部选择了国内已经拥有艺术类博士学位授予权的32所高校现行进行试点，待条件成熟再全面推开。苏州大学艺术学院以其2001年在全国第二家获得设计学博士点的资格，被纳入了试点院校的行列。我有幸曾经成为“全国艺术专业硕士学位教育指导委员会”大委员会的委员，全程见证、参与了我国艺术类专业研究生教育从无到有和蓬勃发展的全过程。

学院开始积极准备艺术专业研究生培养计划，撰写教学大纲。在规划课程的时候，艺术专业研究生教指委规定必须上的“艺术美学”课程院内没有人上过，为了能够顺利拿出培养计划，取得招生资格，受当时还在任的学院院长廖军教授和负责研究生培养具体工作的袁牧老师之托，临时由我应急撰写了一份大纲。因为，那时我是学院教学副院长，不便推辞，更何况也并没有说这门课以后由我来上，完全当做是完成一项院长布置的工作任务，便应允了下来。关于如何上这门课，其实我没有经过成熟的思考，只凭个人对艺术类专业学位研究生教育的理解，区别于大学本科类似课程，除了必须讲到的“艺术美学”知识点以外，着重以中西方艺术美学史入手，每个章节既有递进式的逻辑关系，并以讲座和讨论的方式展开，又能够相对独立成章。同时，还应该加入具有主讲教师个人思辨意识的研讨内容。于是，我列出了大约十个章节的讲课内容，完成了学院交给的任务。然而，当第一批在职研究生入学以后，学院研究生管理部门却硬是将这门课塞给了我。无奈之下，从2006年春天开始为在职研究生“MFA”上这门课，一直延续到今天。

自第一届“MFA”同学到校以后才发现，因为全部是从工作岗位来的在职人员，年龄悬殊大，岗位差异大，这个班上同学中年龄最大的是1955年出生的人，比我还年长6岁，有的已经在艺术界成绩卓著，无形间给我的课程讲授带来压力。好在我秉承了几十年来上课前一贯从不马虎的认真备课习惯，我们教学相长，顺利完成了教学任务。每堂课结束的时候同学们都会报以热烈的掌声，多少对我是种安慰。有好几次课程最终结束的时候，有数位同学竟然将自己的课堂笔记全部复印装订成册作为礼物赠送给我留作纪念。更让我感动的是，有几位其它学院来蹭课的博士研究生甚至全程听完了我的课程，有一位同学每一次课都手绘一张明信片，并在明信片上记录下听课的感想，在全课程结束的时候将11张明信片全部送给我作为纪念，成为我教师生涯中极其温暖的一幕。

有了“MFA”试点经验，如今硕士研究生培养已经分为专业学位和学术学位两个不同类型的培养渠道，而且相关的理论认知和评价体系也逐渐完善。然而，“艺术美学”这门课程不仅成为专业研究生培养的必修学位课程，而且在许多院校也作为本科艺术类学生的核心课程。事过多年，有一天，我突然又接到“超星学术网”的电话，说是“艺术美学”视频课程在平台播出后，反响热烈，已经成为热门的教学资源，仅仅2014–2017年三年的网络后台数据显示全国有163所高校9万多人次选修了这门视频课程。有鉴于此，“超星学术网”希望我申报当年教育部的教学成果奖。受其有煽动力的鼓动和激动人心数据支撑的鼓舞，勉为其难仓促上阵，在学校和学院教务部门的督促下，手忙脚乱填表忙碌了一个月，但遗憾的是在教育部专家评审最后环节，因为没有后台师生交流和维护数据支撑，而退出评审。虽然，由于自身的缺憾，没有能够评上教育部教学成果奖，但是，这件事促发了我要加紧出版“艺术美学”课堂演讲录的想法。

事实上要生动讲授好“艺术美学”这一门课，对教师个人艺术实践经验和综合艺术理论素养也是艰巨考验。每次课程需要连续开讲三四小时，有时也确有力不从心的地方。讲课过程中我从不故作高深，而是将深奥的艺术理论化为平实易懂的语言，经过不断磨练、补充和积累，逐渐找到了一般艺术类研究生教学的逻辑起点、理论要点和课堂兴趣点。温克尔曼在总结希腊艺术时的那句名言“高贵的单纯，静穆的伟大”，对我似乎有特殊的艺术感染力，这如同在少年时代只要一听到苏里柯夫《近卫军临刑的早晨》这幅画的名称，就莫名的亢奋。所以我毫不犹豫地将书稿定名为《高贵的单纯——艺术美学十讲》，希望用“高贵的单纯”这样一句词汇，来描述对艺术精神的崇高敬仰。为了上好课，每次上课前我一般会养足精神和认真重温课程内容，力图以饱满的热情做好有感染力的激情演讲。我始终认为要上好课，不仅是要感染学生，而首先是要感染自己，自己都没有被感动，又谈何感动别人？由此，我希望出版的书稿完全能够保留课堂演讲的语言风格，甚至有些即兴发挥、风趣语言、实践事例也能够给予保留，从而一反某些学术性著作让读者读起来晦涩难懂、令人乏味的酸腐腔调，从而显得亲切而又平实。

当《高贵的单纯》书稿提交出版社以后，江苏美术出版社的方立松总编辑和王左佐老师非常重视，认真审读书稿后提出了很好的修改建议，希望在保留语言风格的基础上，将文字作一定的修饰，加强必要的引证，并扩充学术容量，补充一些章节。为此，我又将近几年来围绕大“艺术美学”在国内相关论坛、课堂上的部分演讲记录稿增添进来，以弥补不足。几经斟酌，自己又校对、统稿两遍，形成了目前的书稿，听从责任编辑的建议，就此定名为《高贵的单纯——艺术美学古今谈》。

书稿即将付梓，都会有一些感慨，总要写些后记和感谢之类的话。首先，要感谢我招收的第一位博士生王柯，实际上通过视频录影所做的记录初稿是由他完成的。他虽出生贫寒，但为人踏实、做事勤恳，没有他的前期工作，这部书稿的书面文字恐怕还需时日。“超星学术网”上“艺术美学”课程影像视频共计有56集，每集约45分钟，王柯博士的本、硕阶段都就读于其它高校，他不仅认认真真听、看完了全部课程，还逐字逐句记录下来，形成了记录稿的初稿，对他而言当然也是一种补课。后来，思维活跃，有很好艺术教育背景、知识面广阔的周欣博士随我读博以后，又做了部分校对工作。还有当时在校的硕、博士生韦宝宝和孙梦婕，以及在读博士胡晓等同学也付出了劳动，他们记录了我在不同场合的许多演讲，成为书稿的补充。王柯和周欣目前都早已毕业，分别任教于武汉纺织大学和苏州科技大学，在各自研究领域颇有成就。其次，要感谢方立松、王左佐先生，他们作为责任编辑，给予书稿很高评价，并严格把关，提出了非常精妙的意见，使得书稿增色不少。同时，我还要感谢诸位学院领导的支持，特别是卢朗、李正、方敏、刘玉龙诸君在学术、情感和道义上的鼓励，没有他们的鞭策，我可能也懒于再为此费心思。当然，最要感谢的还是我的家人，多年来让我生活无忧、懒做家务，留给我大量的时间奇思妙想、苦思冥想而笔耕不辍，留下大量文字和绘画作品聊以自慰。

如果说“天下没有不散的宴席”是针对朋友间相聚短暂而散的感慨，其实做任何事情都会有一种离别。这本名为《高贵的单纯》书稿，能否真如温克尔曼所言的那样“高贵”而又“单纯”，只能是个人的美好愿望，留着让读者评价并提出批评意见了。

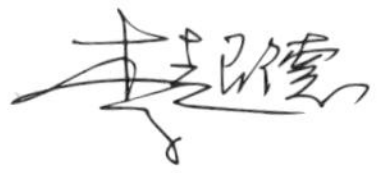

2021.3.2 写在独墅湖畔

图书在版编目（CIP）数据

高贵的单纯．艺术美学古今谈 / 李超德著．-- 南京：江苏凤凰美术出版社，2021.4

ISBN 978-7-5580-8660-1

Ⅰ．①高… Ⅱ．①李… Ⅲ．①艺术美学—研究 Ⅳ．① B83 ② J01

中国版本图书馆 CIP 数据核字（2021）第 075278 号

策划编辑 方立松
责任编辑 王左佐
助理编辑 孙剑博
装帧设计 焦莽莽
封面设计 许甲子
责任校对 许逸灵
责任监印 唐　虎

书　　名 高贵的单纯——艺术美学古今谈
著　　者 李超德
出版发行 江苏凤凰美术出版社（南京市湖南路1号　邮编：210009）
出版社网址 http：//www.jsmscbs.com.cn
制　　版 南京新华丰制版有限公司
印　　刷 江苏圣师印刷有限公司
开　　本 787mm × 1092mm　1/16
印　　张 22.25
版　　次 2021年4月第1版　2021年4月第1次印刷
标准书号 ISBN　978-7-5580-8660-1
定　　价 128.00元

营销部电话　025-68155792　营销部地址　南京市湖南路1号
江苏凤凰美术出版社图书凡印装错误可向承印厂调换
（本书相关资料扫描封底微信号可查）

序

生物多样性是指地球上所有的植物、动物和微生物及其所拥有的全部基因和各种各样的生态系统。各层次生物多样性在生态系统中的主要作用是调节生态系统的能量，保持生态平衡。生物多样性是人类社会经济发展和日常生活的基本保障，不仅为人类提供自然资源，满足人类社会对食物、药物、能源、工业原料、旅游、科学研究、教育等需求，而且保护生态系统功能、调节气候、肥沃土壤、清洁水质和空气，保障人类各种生产及其他活动，与人类生存有密切联系，具有重要的价值和意义。生物多样性在生态系统服务方面也有着不可替代的作用，这些服务对维持地球生命支持系统至关重要。随着科学研究的深入，越来越多的生物种类和基因被发现具有潜在的利用价值。生物多样性还是地球生命历史的重要组成部分，承载着丰富的文化和精神价值。许多民族和地区的文化传统与特定的生物种类紧密相连，生物多样性的丧失会导致文化多样性的减少。此外，从伦理角度出发，每个物种都有其存在的权利，人类有责任保护其他生命形式免遭灭绝。

新疆是世界上离海洋最远的地方，且四周都被高山包围，使得海洋的湿润气流难以到达，气候非常干燥，形成了众多沙漠。但是新疆有一个地方却很特殊，那里处处绿树成荫、瓜果飘香，身在其中仿佛置身江南水乡，这就是伊犁河谷。伊犁河谷因其独特的地形地貌，使得该地区降雨充沛，素有“西域湿岛”“塞外江南”之美称，是中国西部最富饶的土地之一。正是由于伊犁河谷这种独特的地形、地貌和立体气候条件，使其成为一个相对完整而独立的生态、经济和地理体系。伊犁既是新疆的有机组成部分，又是新疆独特的自然区域，是新疆生物多样性最为丰富的区域之一，堪称自然宝库、天山的博物馆，对研究新疆的生物多样性具有十分重要的科学价值。

我本人有幸多次参访伊犁，每次都给我留下十分深刻而美好的印象。一片片绿油油的冬小麦映着大地的嫩绿，描绘出绿的世界；成片的油菜花和向日葵花将大地装扮成花的海洋；牧民们种植的苜蓿绽放着紫色的花朵，开满了整个山坡，随着地势的起伏，紫色延伸出去，以至于站在路边就能感觉连空中都泛着紫光。层层的黄、层层的紫、层层的青和层层的绿一起在大地上滚动，难怪人们都说“不到伊犁，不知新疆之美”。正因为有了如此丰富的生物多样性以及复杂多变的地形地貌，才使得伊犁如此优美。

据相关资料统计，伊犁地区共有脊椎动物约492种，国家重点保护野生动物104种。金雕、雪豹、北山羊、四爪陆龟、大鸨、白鹳、黑鹳、胡兀鹫等12种被列为国家一级保护野生动物，棕熊、兔狲、马鹿、天鹅等57种被列为国家二级保护野生动物。国家一级保护野生动物四爪陆龟仅分布在本区的霍城县境内。伊犁地区共有野生种子植物1655种，归属于486属83科。位于伊犁河谷的天山野果林是天山北坡植被带谱中的重要组成部分，以野苹果、野杏、野核桃、野樱桃、野欧洲李、野山楂和野稠李为建群种，不仅是中亚野果林的重要组成部分，也是研究世界温带果树遗传多样性和基因进化的重要种质基因库；不仅是世界苹果、核桃、杏、李等多种果树的起源地之一，也是重要的果树天然基因库，是果树品种改良或砧木利用的宝贵材料，为许多著名栽培果树品种的基因来源。

我的同事管开云先生主编的这本《生物多样性之美——明珠伊犁》，以生物多样性为主题，将伊犁生物多样性中的各种生态景观、主要动物和植物物种做了比较全面和系统的介绍。书中不少生物多样性资料和知识是编著者多年的研究成果，大量精美照片是摄影师们多年辛勤付出的集中展示。通过本书，读者可以对伊犁有一个全面系统的了解。

生物多样性对于人类社会的可持续发展具有深远的意义，不仅关系人类的物质福祉，还涉及生态平衡、文化传承和道德责任等多个层面。因此，保护生物多样性应当成为全球共同关注和努力的方向。在此，谨向本书的出版表示祝贺！

中国科学院院士

中国科学院昆明植物研究所

原所长、研究员

发展中国家科学院院士

2024年12月15日

前　言

本书所指的伊犁是指伊犁河谷地区，包括伊犁河谷以及周边的天山山脉、和静县以及博乐市的一部分。伊犁位于中国新疆维吾尔自治区西北角，天山山脉西部，包括伊宁市、尼勒克县、新源县、巩留县、特克斯县、昭苏县、察布查尔县、霍城县，地处80° 09′ ~ 84° 56′ E，42° 14′ ~ 44° 50′ N。伊犁北与博尔塔拉蒙古自治州接壤，东与塔城地区和巴音郭楞蒙古自治州毗邻，南与阿克苏地区的拜城、温宿县连接，西与哈萨克斯坦共和国交界，是古丝绸之路的北道要冲，地域优势十分突出。这里是“西王母之都”，是西极天马的故乡，更是丝绸之路北线和新亚欧大陆桥的要道、东西方文化的交流荟萃之地。

《生物多样性之美——明珠伊犁》以生物多样性为主题，分为景观篇、动物篇和植物篇，其中景观篇按春、夏、秋、冬四季来分，动物按两栖和爬行类、鸟类、哺乳类排列，植物大致按木本（乔木、灌木）和草本排列，供热爱自然、喜爱摄影的读者学习参考。

编辑出版本书的主要目的，在于让更多的读者了解大美伊犁，了解伊犁的生物多样性，让那些到过伊犁的朋友对伊犁有更深入的了解，激起那些没到过伊犁的人们来伊犁的热情。同时，也能够唤起人们保护大自然、保护生物多样性的责任，对伊犁生物多样性的保护起到积极的推动作用，也为推动伊犁地区的旅游、经济、文化发展及自然科学知识的普及作出贡献。

我们期望，大家在享受伊犁各种美丽景色的同时，能够保护创造这些美丽的根本，让这些美丽永存，并把自身的感受和体验分享给家人和朋友，让更多的朋友、家人以及子孙后代都能来到伊犁，体会当下如此美丽的伊犁，憧憬更加美丽的未来伊犁！

本书景观照片主要选自新源县那拉提摄影协会会员以及中国科学院新疆生态与地理研究所（简称“生地所”）资深摄影家的摄影作品，动植物照片选自生地所、新疆农业大学、新疆大学等单位从事动物学和植物学研究的科研工作者拍摄的照片。

由于编著者水平有限，错误之处在所难免，还望读者批评指正。

编著者

2024 年 4 月

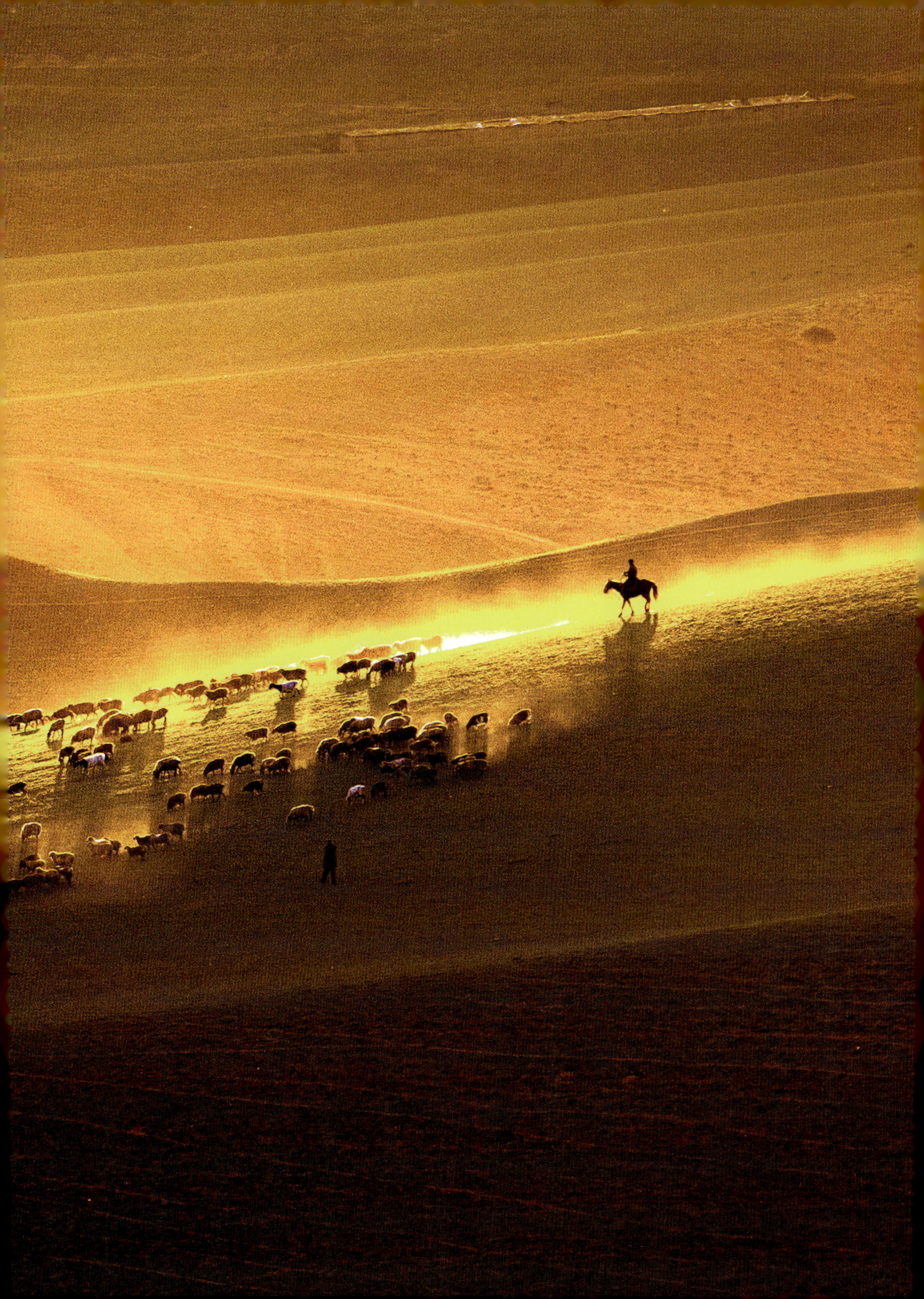

目　录

概述
——明珠风采

伊犁河谷是由西北—东南走向的北天山山脉与西南—东北走向的南天山山脉夹峙形成的西部宽、东部窄，西部低、东部高，开口向西的三角形区域。两大山脉之间由东西走向的中天山山脉分割成山、河谷、盆地相间的格局，形成了伊犁河谷地、喀什河谷地、特克斯河谷地、巩乃斯河谷地四大谷地。而喀什河、特克斯河、巩乃斯河最终汇成伊犁河，于是伊犁河谷成了伊犁地区最大的河谷。

塞外江南

新疆是世界上距离海洋最远的地方，东南西北距离四大洋均超过 2000 km，且四周都被高山包围，使得海洋的湿润气流无法到达，气候非常干燥，形成许多沙漠。但是新疆有一个地方处处绿树成荫、瓜果飘香，身在其中仿佛置身江南水乡，这就是伊犁河谷。

伊犁河谷地处新疆西北部，亚欧大陆腹地，距离最近的海洋——印度洋有 2600 多 km。河谷北东南三面环山，北部有东南—西北走向的科古琴山和婆罗科努山，南部有西南—东北走向的天山山脉，呈大喇叭状，喇叭口向西张开，面向低矮的哈萨克丘陵。

雅丹光影——新源县加吾尔山

伊犁河谷南北最宽 275 km，面积 5.64 万 km^2。伊犁河谷因其独特的地形地貌，降雨充沛，素有“西域湿岛”“塞外江南”之美称，是中国西部最富饶的土地之一。

伊犁地处中亚内陆腹地，境内分布着许多高山峻岭，又有广阔的山间平原、盆地和河谷地，南北天山位于河谷两侧，形成一个 V 形结构，组成伊犁河谷的边界，同时也赋予伊犁河谷独特的地貌特征。正是由于伊犁地区这种独特的地形、地貌和立体气候条件，使其成为一个相对完整而独立的生态、经济和地理体系。它既是新疆的一个有机组成部分，又是新疆的一个独特自然区域，是新疆生物多样性热点地区之一，堪称自然宝库、天山博物馆，对研究新疆生物多样性具有重要科学价值。

亚欧大陆腹地的湿岛

伊犁河谷独特的气候主要受大西洋暖湿气流的影响。大西洋暖湿气流路过之地，只有阿拉斯加山脉和大高加索山脉达到 3000 m 级，且山体走向和气流方向平行，基本不会形成阻隔；其余地区都是广阔的平原和海拔在 1000 m 以下的丘陵地带，使得大西洋气流可以长驱直入。虽然到达伊犁河谷时气流所含的水汽已经很少，但是当它遇到呈大喇叭状，且两边海拔均在4000 m以上的伊犁河谷时，便将剩余的水汽全部留在了该地区，形成亚欧大陆腹地的湿岛。正是大西洋气流的滋润，伊犁河谷才降雨充沛，平均降雨量在 400~800 mm，是新疆降雨量最高的地区。

伊犁河谷气候温和湿润，属于温带大陆性气候，年平均气温 10.4 ℃，年极端最高气温 42.8 ℃，极端最低气温 -51.0 ℃；年平均降水量 417.6 mm，山区 600 mm 左右，其余地区 100 ~ 200 mm，是新疆最湿润的地区；年平均日照时数 2898.4 h。春季的天山融雪和夏季的丰富降水，在东西向展开的谷地发育出极为丰富的河流：伊犁河的 3 条支流在注入伊犁河之前在伊犁谷地呈北中南分布，北部 316 km 的喀什河与中部 258 km 的巩乃斯河几乎东西向平行，而南部 237 km 的特克斯河在形成一个大弯后由南向北注入巩乃斯河。冬季的巩乃斯河静静地穿越巩乃斯林场。早晨，河水里散发的水汽凝固在河

◤河滩似火——新源县那拉提巩乃斯河谷

伊犁河

伊犁，得名于著名的伊犁河。伊犁河是新疆境内流量最大的河流，也是一条重要的国际性河流，发源于新疆天山西段，其中下游流经哈萨克斯坦汇入巴尔喀什湖，年径流量约381亿 m^3。

伊犁河流域除了常年接受大西洋等水域的水汽补给，还因南北两侧天山支脉山体高大，流域内大小冰川和永久积雪分布宽广，计有各类大小冰川1600多条，初估净储水量为2300多亿 m^3，相当于同等体积的永久固体水库。每年可补给河川径流水量20亿~25亿 m^3，占地表产水量的13.2%~16.5%。伊犁河通常在12月封冻，次年3月解冻。

■冰雪里的花蕾（白番红花）——新源县那拉提空中草原

◤霍城县薰衣草

绿洲画廊

凭借 10.4 ℃的年平均气温和 2898.4 h 的年日照时数，伊犁河谷拥有天然草场 2000 多万 hm^2，森林面积 180 万 hm^2，森林覆盖率达 16%，妥妥的“西域江南”。故有人说，“不到伊犁，不知新疆之美”。

伊犁河谷地区的森林草原交错，树木只长在山的阴坡，而阳坡多为草场，出现山脉“阴阳脸”的现象。这是由于阴坡光照弱、温度低，蒸发弱、湿度大，林木生长旺盛；阳坡光照较强、温度高，蒸发强、水分少，只适合草甸生长，从而形成“阴阳脸”现象。

伊犁河谷的美就藏在各大草原之中。由于伊犁河谷内

部被乌孙山、阿吾拉勒山二次分割，所以草原众多，且各具特色。主要草原有昭苏县的巴勒克苏草原、夏特草原；特克斯县的喀拉峻草原；巩留县的库尔德宁、恰西草原；新源县的那拉提草原、巩乃斯草原；尼勒克县的唐布拉草原等。其中巴勒克苏草原地势平缓，视野开阔，夏季繁花点缀其间，五彩缤纷；喀拉峻草原是被联合国粮食及农业组织认定的世界少有的一流天然牧场，海拔在2000～2800 m之间，属于高山草甸牧场，在东西走向的雪山山岭间生长着百种优质牧草。每年6～9月是喀拉峻草原的黄金季节，有20多万头牲畜来这里抓膘避暑。

位于巩留县东南部山区的库尔德宁草原，是“雪岭云杉的故乡”，野生动植物种类繁多。而恰西草原河流蜿蜒，绿草如茵，既有粗犷的险峻山脉，又有秀美的潺潺溪流。还有处在天山腹地，伊犁河谷最东端的那拉提草原，属于高山草原，平均海拔1800 m，夏季平均气温20 ℃，景色十分优美。

当然，唐布拉草原也是绝不能漏掉的，这里一步一景，被称作“百里画廊”，以草原、温泉、雪峰、河流为主要特色，气候温润，是伊犁最有名的避暑胜地。这些都是伊犁河谷中交通便利、开发程度比较高的草原，还有不少藏在深山、人迹罕至的草原也拥有绝美风景，这都得益于伊犁河谷巧夺天工的地理结构。

伊犁河谷是亚欧大陆干旱地带的一块湿岛，土地肥沃、水源充足、草原辽阔、物产丰富，享有“塞外江南”“苹果之乡”以及“天马故乡”的美誉，素有“中亚绿洲”之称。

伊犁河谷河道交错，森林茂密，莽原展缓起伏，因为良好的农牧条件，是新疆乃至全国最重要的粮食、油料、畜牧、甜菜、亚麻、水果生产基地。

以下是伊犁河谷几个比较著名的草原景区和湖泊。

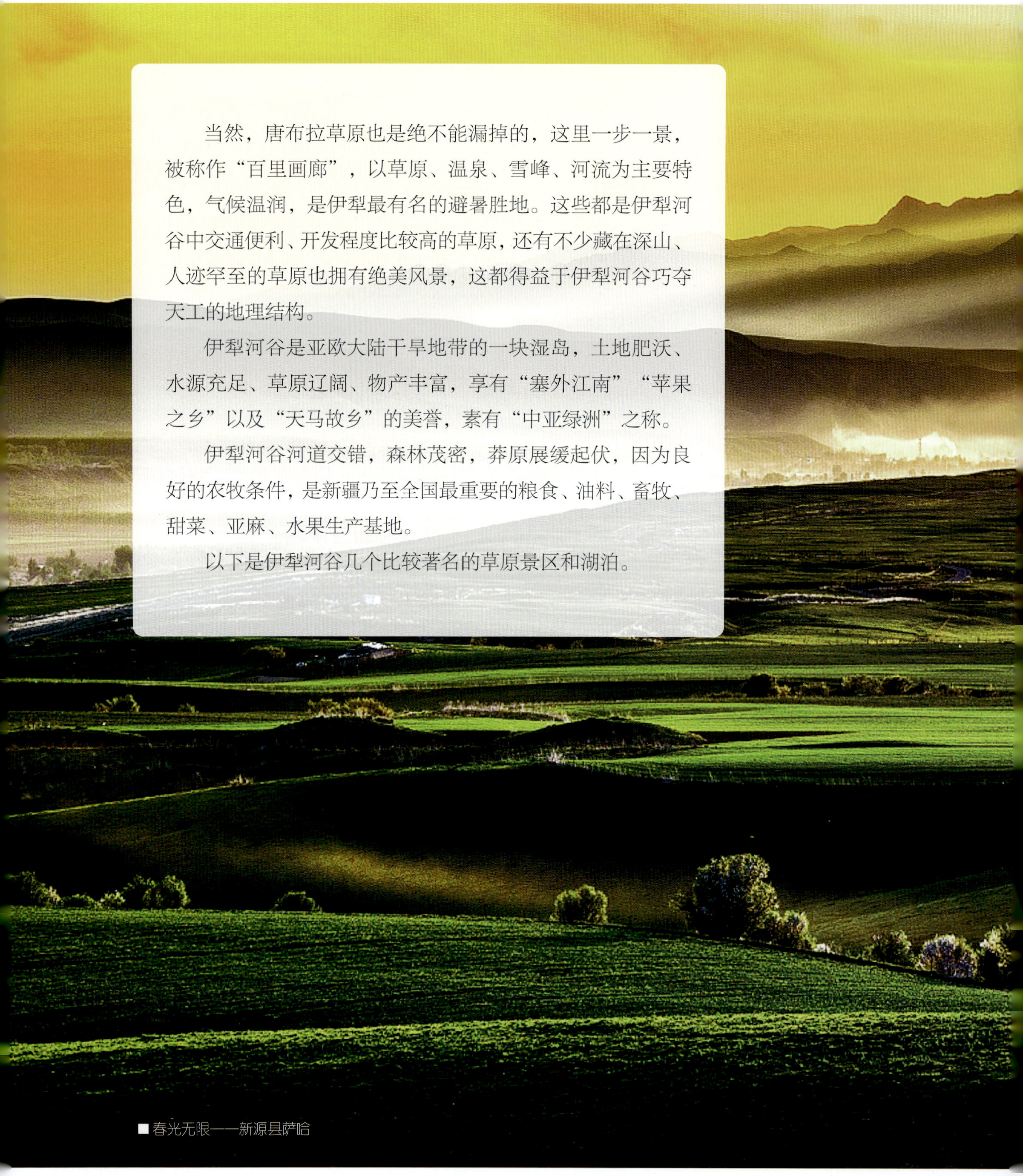

■春光无限——新源县萨哈

1. 那拉提草原

那拉提草原地处天山腹地，位于伊犁州新源县境内，距伊犁新源县城约 70 km。平均海拔 1800 m，年降雨量在 880 mm 左右。那拉提草原是亚高山草甸，自古以来就是著名的牧场。每年 6 月以后是草原的黄金季节，大群的牧畜转入，各种集会也多在此举行。那拉提草原具有平展的河谷、高峻的山峰，深峡纵横、森林繁茂、草原舒展交相辉映，并同当地哈萨克民俗风情结合在一起，成为集观光、游览、科学考察、休闲娱乐、避暑度假为一体的旅游观光度假区。那拉提景区是国家 5A 级旅游风景区、国家级生态旅游示范区，是新疆重要的景区和品牌，也是伊犁河谷享誉全国的著名品牌。

■ 水墨那拉提——新源县那拉提

◤传奇——新源县那拉提河谷草原

跌宕秋韵——新源县那拉提盘龙谷

■唐布拉秋色

2. 唐布拉草原

唐布拉草原位于伊犁州尼勒克县境内东部，喀什河两岸丰茂的山地草原和河谷草原便是人们通常所指的唐布拉草原。唐布拉草原全长约105 km，是伊犁颇负盛名的五大草原之一，也是伊犁河谷中最美的草原之一。唐布拉草原属森林、草原构成的自然风景区，以草原、温泉、雪峰、河流为主要特色。草原内有113条沟，形成113个景点，喀什河东西贯通，南北山岭高悬，斜流频出，状如羽翅，水转景移，颇多秘谷，不少沟谷有天然温泉。景区内森林层峦叠翠、山清水秀、气候清爽宜人，7月初处处鲜花盛开，风景如画如屏，有“百里画卷”之称。

巴音布鲁克湿地

3. 巴音布鲁克草原

巴音布鲁克草原位于新疆巴音郭楞蒙古自治州和静县西北、天山山脉中部的山间盆地中，四周为雪山环抱，海拔 2000 ~ 2500 m，面积 23 835 km^2，是中国第二大草原，仅次于内蒙古呼伦贝尔大草原。巴音布鲁克草原地势平坦，水草丰盛，是典型的禾草草甸草原，也是新疆最重要的畜牧业基地之一。巴音布鲁克草原共有大小 13 处泉水，7 个湖泊，以及 20 条河流。草原上雄伟的额尔宾山东西绵延 170 km，南北宽约 50 km，将巴音布鲁克大草原一分为二，形成两个盆地。

巴音布鲁克草原保存了世界上多种稀有物种，为天鹅等野生动物理想的繁殖栖息地。其中，鸟类 23 科 128 种、兽类 12 科 24 种、爬行类动物 2 科 4 种、两栖类 2 科 2 种、鱼类 2 科 5 种及多种无脊椎动物等。著名的天鹅湖自然保护区就坐落在大草原中。每年 5 ~ 6 月，有上万只天鹅来到湖区栖息，9 月以后又携雏南飞。6 月天鹅孵育，是观赏天鹅的最佳时节。

4. 昭苏草原

昭苏草原位于新疆伊犁州昭苏县，属温带山区半干旱半湿润冷凉气候类型，冬长无夏，春秋相连，没有明显的四季之分。昭苏草原被乌孙山、阿腾套山、南天山和哈萨克斯坦境内的查旦山包围，形成一片几乎封闭的高原盆地。特殊的地理与气候，使这里远离了夏季与酷热。特克斯河横贯全境，水资源丰富，水草丰茂，土质肥沃，宜农宜牧，成为我国最著名的四大草原之一。盛夏，昭苏草原绿水青山，油菜花盛开，气候凉爽，骏马驰骋，牛羊遍野。优质的牧场孕育出了世界著名的“天马”，因而昭苏被誉为“天马的故乡”。当你走进昭苏草原，就如同走进了一个童话般的梦境，美丽的色彩将对你发起一次又一次挑逗，五彩斑斓的花朵会在你的眼前一直延伸下去，让你永远不能止步。梦幻般的意境已经不能用一幅画或几个词所能表达，它会在不知不觉间打开你的心胸，放逐你的梦想。

5. 喀拉峻草原

喀拉峻大草原位于新疆伊犁州特克斯县境内，是西天山向伊犁河谷的过渡地带。喀拉峻草原属典型的高山五花草甸草原，海拔在 2000 ~ 3600 m 之间，东西长 89 km，南北宽 32 km，总面积达 2848 km^2。这里降水丰富，气候凉爽，土质肥厚，生长有上百种优质牧草，而且草质优秀，以禾本科、豆科、菊科植物为主。牧草的覆盖率占草原的 90% ~ 100%，草层高度在 65 ~ 100 cm，产草量和载畜量在伊犁地区均名列前茅，被认为是世界上少有的一流天然草场。喀拉峻有伊犁最好的高山、草甸、草原，有温泉之胜、石林之美、冰川之奇，是著名的旅游风景区，景区内主要有望玉台、旱獭栖息地、两仪台、叠浪谷、石泉、饮马湾、一棵树等景点。东喀拉峻位于深处，也是整个草原的精华区域，这里最著名的有五花草甸、鲜花台、库尔代森林大峡谷、三极夷平面观景台和猎鹰台观景点等景点。2013 年，喀拉峻风景区被正式列入联合国教科文组织世界遗产名录，2016 年 11 月晋升为国家 5A 级景区。

伊犁河流域是新疆生物多样性最为丰富的区域之一，也是保护生物多样性的重点区域之一。正是有了如此丰富的生物多样性以及复杂多变的地形地貌，才使得伊犁变得如此优美。无论从世界的哪一个角落来到伊犁，都会被这里无与伦比的优美景色所吸引，并深深地爱上这里。然而，很少有人认真思考过，如此美丽的景色是什么创造的？气候？土壤？雨水？阳光？也许你从来没有想过，如此优美的风光如果没有了植物和动物会变成什么样，会不会只剩寂静荒凉的沙漠、光秃秃的石头山？因此才会有“保护生物多样性就是保护人类自己”“绿水青山就是金山银山”等一系列伟大理论，也才会有“建设美丽中国”的伟大创举。

景观篇
——诗画四季

伊犁河谷北、东、南三面环山，构成“三山夹两谷”的地貌轮廓。在这里，你不仅可以寻访到奇妙“仙境”，也可以领略戈壁的荒凉之美，更可以感受到绿洲特有的如画风光。

不到伊犁，不知新疆之美

伊犁河谷是亚欧大陆干旱地带的一块“湿岛”，土地肥沃，水源充足，草原辽阔，物产丰富，享有“苹果之乡”以及“天马故乡”之美誉。地处西天山的伊犁河谷兼有南北疆特点，素有“中亚绿洲”“塞外江南”的美誉。这里既有雄美的雪峰、冰川，也有俊秀的河流；既有恬静悠然的牧场，又有人神共织的农耕大地。故有人说“不到伊犁，不知新疆之美”。

静候天鹅归来——巴音布鲁克

伊犁河谷之美，源于雄壮俊秀的天山，源于磅礴大气的河谷，源于静静流动的伊犁河，源于恬静生活的各族人民。

◤ 五彩斑斓——新源县那拉提空中草原

伊犁的美很难用语言、文字和图片来完美表达，但我们还是试图通过镜头，将伊犁的美、伊犁的静、伊犁的狂、伊犁的灵、伊犁的天空、伊犁的草原、伊犁的白雪、伊犁的高山、伊犁的峡谷、伊犁的河流、伊犁的树、伊犁的花儿、伊犁的鸟儿、伊犁的精灵、伊犁的神秘……与你共同分享。

伊犁的春

◤山岚迷茫——巩留县库尔德宁

◤幻境草原——新源县加吾尔山

新源县野果林改良场三队

草原春意——新源县加吾尔山

◤春来白沟——新源县白沟

◤杏花傲雪——新源县 72 团八连

◤岁月的痕迹——新源县加吾尔山

一抹余晖——新源县加吾尔山

绚丽春色——新源县加吾尔山

娴雅——新源县加吾尔山

金山映草原——新源县加吾尔山

◤春雪点缀的草原——新源县那拉提河谷草原

◤雪山草原——新源县那拉提空中草原

◤天高地阔——新源县萨哈

◤天仙之斋——新源县萨哈

◤绿原神怡——新源县萨哈

◤雪伴春芽——新源县萨哈

◤花语牧歌——新源县土尔根杏花谷

◤天堂之脊——新源县土尔根杏花谷

◤喜上枝头——新源县土尔根杏花谷

◤杏花疏雪洒香堤——新源县土尔根杏花谷

■春晓——杏花谷

赛里木湖的春天

◤仙女的纱巾——巩留县库尔德宁

◤雾锁河岸——尼勒克唐布拉

◤ 游动的牧场——特克斯喀拉峻草原

◤ 恰盘巴依峰

◤春绿草原——新源县加吾尔山

◣彩云生晖——新源县加吾尔山

风暴前的余晖——新源县加吾尔山

黑白韵律——新源县加吾尔山

沙浪草原——新源县加吾尔山

◤ 光影里的丹霞牧场——新源县加吾尔山

◤ 绚丽多彩——新源县加吾尔山

◤ 日落余晖——新源县加吾尔山

◤ 五彩草原——新源县加吾尔山

◤余晖——新源县加吾尔乡

尼勒克县孟克特古道

晚霞映雪山——新源县南山

◤雾锁密林——新源县南山

◤雪山下的草原——新源县南山

◤云海——新源县南山

◤ 宁静的牧场——新源县萨哈

◤ 仲夏草原——新源县南山

◤ 巴音布鲁克湿地

■夏牧场——新源县萨哈

伊犁的秋

◤天河——巴音布鲁克

◣梦幻秋景——巩留县库尔德宁

■魂牵梦绕——巩留县库尔德宁

◤秋雪——土尔根杏花谷

◤秋冬双色——新源县土尔根杏花谷

■杏花沟的迷雾——新源县土尔根杏花谷

■秋染白杨林——新源县伊犁植物园

◤秋之瀑布——新源县则克台杏花沟

◤云山雾绕——新源县则克台杏花沟

◤躁动之秋——伊犁植物园

■杏花沟初雪——新源县则克台杏花沟

伊犁的冬

天界之光——新源县加吾尔山

◤影行——新源县巩乃斯河谷

◤草原晨晖——新源县加尔山

晨晖——新源县加吾尔山◥

◤冬牧场韵律——新源县加吾尔山

◤冬窝子——新源县加吾尔山

◤牧歌余晖——新源县加吾尔山

◤ 牧归——新源县加吾尔山

■ 牧区云海——新源县加吾尔山

◤山路——新源县南山

◤云杉、杨树与马儿——新源县那拉提盘龙谷

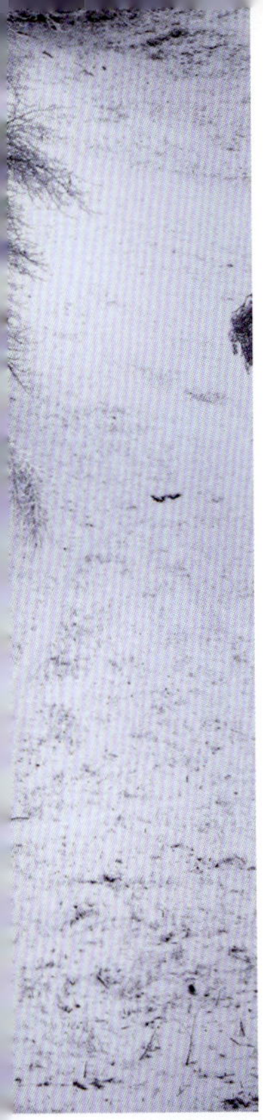

◣雾凇七骏图——新源县那拉提盘龙谷

云之故乡——新源县萨哈

日照峰峦——新源县则克台杏花沟

◤雪地中的狐狸

伊犁地区共有国家重点保护野生动物 104 种，其中爬行类 5 种、鸟类 84 种、哺乳类 15 种；新疆重点保护野生动物 25 种，其中两栖类 1 种、爬行类 6 种、鸟类 12 种、哺乳类 6 种。金雕、雪豹、北山羊、四爪陆龟、大鸨、白鹳、黑鹳、胡兀鹫等 12 种被列为国家一级保护野生动物。棕熊、兔狲、马鹿、天鹅等 57 种被列为国家二级保护野生动物。我国一级重点保护的爬行动物——四爪陆龟仅分布在本区的霍城县境内。此外，伊犁的特有种还有我国稀有的优质蜂种之一——伊犁黑蜂和 1983 年发现的新种伊犁鼠兔。

野生动物的分布与生态地理景观相适应，从而构成了不同的生态地理动物类群。伊犁地区大致有5类生态地理动物类群。

（1）温带荒漠动物类群分布于相对干旱的山前荒漠草原带与图开沙漠，代表性动物有伊犁沙虎、四爪陆龟、沙鸡、百灵、石鸡、沙鼠、跳鼠、蒙古兔、沙狐等。

（2）温带山地森林草原动物类群分布于南北两侧山脉，代表性动物有东方蝰、大鸨、黑琴鸡、草原雕、金雕、鵟、林莺、山雀、啄木鸟、狼、棕熊、野猪、马鹿、黄鼠、盘羊等。

（3）高山亚高山草甸动物类群分布于山脉顶部草甸、冰碛石和裸岩地带，代表性动物有红腹红尾鸲、山鸦、斑头雁、暗腹雪鸡、伊犁鼠兔、雪豹、北山羊、旱獭等。

（4）河湖湿地动物类群分布于河流、湖泊、沼泽和湿地，代表性动物有各种鱼类、蟾蜍、游蛇、鸬鹚、鹭、雁鸭、䴙䴘、鸥、水獭、水鼩等。

（5）农田绿洲动物类群分布于农田、果园和居民区，代表性动物有环颈雉、杜鹃、斑鸠、戴胜、鹌鹑、家燕、麻雀、大耳猬、褐家鼠、赤狐等。

灌丛中觅食的盘羊

■ 白尾海雕 *Haliaeetus albicilla* (Linnaeus,1758)

大型猛禽，嘴黄尾白。常出现在开阔湖泊与河流地带，主要捕食鱼类，偶尔捕食家禽家畜。

■ 白尾鹞 *Circus cyaneus* (Linnaeus,1766)

猛禽，尾上覆羽白色，捕食小型鸟类、鼠类、蛙、蜥蜴和昆虫。

◤ 斑头秋沙鸭

Mergellus albellus (Linnaeus,1758)

雄鸟头部白色，眼先和眼周黑色，捕食各种小鱼、蛙和水生昆虫。

◤ 斑胸滨鹬 *Calidris melanotos* Vieillot,1819

罕见过境鸟，在湿润草甸和沼泽池塘取食。

◤斑尾林鸽 *Columba palumbus* Linnaeus,1785

在中国仅见于新疆西部及天山，多在农耕地觅食。

◤彩鹮 *Plegadis falcinellus* (Linnaeus,1766)

栖息在温暖的河湖及沼泽附近，以水生昆虫、虾、甲壳类、软体动物等为食。

◤赤颈䴙䴘

Podiceps grisegena (Boddaert,1783)

喜欢在水下捕食鱼类、蛙、甲壳类和软体动物，善游泳和潜水，潜水时常冒出水面。

■短耳鸮

Asio flammeus (Pontoppidan,1763)

喜欢开阔地，主食鼠类，也捕食小鸟、蜥蜴和昆虫。

■黑胸歌鸲 *Luscinia pectoralis* (Gould,1837)
栖息于高山灌丛、草甸和针叶林中，善于急走奔跑，鸣叫声似哨音，极为婉转悦耳。

■横斑林莺 *Sylvia nisoria* (Bechstein,1792)
主要栖息于各种灌丛地带，以各种昆虫为食。

◤胡兀鹫
Gypaetus barbatus (Linnaeus,1758)
大型猛禽，以各种家畜和野生动物尸体中的骨骼为食。

■黄喉蜂虎 *Merops apiaster* Linnaeus,1758
羽色鲜艳，飞行技巧高超，边飞翔边捕食各种昆虫，尤其爱吃蜂类。

◤黄嘴山鸦 *Pyrrhocorax graculus* Hemprich et Ehrenberg,1833

典型的高山鸟类，栖息于高山灌丛、草地、荒漠，常成群活动。

◤鹪鹩 *Troglodytes troglodytes* (Linnaeus,1758)

性情活泼而羞怯，善于在树枝间跳跃，喜欢翘尾。鸣叫声嘹亮。

◤角䴙䴘 *Podiceps auritus* (Linnaeus,1758)
善游泳和潜水，繁殖期成对求偶炫耀，雌雄互相对视，身体高高挺起，同时点头。

◤金黄鹂 *Oriolus oriolus* (Linnaeus,1758)
羽色艳丽，鸣叫声悦耳动听。

金雕

Aquila chrysaetos (Linnaeus,1758)

大型猛禽，以野兔为主要食物，有时也捕食狐狸等中小型食肉类动物。

蓝颊蜂虎

Merops persicus Pallas,1773

以各种蜂蝇类昆虫为食。

◤欧斑鸠 *Streptopelia turtur* (Linnaeus, 1758)

以植物果实和种子为食，也吃桑葚、玉米、小麦等农作物，常见于果园、公园和农田。

◤领燕鸻 *Glareola pratincole* (Linnaeus,1766)

栖息于开阔平原草地和湖泊湿地，善于奔走，亦善飞行。

◤鹅喉羚 *Gazella subgutturosa* (Guldenstaedt,1780)
分布于荒漠戈壁，体型小巧，擅长高速奔跑和跳跃。

◤虎鼬 *Vormela peregusna* (Guldenstaedt,1770)

小型食肉动物，敏捷凶猛，擅长捕食鼠类和小型鸟类。

■灰旱獭 *Marmota baibacina* (Kastschenko,1899)

生存于高山亚高山草甸，体型大，擅长掘洞，以多种植物为食。

蒙古兔 *Lepus tolai* Pallas,1778

常见的一种野兔，广泛分布于各种生境。

松鼠 *Sciurus vulgaris* Linnaeus,1758

分布于云杉林与针阔混交林，以坚果、种子、植物枝叶为食。

■马鹿 *Cervus elaphus* Linnaeus,1758
广泛分布于山地森林草原带。

◤沙狐 *Vulpes corsac* (Linnaeus,1768)

体型较小，主要以鸟类和鼠类为食。

◣盘羊 *Ovis ammon* (Linnaeus,1758)

雄羊生有巨大、螺旋状的角，生存于山地丘陵。

◤猞猁 *Lynx lynx* (Linnaeus,1758)

大型猫科动物，行动敏捷迅猛，捕食野兔、羚羊和狍鹿等。

◤兔狲 *Felis manul* Pallas,1776

小型猫科动物，性情凶猛，行动敏捷，以鼠类和鸟类为食。

■雪豹 *Uncia uncia* (Schreber,1775)

分布于海拔最高的大型猫科动物，主要捕食北山羊和岩羊等。

植物篇 ——天山秘境

伊犁河谷位于新疆西天山地区，地处欧亚大陆腹地，三面环山，远离海洋，属大陆性中温带干旱气候。虽深居内陆，但伊犁河谷独特的地形地貌和山体走向，使来自大西洋及地中海、黑海的西风气流可以沿谷而上并形成降水，冬季具有逆温层，气候温暖湿润，物种丰富，被国际学术界公认为生物多样性保护热点区域。

伊犁植物概况

伊犁生物种质资源极为丰富，生物多样性保护极为关键，有着大量特殊的、抗逆性能优异的植物资源，共有野生种子植物 1655 种，归属于 486 属 83 科，优势科有菊科、禾本科、豆科等 18 科。

位于伊犁河谷的天山野果林是天山北坡植被带谱中的重要组成部分，野生种子植物有 849 种，归属于 330 属 75 科，是以野苹果、野杏、野核桃、野樱桃、野欧洲李、野山楂和野稠李等为建群种的植被类型，其现代分布区位于哈萨克斯坦、吉尔吉斯斯坦和我国新疆。我国境内天山野果林占世界野果林总面积的近 40%。天山野果林是世界许多重要野生果树天然基因库与起源地，也是我国林果业可持续发展的重要野生种源保障。

伊犁天山野果林是中亚野果林的重要组成部分，也是研究世界温带果树遗传多样性和基因进化的重要种质基因库，不仅是世界苹果、核桃、杏、李等多种果树的起源地之一，也是重要的果树天然基因库，是果树品种改良或砧木利用的宝贵材料，为许多著名栽培果树品种基因来源。其中，新疆野苹果最为丰富，具有 84 个种下类型，它们在果实大小、颜色、成熟期、风味、品质、植株高矮、树形、抗逆性等方面都存在差异，是苹果开发利用的重要基因资源，是我国林果产业可持续发展的重要种质资源储备。

近 20 年来，剧烈的人类干扰导致野果林物种大量丧失，自然种群无法更新，野果林生态系统急剧恶化，加之外来物种苹果小吉丁虫等病虫害大面积暴发，野果林主要树种大面积衰败和死亡，种质资源的安全性面临严重威胁。经过近 10 年的努力，野果林的生态系统得到了逐步修复，野苹果等果树也逐步恢复了往日的生机。

伊犁代表性植物

◤准噶尔金莲花
Trollius dschungaricus Regel

白番红花
Crocus alatavicus Semen. & Regel

◤黑环罂粟 *Papaver pavoninum* Fisch. & C. A. Mey.

◤ 林生顶冰花 *Gagea filiformis* (Ledeb.) Kunth

◤欧洲荚蒾 *Viburnum opulus* L.

◤ 森林草莓 *Fragaria vesca* L.

◤ 新疆海罂粟 *Glaucium squamigerum* Kar. & Kir.

◤新疆阿魏 *Ferula sinkiangensis* K. M. Shen

◤栽培芍药

新疆野苹果 [*Malus sieversii* (Lebed.)Roem] 林 ◥

■ 伊犁郁金香 *Tulipa iliensis* Regel

◤ 短茎球序当归 *Archangelica brevicaulis* (Rupr.) Rchb.

◤ 白麻 *Apocynum pictum* Schrenk

◤ 白屈菜 *Chelidonium majus* L.

◤ 暗紫耧斗菜 *Aquilegia atrovinosa* Popov ex Gamajun

◤ 瓣鳞花 *Frankenia pulverulenta* L.

◤ 北香花芥 *Hesperis sibirica* L.

◤ 鼻花 *Rhinanthus glaber* Lam

◤ 扁果草 *Paropyrum anemonoides* (Kar. & Kir.) Ulbr.

◤ 橙花飞蓬 *Erigeron aurantiacus* Regel

◤ 侧金盏花 *Adonis amurensis* Regel et Radde

◤ 糙叶矢车菊 *Centaurea scabiosa* subsp. *adpressa* (Ledeb.) Gugler

◤ 草原糙苏 *Phlomis pratensis* Kar. et Kir.

◤ 刺石竹 *Acanthophyllum pungens* (Bunge) Boiss.

◤ 顿河驴食豆 *Onobrychis tanaitica* Fisch. ex Studel

大花驼蹄瓣 *Zygophyllum potaninii* Maxim.

大花虎耳草 *Saxifraga stenophylla* Royle

◤ 淡紫金莲花 *Trollius lilacinus* Bunge

◤ 二刺叶兔唇花 *Lagochilus diacanthophyllus* (Pall.) Benth.

◤ 绯红蒲公英 *Taraxacum pseudoroseum* Schischk.

◤ 费菜 *Phedimus aizoon* (L.) 't Hart

▼ 风轮新塔花 *Ziziphora clinopodioides* Lam.

▼ 覆盆子 *Rubus idaeus* L.

▼ 刚毛柽柳 *Tamarix hispida* Willd.

▼ 甘草 *Glycyrrhiza uralensis* Fisch.

◤高山离子芥 *Chorispora bungeana* Fisch. et Mey

◤寒地报春 *Primula algida* Adams

◤ 合景天 *Pseudosedum lievenii* (Ledeb.) A. Berger

◤红花婆罗门参 *Tragopogon ruber* S. G. Gmel.

◤尖叶堇菜 *Viola acutifolia* (Kar. & Kir.) W. Becker

◤黄花瓦松 *Orostachys spinosa* (L.) Sweet

◤棘枝忍冬 *Lonicera spinosa* Jacq. ex Walp.

◤ 聚花风铃草 *Campanula glomerata* subsp. *speciosa* (Hornem. ex Spreng.) Domin

◤ 块根糙苏 *Phlomoides tuberosa* (L.) Moench

◤ 窄叶野豌豆 *Vicia sativa* subsp. *nigra* (L.) Ehrh.

◤ 矮小忍冬 *Lonicera humilis* Kar. & Kir.

◤ 块根芍药 *Paeonia intermedia* C. A. Mey.

◤ 宽刺蔷薇 *Rosa platyacantha* Schrenk

◤ 柳叶菜 *Epilobium hirsutum* L.

■ 柳兰 *Chamerion angustifolium* (L.) Holub

◤ 裸茎金腰 *Chrysosplenium nudicaule* Bunge

◤ 芒颖大麦草 *Hordeum jubatum* L.

■毛黄连花 *Lysimachia vulgaris* L.

◤ 毛节兔唇花 *Lagochilus lanatonodus* C. Y. Wu & S. J. Hsuan

◤ 梅花草 *Parnassia palustris* L.

美丽匹菊 *Tanacetum pulchrum* (Ledeb.) Sch.-Bip.

异果小檗 *Berberis heteropoda* Schrenk.

■ 美丽沙穗 *Phlomoides speciosa* (Rupr.) Adylov, Kamelin & Makhm.

◤勿忘草 *Myosotis alpestris* F. W. Schmidt

◤西伯利亚铁线莲 *Clematis sibirica* (L.) Mill.

◤腺花蝇子草 *Silene adenopetala* Raikova

◤ 橡胶草 *Taraxacum koksaghyz* Rodin

◤ 新疆党参 *Codonopsis clematidea* (Schrenk) C. B. Clarke

◤ 新疆梨 *Pyrus sinkiangensis* T. T. Yu

◤ 新疆忍冬 *Lonicera tatarica* L.

◤ 新疆缬草 *Valeriana fedtschenkoi* Coincy

◤杏 *Prunus armeniaca* L.

◤羊眼花 *Inula rhizocephala* Schrenk

◤ 薰衣草 *Lavandula angustifolia* Mill.

◤ 仰卧黄芩 *Scutellaria supina* L.

◤ 野罂粟 *Oreomecon nudicaulis* (L.) Banfi, Bartolucci, J.-M. Tison & Galasso

◤ 伊贝母 *Fritillaria pallidiflora* Schrenk ex Fisch. & C. A. Mey.

◤ 伊犁秃疮花 *Dicranostigma iliensis* C. Y. Wu et H. Chuang

◤ 掌裂兰 *Dactylorhiza hatagirea* (D. Don) Soó

◤ 长锥蒲公英 *Taraxacum longipyramidatum* Schischk.

◤蝇子草 *Silene gallica* L.

◤中败酱 *Patrinia intermedia* (Hornem.) Roem. & Schult.

◤中亚沙棘 *Hippophae rhamnoides* subsp. *turkestanica* Rousi

◤中亚鸢尾 *Iris bloudowii* Ledeb.

◤紫苞鸢尾 *Iris ruthenica* Ker Gaw

◤准噶尔蓝盆花 *Scabiosa songarica* Schrenk

■准噶尔铁线莲（果实）*Clematis songorica* Bunge

◤紫翅散枝蓬 *Pyankovia roborowskii* (Iljin) Mosyakin & Roalson

◤紫萼石头花 *Gypsophila patrinii* Ser.

后 记

我第一次到伊犁是2010年6月，那次在伊犁的时间并不长，又正好遇到伊犁并不多见的沙尘天气，到处都是黄沙，因而伊犁给我留下的最初印象并不是很好。我甚至还跟朋友说，伊犁并没有传说中的那样美。

真正了解伊犁是从2011年开始。为了在新疆建设一个能够收集保育更多植物种质资源的植物园，我和同事们一起开始为计划建设的植物园选址。为了这一目标，我和同事们几乎走遍了伊犁河谷每个县市的山山水水。这次选址考察，是我认识伊犁的开始，也让我见识到了什么是“塞外江南”，为什么会有“不到伊犁，不知新疆之美”的说法。由于伊犁植物园的建设需求，10多年来，每年我都会多次在伊犁河谷进行野外考察和采集，也对伊犁的美和神奇有了更多、更深入的了解和体验。

伊犁的美是不分季节的。春天，铺天盖地的野杏花、野苹果花、顶冰花、当地称之为野百合的白番红花伴随着不愿离去的白雪，展现出令人惊叹、令人遐想的多彩美景。夏天，漫山遍野成群的牛羊在无际的大草原上悠闲漫步，享受着它们自己美好的时光；河谷农田里的向日葵、油菜花等为大地铺上了鲜艳的色彩，让伊犁大地成为立体油画，让任何年龄段的人们都会惊叹，流连忘返。秋天是收获的季节，伊犁本就是众多水果的故乡，各种水果轮番上市，琳琅满目。当然，落叶植物肯定也不会错过展示自己的机会，它们会把自己最拿手的金色、红色、黄色、粉色等各种色彩毫不吝啬地泼洒出来，让人陶醉，让人感叹大自然的神奇和魅力。伊犁的冬季是洁白的、纯粹的，这是因为伊犁的雪里没有任何杂质，没有人为干扰和污染。置身于伊犁的雪景中，仿佛进入了一个梦幻世界，你可以任意释放自己，迎着雪花在雪原之中漫步或狂奔，也可以手把一杯香茗，望着窗外，静思过往，规划未来。

自从到伊犁工作后，我一直有个愿望，希望把伊犁的美丽以及伊犁丰富的生物多样性与更多的人分享。我自认为摄影水平还是可以的，在过去出版的多部著作中，很多照片都是我所拍摄。但当我认识了新源那拉提摄影协会的摄影大师后，才体会到什么叫摄影作品、什么是摄影大师。经过与这些摄影大师，当然也包括中国科学院新疆生态与地理研究所的摄影大师范书财及其他同事的沟通，我们一致同意编写一本能够真正展示伊犁的美景、介绍伊犁生物多样性的著作，把伊犁的美丽、伊犁丰富的生物多样性资源与更多的朋友分享，让更多的读者了解大美伊犁，了解伊犁的生物多样性，唤起人们保护大自然、保护生物多样性的热情，为推动伊犁地区的旅游、经济、文化发展及自然科学知识的普及作出贡献。

本书的编辑出版得到了众多朋友和同事的大力支持与帮助，在此一并表示感谢。本书的出版还得到了第三次新疆综合科学考察项目（2022xjkk1505，2022xjkk0200）、中国科学院“西部青年学者”项目（2022-XBQNXZ-003）、中国科学院战略生物资源计划（KFJ-BRP-007-008）和新疆天山英才培养计划项目（2023TSYCCX0082）等项目支持。

管开云

2024 年 4 月于新疆伊犁